U0239054

流域下垫面变化及其对洪水径流过程影响分析方法及应用

冯平　李建柱　著

中国水利水电出版社
www.waterpub.com.cn
·北京·

内 容 提 要

本书采用水文学的基本理论方法，系统地开展了流域下垫面变化对洪水径流过程影响问题的研究。在水资源分区的基础上划分了不同水文分区，分析了河海流域各水系及典型流域下垫面要素变化程度；对典型流域暴雨洪水及产汇流特征进行了趋势性和变异性分析；采用统计分析和水文模拟分析的方法，定量估算了下垫面要素变化对不同量级洪水的影响程度；进行了下垫面变化影响下设计洪水修订计算，给出了非一致性洪水分析计算方法及水文序列参数估计不确定性分析方法；研究了非一致性设计洪水对水库调洪和区域防洪的影响。

本书内容丰富，概念清晰，可供从事水文学及水资源、水利水电工程、地理科学和环境科学等相关领域科学研究人员和工程技术人员参考，也可作为上述专业研究生的教学参考书。

图书在版编目（ＣＩＰ）数据

流域下垫面变化及其对洪水径流过程影响分析方法及应用 / 冯平，李建柱著. -- 北京 : 中国水利水电出版社，2017.4
ISBN 978-7-5170-5250-0

Ⅰ. ①流⋯ Ⅱ. ①冯⋯ ②李⋯ Ⅲ. ①海河－流域－下垫面－影响－径流－洪水水文学－研究 Ⅳ. ①P33

中国版本图书馆CIP数据核字(2017)第055811号

书　　名	流域下垫面变化及其对洪水径流过程影响分析方法及应用 LIUYU XIADIANMIAN BIANHUA JI QI DUI HONGSHUI JINGLIU GUOCHENG YINGXIANG FENXI FANGFA JI YINGYONG
作　　者	冯平　李建柱　著
出版发行	中国水利水电出版社 （北京市海淀区玉渊潭南路1号D座　100038） 网址：www. waterpub. com. cn E - mail：sales@ waterpub. com. cn 电话：(010) 68367658（营销中心）
经　　售	北京科水图书销售中心（零售） 电话：(010) 88383994、63202643、68545874 全国各地新华书店和相关出版物销售网点
排　　版	中国水利水电出版社微机排版中心
印　　刷	北京博图彩色印刷有限公司
规　　格	184mm×260mm　16开本　26.25印张　622千字
版　　次	2017年4月第1版　2017年4月第1次印刷
印　　数	0001—1500 册
定　　价	**198.00元**

自　序

1981 年 9 月 17 岁的我，从辽西一个军工子弟高中考入了华东水利学院陆地水文专业（现河海大学水文学及水资源专业）。一晃三十多年过去，自己已从一个未曾听说过水文学概念的少年，成为年过半百授业解惑的大学教师。

忆往昔岁月，大学生活自得其乐，水文研习孜孜不倦，同窗趣事难以忘怀。记得当年报考研究生时，是因上芮孝芳教授"径流形成原理"而喜欢上这个方向。当时华东水利学院径流形成原理方向，能带硕士生的导师有施成熙教授、梁瑞驹教授和于维忠教授。"少不更事"的我认为施先生年事已高，梁校长公事繁多，能让我长本事的应该是于维忠教授。当我以该方向唯一合格考生被录取后，于先生颇为得意，见我后首先就问为什么选他作导师，听了我的解释，先生大笑说"有道理。"直至先生晚年，每次言谈中提及此事，都必开怀大笑。研究生学习期间，又因上程文辉教授的"明渠非恒定流"课，产生了用它进行多支流河道洪水演算的想法。于先生听了我关于研究方向的设想后，豁达谦逊地说他在这方面了解不多，就把我介绍给了芮孝芳教授，由他们二人共同指导我的硕士论文。于是我也成了芮老师的弟子，从而开始了受益终身的水文学研究和学习。芮老师思维缜密，逻辑清晰，对水文科学的理解和挚爱，常使我惭愧，也一直使我不断努力耕耘。时至今日，每次和芮老师交谈我仍能受益匪浅。

记得我在硕士论文中曾轻易断言"水文学河道洪水演算方法处理不了边界条件"。时任答辩委员会主席的赵人俊先生，在答辩前一天晚上，把我约到他家里进行了一个多小时的长谈，他肯定了我论文的工作，更多地指出了文中的错误。赵先生的敏锐和严谨令我至今难忘，永远是中国水文学者务实创新的楷模。

硕士毕业后，经刘新仁教授的推荐，我来到了天津大学水利系任教，开始了我水文学的教书育人生涯。1995—1997 年，我还重回母校海河大学在朱元甡教授门下攻读在职博士学位。朱先生为人儒雅，治学严谨。这次求学经历让我在水文风险理论的研究中收获良多，水文风险分析也成为我在天津大学的一个主要研究方向。

我的求学经历是十分幸运的，能有机会投身那么多水文前辈门下，得到言传身教，聆听教诲。他们教会我做学问，更教会我做人，让我明白为人师表的真正含义。是他们把我引入水文科学的殿堂。

1988 年 6 月入职天津大学任教以来，我亲历了天津大学水利工程学科的快速发展。得益于改革开放的历史进程和天津大学"严谨治学"的学术氛围，让我有幸亲自创建了天津大学水文学及水资源硕士点和博士点，并培养了天津大学该专业的第一批硕士和博士，一届届学生的毕业离校让我有了桃李满天下的成就感。感谢培养我成长进步的天津大学和一直帮助支持我的师长和朋友们，感谢让我无限欣慰的天津大学水文学及水资源实验室的同事和学生们，是他们让我邃晓了人生的价值。

谨以此书献给我的导师于维忠教授、芮孝芳教授和朱元甡教授！

冯　平
2016 年 5 月于天津大学北洋园

前　　言

　　人类活动对流域径流过程的影响是当前水文学的一个热点问题。人类活动包括农业化、林业化、工业化、城市化以及各项水利工程的修建，具体包括了农作物灌溉、坡改梯、植树种草、工业耗水、城镇建设、土地利用、道路修建、跨流域调水、修建水库、建闸建坝等。这些人类活动的影响结果是改变了流域的下垫面，而径流形成是在流域下垫面产生的水文过程，因此，下垫面变化对径流及洪水过程的影响是客观存在的，但在不同的区域及不同量级暴雨下的影响程度是不同的，其影响机理和定量数据目前还没有科学结论，尚有待进一步研究。尤其是对特大暴雨洪水以及流域规划标准洪水是否有影响，各方面的认识还不一致。但流域设计洪水是国家及区域进行洪水调度及流域防洪规划管理的基础，而设计洪水成果的变化将直接影响规划工程布局及洪水调度方案。因此，开展流域水文下垫面变化对洪水径流过程影响研究，对设计洪水成果进行合理修订，探讨非一致性洪水序列的频率分析与计算方法，确定下垫面变化对水库防洪和区域防洪调度的影响是非常必要的。

　　实际情况也表明，近几十年来，海河流域地表径流被过度开发利用，山区蓄水工程的修建，增加了对洪水拦蓄量和入渗量，这是进入下游控制站流量减少的原因之一。近年来通过造林、种草、封山育林等措施来逐步治理流域内水土流失力度的增大和当地居民对柴草砍伐量的减少，植被覆盖度比20世纪60—70年代增加了20％～40％，增加了对降雨的截留。此外随着社会的发展，流域土地利用方式也发生了改变，局部区域城市面积的扩大和地面的硬化，使得城市地区地表径流量有明显增大的趋势。海河流域内的这些人类活动对流域下垫面影响不断加剧，导致流域下垫面条件发生了明显变化，进而导致汛期暴雨洪水明显衰减，相同降雨情况下产生的洪水径流量明显减少，也造成了流域水资源量的急剧减少。

　　本书以海河流域各水文类型区的典型流域为研究对象，根据水文学的基本理论，采用多种方法、多学科交叉的研究途径，研究下垫面要素变化对洪水过程的影响程度。根据海河流域土地利用、植被覆盖等下垫面资料及水文、气象和地理等资料，在海河流域水资源分区的基础上划分不同水文类型区，分析了海河流域各水系及典型流域下垫面要素变化程度；对典型流域暴雨洪水及其产汇流特征进行了趋势性和变异性分析，统计分析了变异前后下垫面变化对洪水的影响程度，建立了基于下垫面要素的产汇流模型，估算了典型流域各类下垫面要素变化对不同量级洪水的影响程度；通过还原与还现方法进行了下垫面变化影响下设计洪水修订计算，给出了下垫面变化下非一致性洪水序列频率计算方法，及非一致性洪水峰量的设计洪水联合分析计算方法，分析了非一致性对水文序列参数估计不确定性，研究了非一致性设计洪水对水库调洪和区域防洪的影响。初步探讨研究了流域下垫面变化对洪水径流过程的影响问题。

全书共分 17 章。第 1 章绪论，介绍研究背景、研究目标和研究内容、采用的技术路线以及取得的主要成果；第 2 章，对海河流域土地利用、植被覆盖等下垫面要素进行遥感识别；第 3 章，在海河流域水资源分区的基础上划分水文单元，并选择了典型流域；第 4 章，分析了海河流域下垫面要素变化趋势；第 5 章，对典型流域暴雨洪水特征进行了分析；第 6 章，对典型流域产汇流参数进行了特征分析；第 7 章，采用统计方法估算了下垫面要素变化对洪水的影响；第 8 章，构建了基于下垫面要素的分布式水文模型；第 9 章，采用模型模拟的方法估算了下垫面变化对洪水的影响程度；第 10 章，基于可变模糊集的量变质变理论分析了下垫面变化影响下降雨径流演变特征；第 11 章，通过还原/还现方法进行了下垫面变化影响下设计洪水修订计算；第 12 章，对下垫面变化下非一致性洪水序列频率计算问题进行了探讨；第 13 章，研究了非一致性洪水峰量的设计洪水联合分析计算方法；第 14 章，分析了非一致性水文序列参数估计的不确定性；第 15 章，研究了非一致性设计洪水对水库调洪的影响；第 16 章，评估了非一致性设计洪水对区域防洪的影响；第 17 章，归纳总结研究得出的主要结论，讨论进一步开展的工作建议。

本书综合运用遥感技术、水文学、数理统计和系统分析等理论和方法，揭示了海河流域下垫面要素变化及对洪水影响机理和程度，不仅为海河流域的防洪规划和管理提供了决策依据，也可为其他流域洪水问题的研究提供借鉴和参考。

本书系国家自然科学基金项目"流域下垫面变化对洪水径流过程影响问题研究"（50879051）、"流域下垫面变化对水利工程防洪影响不确定性问题的研究"（51279123）、"大清河水系山区下垫面变化对洪水过程影响机理及模拟分析"（51209157）、"变化环境下流域干旱问题及其对生态与供水系统影响研究"（51479130）、水利部公益性行业科研专项经费项目"海河流域下垫面要素变化及对洪水影响研究"（200901028）等的综合研究成果。整个研究工作历时十余年，其研究成果是我们科研团队长期努力的结晶。本书由冯平总体负责，李建柱、李新、魏兆珍、曾杭、张婷等参与了本书的撰写。此外，王冰、陈伏龙、方堃、吴坤明、于静、王晓云、付军、张琳、卢明龙、刘婧、张冬冬、张淼、吴杰昭、丛娜、王怡璇、黄凯、郭军峰、李茜等博士及硕士研究生也参与了本书的研究工作。本书研究过程中还得到了芮孝芳教授的悉心指导，以及王银堂教授、李致家教授、谢平教授、梁忠民教授和宋松柏教授等专家的多方指导和帮助。水利部海河水利委员会韩瑞光、张建中、徐向广、赵春芬、杨鹏、杨井泉等，河北省水文水资源勘测局的胡春歧和刘惠霞等在资料收集和实际论证等方面给予了大力支持和帮助，中国科学院遥感应用研究所卢善龙博士在遥感影像资料的分析和识别方法上提供了技术帮助。本书的撰写过程中，参考和引用了国内外许多专家和学者的研究成果，在此深表感激，一并致谢。

　　由于海河流域产汇流机理问题复杂，资料收集难度大，同时限于作者研究水平和能力，工作的深度和广度还有待于进一步加强。书中不妥之处，恳请同仁批评斧正。

冯　平　李建柱
2016 年 5 月 31 日

目　　录

第1章 绪 论

1.1 下垫面与洪水过程

下垫面是指与大气下层直接接触的地球表面。它包括地形、地质、土壤和植被等。土地利用和土地覆被是流域最明显的下垫面特征,两者是两个既有密切联系又有本质区别的重要概念。土地利用一般是指人类为获取所需要的产品或服务场所进行的土地资源利用活动,是人类对土地自然属性的利用方式和利用状况,包括农业用地、商业用地、交通用地、居住用地等。土地覆被是指地表自然形成的或者人为引起的覆盖状况;它强调土地的自然属性以及人类活动的结果,包括森林、草原、河流、土壤、冰川等。土地覆被变化牵涉到大量其他的陆地表层物质循环与生命过程,如生物圈-大气交互作用、生物多样性、生物地球化学循环以及环境的可持续作用等方面。土地利用是不同历史时期土地覆被变化的最直接和主要的驱动因子。因此,土地利用与土地覆被两者间存在密不可分的联系。

从降水到水流汇集至流域出口断面的过程称为径流形成过程,该过程受到流域下垫面的影响。降水开始后,除少量降落在与河网相近的不透水面及河槽水面上的雨量直接成为径流外,其余大部分的降水并不立即产生径流,而是消耗于植物截留、填洼、蒸发和下渗等损失,经历流域的蓄渗阶段。降雨量扣除这些损失即为产流量。一部分径流从坡地地面汇入河网,另一部分下渗到坡地地面以下,在满足一定的条件后,通过土层中各种孔隙或地下进入河网,然后从上游向下游、从支流向干流汇集到流域出口断面,经历流域的汇流阶段。流域汇流是由坡地地面水流运动、坡地地下水流运动和河网水流运动所组成,是一种比单纯的明渠水流或地下水流更为复杂的水流现象(芮孝芳,2004)。从径流的形成过程可见,不同流域下垫面其产汇流机制会有较大差异,因此,下垫面是制约河川径流等水文现象的重要因素。

径流形成过程是洪水的形成过程及其运动规律的表征。洪水分为暴雨洪水、冰雪洪水、雨雪混合洪水以及溃坝洪水等类型。暴雨引起的江河洪水量迅速增加、水位急剧上升的现象称为暴雨洪水。由冰川融水和积雪融水为主要补给来源所形成的洪水称为冰雪洪水。高寒地区和纬度较高地区的积雪,因春夏季强烈降雨和雪化而形成的洪水为雨雪混合洪水。水库大坝突然溃决而形成的向下游急速推进的洪流为溃坝洪水。我国大部分地区处在中低纬度地带,洪水的发生多由暴雨引起。因此,我国河流的主要洪水大都是暴雨洪水。一场暴雨洪水的发生从近处的地面径流到达流域出口断面时,河水流量开始起涨,水位也相应上涨,随着远处的地表径流陆续到,河水流量和水位继续上涨,及至大部分高强度的地表径流汇集到出口断面时,河水流量达到最大值。此后,洪水流量和水位逐渐下降,到暴雨停止后的一段时间,当远处的地表径流和暂时存留在地面、表土和河网中的水量均已流经出口断面时，河水流量及水位回落到接近于原来的状态，这就是暴雨洪水形成的整个过程。

区域下垫面的变化对流域水文循环，包括洪水过程会产生一定的影响，致使在水文计算、流域规划、水资源评价、防洪规划等各个方面都不可避免地应考虑这种影响。因此，环境变化尤其是下垫面变化对水文情势的影响已成为国内外研究和关注的重要科学问题。

受到水资源开发及人类活动的综合影响，近年来海河流域下垫面条件发生了显著变化，对径流及洪水产生了明显影响，破坏了流域洪水系列的一致性。尽管流域下垫面变化对洪水径流的影响是客观存在的，但其在不同的区域及对不同量级暴雨洪水的影响程度是不同的，其影响机理和定量数据目前还没有科学结论，尚有待进一步研究。尤其是对特大暴雨洪水以及防洪规划中涉及的设计洪水是否有影响，各方面的认识还不一致，流域下垫面变化对洪水的影响目前尚未开展系统的研究工作。流域设计洪水是国家进行洪水调度及流域规划的基础，而洪水成果的变化将直接影响规划工程布局及洪水调度方案。因此，系统地开展下垫面变化对洪水过程影响问题的研究，对区域设计洪水成果进行合理修订，给出这种变化对防洪管理的影响是非常必要的。

本书将以海河流域为研究对象，在对海河流域进行水文类型分区的基础上，选择典型流域，利用历史水文资料系列，通过统计分析和水文模拟分析等技术方法，对典型流域的暴雨洪水特征变化进行分析，探讨暴雨洪水的变化趋势，给出暴雨洪水相关变异程度，并对暴雨洪水对下垫面变化的响应机理及程度进行分析，进而对流域设计洪水进行修订计算，研究下垫面变化对水利工程防洪调度的影响，为海河流域防洪规划和管理提供技术支持，也为人类活动的水文效应及水文循环过程影响等学术问题的研究奠定基础。

1.2　海河流域概况

1.2.1　地理地貌

海河流域位于东经 $112°\sim120°$、北纬 $35°\sim43°$ 之间，东临渤海，南界黄河，西靠云中、太岳山，北倚蒙古高原。横跨八省（自治区、直辖市），包括北京、天津两市的全部，河北省的绝大部分，山西省的东部，河南、山东两省的北部以及内蒙古自治区和辽宁省的各一小部分，总面积 31.8 万 km^2，占全国总面积的 3.3%。其中山地和高原面积 18.9 万 km^2，占流域总面积的 59%；平原面积 12.9 万 km^2，占 41%。流域共有 31 个地级市，2 个盟，256 个县（区），其中 35 个县级市。

海河流域总的地势呈西北高、东南低的分布，大致分高原、山地及平原三种地貌类型。流域西部、北部为山区，东部、东南部为平原，地形自西、北和西南三面向渤海倾斜，丘陵过渡区短，山区与平原区几近相交。境内山体多为东北—西南走向，主要有大马群山、军都山、西山、恒山、五台山、云中山、系舟山、太岳山、太行山等。在流域的东北部有西北—东南走向的七老图山，中部偏北分布着东—西走向的燕山，流域内最高峰为五台山的北台顶，海拔 3058m。流域的东南部为广阔的海河平原，高程在 50m（燕山以南）及 100m（太行以东）以下，高程在 $20\sim50m$（燕山脚下）及 $50\sim100m$（太行山脚下）的范围内为山前洪积、坡积平原，地面坡度1‰～3‰左右，排水良好，其面积约占平原总面积的40％，此区以南以东为冲积平原，是由本流域各河及黄河泛滥冲积而成，微地形相当复杂，呈岗、坡、洼相间分布的条带状地形，其间分布着许多大小不等的洼地，成为各河发生洪水时的行滞洪区，地面坡度为0.1‰～1‰左右，排水不畅，其面积约占平原总面积的50％。沿海岸带为滨海冲积三角洲平原，地面坡度为1‰～2‰，其面积约占平原总面积的10％。

1.2.2 河流水系

海河流域包括海河、滦河、徒骇马颊河三大水系。其中海河水系是流域主要水系，分北系和南系，北系有蓟运河、潮白河、北运河、永定河，南系有大清河、子牙河、漳卫南运河；滦河水系包括滦河及冀东沿海诸河；徒骇马颊河水系位于流域最南部，为单独入海的平原河道（图1.1）。

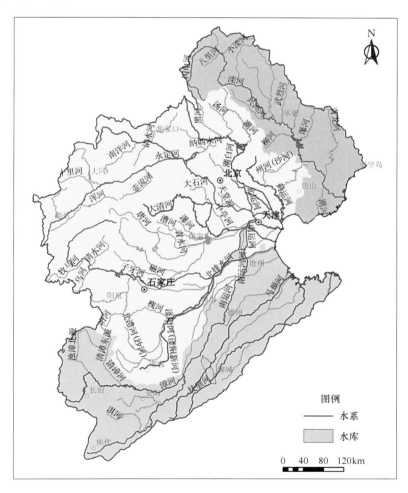

图1.1 海河流域水系图

1.2.2.1 滦河及冀东沿海诸河

（1）滦河位于海河流域东北部，包括滦河干流及冀东沿海 32 条小河，全流域面积 54530km²。滦河发源于河北省丰宁县西北巴彦图古尔山麓，经承德到潘家口穿长城入冀东平原，至乐亭县汇入渤海。滦河支流繁多，其中集水面积大于 1000km² 的从上至下有小滦河、兴州河、伊逊河、蚁蚂吐河、武烈河、老牛河、柳河、瀑河、潵河、青龙河等十余条主要河流。1979 年在滦河干流修建了潘家口、大黑汀两座大型水库。其下游干支流建有引滦入津、引滦入唐、引青济秦等大型引水工程。

（2）冀东沿海诸河位于滦河下游干流两侧，滦河干流以东有 17 条，其中洋河、石河较大，这些河流大都发源于山区，流经浅山丘陵之间，源短流急，具有山溪性河道特征。滦河干流以西有 15 条，其中陡河、沙河、沂河、小青河较大，这些河流大都发源于丘陵区，流经平原的距离较长，具有山溪性河流和平原河流的特点。在石河、洋河、陡河上分别建有石河、洋河、陡河等大型水库。

1.2.2.2 海河水系

1. 海河北系

海河北系包括北三河和永定河。其中北三河由蓟运河、潮白河和北运河三个单独入海的水系组成，20 世纪 50 年代以来大兴水利工程，三水系闸坝控制河道相通，水系间互相调节。故此，将原有的三个水系划为一个整体，称北三河水系，总面积 35808km²，建有于桥、邱庄、海子、密云、怀柔、云州等大型水库。

（1）蓟运河。该河位于滦河以西、潮白河以东。主要支流有泃河、州河、还乡河，各河均发源于燕山南麓兴隆县境内，泃河、州河于九王庄汇合后称蓟运河，汇流处有青甸洼滞洪区。流域内先后修建了海子、于桥、邱庄三座大型水库。

（2）潮白河。该河位于蓟运河以西，北运河以东。由潮河和白河两大支流组成，两支流在密云县附近汇合后称潮白河，至怀柔纳怀河后入平原，下游河道经苏庄闸至香河，在吴村闸有潮白新河，沿途纳城北减河、运潮减河、青龙湾减河，分泄北运河洪水，并纳引泃入潮减河，分泄泃河洪水，穿黄庄洼、七里海等分滞洪区，在天津宁车沽入永定新河入海。流域内建有云州、密云、怀柔三座大型水库。

（3）北运河。该河位于潮白河与永定河之间。上源温榆河，发源于军都山南麓昌平县以北，至通州北关闸以下始称北运河。北关闸上辟运潮减河分泄部分洪水，以下沿途纳通惠河、凉水河、凤港减河等平原河道，至土门楼闸上又辟有青龙湾减河入潮白新河，并以大黄堡洼为滞洪区。土门楼以下经筐儿港、屈家店至天津市区大红桥入子牙河，至金钢桥入海河。

（4）永定河。永定河位于北运河、潮白河西南，大清河以北。由洋河和桑干河两大支流组成，两支流于怀来县朱官屯汇合后称永定河，流域面积 47066km²。在官厅附近纳妫水河，经官厅山峡于三家店入平原。梁各庄以下进入永定河泛区，泛区下口屈家店以下为永定新河，在大张庄以下纳北京排污河、金钟河、潮白新河、蓟运河于北塘入海，宣泄永定河大部分洪水。该河上游修建了册田、友谊、官厅三座大型水库。

2. 海河南系

海河南系包括大清河、子牙河和漳卫南运河。

（1）大清河。大清河位于永定河以南、子牙河以北。源于太行山东侧，分为南北两支，流域面积43065km²。北支主要支流拒马河在张坊附近分为南北两河，北拒马河至东茨村附近纳琉璃河、小清河后称白沟河；南拒马河纳中易水、北易水在白沟附近与白沟河汇合后称大清河。大清河北支在新盖房枢纽分为三支，一支经白沟引河入白洋淀；一支经灌溉闸入大清河；一支经分洪闸及分洪堰由新盖房分洪道入东淀。直接汇入白洋淀的支流统称为大清河南支，主要有瀑、漕河、府河、唐河、沙河、磁河等，各河入白洋淀，再经枣林庄枢纽通过赵王新河入大清河、东淀。河系内建有横山岭、口头、王快、西大洋、龙门、安各庄等6座大型水库以调节上游洪水。

（2）子牙河。子牙河位于大清河以南，漳卫南运河以北，有滹沱河、滏阳河两大支流，流域面积46328km²。滹沱河发源于山西省五台山北麓，经忻定盆地，穿行于太行山峡谷之中，沿途纳云中河、牧马河、清水河等，经岗南水库附近出峡，纳冶河经黄壁庄水库入平原，至饶阳大齐村进入献县泛区。滏阳河发源于太行山南段东麓邯郸市峰峰矿区西北和村，支流众多，主要有洺河、沙河、洺河、槐河等10余条，至艾辛庄与滏阳河汇合，为扇形水系。流域内建有临城、东武仕、朱庄3座大型水库。

（4）漳卫南运河。漳卫南运河位于子牙河以南，有漳河、卫河两大支流，流域面积37700km²。漳河上游由清漳河和浊漳河组成，均发源于太行山的背风山区，两河于合漳村汇合后称漳河，经岳城水库出太行山，讲武城以下两岸有堤，河槽宽浅，并以大名泛区为滞洪区。流域内建有关河、后湾、漳泽、岳城4座大型水库。卫河源于太行山南麓，有10余条支流汇成，较大的有淇河、汤河、安阳河等，主要支流集中在左岸，为梳状河流。当遇较大洪水时，利用良相坡、白寺坡、柳围坡、长虹坡、小滩坡、任固坡、广润坡等坡注滞洪，再经内黄二道防线于苏堤入卫河。

1.2.2.3 徒骇马颊河系

徒骇马颊河位于漳卫南运河以南，黄河下游北岸，位于海河流域最南端，由徒骇河、马颊河、德惠新河组成。徒骇河发源于豫鲁两省交界处文明寨，于山东省沾化县汇入渤海。马颊河发源于河南省濮阳市金堤闸，于山东省无棣县流入渤海。德惠新河西起山东省平原县王凤楼村，东至无棣县下泊头与马颊河汇合后入海。此外，沿海一带还有若干条独流入海的小河。徒骇马颊河全部位于平原区，是当地的排沥河道。

1.2.3 水文气象

1.2.3.1 水文气象特征

海河流域属半湿润、半干旱大陆性季风气候区，多年平均年降水量538mm。受地形、气候等因素影响，降水量分布地带性差异十分明显。沿太行山、燕山山脉迎风坡形成弧形多雨带，年降水量600mm以上；西北部太行山背风坡地区年降水量在400mm左右；平原区年降水量一般在500～600mm。降水量年际变化很大，年内分配很不均匀，80%左右集中在6—9月，且往往集中在几次强降雨过程。降雨相对集中，使流域洪水具有峰值高、峰型陡、一次性洪量大的特点。流域平均气温1.5～14℃，年平均相对湿度50%～70%，年平均陆地蒸发量470mm，年水面蒸发量1100mm。

1.2.3.2　暴雨成因

在有利的环流形势下，海河流域暴雨主要受西风槽、切变线、西南涡、西北涡、东蒙低涡、热带风暴（台风）及其倒槽等几种类型天气系统影响，如1959年7月20—22日受华北高压和副高之间形成东南风与西南风的切变线及副高连续北进的影响，1962年7月23—26日，受西风槽影响及当年第5号台风北移的影响，1984年8月9—11日受7号台风减弱气压和冷空气在燕山迎风坡相遇的影响，1994年7月11—13日受6号台风倒槽和西来冷空气共同影响，均造成了较大降水。另外，太行山、燕山的迎风坡，能起到增强暖湿空气抬升作用，形成地形雨。迎风坡在夏季往往容易形成发展较高的积雨云，产生雷阵雨，其下若有层云存在，则会使降雨量有明显的增大。从多年平均情况看，太行山、燕山两个迎风坡大致可增加地形雨20%左右。有些向东或东北开口的喇叭口地形，与东北或东北风正交，有气流辐合和强迫抬升的作用，次降雨量有时可增加2～3倍。

1.2.4　海河流域下垫面及洪水变化

海河流域在全国来讲，是一个比较重要的政治、经济、文化等各个方面比较发达的地区，也是我国最大的粮食生产基地之一，同时又是全国最缺水的地方，人均水资源量只有305m³。另外，流域内降雨年内分配极为集中，在全国各大江河中最为突出。加之由于流域特殊的地形（从南、西、北三个方向向东倾斜），历史上各河洪水均集中于天津入海，河道泄流能力上大下小矛盾突出，特别是入海尾闾泄量很小，遇稍大洪水即泛滥成灾。根据统计1469—2010年的542年间共发生水灾216次，约合2.5年一次，每次洪灾都造成较大的经济损失和人员伤亡。因此，海河流域是中国洪涝灾害最为严重的地区之一。

海河流域经过几十年的发展和建设，土地利用和土地覆被已经发生了明显变化。海河流域最典型的下垫面变化发生在"63·8"大洪水之后，为了防止类似的洪水再次发生，在山区修建了大中型水库80余座，小型水库多至1400余座，山区流域面积的85%以上被人工水库控制，同时通过增修灌渠来增加流域内的灌溉面积，通过造林、种草、封山育林等措施来逐步治理流域内的水土流失。这些工程措施使得海河流域内的森林、草地覆盖率提高了20%～40%。这些以工程为主的人类活动对社会发展、经济建设发挥了重要作用，但同时对陆地水循环也产生了很大影响。特别是20世纪90年代以来，海河流域产流量较50年代和60年代显著减少，并且洪水次数、洪峰量级也均有不同程度地减少或降低，对流域生态环境保护和水资源开发利用等方面产生了直接影响。

根据2004年海河流域水资源评价成果，按现状下垫面情况分析，海河流域山区多年平均地表径流较20世纪50—70年代下降幅度约15%～25%。另外，从近年来实际出现的暴雨洪水情况看，也可大致看出下垫面变化对洪水的影响程度。如在子牙河系滏阳河支流，1956年和1996年洪水的暴雨量相近，而1956年的洪水总量却比1996年大了近一倍。并且1996年洪水在滏阳河中游洼地滞蓄渗漏后，排出艾辛庄控制站下游的水量仅相当于1956年的1/10。2012年"7·21"洪水，拒马河张坊站实测洪峰流量达到2500m³/s，由于河道的渗漏和河道内采砂坑的调蓄作用，洪水演进至新盖房后仅为240m³/s。海河平原区沥水减少幅度也比较明显，在海河中西部平原区，近年来发生的量级在200mm左右的暴雨均未造成大范围的涝灾，而相同量级暴雨在20世纪60—70年代将会有相当严重的灾情出现。这在西部平原区更为明显，例如位于大清河平原的冉庄试验站，1988 年降水量为 832.8mm，产生的径流深度仅为 3.5mm，而相同的降雨在 20 世纪 50 年代能产生 100mm 以上的径流深度。

1.3 国内外研究现状

人类活动对流域径流的影响是当前一个热点问题。人类活动包括农业化、林业化、工业化、城市化以及各项水利工程的修建，具体包括了农作物灌溉、坡改梯、植树种草、工业耗水、城镇建设、土地利用、道路修建、跨流域调水、修建水库、建闸建坝等。这些人类活动的影响改变了流域的下垫面。同时，对水文循环及洪水过程产生了影响，国内外对下垫面的水文效应进行了广泛研究。

1.3.1 环境变化对径流过程的影响

流域水文过程的变化是环境变化的结果，环境变化主要指气候变化（波动）和流域内的人类活动。由于大气中 CO_2 等温室气体浓度的增加，改变了气候系统中的能量平衡，进而引起全球性的气候变化，使降水、蒸发、径流及其时空分布特征发生改变，进一步影响到水资源管理系统及社会经济系统。人类活动如跨流域引水、修建水利工程、坡地改梯田、植树造林、城市化等对流域水文循环的影响也越来越显著。目前，研究气候变化和人类活动对径流的影响多是在假定人类活动和气候变化是两个相互独立因子的前提下进行的，分别对气候变化和人类活动对流域径流的影响进行评估。

国内外关于气候变化对流域径流的影响研究主要分为两类。一类是收集流域内气候（降水、气温等）和径流的同期长系列观测资料，利用时间序列分析方法，建立相关关系（或经验统计模型），分析和预测气候变化对径流的影响。Langbein（1949）采用该方法分析了美国部分地区年径流的变化特性和气候影响。Stockton 和 Boggess（1979）也用这种方法研究了气候对流域水资源的影响。傅国斌（1991）用统计模型初步分析了全球增暖对华北水资源的影响，其中引用了 Herman Rohn 等的预测结果，即当大气中的 CO_2 含量增加到 $560 \sim 580$ppm❶（约为 19 世纪的 2 倍）时，气温可能升高 6℃，降水可能减少 14%。张国胜等（2000）研究分析了 1961—1999 年黄河上游径流量及其与流域降水、气温的关系，着重分析了干旱气候对黄河水资源的影响。汪美华等（2003）运用多元回归方法，建立有关气候—径流深的数学模型，预测了未来气候变化的 15 种可能情景下淮河 3 个代表子流域径流深的变化，指出不同流域对各种气候变化的响应存在明显的差异，不同季节的径流深对各种气候变化的响应也存在明显的差异，还特别关注了暖干天气组合下径流深的变化。秦年秀等（2005）对长江流域径流趋势变化及突变进行了分析，指出 20 世纪 20 年代初的北半球突然变暖、长江上游地区呈现降温、降水减少趋势与宜昌和汉口站从 1926 年开始径流明显减少有关。傅丽昕等（2008）分析了塔里木河三源流区气候变化及其对河

---

❶ 1ppm $= 10^{-6}$。

川径流的影响，研究结果显示，塔里木河三源流区径流量总体呈现增加的趋势，期间有波动过程，降水量对塔里木河径流量变化影响最为显著，而温度的升高，加速了山区冰雪资源的消融，加大了冰雪融水对径流量的补给，但同时导致蒸发量的增大，增加了地表淡水资源的消耗，对山区来水量增大起到一定削弱作用。李析男等（2010）选择 5 个水文站、44 个气象站的水文气象资料，采用多元回归方法对河南省径流量的气候变化响应进行了定量分析，结果表明径流量随降雨量增加而增加，随平均气温的升高而减少。

　　另一类是通过流域水文模型模拟的方法来研究气候、径流的因果关系以及流域水资源对不同气候条件的响应。Nemec 等（1982）最先应用概念性水文模型估算了气候变化对美国干旱地区和湿润地区径流的影响。以 Thomthwaite（1949）建立的水量平衡模型为基础，Glick（1987）提出了修正的水量平衡模型并应用于评估气候变化对水资源系统的影响。随后各种改进的水量平衡模型应运而生。如 Nash 等（1999）用修正后的水平衡模型研究了科罗拉多河水文系统的响应，并与前期统计模型的研究结果相比较，结果表明前期的研究过高地估计了各种情景（包括气温增加）下径流的减少量，而且在选择的温度变化范围内（±4℃）期望的径流量变化与历史记录并无统计意义上的差异，除非降雨变化在±10％以上。包为民等（2000）根据黄河上游地理、气候特征，提出了一个考虑封冻、融雪、变径流系数的大尺度流域水文模拟模型，并采用了大气环流模型（GCMs）中的 7 个子模型，分析了"温室效应"对黄河上游 2030 年径流资源的影响。游松财等（2002）应用改进的水分平衡模型研究了不同气候变化情景下中国未来地表径流的变化，指出基于不同的气候变化情景模拟所得的地表径流变化在空间上有差异。陈立群和刘昌明（2007）采用 2 个分布式水文模型（SWAT 和 VIC）分析了 1960—2000 年黄河源区气候变化和土地覆被对径流的影响，分析表明气候变化是径流减少的主要原因。贾仰文等（2008）应用 WEP - L 模型分析了气温和降水变化对黄河源区年、月径流过程的影响。唐芳芳等（2012）基于 SWAT 模型，研究了在未来不同气候情景下，黄河上游地区流域径流在未来两个时期（2046—2065 年以及 2081—2100 年）的时空分布规律，结果表明在未来两个时期内，流域径流量呈减少趋势。

　　关于人类活动对水文过程的影响，评价的关键包括两个方面：一方面是基准期的确定，另一方面是人类活动影响期间天然径流量的还原。基准期的确定主要有两种方法。一种是根据流域内水土保持、水利工程措施等人类活动较显著的年份划分。王国庆等（2006）在环境变化对黄河中游汾河径流情势的影响研究中，由于 1970 年之前汾河流域水土保持和水利工程相对较少，流域在该时期基本处于人类活动轻微的"天然状态"，认为汾河流域 1970 年以前为"天然阶段"。Ma 等（2010）在研究人类活动和气候变化对密云水库径流影响时，根据历史资料，流域上游在 1984 年引水量发生显著变化，将研究时段划分为 1956—1983 年和 1984—2005 年两个阶段。另一种是通过对水文时间序列分析确定。栾兆擎等（2007）利用降雨—径流双累积曲线法分析了挠力河流域宝清站、菜嘴子站径流序列受人类活动影响发生显著改变的年份。Ma 等（2008）利用 Pettitt 检验法分析了中国西北地区四个集水区变化趋势显著的年径流系列，得出突变点在 1961 年附近。叶许春等（2009）运用 Mann - Kendall 检验法对 1961—2000 年鄱阳湖流域径流序列进行突变分析，结果显示 1992 年附近是流域径流突变发生的拐点。江善虎等（2010）利用 Mann - Kendall 趋势检验、有序聚类（OC）方法及流域降雨一径流双累积曲线，分析了老哈河流域年降水、潜在蒸发及径流的变化趋势及突变情况，将流域径流划分为 1964—1979 年"天然基准期"以及 1980—1989 年、1990—1999 年、2000—2008 年 3 个"人类活动影响期"。

人类活动影响期间天然径流的还原是定量估算气候变化和人类活动对径流影响的重要环节。人类活动影响期间天然径流的还原与径流资料的还原方法思路大致一样，分为两大类：①叠加法。"叠加法"是指通过分项计算一些主要人类活动的用水量，然后与实测河川径流量叠加得到还原径流量。张文胜和蒋蓉（2004）在马颊河上游南乐站，通过分项计算一些主要人类活动的用水量，然后与实测河川径流量叠加得到南乐站的还原径流量。②水文模拟法。流域水文模拟技术的快速发展，使得人类活动影响期间的天然径流量还原成为可能，若研究流域在人类活动显著影响前具有一定长度的实测天然水文气象资料，则利用这些资料率定的水文模型参数基本上可反映流域的天然产流状况。然后，保持模型参数不变，将人类活动影响期间的气候要素输入水文模型，进而可计算延展相应时期的天然径流量。王纲胜等（2006）建立了分布式月水量平衡模型（DTVCM），通过设置人类活动影响背景参数集，来表述人类活动对水文过程的影响，并将 DTVCM 月模型应用于华北地区密云水库以上潮白河流域，分别识别出白河流域气候变化对径流减少的贡献为44%，人类活动导致下垫面变化对径流减少贡献达 54%；潮河流域气候变化的贡献率为24%，而人类活动的贡献率高达 74%，是导致径流减少的主要原因。王国庆等（2008）将水文模拟模型（SIMHYD）应用在汾河和三川河流域，应用流域"天然"时期的水文、气象资料率定了模型参数，通过水文模拟还原了人类活动影响期间的天然径流量，进而分析流域径流情势的变化原因。夏军和王渺林（2008）应用分布式月水量平衡模型定量识别了长江上游 7 个流域气候变化及人类活动对流域径流变化的贡献率。蔡玉林等（2009）分析了鄱阳湖流域 1973—2002 年间的气候变化，在此基础上构建了未来可能出现的 3 种气候情景，最后应用陆地表面模型 VIC 水循环模式模拟了不同情景下的径流变化。丁相毅等（2010）将全球气候模式与分布式水文模型 WEP - L 耦合，在国家气候中心整理提供的多模式平均数据集基础上，利用 WEP - L 模拟了海河流域历史 30 年（1961—1990 年）和未来 30 年（2021—2050 年）降水、蒸发、径流等主要水循环要素的变化规律，分析了气候变化对海河流域水资源的影响。

1.3.2 森林等覆被变化的水文效应

下垫面变化对洪水的影响研究主要是通过其对水量平衡的影响，直接或间接地影响降雨径流关系和产汇流过程，从而对洪水过程产生一定的影响。森林对降雨的截留作用是其影响洪水的主要原因之一。早期分析森林的截留作用多用回归分析法或简单用占降雨量的百分比计算，但由于不同地域或不同植物具有不同的特性，研究成果难以推广应用（陈军锋和李秀彬，2001；李文华和何永涛，2001）。

在国外，对于植被的水文效应研究相对较早。美国东部地区的考威特水文实验站在1934 年开始建站就致力于研究森林水文问题，对 31 个森林小流域进行系统观测，并于1939 年在其中 13 个小流域上采伐森林作对比研究。结果表明，森林采伐导致径流增加。

Juan 和 MacDonald（2001）曾对美国科罗拉多州山脉 26 块试验基地进行森林焚烧前和焚烧后的产汇流变化情况进行了分析，发现焚烧后的径流系数较焚烧前的径流系数增加了 15％～30％，产沙量是焚烧前的 10～26 倍。Naik 和 Jay（2005）曾对哥伦比亚 1879—1928 年的实测径流进行还原而得到天然径流过程，发现"开荒"可能使得 4—6 月径流增加（加速了积雪春融），开垦森林导致的蒸散发减小而导致年径流大约增加 1％～2％。Bewket 和 Sterk（2005）曾对埃塞俄比亚丘陵地带西北部典型流域进行了研究，发现河川径流减小的原因是天然植被的破坏、过度放牧、农田的不断增加、桉树种植面积增加以及人类和牲畜用水量的不断增加等。

在国内，刘昌明和钟骏襄（1978）对比分析了黄土高原林区与非林区径流量，指出林区径流系数较非林区径流系数小 30％～50％。范世香等（1992）曾在长白山森林生态系统定位站森林水文模拟实验室，进行过有林地与无林地的地表径流模拟对比实验，得出了森林能减少径流量、调节径流过程的结论，但由于实验条件的限制，其成果具有一定的局限性。王清华等（2004）采用流域平行对比和自身对比两种方法，利用实测水文资料，从理论上分析了森林植被变化对小流域暴雨洪水过程的影响。结果表明：森林覆盖率高的流域拦水能力较高，能显著地削减洪峰，延缓洪水过程，降低径流系数，使次暴雨径流量的变差系数增大。信忠保等（2009）为揭示近 10 年退耕还林工程实施以来河龙区间植被覆盖恢复过程及其对河龙区间径流输沙的影响，基于 GIMMS 和 SPOTVGT 两种遥感数据，采用 GIS 空间分析方法研究了 1981—2007 年河龙区间植被覆盖时空变化及其与径流输沙的关系。研究认为，虽然降水偏少是河龙区间产流、产沙下降的重要原因，但植被恢复可能加剧了该趋势。林峰等（2010）以晋江西溪流域为研究区，采用流域水文模型，通过对流域内的森林覆被变化的情景假定，并选取典型的多峰暴雨洪水过程，探讨了森林覆被增加对不同频率多峰暴雨洪水过程的影响，结果表明，对于多峰暴雨洪水过程，森林覆被的增加会造成流域出口处的洪峰流量及洪量减小，且随着暴雨强度的增强变化幅度呈减小的趋势，同时，对多峰暴雨产生的不同洪峰的影响存在一定的差异，随着降雨过程的持续增强，对洪峰的影响程度逐渐减弱。崔雪晴等（2010）在小兴安岭地区汤旺河流域，选取新林沟（抚育伐）和育林沟（皆伐）两个小流域，采用 33 年的数据，通过双累积线法、非参数检验和相关性分析，分析了森林覆盖率变化对两个小流域径流量、洪峰流量、融雪径流量的影响。朱冰冰等（2010）通过野外人工模拟降雨试验，研究了草本植被覆盖对坡面降雨径流侵蚀的影响，并从径流侵蚀功率和降雨侵蚀力两个方面对比分析了草本植被对坡面侵蚀动力的调控效果，结果表明草本植被覆盖影响降雨侵蚀动力，并最终对坡面径流侵蚀量产生较大的影响。程根伟等（2011）采用 SWAT 模型模拟了各种森林情景下的洪水过程，发现对于中小尺度流域，良好的森林覆被可以减小洪水大小 30％～40％，而且其中森林覆被率为 35％～40％时具有最显著的滞蓄洪效益，它与完全的森林覆被对在洪水的影响差异仅在 5％以内。

1.3.3　土地利用/覆被变化对暴雨洪水的影响

土地利用/覆被变化（Land - Use/Cover Change，LUCC）对水文过程的影响是目前研究的热点问题，不同土地利用类型之间的转化通过影响地表截留量、填洼量、蒸散发量、土壤水分下渗能力以及土壤蓄水能力等水文要素，对暴雨产汇流过程会有较大的影响（Bari et al，2005），国内外对该问题进行了广泛深入的研究。

在不同的区域由于其土地利用变化特征的差异，暴雨洪水变化的主要原因也不同。Bronstert 等（2002）总结了可能影响地面及近地表水文过程的土地利用变化及与之相关的水文循环要素，其中影响水文过程最显著的土地利用变化是植被变化（如作物收割、森林砍伐）、农作物耕种和管理实践、城镇下水道及排污系统等。Brown（1988）通过不同土地利用实践研究表明，暴雨径流量与不透水层覆盖面积呈正相关关系。Castro 等（1999）通过不同尺度（1m²～20km²）试验区的人工降雨实验，提出了不同耕作系统和不同作物在不同的生长阶段均对土壤渗透系数和径流系数产生影响。Ploeg 等（2001）分析了 Elbe 流域 100 年来洪水频率，发现农业机械化、土壤集约式耕作导致土壤物理性质的退化是雨季农业用地产生的地表径流增加的主要原因。夏军 等（2007）选择黄河岔巴沟流域，采用野外人工控制条件下的降雨实验，针对不同下垫面类型、不同下垫面覆盖度以及不同的处理方式等情况下进行了水文过程的实验研究，并对不同植被覆盖度、不同耕作措施、降雨径流系数随时间的变化规律、不同下垫面对径流系数的影响等方面进行了分析与初步研究。结果表明，土地利用类型的变化对黄土沟壑地区的降雨径流关系有很大影响，其中耕作措施的使用对降雨径流关系的影响远大于地表覆盖率变化所产生的影响。Naef 等（2002）为了估计土地利用变化对暴雨径流的可能影响，对德国 Rheinland Pfalz 州的中尺度流域进行了通过土地利用变化来降低暴雨径流的潜力评价，根据不同的主要产流过程对流域进行空间划分，通过每一单元的产流特点，确定了有利于减少产流的土地利用变化方向，从而达到降低、延缓暴雨径流的目的。

土地利用/覆被变化会反映在流域水文模型参数的变化，通过水文模型模拟，也可以识别出影响暴雨洪水变化的主要因素。郭宗锋 等（2006）在 GIS 支持下，以 1965 年西双版纳地形图及 1988 年和 2003 年两期 Landsat TM/ETM 卫星影像获取的土地利用数据及实地土壤调查资料确定模型参数（CN 值）。研究结果表明，从 1965 年到 2003 年，土地利用变化使流域径流系数增大，其中旱地、水田、有林地和草地的变化对流域径流的影响较大；人类活动逐渐向水文土壤条件较差的区域扩张，这种土地利用变化趋势使流域 CN 值增大，下垫面产流能力增强。姜红梅 等（2004）基于数字流域平台，提取了新安江模型参数 IMP（不透水面积比），并通过构建林地面积比与新安江模型参数 SM（土壤自由水蓄水容量）的关系间接确定各子流域的 SM 值，并对汉江褒河流域 24 场洪水进行了模拟，结果表明，SM 对洪峰流量的影响要比对确定性系数的影响大。林木生 等（2011）应用 HEC-HMS 模型模拟了晋江西溪流域 1985—2006 年土地利用/覆被变化对洪水过程的影响，研究结果显示，1985—2006 年西溪流域园地和建设用地的大面积增加，导致流域出口洪峰流量和洪量增加，此外，研究区土地利用/覆被变化及其洪水响应具有显著的空间差异性，以都溪-双溪子流域响应最为显著。但不同类型的降雨产生的洪水对土地利用/覆被变化的响应是不同的。Bronstert 等（2007）采用 WASIM-ETH 模型模拟了 Rhine 流域不同土地利用类型的降雨径流过程，结果表明，土地利用变化对短历时、高强度降雨产生的洪水影响较大，而对长历时、低强度降雨产生的洪水影响较小。

城市化对洪水的影响主要是由于流域不透水面积的增加，从而引起产汇流特性的变化。目前，多以流域内不透水面积占总面积的比例来表示城市化的程度。一般来讲，城市化会导致洪峰流量增加、洪峰滞时缩短（Kang et al，1998）。Campans 等（2001）分析了巴西 25 个城市化流域的情况，通过对不同发展程度的城市汇水时间的估计，建立了城市不透水面积与城市汇水时间之间的关系。但在受到城市化程度影响的同时，流域暴雨洪水还受到其他因素的影响。吴学鹏等（1992）在峨眉山径流实验站，设置了城市化面积分别为 10%、20%、30%、40%、60% 和 100% 的概化流域，并采取城市区在流域上三种不同位置（上部、中部和下部）和三种降雨强度（0.5mm/min、1.0mm/min 和 1.5mm/min）的组合进行了试验。结果认为，当不透水面积占流域面积 20% 以上时，城市化影响表现明显，可作为有城市化影响的一个判别指标。程江等（2010）选择高度城市化的上海中心城区，利用初损和径流量修正方法并经实测数据验证后的 SCS - CN 修正模型，在城市集水区尺度上，模拟了 1947—2006 年中心城区在 0.5 年一遇至 10 年一遇设计暴雨条件下持续 1h 的降雨事件和丰、平、枯降雨年份下的径流系数，并分析了土地利用方式、前期土壤湿润程度和降雨因素对中心城区降雨径流关系的影响。汇流单位线是单位净雨产生的流量过程，分析单位线的变化可以排除降雨变化对洪水的影响。Alvarez 等（1980）根据巴西 Perto Alegre 城郊 12 个雨量站和 7 个流量站（分别代表不同城市化程度）的资料，采用瞬时单位线法（含水库蓄水系数 j 和水库个数 N 两个参数）的分析结果表明，$j=2$、城市化程度为 27% 和 $j=8$、城市化程度为 1% 两种情况下的 30min 单位线，前者峰值比后者高出 3～4 倍。据 Espey 等（1969）研究表明：城市化后的单位线洪峰流量要比城市化前增大了近 3 倍，单位线的上涨段时间缩短了近 1/3。同时他们还指出，根据河道整治情况、不透水面积所占比例的变化、河道植被的数量以及排水设施等不同条件，洪峰流量估计可为城市化前的 2～4 倍。另外，根据美国一些中小城市调查，在相同的降雨条件下，城市洪水流量可以达到农村的 10 倍，洪水汇流速度则缩短 2/3 以上。

1.3.4 水土保持措施对暴雨洪水的影响

水土保持措施既有以林草植被营造为主的生物措施，还有包括梯田、条田、鱼鳞坑、池塘、水坝等的工程措施。按照各项措施对水文过程作用机理的不同，可将水土保持措施划分为两大类，即滞蓄型和拦蓄型水土保持措施。滞蓄型措施如造林、种草和农田轮作等，能通过增加地表覆盖和地表糙度，促进水分下渗，并且对土壤具有一定的改良作用。可以通过改变土壤结构而增加土壤中的非毛管空隙，增加土层渗透性和流域的蓄水能力，减少超渗形成的地表径流，并且入渗水对土壤含水量的有效补充，可增加植物可利用水资源。因此，蓄滞型水土保持措施作用强的地区，降水易于下渗，地表径流也更易于转化为壤中流和地下径流。拦蓄型措施如谷坊坝，则具有一定的容水量，被拦蓄的径流可转化为下渗、蒸发和土壤水，也可以引起地下径流的增加。这些水土保持措施会导致产流方式从超渗产流向蓄满产流转变（汤立群和陈国祥，1995）。

水土保持措施通过改变下垫面条件，使入渗、蒸散发有所增加，而相应地减少河川径流量与洪峰流量，增加地下径流量。但不同地理位置、不同气象条件也可能使不同地区水土保持的水文影响有所差异。萨尔河（位于北高加索的干草原带）在实行农林改良措施以后，地下径流量由 1mm 增加到了 3mm，但在年径流总量中地下径流补给量却由 4% 增加到 15%。綦俊谕等（2011）采用经验公式法、双累积曲线法和不同系列对比法，计算了岔巴沟、大理河与无定河流域 20 世纪 70 年代水土保持综合措施的平均减水效益和减沙效益，并采用减水效率来表示水土保持综合措施减水作用的能力。结果表明，小流域水土保持综合措施减水效率要低于中流域、大流域的减水效率。穆兴民等（1999）用小流域平行对比观测法，分析了黄土高原沟壑区水土保持对小流域地表径流量及其时间分布特征的影响，表明在黄土高原沟壑区，水土保持能使小流域产洪次数减少、地表径流模数和径流系数减小；使小流域地表径流模数的年际变率增大。在洪水产流过程中，水土保持使流域产流起始时间滞后，径流持续时间缩短，瞬时流量及洪峰流量降低以至消失。仇亚琴等（2006）采用分布式水文模型（WEP-L 模型），以汾河流域为研究对象，定量研究了流域尺度水保措施对流域水循环分量及水资源量的影响。穆兴民等（2004）在变量共线性分析基础上，提出了流域降水量标度和水土保持标度及其计算方法，建立了流域降水-水土保持-径流统计模型，该模型不仅能分离水土保持措施对河川径流量影响程度，而且还可分析降水及水土保持对流域径流量变化的影响。研究表明，在佳芦河和秃尾河流域，水土保持使流域径流量平均减少 10%～22%。因降水量减少及水土保持措施面积增大，20 世纪 70—90 年代比 60 年代径流量明显减少，佳芦河降水变化及水土保持措施影响分别为 25% 和 75%，而秃尾河分别为 35% 和 65%。蔡新广（2004）通过石匣小流域径流试验小区的降雨径流泥沙资料，分析不同水土保持措施对径流泥沙的影响，探讨了水土保持措施的蓄水保土效益。张升堂等（2004）研究表明水土保持综合治理可以明显改变中雨、大雨的降雨产流量，削弱降雨-径流型的流域间水文大循环，强化降雨-入渗-蒸发型的流域内水文小循环，工程治理措施对径流的拦蓄作用大于植树种草生物治理措施，林草拦蓄降雨径流作用具有滞后性。

以上水土保持对水文水资源的影响研究，主要采用了水文法和水保法两种方法。水文法是利用水文观测资料建立水文统计模型分析水土保持措施减水减沙作用的一种方法。其基本原理是以水土保持措施明显生效前的降水、径流和泥沙实测资料为依据，建立降水产流和降水产沙经验关系式——水文统计模型，以此关系式代入水土保持措施明显生效以后的实测降水资料，计算出如下垫面条件不变时应产生的水量和沙量，计算水量和沙量与实测水量和沙量之差再与水土保持措施生效前的实测值相比，即为水土保持措施的减水减沙效益。水保法是根据各支流水保措施的数量及其蓄水指标分别计算其减水量，再予以汇总。

水文法就具体方法而言，又有以下几种：①经验公式法。它是根据流域治理以前的降雨、径流、输沙系列观测资料，建立这三者间的经验关系模型，再将治理以后流域降雨系列资料代入经验关系模型，得到治理后的径流和输沙模拟值，并与实测值进行比较从而获得减水减沙效益。②双累积曲线法。将年降水量及相应的年径流量、年输沙量点绘双累积曲线，此曲线在治理后发挥减水减沙效益年份有较明显的转折。根据治理以前的实测资料，经回归分析分别求得累积降水量与累积径流量和累积输沙量的线性相关方程，将治理后的累积降水量值代入方程中，分别求得累积径流量和累积输沙量，然后与同期实测值比较，即得减水减沙效益。③不同系列对比法。根据特定流域的水土保持实际情况，选择某一年份作为水土保持治理尚未发挥减水减沙效益的分界年份，分别取得该年份前后的系列观测资料，求均值进行对比。④水文模型法。基于物理机制的分布式水文模型，从水循环过程的物理机制入手，将产汇流、土壤水运动、地下水运动及蒸发过程等联系起来，一起研究并考虑水文变量的空间变异性问题，能够定量分析水保措施增加的植被与农作物对降水的有效利用。

1.3.5 下垫面变化对洪水影响研究方法进展

下垫面变化通过影响水文循环的植被截留、下渗、蒸发以及土壤蓄水能力等过程，来影响洪水特征。因此，DeFries等（2004）指出研究水文循环各环节对下垫面变化响应是研究下垫面变化对洪水特征影响的重要内容。从20世纪70年代开始，国外就开始下垫面变化对水文循环的影响研究，主要是利用实测水文气象资料进行水文时间序列变异分析，定性研究水文要素长期变化趋势和突变。水文时间序列趋势性分析的方法主要有Mann-Kendall秩次相关检验法、累积距平法、线性滑动平均法、小波分析等方法，国内外采用这些方法研究了年降雨、年径流、暴雨特征、洪水特征等的变化趋势（Kezer等，2006；曹明亮等，2008）。杜鹃等（2010）采用Mann-Kendall秩次相关检验法分析了湘江流域年径流量和水位的变化趋势，并从气候变化和人类活动两方面进行了原因分析。冯平等（2008）采用线性滑动平均法分析了潘家口水库入库水资源的变化趋势，并定量估算了气候变化和下垫面变化对水资源的影响。Bae等（2008）采用非参数Mann-Kendall秩次相关检验法分析了韩国不同流域的年、月降雨量和径流量，并分析了空间变化特征。突变分析方法主要有Mann-Kendall检验法、滑动秩和检验法、滑动F检验法等。Li等（2007）分析了滦河水系各子流域的年降雨径流的变化特征，结果表明1979年是滦河水系各子流域发生突变的年份。由于趋势分析方法较多，各种方法得到的结果可能出现一定的偏差，谢平等（2008）提出了水文时间序列的综合诊断方法，以最终确定水文时间序列的变化特征。结合水文时间序列的突变点分析，降雨径流相关分析也可以看出发生突变年份前后下垫面变化对产汇流特征的影响趋势。郝芳华等（2004）分析了黄河小花间1984年前后年降雨量与年径流量、次暴雨量与次洪量之间的相关关系，结果表明相同降雨量情况下，1984年后的产流量比1984年前减少。但是水文变异分析结果只能定性说明气候、下垫面变化对水文要素的影响趋势，不能区分下垫面各类要素对洪水特征的影响趋势。而需要通过研究下垫面各类要素与产汇流特征的相关关系，来说明不同土地利用类型对产汇流参数及洪水特征的影响。Sriwongsitanon和Taesombat（2011）根据泰国Ping流域的11个流域的洪水及下垫面资料，统计分析了不同重现期林地面积与径流系数、耕地面积与径流系数之间的关系，结果表明，随着林地面积的增加，次洪径流系数有增大的趋势，而耕地面积的增加引起次洪径流系数的减小。

为了定量研究下垫面变化对洪水的影响程度，在小流域主要是进行降雨径流试验观测分析。李森等（2006）选择甘肃南小河沟流域的54个径流小区进行降雨径流观测试验，给出了农田、林地、人工草地和天然荒坡4种植被类型产流大小关系。张建军等（2008）在山西省蔡家川流域选择7个小流域分析了不同植被类型的产流量和洪峰流量模数的大小，指出次生林植被具有较高的水源涵养功能。这些试验能够说明不同土地利用类型产流量的大小，并能利用小流域试验资料，统计分析产汇流参数与影响因素之间的关系。阮伏水和周伏建（1996）根据安溪官桥径流小区实测资料，分析了 26 个径流小区不同土地利用类型下的产流量大小及径流过程线形状，拟合了不同植被类型洪峰与降雨强度的关系以及下渗过程曲线。在小流域可以根据降雨径流试验，建立考虑地形地貌的坡面产流模型，并且小流域的产汇流模型空间尺度和时间尺度较小，考虑了空间各向异性的影响，模拟精度也较高。向华等（2004）运用运动波理论和 Green－Ampt 入渗模型，建立了能够反映地表条件影响的坡面降雨入渗产流模型，数值模拟结果与试验资料符合较好，该模型可以分析植被、地形、坡度等地表条件对坡面产流的定量影响。对比流域法也是研究小流域下垫面变化对洪水径流影响的有效方法。对比流域法是选择 2 个相邻流域，流域除了植被类型不同外，其他特性基本相同，且每个小流域内主要有一种单一的植被类型。利用 2 个流域同期降雨径流观测资料，分析不同植被类型的产流机理和产流量，建立下垫面与水文要素变化之间的关系。另外，也可以通过小流域下垫面变化前后的试验资料进行对比，主要是对实测的水文资料进行趋势分析和相关分析来确定下垫面变化对洪水径流的影响。但是，这种方法受降雨条件变化的影响，很难将下垫面和降雨对洪水径流的影响分离。

　　流域产汇流机制的深入研究为构建水文模型奠定了坚实的基础，包括集总式和分布式水文模型，利用这些模型可定量估算由下垫面变化引起的洪水径流变化。利用集总式水文模型研究下垫面变化对洪水过程的影响，是通过模拟不同时期洪水过程，分别率定不同下垫面情况下的模型参数。再根据率定的参数分别对不同时期的洪水进行模拟，确定下垫面变化对洪水的影响。国内外应用较多的模型为 HEC－HMS 模型。Saghafian 等（2008）以子流域为单元，利用 HEC－HMS 模型研究了 Golestan 流域土地利用变化对不同重现期洪水的影响，随着重现期的增加，土地利用变化对洪量和洪峰的影响程度越小，并指出土地利用变化引起土壤下渗和地表粗糙度变化，导致洪量和洪峰的增加。Jenicek（2007）也利用该模型模拟了 Chomuytovka 流域 1992 年和 2000 年下垫面情况下的洪水，给出了洪水模拟过程线，估算了历史下垫面变化对不同重现期洪水的影响程度。万荣荣等（2008）利用该模型研究了下垫面变化对产汇流特征的定量影响，并指出不同土地利用类型对洪水的影响趋势。另外，TANK 模型、新安江模型等都可以用来分析下垫面变化对洪水的影响。但这些集总式水文模型不能模拟水文过程和流域下垫面参数的空间变化。谢平等（2007）提出了考虑土地利用/覆被变化的集总式水文模型，将流域划分为 6 种不同土地利用及覆被类型，该模型在每一类土地利用及覆被总面积上，分别考虑蒸发和下渗的差异，并利用蓄满-超渗耦合产流模型计算该面积上的地表径流量和地面以下径流量，并在无定河流域得到了应用。

　　目前应用较多的是具有物理机制的分布式水文模型，该类模型可以考虑降雨因素和下垫面因素的空间变异性。Bahremand 等（2007）利用 Liu 和 De Smedt 开发的 WetSpa 模型（2005）预测了斯洛伐克 Margecany－Hornad 流域的洪水过程线及水文特征参数的空间分布，并估算了植树造林对洪水的影响。结果表明，森林面积增加 50% 导致洪峰减少 12%，且峰现时间延长了 14h，但土地利用变化对洪水的影响和降雨特征及前期土壤含水量有关。De Ree 等（2001）利用 LISFLOOD 模型估算了 Meuse 流域土地利用变化对洪水的影响。结果表明，森林面积的增加会增大蒸散发量，城市化减少蒸散发量和下渗量。但是由于模型中某些参数的不确定性，得到的定量结果也具有不确定性，且植被变化如何影响土壤特性，进而影响到下渗、土壤水分空间分布和壤中流，这些还需要进一步研究。Bronstert 等（2002）考虑了土地利用变化对土壤大孔隙的影响，利用 WaSiM - ETH 模型研究了 Rhine 流域不同降雨特征产生的洪水对土地利用变化的响应。该模型考虑了由土地利用变化引起的土壤大孔隙的变化，并分别考虑了土壤基质和土壤大孔隙的下渗。结果表明，城市化和大孔隙的比例对高强度、短历时降雨产生的洪水影响较大。Kimaro 等（2005）开发了基于土地利用数据的分布式水文模型，并应用于 Yasu 流域来估算 1976 年和 1997 年土地利用情况下洪水特征的变化，结果表明土地利用变化使洪峰增加 18%，汇流时间减少。而洪峰的变化主要是由土地利用的空间分布变化引起的。另外，MIKE11 - NAM 模型、Vflo 模型（Zheng et al，2010）等考虑土地利用的分布式水文模型都可以用来分析土地利用变化对水文过程的影响。而 Onyando 等（2005）指出，分布式水文模型需要大量的数据资料，这对于受资料条件限制的流域，模型参数的率定较为困难，且模型模拟精度可能较低。人类活动对流域径流的影响研究，更多的是从水资源评价的需要出发，主要探讨下垫面变化对年径流量的影响，国内外所开发的一些有影响的可以考虑地表覆被变化的水文模型，如 SWAT 等也都更适用于径流模拟。而下垫面变化对于洪水过程影响的研究还比较少，这主要是洪水过程的影响因素及其变化规律更复杂。

1.3.6 非一致性洪水频率分析研究进展

由于全球气候变化及人类活动的影响，天然洪水时空分布规律及下垫面产汇流特性发生变化，用于水文频率分析的极值洪水系列不再满足一致性假定，基于传统的水文频率分析法在变化环境下得到的设计成果应用到工程水文设计中存在一定的风险，其可靠性受到质疑。

梁忠民等（2011）指出对非一致性水文序列进行频率分析一般有两种途径：①传统的还原/还现途径，如针对非一致性径流系列进行频率分析的降雨径流关系法，时间序列的分解合成法，水文模型法等；②采用概率论与数理统计理论直接对非一致性水文序列进行频率分析，如混合分布法、条件概率分布法、时变矩法、基于气候指数/人类活动影响指数的协变量分析法等。传统的还原/还现途径应用起来比较复杂，且存在一定的缺陷。如降雨径流关系法通常采用降雨作为参数，基于序列变异前后不同时期降雨径流关系，实现了径流序列向某一时期的修正，但该法只可实现序列向某一历史时期或现状的还原或还现，无法反映序列未来的变化情况。时间序列的分解与合成法虽然可以反映序列未来的变化情况，但由于分解时未考虑周期性成分，在预测期较长时，对确定性成分的拟合及外延存在一定的风险。水文模型法通过建立下垫面条件与水文模型参数之间的定量关系，通过模型参数反映下垫面条件的变化，结合不同时期的降雨资料，可实现洪水系列的还原/还现等目的，但该法的关键是模型的精度及可靠性。

采用概率论与数理统计方法直接对非一致性水文序列进行频率分析，可有效避免传统的还原/还现途径的缺陷，应用起来较为方便。国外的水文学者在对非一致性水文序列直接进行频率分析计算研究方面已经取得了大量的研究成果，但此类方法在国内仍然应用极少。在混合分布法研究方面，Singh（1968）发现不同地区多个站点的洪水序列的对数概率图呈现出反向弯曲形态，他认为这种弯曲是由洪水序列的非一致性导致的；Singh 等

（1972）认为年极值洪水系列由两个正态分布加权组成，运用混合分布模型对年极值洪水系列进行了频率分析。Rossi 等（1984）运用混合分布法对意大利某流域 39 年洪水系列进行了频率分析，混合分布的各子分布采用指数分布形式。Waylen 等（1982）发现在加拿大不列颠哥伦比亚省的西南部等地区，大洪水往往由冬季暴雨或春季融雪引起，通过进一步的研究，他们认为年极值洪水系列由不同的水文气象过程产生，即年极值洪水系列既包含降雨洪水极值也包含融雪洪水极值；假设两个洪水产生过程相互独立，两极值系列分别服从分布 $F_1(x)$ 和 $F_2(x)$，则年极值洪水系列服从分布 $F_T(x) = F_1(x) + F_2(x)$。Alila 等（2002）运用混合分布法对 Gila 流域长系列水文气象数据进行了频率分析，发现混合分布法比传统的单变量分布拟合更有优势。

　　条件概率分布法主要由 Singh 等（2005）提出，该法依据洪水形成机理的差异将年内洪水分为不同时段的季节性洪水，采用不同的分布拟合不同的季节性洪水系列，认为年极值洪水以不同的概率发生在不同的季节，采用全概率公式推导年极值洪水系列的频率分布形式。时变矩法主要指水文变量统计分布参数随时间发生变化，可采用不同的数学函数去描述这种变化趋势，进而进行频率分析计算。Strupczewski 等（2001）提出非一致性水文序列的时变矩分析模型，该模型通过在统计分布的一、二阶矩中嵌入趋势成分进行非一致性水文序列的频率分析。Richard 等（2011）将二参数对数正态分布与指数趋势模型相结合，对美国历史洪水极值系列的变化趋势及一定标准下洪水设计值随时间的变化规律进行了分析，结果表明美国很多地区洪水量级有增加的趋势，某些流域 100 年一遇洪水将会变得更为常见。基于气候指数/人类活动影响指数的协变量分析法是目前研究的一个热点，与时变矩法类似，该类方法将气候指数及人类活动指数作为协变量，建立其与水文极值分布参数之间的函数关系，进而进行水文极值频率分析。López 等（2013）在对西班牙大陆地区 20 个水文站（其中 12 个水文站上游有水库）的年最大洪水序列做频率分析时，考虑 AO、NAO、MO、WMO 等四个气候指数，同时引入水库指数（Reservoir Index，RI）来表征人类活动（修建水库、大坝）对洪水极值的影响，采用 GAMLSS 模型，建立洪水极值概率分布与协变量的相关关系，对年最大洪水序列进行了频率分析。Sankarasubramanian 等（2003）采用分位数回归法和局部似然法研究了 ENSO、PDO 等气候指数表征的气候变异对年极值洪水分位数的影响。

　　国内方面，对非一致性水文序列进行频率分析研究较少，成静清（2010）运用混合分布法和条件概率分布法对陕北及关中地区 15 个水文测站的非一致性年径流序列进行了频率分析。宋松柏等（2012）基于条件概率分布法和变异点理论，提出了具有跳跃变异的非一致性水文序列频率分析计算方法，通过对渭河流域泾河张家山站 1932—2006 年平均流量序列进行实例计算，表明该方法能满足实际应用要求。梁忠民等（2011）详细总结了非一致性水文频率分析的国内外研究成果，认为基于非一致性水文序列直接进行频率分析在国内研究极少，需要重点研究。冯平等（2013）采用混合分布法对大清河流域龙门水库非一致性洪水序列进行了频率分析，发现考虑变异条件下的设计洪水值较不考虑变异条件的设计洪水值有所减小，认为大清河流域下垫面变化导致水库入库洪水有所减小，应考虑对原设计洪水成果作进一步的校核和修订。

　　水文过程及水文事件有时需要多个变量才能完整描述，如描述洪水过程需要洪峰、时段洪量、历时等，研究不同区域的降水、径流等水文事件的丰枯遭遇也需要对多个水文变量之间的联合分布进行分析。由于单变量频率分布很难完整地反映水文过程及水文事件的真实特征，基于传统的单变量频率分析计算得到的设计成果运用到工程水文设计中可能存在一定的风险。近年来，随着 Copula 函数的广泛使用，多变量联合分布逐渐引起国内外研究者的注意，应用多变量联合分布研究洪水多变量联合分析也取得了一定的进展。Favre 等（2004）探讨了 Copula 函数在多维极值分布建模中的应用，并对洪峰和洪量的概率分布进行了研究分析。Zhang 等（2007）应用 GH Copula 函数构造洪峰、洪量和历时的三维联合分布，并推导了条件重现期，采用 Amite 流域的洪水数据进行验证，表明该理论联合分布能很好地拟合经验联合分布。在洪水的峰量联合分析方面，Yue 等（2002）介绍了两变量联合分析方法在水文学中的应用，对联合重现期、同现重现期、条件概率等概念做了详细推导和说明。肖义等（2007a）基于超定量取样方法，采用 Gumbel - Logistic 模型建立了洪峰和洪量的联合分布，给出了条件频率和两种两变量重现期的计算方法。肖义等（2007b）运用 Copula 函数法构建年最大洪峰和年最大时段洪量的两变量联合分布，并基于两变量联合分布及联合重现期提出了基于两变量联合分布的设计洪水过程线推求方法。李天元等（2013）运用三元 Copula 函数构造洪峰、时段洪量的三变量联合分布，并推导了三变量重现期及设计洪水过程线，通过对三峡水库设计洪水的实例分析，表明该方法是可行的。李天元等（2014）等运用 Copula 函数法构造了洪峰、洪量二维联合分布，提出了一种确定两变量取值边界的方法，推导了两变量同频率组合和条件期望组合。冯平等（2013）等采用混合分布法及 Copula 函数法对大清河流域王快水库非一致性洪水进行了峰量联合分析，并计算了两变量重现期、两变量联合分布设计值及特定条件下的洪峰、洪量的条件频率。采用时变矩模型进行非一致性多变量水文频率分析的研究目前还较少。Bender 等（2014）采用时间为边缘分布和 Copula 函数的协变量，研究了洪峰和洪量的非一致性联合频率分析。Jiang 等（2015）改进了水库指数，并将其作为协变量，研究了汉江流域两个水文站枯水遭遇问题。

1.4　主要内容与研究方法

1.4.1　主要内容

（1）流域下垫面要素的识别及水文类型分区。在资料收集和实地调查基础上，通过解译遥感影像的方法，进行海河流域不同时期的土地利用/土地覆盖、植被覆盖度及不透水面盖度的识别。利用归一化植被指数估算植被覆盖度，并利用照相法对植被覆盖度的估算结果进行验证。采取多端元的光谱分解模型对不透水面盖度进行估算，并利用高分辨率影像对结果开展精度评价。然后构建水文下垫面空间分析模型，根据海河流域水文气象资料、DEM、土壤、土地利用及植被覆盖等下垫面资料，采用主成分分析和聚类分析相结合的方法，在海河流域水资源分区的基础上对其进行水文类型分区，并分析土地利用变化和单元流域尺度大小对水文类型分区的影响，在每类水文类型分区选择典型流域。

（2）流域下垫面要素变化特征及变化趋势分析。根据海河流域不同时相土地利用遥感资料，分析海河流域滦河、北三河、永定河、大清河、子牙河、漳卫河及徒骇马颊河等各水系土地利用类型面积变化情况，给出各水系下垫面要素的变化特征。建立土地利用程度综合指数及时空演变模型，给出土地利用变化趋势的分析方法，分别采用传统的数量分析模型、土地利用动态度模型和改进动态变化空间分析模型，分析滦河流域、大清河流域和漳卫河流域的土地利用变化趋势，给出在不同时期各流域各类土地利用变化速率特征，确定海河流域各水系不同时期土地利用情况及其动态变化趋势。

（3）流域暴雨洪水特征及产汇流特征变化趋势分析。确定暴雨洪水特征指标，给出水文序列趋势性和变异性分析的基本方法。在各水文分区的典型流域，对 1956—2008 年的实测暴雨和洪水系列资料分别采用非参数 Mann-Kendall 检验法和线性回归分析法等方法，分析暴雨量和洪峰流量、洪量等暴雨洪水特征以及径流系数、洪峰滞时、单位线峰值和单位线峰现时间等产汇流特征时间序列的变化趋势。采用 Pettitt 检验法和双累积曲线法等方法，分析暴雨洪水特征以及径流系数、直接径流比例、洪峰滞时、单位线峰值和单位线峰现时间等产汇流特征时间序列的突变性，确定洪水特征值序列的变异点，为流域产汇流特征变化机理分析和洪水过程模拟提供依据。

（4）考虑流域下垫面变化的分布式流域水文模型的构建。根据流域水文、气象和地理特征及土地利用分类，在每一类土地利用面积上分别考虑蒸发和下渗等产流要素的差异，采用超渗-蓄满耦合产流模型计算不同土地利用面积上的径流量，地面径流的汇流过程考虑塘坝、谷坊坝等水利水保工程的蓄水容量，采用单位线法进行汇流计算，壤中流和地下径流采用线性水库方法进行汇流计算，进而建立考虑土地利用和水利水保工程等下垫面因素的分布式水文模型，并对模型进行了参数率定和验证，为模拟分析下垫面变化对洪水特征的影响程度提供条件。

（5）下垫面要素变化对洪水过程影响程度的定量分析。分析流域历史上典型大洪水的暴雨中心、暴雨笼罩面积及暴雨空间分布特征，及各控制站的径流系数、洪峰流量、洪量等洪水特征。建立典型流域下垫面变化前后暴雨洪水特征相关关系，统计分析下垫面变化导致的洪峰和洪量变化程度。对土地利用变化比例与次洪量及洪峰模数进行相关分析，给出草地和耕地面积比例的变化对次洪量和洪峰模数的影响。选择下垫面变化前后相似降雨产生的洪水，分析各场洪水特性变化。通过水文模拟方法给出各典型流域下垫面要素变化对洪水过程影响的定量成果，并区分地下水位变化、土地利用变化和水土保持工程对洪水过程的影响程度，为设计洪水修订及防洪调度影响评估提供科学依据。

（6）可变模糊集理论的下垫面变化影响下降雨径流演变特征分析方法。根据陈守煜（2008，2009）提出的可变模糊集的质变与量变定理，尝试提出一种新的时间序列变异点诊断的方法。介绍可变模糊集的量变质变定理，通过基于质变与量变定理的水文序列变异点分析，来确定水文序列是否发生变异及变异发生的时间，进而提出下垫面变化对水文过程影响的可变模糊集分析方法。对典型流域年降雨径流序列及洪峰、次洪量和洪峰滞时等时间序列，进行基于可变模糊集理论的质变与量变演变特征分析及变异点检验，研究上下确界及基准期的选择是否对变异点的识别产生影响，以揭示其时程变化的演变趋势，给出降雨径流及洪峰、次洪量和洪峰滞时等水文特征值的演变趋势。

（7）下垫面变化影响下设计洪水修订及非一致性洪水序列频率计算方法。探讨下垫面变化影响下设计洪水修订计算问题，给出利用降雨径流相关法进行设计洪水修订的具体方法。采用降雨径流相关关系和洪峰洪量相关关系进行下垫面变化前洪水序列的还现计算，并推求现状下垫面条件下的设计洪水。在水文序列"非一致性"识别方法与归因分析方法的基础上，探讨直接对非一致性洪水序列进行频率分析来计算设计洪水问题，分别采用混合分布法和条件概率分布法对实测洪水序列进行非一致性洪水频率分析，并采用 AIC 准则判断序列的最优拟合分布，推求下垫面变化后的设计洪水过程，与原设计洪水成果进行对比分析，给出下垫面变化对设计洪水的影响程度。

（8）非一致性洪水峰量的设计洪水联合分析计算方法。在给出水库入库洪水洪峰和洪量单变量边缘分布的基础上，探讨水文序列多变量联合分布构建方法，应用 Copula 函数法构建水库非一致性年最大洪峰序列、最大洪量序列的两变量联合分布，并进行水库入库洪水洪峰、洪量联合分析，给出洪水洪峰、洪量联合分析中经常用到多变量重现期、条件概率、多变量联合分布设计值等的概念及推求方法，推求非一致性两变量联合分布设计值及非一致性两变量联合分布设计洪水过程线。对基于非一致性序列两变量联合分布法得到的洪水设计值，与非一致性序列单变量分布法对应的洪水设计值进行对比分析。

（9）非一致性对水文序列参数估计不确定性影响分析方法。以水库入库洪水的洪峰序列为研究对象，给出水文序列参数估计的一般计算方法，根据贝叶斯理论将先验信息和样本信息有机结合，采用 Gibbs－MCMC 算法对一致性修正前后的 P－Ⅲ型频率分布曲线参数不确定性进行估计，给出了相应参数的置信区间，并对比修正前后频率分析的预估区间结果，选取覆盖率、平均带宽、平均偏移度 3 个指标对修正前后预报区间优良性进行评价，借此分析水文序列非一致性对其参数估计不确定性的影响。

（10）非一致性设计洪水对水库调洪及区域防洪的影响。以海河流域大清河水系白洋淀上游西大洋水库、王快水库、龙门水库和横山岭水库等 4 座大型水库为研究对象，给出各水库基于非一致性混合分布法的设计洪水过程线，对各水库进行调洪演算，对比分析洪水变异前后的水库调洪成果，研究下垫面变化对水库调洪的影响。对水库调洪演算给出的不同重现期下各水库的下泄流量过程，分别经下游河道洪水演进，再叠加河道区间设计洪水过程，给出不同重现期下的入淀设计洪水过程。通过下垫面变化前后入淀洪水过程及白洋淀调洪后的最高淀内水位和最大下泄流量的对比，分析评估非一致性设计洪水对区域防洪的影响。

1.4.2　研究方法

根据上述的研究内容，本书在大量的实际调研和现场查勘，及水文、地理、气象、社会经济和工程状况等资料信息收集的基础上，借助遥感、遥测和地理信息（GIS）等技术的支持，采用多学科交叉的研究方法，将宏观与微观相结合、特征统计分析和确定性分析相结合、水文模拟等方法，将对流域下垫面要素变化及对洪水影响问题进行系统研究，研究技术路线如图 1.2 所示。

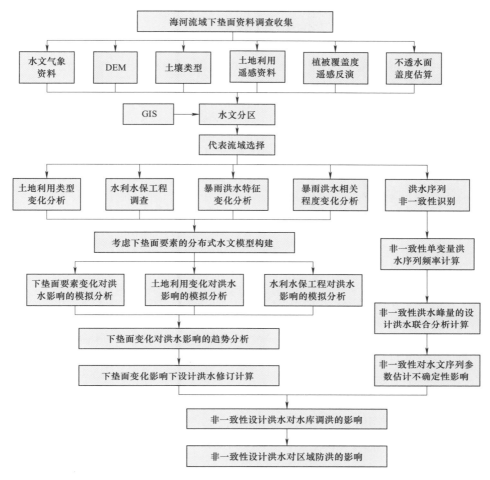

图 1.2   研究技术路线图

参考文献

Alila Y，Mtiraoui A，2002. Implications of heterogeneous flood - frequency distributions on traditional stream - discharge prediction techniques [J]. Hydrological Processes，16：1065 - 1084.

Alvarez C，Sanchez J，1980. Effects of urbanization on the hydrology of a suburban basin in Porto Alegre，Brazil [C]. In：Helsinki Symposium. The influence of man on the hydrological regime with special reference to representative and experimental basins. Dorking：IAHS.

Bae D H，Jung I W，Chang H，2008. Long - term trend of precipitation and runoff in Korean river basins [J]. Hydrological Processes，22：2644 - 2656.

Bahremand A，Smedt F De，Corluy J，et al，2007. WetSpa model application for assessing reforestation impacts on floods in Margecany - Hornad watershed，Slovakia [J]. Water Resources Management，21：1373 - 1391.

Bari M A，Smettem K R J，Sivapalan M，2005. Understanding changes in annual runoff following land use changes: a systematic data based approach [J]. Hydrological Processes, 19: 2463 – 2479.

Bender J, Wahl T, Jensen J, 2014. Multivariate design in the presence of non – stationarity [J]. Journal of Hydrology, 514: 123 – 130.

Bewket W, Sterk G, 2005. Dynamics in land cover and its effect on stream flow in the Chemoga watershed, Blue Nile basin, Ethiopia [J]. Hydrological Processes, 19: 445 – 458.

Bronstert A, Bardossy A, Bismuth C, et al, 2007. Multi – scale modeling of land – use change and river training effects on floods in the Rhine basin [J]. River Research and Applications, 23: 1102 – 1125.

Bronstert A, Niehoff D, Burger G, 2002. Effects of climate and land use change on storm runoff generation: present knowledge and modeling capabilities [J]. Hydrological Processes, 16: 509 – 529.

Brown R G, 1988. Effects of Precipiation and land use on storm runoff [J]. Water Resources Bulletin, 24: 421 – 425.

Campans N A, Tucol C E M, 2001. Predicting floods from urban development scenarios: case study of the Dilúvio Basin, Porto Alegre, Brazil [J]. Urban Water, 3: 113 – 124.

Castro N M D R, Auzet A V, Chevallier P, et al, 1999. Land use change effects on runoff and erosion from plot to catchment scale on the basaltic plateau of southern Brazil [J]. Hydrological Processes, 13: 1621 – 1628.

DeFries R, Eshleman K N, 2004. Land – use change and hydrologic processes: a major focus for the future [J]. Hydrological Processes, 18: 2183 – 2186.

De Roo A, Odijk M, Koster E, et al, 2001. Assessing the effects of land use changes on floods in the Meuse and Oder catchment [J]. Physics and Chemistry of the Earth, 26: 593 – 599.

Espey W H, Winslow D E, Morgan C W, 1969. Urban effects on the unit hydrograph [M]. In: Moore W L and Morgan C W. Effects of watershed changes on streamflow. Austin, TX: University of Texas Press.

Favre A C, El Adlouni S, Perreault L, et al, 2004. Multivariate hydrological frequency analysis using Copulas [J]. Water Resources Research, 40: 290 – 294.

Glick P H, 1987. The development and testing of a water balance model for climate impact assessment: modeling the Sacramento basin [J]. Basic Water Resources research, 23: 1049 – 1061.

Jenicek M, 2007. Effects of land cover on runoff process using SCS CN method in the upper Chomutovka catchment [C]. In proceedings of the 1st scientific conference on integrated catchment management for hazard mitigation.

Jiang C, Xiong L H, Xu C Y, et al, 2015. Bivariate frequency analysis of nonstationary low – flow series based on the time – varying copula [J]. Hydrological Processes, 29: 1521 – 1534.

Juan B S, MacDonald L H, 2001. Post – fire runoff and erosion from simulated rainfall on small plots, Colorado Front Range [J]. Hydrological Processes, 15: 2931 – 2953.

Kang S, Park J I, Singh V, 1998. Effects of urbanization on runoff characteristics of the on – cheon stream watershed in Pusan, Korea [J]. Hydrological Processes, 25: 351 – 363.

Kezer K, Matsuyama H, 2006. Decrease of river runoff in the Lake Balkhash basin in Central Asia [J]. Hydrological Processes, 20: 1407 – 1423.

Kimaro T A, Tachikawa Y, Takara K, 2005. Distributed hydrologic simulations to analyze the impacts of land use changes on flood characteristics in the Yasu River basin in Japan [J]. Journal of Natural Disaster Science, 27: 85 – 94.

Langbein W B, 1949. Annual runoff in the United States [J]. US Geological Survey Circular, 52: 14.

Li J Z, Feng P, 2007. Runoff variations in the Luanhe River Basin during 1956 – 2002 [J]. Journal of Geographical Sciences, 17: 339 – 350.

Liu Y B, De Smedt F, 2005. Flood modeling for complex terrain using GIS and remote sensed information [J]. Water Resources Management, 19: 605 – 624.

López J, Francés F, 2013. Non – stationary flood frequency analysis in continental Spanish rivers, using climate and reservoir indices as external covariates [J]. Hydrology and Earth System Sciences, 17: 3189 – 3203.

Ma H, Yang D, Tan S K, et al, 2010. Impact of climate variability and human activity on streamflow decrease in the Miyun Reservoir catchment [J]. Journal of Hydrology, 389: 317 – 324.

Ma Z, Kang S, Zhang L, et al, 2008. Analysis of impacts of climate variability and human activity on streamflow for a river basin in arid region of northwest China [J]. Journal of Hydrology, 352: 239 – 249.

Nash L L, Gleick P H, 1991. Sensitivity of stream flow in the Colorado Basin to Climate Change [J]. Journal of Hydrology, 125: 221 – 241.

Naef F, Scherrer S, Weiler M, 2002. A process based assessment of the potential to reduce flood runoff by land use change [J]. Journal of Hydrology, 267: 74 – 79.

Naik P K, Jay D A, 2005. Estimation of Columbia River virgin flow: 1879 to 1928 [J]. Hydrological Processes, 19: 1807 – 1824.

Nemec J, Schaake J, 1982. Sensitivity of water resource system to climate variation [J]. Hydrological Sciences Journal, 27: 327 – 343.

Onyando J O, Olang L O, Chemelil M C, 2005. Regional analysis of conceptual rainfall – runoff models for runoff simulation in ungauged catchments of Kenya [J]. Journal of Civil Engineering Research and Practice, 2: 23 – 37.

Ploeg R R V D, Schweigert P, 2001. Elbe river flood peaks and postwar agricultural land use in East Germany [J]. Naturwissenschaften, 88: 522 – 525.

Richard M V, Chad Y, Meghan W, 2011. Nonstationarity: Flood magnification and recurrence reduction factors in the United States [J]. Journal of the American Water Resources Association, 47: 464 – 474.

Rossi F, Fiorentino M, Versace P, 1984. Two – component extreme value distribution for flood frequency analysis [J]. Water Resources Research, 20: 847 – 856.

Saghafian B, Farazjoo H, Bozorgy B, et al, 2008. Flood intensification due to changes in land use [J]. Water Resources Management, 22: 1051 – 1067.

Sankarasubramanian A, Lall U, 2003. Flood quantiles in a changing climate: Seasonal forecasts and causal relations [J]. Water Resources Research, 39. DOI: 10. 1029/2002WR001593

Singh K P, 1968. Hydrologic distributions resulting from mixed populations and their computer simulation [J]. In: Hydrology symposium. International Association of Scientific Hydrology, 81: 671 – 681.

Singh K P, Sinclair R A, 1972. Two – distribution method for flood frequency analysis [J]. Journal of the Hydraulics Division, 98: 28 – 44.

Singh V P, Wang S X, Zhang L, 2005. Frequency analysis of nonidentically distributed hydrologic flood data [J]. Journal of Hydrology, 307: 175 – 195.

Sriwongsitanon N, Taesombat W, 2011. Effects of land cover on runoff coefficient [J]. Journal of Hydrology, 410: 226 – 238.

Stockton C W, Boggess W R, 1979. Geohydrological implications of climate change on water resource development［D］. Tucson：University of Arizona.

Strupczewski W G，Kaczmarek Z，2011. Non‐stationary approach to at‐site flood frequency modelling Ⅱ. Weighted least squares estimation［J］. Journal of Hydrology，248：143－151.

Strupczewski W，Singh V，Feluch W，2001. Non‐stationary approach to at‐site flood frequencymodelling Ⅰ. Maximum likelihood estimation［J］. Journal of Hydrology，248：123－142.

Strupczewski W，Singh V，Mitosek H，2001. Non‐stationary approach to at‐site flood frequency modelling Ⅲ. Flood analysis of Polish rivers［J］. Journal of Hydrology，248：152－167.

Thomthwite G W，1949. An approach toward a rational classification of climate［J］. Geographical Review，38：55－94.

Van de Ploeg R R，Schweigert P，2001. Elbe river flood peaks and postwar agricultural land use in East Germany. Natruwissenschaften，88：522－525.

Waylen P，Woo M K，1982. Prediction of annual floods generated by mixed processes［J］. Water Resources Research，18：1283－1286.

Yue S，Rasmussen P，2002. Bivariate frequency analysis：discussion of some useful concepts in hydrological application［J］. Hydrological Processes，16：2881－2898.

Zhang L，Singh V. Trivariate flood frequency analysis using the Gumbel‐Hougaard copula［J］. Journal of Hydrologic Engineering，2007，12：431－439.

Zheng F，Andrea Z，Philip B，et al，2010. Using a distributed hydrologic model to evaluate the location of urban development and flood control storage［J］. Journal of Water Resources and Management，136：597－601.

包为民，胡金虎，2000. 黄河上游径流资源及其可能变化趋势分析［J］. 水土保持通报，20 (2)：15－18.

陈守煜，2008. 可变模糊集量变与质变判据模式及其应用［J］. 系统工程与电子技术，30 (10)：1879－1882.

陈守煜，2009. 基于可变模糊集的质变与量变定理——兼论集对分析［J］. 数学的实践与认识，39 (11)：195－201.

曹明亮，张弛，周惠成，等. 丰满上游流域人类活动影响下的降雨径流变化趋势分析［J］. 水文，2008，28 (5)：86－89.

蔡新广，2004. 石匣小流域水土保持措施蓄水保土效益试验研究［J］. 资源科学，26 (8)：144－150.

蔡玉林，孙国清，过志峰，等，2009. 气候变化对鄱阳湖流域径流的影响模拟［J］. 资源科学，31 (5)：743－749.

陈军锋，李秀彬，2001. 森林植被变化对流域水文影响的争论［J］. 自然资源学报，16 (5)：474－480.

陈立群，刘昌明，2007. 黄河源区气候和土地覆被变化对径流的影响［J］. 中国环境科学，27 (4)：559－565.

程根伟，石培礼，田雨，2011. 西南山地森林变化对洪水频率影响的模拟［J］. 山地学报，29 (5)：561－565.

程江，杨凯，刘兰岚，等，2010. 上海中心城区土地利用变化对区域降雨径流的影响研究［J］. 自然资源学报，20 (6)：914－925.

成静清，2010. 非一致性年径流序列频率分析计算［D］. 杨凌：西北农林科技大学.

崔雪晴，蔡体久，刘文彬，2010. 小兴安岭林区森林覆盖率变化对小流域径流的影响［J］. 水土保持学报，24 (1)：16－19.

丁相毅，贾仰文，王浩，等，2010. 气候变化对海河流域水资源的影响及其对策［J］. 自然资源学报，20 (4)：604－613.

杜鹃，徐伟，赵智国，等，2010. 湘江流域近30年径流量与水位的长期变化规律研究 [J]. 应用基础与工程科学学报，18 (3)：369 – 378.

范世香，裴铁璠，牛丽华，等，1992. 森林对地表径流影响的模拟实验初探 [J]. 水科学进展 (3)：179 – 182.

冯平，李新，2013. 基于 Copula 函数的非一致性洪水峰量联合分析 [J]. 水利学报，44 (10)：1137 – 1147.

冯平，李建柱，徐仙，2008. 潘家口水库入库水资源变化趋势及影响因素 [J]. 地理研究，27 (1)：213 – 220.

傅国斌，1991. 全球变暖对华北水资源影响的初步分析 [J]. 地理与地理信息科学 (4)：22 – 26.

傅丽昕，陈亚宁，李卫红，等，2008. 塔里木河三源流区气候变化对径流量的影响 [J]. 干旱区地理，31 (2)：237 – 242.

郭宗锋，马友鑫，李红梅，等，2006. 流域土地利用变化对径流的影响 [J]. 水土保持研究，13 (5)：139 – 142.

郝芳华，杨桂莲，吴险峰，等，2004. 黄河小花间石山林区产汇流特征 [J]. 地理研究，23 (2)：165 – 174.

胡凤彬，沈言贤，金柳文，等，1989. 流域水文模型参数的水文分区法 [J]. 水文 (1)：34 – 40.

贾仰文，高辉，牛存稳，等，2008. 气候变化对黄河源区径流过程的影响 [J]. 水利学报，39 (1)：52 – 58.

姜红梅，任立良，安如，等，2004. 基于土地利用与地表覆盖遥感信息的洪水过程模拟 [J]. 河海大学学报 (自然科学版)，32 (2)：131 – 135.

江善虎，任立良，雍斌，等，2010. 气候变化和人类活动对老哈河流域径流的影响 [J]. 水资源保护，26 (6)：1 – 4，15.

李森，2006. 植被变化对南小河沟流域水文要素的影响 [D]. 西安：西安理工大学.

李天元，郭生练，刘章君，等，2014. 基于峰量联合分布推求设计洪水 [J]. 水利学报，45 (3)：269 – 276.

李天元，郭生练，闫宝伟，等，2013. 基于多变量联合分布推求设计洪水过程线的新方法 [J]. 水力发电学报，32 (3)：10 – 14，38.

李文华，何永涛，2001. 森林对径流影响的研究与展望 [J]. 自然资源学报，16 (5)：399 – 406.

李析男，胡彩虹，杨帆，2010. 径流对气候变化响应的定量分析研究 [J]. 水资源与水工程学报，21 (1)：62 – 66.

梁忠民，胡义明，王军，2011. 非一致性水文频率分析的研究进展 [J]. 水科学进展，22 (6)：864 – 871.

林峰，陈莹，陈芬，2010. 流域森林覆被变化对多峰暴雨洪水过程的影响. 中国水土保持科学，8 (5)：19 – 23.

林木生，陈兴伟，陈莹，2011. 晋江西溪流域土地利用覆被变化及其洪水响应分析 [J]. 南水北调与水利科技，9 (1)：80 – 83.

刘昌明，钟骏襄，1978. 黄土高原森林对年径流影响的初步分析 [J]. 地理学报，33 (2)：112 – 126.

栾兆擎，胡金明，邓伟，等，2007. 人类活动对挠力河流域径流情势的影响 [J]. 资源科学，29 (2)：46 – 51.

穆兴民，李靖，王飞，2004. 基于水土保持的流域降水-径流统计模型及其应用 [J]. 水利学报 (5)：122 – 128.

穆兴民，王文龙，徐学选，1999. 黄土高塬沟壑区水土保持对小流域地表径流的影响. 水利学报 (2)：71 – 75.

綦俊谕，蔡强国，蔡乐，2011. 岔巴沟、大理河与无定河水土保持减水减沙作用的尺度效应 [J]. 地理科学进展，30 (1)：95 – 102.

秦年秀，姜彤，许崇育，2005. 长江流域径流趋势变化及突变分析 [J]. 长江流域资源与环境，14 (5)：

289 - 594.

仇亚琴，王水生，贾仰文，等，2006．汾河流域水土保持措施水文水资源效应初析 ［J］．自然资源学报，21 (1)：24 - 30.

阮伏水，周伏建，1996．花岗岩不同土地利用类型坡地产流和入渗特征 ［J］．土壤侵蚀与水土保持学报，2 (3)：1 - 7.

芮孝芳，2004．水文学原理 ［M］．北京：中国水利水电出版社.

宋松柏，李扬，蔡明科，2012．具有跳跃变异的非一致分布水文序列频率计算方法 ［J］．水利学报，43 (6)：734 - 739，748.

唐芳芳，徐宗学，左德鹏，2012．黄河上游流域气候变化对径流的影响 ［J］．资源科学，34 (6)：1079 - 1088.

汤立群，陈国祥，1995．水利水保措施对黄土地区产流模式的影响研究 ［J］．人民黄河 (1)：19 - 22.

万荣荣，杨桂山，李恒鹏，2008．流域土地利用/覆被变化的洪水响应——以太湖上游西苕溪流域为例 ［J］．自然灾害学报，17 (3)：10 - 15.

王纲胜，夏军，万东晖，等，2006．气候变化及人类活动影响下的潮白河月水量平衡模拟 ［J］．自然资源学报，21 (1)：86 - 91.

王国庆，张建云，贺瑞敏，2006．环境变化对黄河中游汾河径流情势的影响研究 ［J］．水科学进展，17 (6)：853 - 858.

王国庆，张建云，刘九，等，2008．气候变化和人类活动对河川径流影响的定量分析 ［J］．中国水利 (2)：55 - 58.

汪美华，谢强，王红亚，2003．未来气候变化对淮河流域径流深的影响 ［J］．地理研究，22 (1)：79 - 86.

王清华，李怀恩，卢科锋，等，2004．森林植被变化对径流及洪水的影响分析 ［J］．水资源与水工程学报，15 (2)：21 - 24.

吴学鹏，林俊俸，李朝忠，1992．都市化对小流域水文影响的研究 ［J］．水科学进展 (2)：155 - 160.

夏军，乔云峰，宋献方，等，2007．岔巴沟流域不同下垫面对降雨径流关系影响规律分析 ［J］．资源科学，29 (1)：70 - 76.

夏军，王渺林，2008．长江上游流域径流变化与分布式水文模拟 ［J］．资源科学，30 (7)：962 - 967.

向华，刘青泉，李家春，2004．地表条件对坡面产流的影响 ［J］．水动力学研究与进展，19 (6)：774 - 782.

肖义，郭生练，刘攀，等，2007a．基于两变量分布的峰量联合分析 ［J］．长江科学院院报，24 (2)：13 - 16，21.

肖义，郭生练，刘攀，等，2007b．基于 Copula 函数的设计洪水过程线方法 ［J］．武汉大学学报 (工学版)，40 (4)：13 - 17.

谢平，陈广才，雷红富，等，2008．变化环境下地表水资源评价方法 ［M］．北京：科学出版社.

谢平，朱勇，陈广才，等，2007．考虑土地利用/覆被变化的集总式流域水文模型及应用 ［J］．山地学报，25 (3)：257 - 264.

信忠保，余新晓，甘敬，等，2009．黄河中游河龙区间植被覆盖变化与径流输沙关系研究 ［J］．北京林业大学学报，31 (5)：1 - 7.

叶许春，张奇，刘健，等，2009．气候变化和人类活动对鄱阳湖流域径流变化的影响研究 ［J］．冰川冻土，31 (5)：835 - 842.

游松财，Takahashi K，Matsuoha Y，2002．全球气候变化对中国未来地表径流的影响 ［J］．第四纪研究，22 (2)：148 - 157.

张国胜，李林，2000．黄河上游地区气候变化及其对黄河水资源的影响 ［J］．水科学进展，11 (3)：278 - 283.

张建军，纳磊，董煌标，等，2008. 黄土高原不同植被覆盖对流域水文的影响 ［J］. 生态学报，28（8）：3597-3605.

张升堂，康绍忠，张楷，2004. 黄土高原水土保持对流域降雨径流的影响分析 ［J］. 农业工程学报，20（6）：56-59.

张文胜，蒋蓉，2004. 马颊河上游南乐站径流变化分析 ［J］. 水文，24（5）：37-40.

朱冰冰，李占斌，李鹏，等，2010. 草本植被覆盖对坡面降雨径流侵蚀影响的试验研究 ［J］. 土壤学报，47（3）：401-407.

第 2 章 流域下垫面要素的识别方法

2.1 概述

影响流域洪水变化的下垫面因素主要有：地貌、植被、地质条件、土壤以及土地利用。土地利用是人类根据土地的特点，按一定的经济与社会目的，采取一系列生物和技术手段，对土地进行的长期性或周期性的经营活动，通过不同土地利用类型的量变与质变，已经成为了影响流域洪水的重要下垫面因素。主要表现在两个方面：①在时间和空间尺度上，土地利用随着经济社会的发展以及人口的增加发生了巨大的变化，无论是变化量，还是变化速度，相对于其他几种下垫面要素都要明显得多；②土地利用的改变，必然要引起土地自然属性的一系列变化，从而对植被、地质、土壤等产生影响，使其发生变化从而对洪水产生影响。

流域下垫面要素的识别方法主要有实地调查分析和遥感影像资料分析两种方法。但在像海河流域这样面积较大的区域，尤其是山区占有较大比例，通过实地调查分析海河流域各时期下垫面要素变化情况工作量大，而且实现起来也比较困难。而通过遥感影像资料分析获取海河流域下垫面要素情况，所得到的资料比较系统全面且具有一定的精度。因此，可以针对土地利用这一主要下垫面要素，通过土地利用类型的重新分类，来探讨流域下垫面要素遥感资料的提取和识别方法。遥感影像分类一直是遥感技术领域研究的一项重要内容，经历了人工目视解译到计算机自动分类的过程。传统的计算机自动分类的方法主要是基于概率统计的监督分类和非监督分类方法。然而，由于遥感影像本身的复杂性，"同物异谱，异物同谱"现象的存在，以及这种概率统计方法对光谱特征正态分布的先验要求，纯粹地依赖影像光谱特征的分类方法在地表状况复杂的地区往往难以得到较高的精度。

多年来，国内外学者一直都在探求能够自动、高效地实现遥感影像解译的方法，研究思路大体分为两种：①研究新的分类算法，如人工神经网络方法、模糊数学方法等；②利用多源数据，将专家目视解译时用到的知识加入到计算机自动解译过程中进行综合分类。提高影像分类精度还可以依靠其他辅助数据。GIS 环境下的遥感分类是借助于 GIS 中已有的背景数据资料或辅助数据资料（如高程、坡度、坡向及土壤、地质、土地覆盖等专题信息），对遥感影像的每个点像元按光谱特征而进行的遥感分类。

Lawrence 等（2001）采用分类回归树方法进行 TM 影像土地利用/土地覆盖分类，该方法利用地理辅助数据和光谱数据参与分类，结果表明该方法有较高的分类精度且易于实现，无需像基于知识的分类那样建立复杂的知识库。赵萍等（2005）以江苏省江宁试验区土地利用/覆被分类为例，也利用分类回归树分析（CART）从训练样本数据集中发现分类规则，集成遥感影像的光谱特征、纹理特征和空间分布特征进行分类实验，并与传统的监督分类和逻辑通道分类方法进行比较。结果表明，基于 CART 的分类方法的精度基本在 80% 以上，与另两种方法相比，有了较大的提高。Kontoes 等（1993）在用基于光谱的方法确定土地覆盖的类别时，还同时进行了基于纹理的分类，得到较概括的类，一个概括了的类可以再分为多个土地覆盖类。以基于光谱和基于纹理的分类结果与规则库和 GIS 中的辅助数据相结合，用 D－S 理论进行不确定性推理，最后得到分类结果。Yang 等（2002）利用了不同时相 MSS 和 TM 影像，在利用非监督 ISODATA 分类基础上，结合 GIS 提供的土地覆盖图等地理辅助数据参与分类，研究了美国亚特兰大市的土地利用/土地变化情况。张友水等（2003）采用了融合遥感影像光谱数据和 GIS 产生的地理辅助数据进行土地利用类型分类的方法，选择最能反映实验区土地利用信息的光谱数据，结合 DEM 数据和坡度数据，通过归一化处理后进行 BP 网的训练分类。结果表明，该方法优于最大似然法。为提高高分辨率遥感影像的分类精度，程昌秀等（2001）采用 GIS 与 RS 集成的分类技术，从遥感影像和 GIS 矢量数据一体化角度出发，充分利用矢量数据的图斑边界信息，通过提取单一地类图斑内的灰度特征、纹理特征和形态特征识别图斑所属地类。在高分辨率遥感影像的土地利用分类中，这种 GIS 与 RS 集成的分类技术的准确率超过了传统遥感影像分类的准确率。

利用遥感方法反演地表生物物理参数已经越来越广泛地应用于各行各业，也成为植被覆盖度测量与监测的主要手段。通过遥感反演植被覆盖度的方法主要有经验模型法、植被指数法与像元分解模型法。经验模型法首先根据样点建立地表实测植被覆盖度与遥感信息之间的估算模型，然后将该模型推广到整个研究区域，计算植被覆盖度。植被指数法是通过对影像中植被类型及分布特征的分析，直接用植被指数分级统计结果来近似估算植被覆盖度的方法。该方法不需要建立回归模型，所用的植被指数一般都通过验证，与覆盖度具有良好的相关关系。像元分解法是近些年被日益广泛使用的方法，可看作是在植被指数法基础上所做的改进，其原理是图像中的一个像元实际上可能由多个组分构成，每个组分对遥感传感器所观测到的信息都有贡献，因此可以将遥感信息（波段或植被指数）分解，建立像元分解模型，并利用此模型估算植被覆盖度（Gutman et al，1998；Tammervik et al，2003）。像元二分模型是一个最简单的像元分解模型，它假设像元只由两部分构成：植被覆盖地表与无植被覆盖地表。所得的光谱信息也只由这两个组分因子线性合成，它们各自的面积在像元中所占的比率即为各因子的权重，其中植被覆盖地表占像元的百分比即为该像元的植被覆盖度，因而可以使用此模型来估算植被覆盖度。Jiang 等（2006）在像元二分模型基础上提出了对均一像元和混合像元植被覆盖度的不同求算方法，其中混合像元又进一步分为等密度、非密度和混合密度亚像元，针对不同的亚像元结构，分别建立不同的植被覆盖度模型。廖春华等（2011）通过选择合适的植被指数建立了植被覆盖度反演模型——像元二分模型。然后运用该模型提取了新疆石河子地区的植被覆盖度信息。通过与地面样方数据进行交互比较，对反演植被覆盖度的精度进行了评价。

不透水面盖度对流域产汇流也有一定的影响，因此，流域不透水面盖度的遥感反演也极为重要。植被-不透水层-土壤模型是城市土地利用/覆被研究的重要进展，将其与线性光谱混合模型相结合估算城市地表各组分覆盖度，是城市遥感的研究热点。城市地表同种地物光谱变异强烈，给终端单元的选取带来较大不确定性，并直接影响线性光谱混合模型对各端元分量的拟合精度。光谱归一化方法（Lo et al, 1997）、多重端元光谱混合分析法（周红妹等, 2001）等能够提高识别精度。周纪等（2007）应用线性光谱混合模型, 以同种纯净地物光谱曲线形状具有相似性为出发点, 提出了一种端元优化选取方法, 可提高城市不透水层覆盖度的估算精度, 并计算了北京城市地表不透水层覆盖度。

　　本章主要根据遥感信息资料, 获取海河流域不同时相的土地利用/覆被分类图等表征下垫面情况的重要资料, 为下垫面要素变化对水文过程影响的研究, 提供可靠的数据基础。2.2 介绍资料搜集和野外调查情况；2.3 确定土地利用/土地覆被分类方法；2.4 给出不同时相海河流域的土地利用/覆盖情况, 并通过保定市部分县（区）土地利用情况的实际调查资料, 分析遥感资料的精确度；2.5 介绍流域植被覆盖度的反演方法；2.6 给出流域不透水面盖度估算及后处理方法；2.7 对本章主要方法和结论进行小结。

2.2　资料搜集和野外调查

2.2.1　资料搜集

　　研究过程中搜集的有关流域下垫面情况的信息资料, 主要包括基础资料和遥感资料两部分。其中, 基础资料包括流域行政界线、流域界线、90m 分辨率 DEM 图、1∶100 万土壤类型图（图 2.1）、海河流域产汇流分区图、河北省平原地区水文分区图和北京市山区洪水分

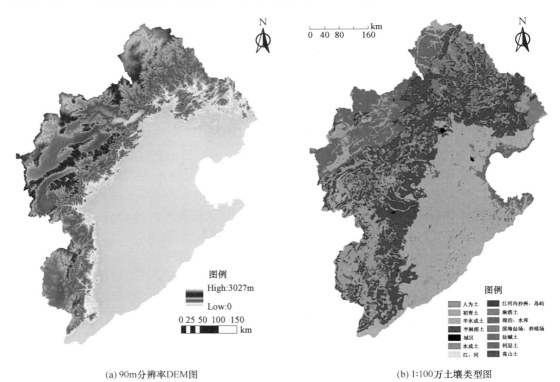

(a) 90m 分辨率 DEM 图　　　　　　　　　　(b) 1∶100 万土壤类型图

图 2.1　海河流域 90m 分辨率 DEM 和 1∶100 万土壤类型图

区图等；遥感资料包括 NOAA AVHRR（1b，1991—2000 年）、MODIS（1b，2000—2008 年）、NOAAAVHRR（Pat – hfinder，1984—2000 年）、Landsat MSS/TM/ETM$^+$（1970 年，1980 年，1990 年，2000 年，2008 年）、HJ – 1A/B（2008 年）影像等。

2.2.2　野外调查

为了保证土地利用/覆盖遥感分类时样本的代表性和分类结果的精度，先后组织了多次全流域野外调查，调查范围主要包括环北京、滦河山区、华北平原和山西部分地区（图2.2），采样点数量达到 1773 个，并重点对 21世纪初保定市分区（县）的土地利用情况进行了调研。主要是对各区域的土地利用/覆盖情况，按耕地，林地，草地，水域，城乡、工矿、居民用地和未利用地进行统计。其中，野外调查得到的一部分样点作为土地利用/覆盖分类样本点。另一部分样本，主要是保定市分区（县）的样本用于土地利用/覆盖分类结果精度评价。

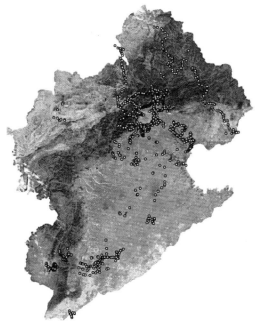

图 2.2　土地利用野外调查点分布位置

2.3　土地利用/土地覆被分类

2.3.1　分类系统

在区域土地利用/土地覆被的识别和分析中，为了确保获得的成果数据具有可比性（各种分类系统中所使用的地物名称对应同样的地物），就需要制定合理的分类标准。早在1976 年，美国地质调查局就针对遥感影像土地利用/土地覆被分类制定了分类标准（Anderson 等，1976）。2002 年 1 月，我国发布了全国土地分类（试用标准），并于 2005年在试用版的基础上修订成了国家标准。

按照分类使用的卫星影像空间分辨率的差异，可以将当前主流的分类系统分成两大类：①基于高分辨率遥感数据建立的土地分类系统。中国科学院“八五”重大应用项目“国家资源环境遥感宏观调查与动态分析”中，从土地资源角度建立起的基于 30m TM 遥感数据的二级土地分类系统——中国土地资源分类系统，以及美国基于 20 世纪 90 年代中期在美国地质调查局 Anderson 土地利用/覆盖分类系统的基础上，建立的国家土地覆盖NLCD 分类系统是其中的典型代表。②基于中粗分辨率遥感数据的土地覆盖分类系统，包括 IGBP 和 UMD 分类系统等为代表的全球土地覆盖分类系统（刘勇洪等，2006）。

实际上，不同地区、不同的分析目标需要定义和使用特定的土地覆被分类系统。因此，实际应用过程中，往往需要参照统一标准对分类类型做综合或细分。为满足下垫面变化对洪水影响的研究需求，针对海河流域的下垫面结构特征，将研究区土地分为耕地，林地，草地，水域，城乡、工矿、居民用地和未利用地 6 个一级类别，及水田、旱地、有林、灌木林等 23 个二级类别（表 2.1）。

表 2.1　　　　　　　　　　　　　　　土地利用/覆被分类及含义

一级类型	二级类型	含　义
耕地	—	指种植农作物的土地，包括熟耕地、新开荒地、休闲地、轮歇地、草田轮作地；以种植农作物为主的农果、农桑、农林用地；耕种三年以上的滩地和滩涂
	水田	指有水源保证和灌溉设施，在一般年景能正常灌溉，用以种植水稻、莲藕等水生农作物的耕地，包括实行水稻和旱地作物轮种的耕地
	旱地	指无灌溉水源及设施，靠天然降水生长作物的耕地；有水源和浇灌设施，在一般年景下能正常灌溉的旱作物耕地；以种菜为主的耕地，正常轮作的休闲地和轮歇地
林地	—	指生长乔木、灌木、竹类，以及沿海红树林地等林业用地
	有林地	指郁闭度＞30%的天然林和人工林，包括用材林、经济林、防护林等成片林地
	灌木林	指郁闭度＞40%、高度在 2m 以下的矮林地和灌丛林地
	疏林地	指疏林地（郁闭度为 10%～30%）
	其他林地	未成林造林地、迹地、苗圃及各类园地（果园、桑园、茶园、热作林园地等）
草地	—	指以生长草本植物为主，覆盖度在 5% 以上的各类草地，包括以牧为主的灌丛草地和郁闭度在 10% 以下的疏林草地
	高覆盖度草地	指覆盖度＞50% 的天然草地、改良草地和割草地。此类草地一般水分条件较好，草被生长茂密
	中覆盖度草地	指覆盖度 20%～50% 的天然草地和改良草地，此类草地一般水分不足，草被较稀疏
	低覆盖度草地	指覆盖度在 5%～20% 的天然草地。此类草地水分缺乏，草被稀疏，牧业利用条件差
水域	—	指天然陆地水域和水利设施用地
	河渠	指天然形成或人工开挖的河流及主干渠常年水位以下的土地，人工渠包括堤岸
	湖泊	指天然形成的积水区常年水位以下的土地
	水库坑塘	指人工修建的蓄水区常年水位以下的土地
	滩涂	指沿海大潮高潮位与低潮位之间的潮侵地带
	滩地	指河、湖水域平水期水位与洪水期水位之间的土地
城乡、工矿、居民用地	—	指城乡居民点及县镇以外的工矿、交通等用地
	城镇用地	指大、中、小城市及县镇以上建成区用地
	农村居民点	指农村居民点
	其他建设用地	指独立于城镇以外的厂矿、大型工业区、油田、盐场、采石场等用地、交通道路、机场及特殊用地

续表

一级类型	二级类型	含　义
未利用地	—	目前还未利用的土地、包括难利用的土地
	沙地	指地表为沙覆盖，植被覆盖度在5%以下的土地，包括沙漠，不包括水系中的沙滩
	盐碱地	指地表盐碱聚集，植被稀少，只能生长耐盐碱植物的土地
	沼泽地	指地势平坦低洼，排水不畅，长期潮湿，季节性积水或经常积水，表层生长湿生植物的土地
	裸土地	指地表土质覆盖，植被覆盖度在5%以下的土地
	裸岩石砾地	指地表为岩石或石砾，其覆盖面积＞50%的土地
	其他	指其他未利用土地，包括高寒荒漠、苔原等

2.3.2　分类方法

为使系统中土地覆盖遥感分类过程具有可重复性，增加分类结果的客观性和准确性，参照卢善龙（2008）提出的基于多方法和辅助数据的综合分类流程，建立了基于面向对象分类法、决策树分类法和最大似然分类法的综合分类方法（图2.3）。其过程主要包括3步：①采用面向对象的分类方法，对原始影像进行图斑分割，将具有相似光谱特征的地物（对象）聚合在一起，生成与影像上地物相对应的图斑集合；②利用决策树分类法，地形坡度和植被、水体、城镇等特征遥感指数，通过阈值分割将林地、水域和草本用地分离；③利用最大似然分类法分离出建设用地和自然裸露地。这一方法主要用于自动提取研究区一级分类类型。对于二级分类，则在一级分类的基础上结合阈值分割和人工目视判断进行提取。

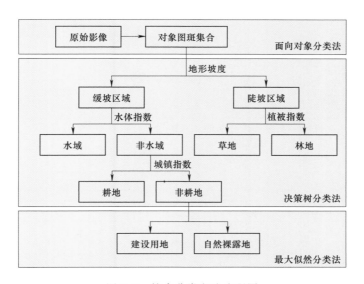

图2.3　综合分类方法流程图

2.4　土地利用分类结果及精度分析

2.4.1　分类结果

利用上述分类方法获取了海河流域 1980 年、1990 年、2000 年和 2008 年四期土地利用/覆盖分类图（图 2.4）。与野外调查验证点对比结果表明，流域整体分类精度在 85% 以上。可以看出，近 30 年来，海河流域建设用地、耕地和水域变化明显。建设用地呈辐射状向周边扩张，特别是京津冀地区及京广铁路沿线；平原区耕地受城镇及农村居民地扩张的影响，变化也非常大；水域变化主要表现为平原河网水面减少及渤海湾入海口处的水面增加。

从统计结果图 2.5 可以看出，研究区耕地面积逐渐减小，林地、草地、建设用地（城乡、工矿、居民用地）面积逐渐增加，水域面积增加最为明显，其他用地先减小后增加，整体呈减小趋势。其中，耕地面积减小 1.8 万 km^2，年变化率为 0.56%；林地、草地、建设用地增加面积分别为 0.4 万 km^2、0.3 万 km^2、1.2 万 km^2，年变化率分别为0.21%、0.37%、4.32%；水域减少 $627km^2$，年变化率为 0.44%，而其他用地和未利用地面积分别增加 $81km^2$、$170km^2$，年变化率分别为 0.05% 和 4.07%。

2.4.2　实际调查土地利用情况分析

21 世纪初，保定市管辖主要县（市、区）对其土地利用进行了调查，并把土地利用情况分为耕地，林地，草地，水域，城乡、工矿、居民用地及未利用土地等类型。实际调查资料的统计结果如表 2.2 所示。

表 2.2　　　　保定市主要县（市、区）21 世纪初土地利用实际调查情况统计

县（市、区）	土地利用类型												总计	
	耕地		林地		草地		水域		城乡、工矿、居民用地		未利用土地			
	面积/km^2	占总面积比例/%	面积/km^2	占总面积比例/%	面积/km^2	占总面积比例/%	面积/km^2	占总面积比例/%	面积/km^2	占总面积比例/%	面积/km^2	占总面积比例/%	面积/km^2	占总面积比例/%
望都县	250.11	77.78	10.19	3.17	0.00	0.00	0.68	0.21	55.07	17.12	5.54	1.72	321.59	100.00
定州市	770.51	79.19	40.34	4.15	2.35	0.24	0.00	0.00	93.80	9.64	65.96	6.78	972.96	100.00
容城县	207.83	72.32	3.30	1.15	0.00	0.00	9.78	3.40	60.62	21.10	5.83	2.03	287.36	100.00
定兴县	464.60	79.55	0.80	0.14	0.00	0.00	20.80	3.56	97.80	16.75	0.00	0.00	584.00	100.00
满城县	327.25	51.71	26.37	4.17	0.00	0.00	19.99	3.16	62.33	9.85	196.96	31.11	632.90	100.00
博野县	218.30	86.15	34.60	13.85	0.00	0.00	0.00	0.00	0.00	0.00	0.00	0.00	252.90	100.00
高阳县	339.72	81.89	26.66	6.43	0.00	0.00	0.00	0.00	11.20	2.70	37.30	8.99	414.88	100.00
高碑店	457.30	72.65	8.00	1.27	0.00	0.00	37.95	6.03	117.01	18.59	9.17	1.46	629.43	100.00
新市区	23.69	31.98	2.11	2.85	0.00	0.00	2.25	3.04	45.28	61.13	0.74	1.00	74.07	100.00

| 县（市、区） | 土地利用类型 | | | | | | | | | | | | | 总计 | |
| | 耕地 | | 林地 | | 草地 | | 水域 | | 城乡、工矿、居民用地 | | 未利用土地 | | | | |
	面积/km²	占总面积比例/%	面积/km²	占总面积比例/%	面积/km²	占总面积比例/%	面积/km²	占总面积比例/%	面积/km²	占总面积比例/%	面积/km²	占总面积比例/%	面积/km²	占总面积比例/%
涿州市	476.90	70.76	23.81	3.53	0.00	0.00	0.00	0.00	142.70	21.17	30.55	4.53	673.96	100.00
清苑县	679.03	85.26	8.08	1.01					70.66	8.87	38.62	4.86	796.39	100.00
蠡县	230.00	35.38	80.00	12.31	10.00	1.54	65.00	10.00	250.00	38.46	15.00	2.31	650.00	100.00
雄县	317.40	60.57	27.00	5.15			47.00	8.97	118.60	22.63	14.00	2.67	524.00	100.00
徐水县	467.40	74.88	21.50	3.44	0.01	0.00	15.60	2.50	70.70	11.33	49.03	7.85	624.24	100.00

从调查结果可以看出，耕地分布广、面积大，是最主要的土地利用类型。保定市主要县（市、区）土地总面积为 7438.68km²。其中，耕地面积为 5230.04km²，占全市土地总面积的 70.31%；林地面积 312.76km²，占总面积的 4.20%；草地面积为 12.36km²，占总面积的 0.17%；水域面积为 219.05km²，占总面积的 2.94%；城乡、工矿、居民用地面积为 1195.77km²，占总面积的 16.08%。

2.4.3 卫星遥感资料分析

利用 2006 年的卫星遥感数据，对遥感数据进行了图像处理，提取出保定市管辖各主要县市的各类土地利用面积，具体识别结果如表 2.3 所示。

表 2.3　　　　　　　　保定地区 2006 年土地利用的遥感数据识别结果

| 县（市） | 土地利用类型 | | | | | | | | 总计 | |
| | 耕地 | | 林地和草地 | | 水域 | | 城乡、工矿、居民用地 | | | |
	面积/km²	占总面积比例/%	面积/km²	占总面积比例/%	面积/km²	占总面积比例/%	面积/km²	占总面积比例/%	面积/km²	占总面积比例/%
望都县	363.55	95.58	0.00	0.00	0.00	0.00	16.81	4.42	380.36	100.00
定州市	1100.68	87.12	10.99	0.87	84.65	6.70	67.07	5.31	1263.39	100.00
容城县	263.22	85.35	0.00	0.00	8.68	2.82	36.49	11.83	308.39	100.00
定兴县	627.82	86.81	0.31	0.04	27.32	3.78	67.76	9.37	723.21	100.00
满城县	493.52	67.64	194.63	26.67	1.09	0.15	40.42	5.54	729.66	100.00
博野县	328.66	91.92	0.83	0.23	8.68	2.42	19.39	5.42	357.56	100.00
高阳县	453.19	94.49	0.00	0.00	0.00	0.00	26.44	5.51	479.63	100.00
涿州市	587.54	80.94	1.94	0.27	60.90	8.39	75.54	10.40	725.92	100.00
清苑县	866.28	91.95	3.73	0.40			72.16	7.65	942.17	100.00
雄县	452.17	86.14	0.00	0.00	21.87	4.17	50.88	9.69	524.92	100.00
徐水县	681.80	91.38	6.25	0.84	0.50	0.07	57.55	7.71	746.10	100.00

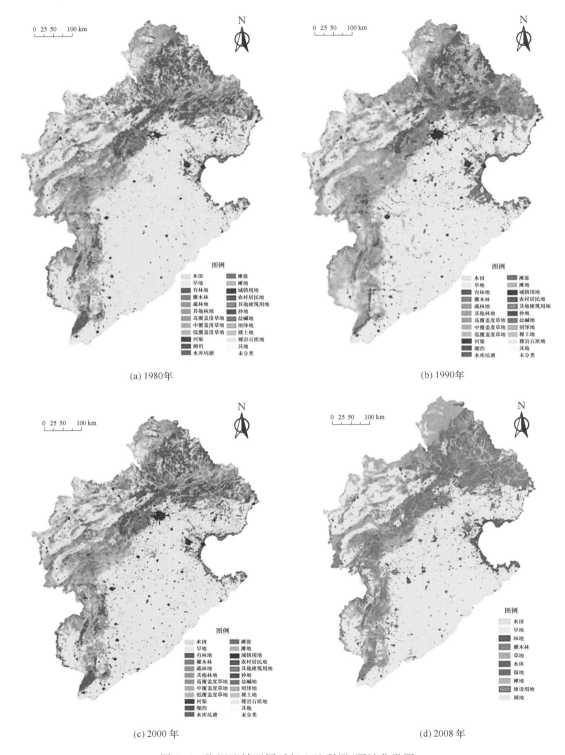

图 2.4　海河流域不同时相土地利用/覆被分类图

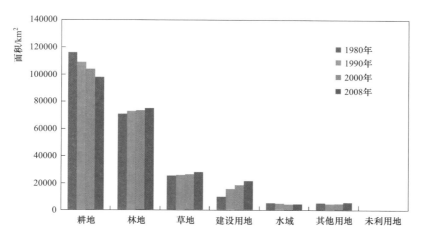

图 2.5　海河流域 1980—2008 年土地利用分类

从 2006 年遥感数据的识别结果来看，保定市土地利用类型主要可分为耕地、林地和草地、水域以及建设用地（城乡、工矿、居民用地）。保定市主要县市土地总面积为7181.31km²。其中，耕地面积为 6218.43km²，占全市土地总面积的 86.59％；林地和草地面积共有 218.68km²，占总面积的 3.05％；水域面积为 213.69km²，占总面积的2.98％；城乡、工矿、居民用地面积为 530.51km²，占总面积的 7.38％。

2.4.4　实际调查与遥感识别结果的对比分析

2.4.4.1　总体对比

对表 2.2 和表 2.3 给出的保定市主要县（市、区）土地利用情况进行统计，可以对比保定市同期实际调查结果和遥感数据识别结果，情况如表 2.4 所示。

表 2.4　　　　保定市土地利用面积实际调查结果与遥感数据识别结果的对比　　　　单位：km²

类型	耕地	林地和草地	水域	城乡、工矿、居民用地	合计
调查	5230.04	325.12	219.05	1195.77	6969.98
遥感	6218.43	218.68	213.69	530.51	7181.31

保定市同期实际调查和遥感数据识别出的各类土地利用类型比例如图 2.6 所示。

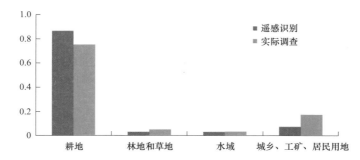

图 2.6　保定市土地利用实际调查和遥感识别的各类土地利用类型比例

由图 2.6 可见，两类结果的差别主要表现在耕地上，相差为 11.5％，其次为城乡、工矿和居民用地，相差 9.8％，水域、草地和林地的面积差距最小。从整体上来看，除耕地及城乡、工矿和居民用地外，实际调查及卫星遥感识别结果的差异较小。

2.4.4.2　部分县（市）具体对比

对表 2.2 和表 2.3 给出的保定市管辖主要县（市）的土地利用情况进行统计，可以对比保定市管辖部分县（市）的同期实际调查结果和遥感数据识别结果，具体统计情况如表 2.5 所示。

表 2.5　保定市管辖部分县市土地利用实际调查结果与遥感数据识别结果的对比

县（市）	土 地 利 用 类 型										
	耕 地		林地和草地		水 域		建设用地		合 计	
	偏差面积 /km²	偏差比例 /％	偏差面积 /km²	偏差比例 /％	偏差面积 /km²	偏差比例 /％	偏差面积 /km²	偏差比例 /％	偏差面积 /km²	偏差比例 /％
望都县	107.90	42.21	−10.19	−100.0	−0.68	−100.0	−38.26	−69.48	58.77	18.27
定州市	264.21	31.59	−31.70	−74.26	84.65	—	−26.73	−28.50	290.43	29.85
容城县	49.56	23.20	−3.30	100.0	−1.10	−11.25	−24.13	−39.81	21.03	7.32
定兴县	163.22	35.13	−0.49	−61.25	6.52	31.35	−30.04	−30.72	139.21	23.84
满城县	−30.69	−5.85	168.26	638.07	−18.90	−94.55	−21.91	−35.15	96.76	15.29
博野县	110.36	50.55	−33.77	−97.60	8.68	—	19.39	—	104.66	41.38
高阳县	76.17	20.20	−26.66	−100.0	0		15.24	136.07	64.75	15.61
涿州市	80.09	15.78	−21.87	−91.85	60.90	—	−67.16	−47.06	51.96	7.71
清苑县	148.63	20.71	−4.35	−53.84	0		1.50	2.12	145.78	18.31
雄县	120.77	36.44	−27.0	−100.0	−25.13	−53.47	−67.72	−57.10	0.92	0.18
徐水县	165.37	32.02	−15.26	−70.94	−15.10	−96.79	−13.15	−18.60	121.86	19.52

（1）望都县。望都县地处河北省中部平原，全县面积 321.59km²。由表 2.5、图 2.7 和图 2.8 可见，望都县土地利用类型以耕地和建设用地为主，其中耕地所占面积比例较

图 2.7　望都县土地利用遥感图

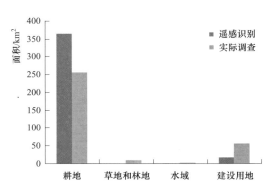

图 2.8　望都县实际调查与遥感识别结果对比

大，同期实际调查和遥感数据识别的总面积相差 58.77km²，偏差的百分比为 18.27%；耕地相差 107.90km²，偏差的百分比为 42.21%；林地和草地面积总和相差 10.19km²；水域相差 0.68km²，偏差的百分比为 100%；建设用地相差 38.26km²，偏差的百分比为 69.48%。其中以水域，草地和林地的偏差较大，其他土地类型的实际调查结果和遥感数据识别结果均相差很小。

（2）涿州市。涿州市位于河北省中部，保定市北部，西邻涞水县，南连高碑店市，东接固安县，东北及北侧与北京市大兴区及房山区毗邻。全县面积 673.96km²。由表 2.5、图 2.9 和图 2.10 可见，涿州市土地利用类型包括耕地、林地、草地、水域及建设用地，其中以耕地所占比例最大，同期实际调查和遥感数据识别的总面积相差 51.96km²，偏差的百分比为 7.71%；耕地相差 80.09km²，偏差的百分比为 15.78%；林地和草地面积和相差 21.87km²，偏差的百分比为 91.85%；水域相差 60.90km²；建设用地相差 67.16km²，偏差的百分比 47.06%。其中以林地和草地面积和的偏差较大，其他土地类型的实际调查结果和遥感数据识别结果均相差很小。

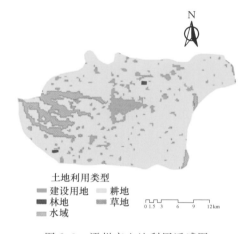

图 2.9　涿州市土地利用遥感图

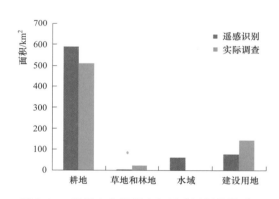

图 2.10　涿州市实际调查与遥感识别结果对比

（3）清苑县。清苑县位于河北省中部，太行山东麓，冀中平原西部，北靠京津。全县面积 896.39km²。由表 2.5、图 2.11 和图 2.12 可见，清苑县土地利用类型以耕地、林地、草地以及建设用地为主，其中以耕地所占比例最大，同期实际调查和遥感数据识别的耕地相差 148.63km²，偏差的百分比为 20.71%；林地和草地面积和相差 4.35km²，偏差的百分比为 53.84%；水域相差为 0；建设用地相差 1.5km²，偏差的百分比为 2.12%。其中以林地和草地面积之和的偏差较大，而耕地和建设用地的实际调查结果和遥感数据识别结果均相差较小。

（4）雄县。雄县处于冀中平原的北京、天津、保定三角腹地，南倚白洋淀。全县面积 524km²。由表 2.5、图 2.13 和图 2.14 可见，雄县土地利用类型以耕地、水域和建设用地为主，其中以耕地所占比例最大，同期实际调查和遥感数据识别的耕地相差 120.77km²，偏差的百分比为 36.44%；林地和草地面积和相差 27km²，偏差的百分比为 100%；水域相差 25.13km²，偏差的百分比 53.47%；建设用地相差 67.72km²，偏差的百分比为

图 2.11　清苑县土地利用遥感图

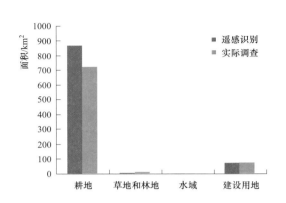

图 2.12　清苑县实际调查与遥感识别结果对比

57.10%。从图 2.14 可以直观看出，建设用地、水域，草地和林地面积和的土地实际调查结果和遥感数据识别结果相差稍大，耕地面积相差比例较小。

图 2.13　雄县土地利用遥感图

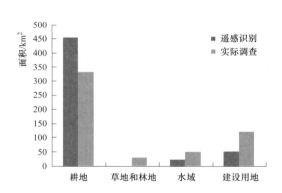

图 2.14　雄县实际调查与遥感识别结果对比

（5）徐水县。徐水县位于河北省中部，地处太行山东麓，北京、天津、石家庄金三角地带，全县面积 723km²。

由表 2.5 和图 2.15 可以看出，徐水县土地利用类型以耕地、林地、草地、水域、建设用地为主，其中以耕地占比例最大，同期实际调查和遥感数据识别的耕地相差 165.37km²，偏差的百分比为 32.02%；林地和草地面积和相差 15.26km²，偏差的百分比 70.94%；水域相差 15.10km²，偏差的百分比 96.79%；建设用地相差 13.15km²，偏差的百分比 18.6%。从图 2.16 可以看出，徐水县耕地、林地草地面积和，以及水域实际调查结果和遥感数据识别结果相差稍大，而建设用地相差较小。

（6）容城县。容城县位于华北平原腹地，北京、天津、石家庄三角中心地带，处于环

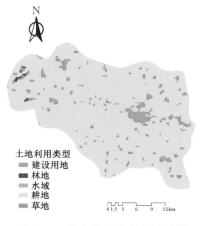

图 2.15 徐水县土地利用遥感图

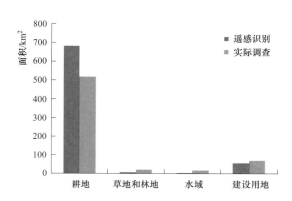

图 2.16 徐水县实际调查与遥感识别结果对比

京津和环渤海经济圈中。总面积 287.36km²。

由表 2.5 和图 2.17 可见，容城县土地利用类型以耕地、水域以及建设用地为主，其中仍以耕地所占比例最大，同期实际调查和遥感数据识别的耕地相差 49.56km²，偏差的百分比为 23.20%；林地和草地面积和相差 3.30km²，偏差的百分比为 100%；水域面积相差 1.10km²，偏差的百分比为 11.25%；建设用地相差 24.13km²，偏差的百分比 39.81%。从图 2.18 可以看出，林地和草地面积的实际调查结果和遥感数据识别结果相差稍大，耕地、水域和建设用地相差较小。

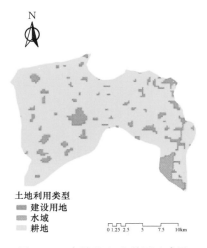

图 2.17 容城县土地利用遥感图

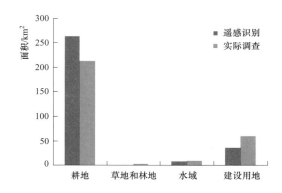

图 2.18 容城县实际调查与遥感识别结果对比

（7）高阳县。高阳县地处华北平原，位于河北省保定东部，北京、天津、石家庄、保定、沧州五个城市的黄金腹地，交通便利，四通八达，全县总面积 414.88km²。

由表 2.5 和图 2.19 可见，高阳县土地利用类型以耕地和建设用地为主，耕地所占面积比例较大，同期实际调查和遥感数据识别的耕地相差 76.17km²，偏差的百分比为 20.20%；林地和草地面积和相差 26.66km²，偏差的百分比为 100%；水域相差为 0；建

41

设用地相差 15.24km²，偏差的百分比 136.07%。从图 2.20 可以看出，林地草地面积和以及建设用地实际调查结果和遥感数据识别结果相差稍大，耕地相差较小。

图 2.19 高阳县土地利用遥感图

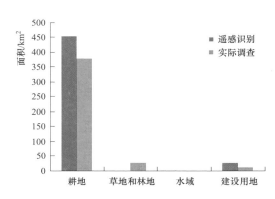

图 2.20 高阳县实际调查与遥感识别结果对比

综合保定市主要县（市）各类型土地的实际调查和遥感数据识别情况可以看出，由于资料分辨率限制，建设用地的遥感数据识别结果普遍较实际调查结果偏少。还有个别地区某些土地利用类型的遥感数据的识别结果与实际调查结果有一定偏差，但两者总体相差并不大，对于保定市各土地利用类型总面积，耕地所占比例偏差最大，为 11.5%。所以，遥感数据所识别的区域土地利用情况，经适当校正后，其精度还是满足要求的，可以用来分析海河流域各水系及典型流域下垫面状况的变化趋势。

2.5　流域植被覆盖度的反演

2.5.1　像元二分模型

根据像元二分模型的原理，通过遥感传感器所观测到的信息 S，可表达为由绿色植被部分所贡献的信息 S_v 和由裸土部分所贡献的信息 S_s 这两部分组成。将 S 线性分解为 S_v 与 S_s 两部分：

$$S = S_v + S_s \tag{2.1}$$

对于一个由土壤与植被两部分组成的混合像元，像元中有植被覆盖的面积比例即为该像元的植被覆盖度 f_c，而土壤覆盖的面积比例为 $1-f_c$。假设全部由植被所覆盖的纯像元，所得的遥感信息为 S_{veg}。混合像元的植被部分所贡献的信息 S_v 可表示为 f_c 与 S_{veg} 的乘积：

$$S_v = f_c S_{veg} \tag{2.2}$$

同理，假设全部由土壤所覆盖的纯像元，所得的遥感信息为 S_{soil}。混合像元的土壤部分所贡献的信息 S_s 可表示为 S_{soil} 与 $1-f_c$ 的乘积：

$$S_s = (1 - f_c) S_{soil} \tag{2.3}$$

将式（2.2）与式（2.3）代入式（2.1），可得：

$$S = f_c S_{\text{veg}} + (1 - f_c) S_{\text{soil}} \tag{2.4}$$

式（2.4）可以理解为将 S 线性分解为 S_{veg} 与 S_{soil} 两部分，这两部分的权重分别为它们在像元中所占的面积比例，即 f_c 与 $1 - f_c$。

对式（2.4）进行变换，可得到以下计算植被覆盖度的公式：

$$f_c = (S - S_{\text{soil}}) / (S_{\text{veg}} - S_{\text{soil}}) \tag{2.5}$$

其中 S_{soil} 与 S_{veg} 为可被固定的参数，因而可以根据式（2.5）利用遥感信息来估算植被覆盖度。

2.5.2 利用 NDVI 估算植被覆盖度

光谱植被指数（Vegetation Index，VI）是从遥感影像中抽象出来的对地表植被活动的简单、有效和经验的量度，它能够反映地表植被生长状况、覆盖情况、生物量、光合有效辐射、叶面积指数等生物物理特征。经过验证，植被指数与植被覆盖度有较好的相关性，用它来计算植被覆盖度是合适的（Choudhury et al，1994；Ivits et al，2009）。其中，归一化植被指数（Normalized Difference Vegetation Index，$NDVI$）对植被的生物物理特征十分敏感，且在时效、尺度方面都具有明显优势，通常被用来进行区域尺度的植被分类和植被覆盖研究（Tucker 和 Townshend，1985；Ehrlich et al，1994；Myneni et al，1997）。

$NDVI$ 具有以下几方面的优势：植被检测灵敏度较高；植被覆盖度的检测范围较宽；能消除地形和群落结构的阴影和辐射干扰；削弱太阳高度角和大气所带来的噪声。$NDVI$ 的计算公式为：

$$NDVI = (NIR - R) / (NIR + R) \tag{2.6}$$

式中：NIR 为近红外波段；R 为红波段。

根据像元二分模型，一个像元的 $NDVI$ 值可以表达为由绿色植被部分所贡献的信息 $NDVI_{\text{veg}}$，与裸土部分所贡献的信息 $NDVI_{\text{soil}}$ 这两部分组成，同样满足公式（2.4）的条件，因此可以将 $NDVI$ 代入式（2.5）：

$$f_c = (NDVI - NDVI_{\text{soil}}) / (NDVI_{\text{veg}} - NDVI_{\text{soil}}) \tag{2.7}$$

式中：$NDVI_{\text{soil}}$ 为完全为裸土或无植被覆盖区域的 $NDVI$ 值；$NDVI_{\text{veg}}$ 则代表完全被植被所覆盖像元的 $NDVI$ 值，即纯植被像元的 $NDVI$ 值。

植被覆盖度遥感估算流程如图 2.21 所示。首先，获得海河流域地区的 $NDVI$、土地利用和土壤数据；基于土地利用图和土壤图，针对每个单元计算 $NDVI$ 数据的频率累积值；根据频率统计表，土种单元内取累积频率为 5% 的 $NDVI$ 值为 $NDVI_{\text{soil}}$，土地利用单元内取累积频率为 95% 的 $NDVI$ 值为 $NDVI_{\text{veg}}$；最后，根据计算植被覆盖度公式（2.7）得到各时期海河流域地区的植被覆盖度分布图。

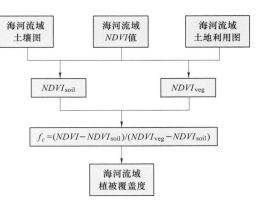

图 2.21 植被覆盖度遥感估算流程

2.5.3　植被覆盖监测数据集及精度分析

基于 Pathfinder AVHRR - NDVI 产品，获得了 1984—1997 年 8km 月度植被覆盖度监测结果，基于 SPOT - VGT 产品，获得了 1998—1999 年 1km 月度植被覆盖度，基于 MODIS - NDVI 产品，获得了 2000—2008 年 1km 空间分辨率月尺度植被覆盖度（图 2.22）。通过密云水库上游的实地考察，利用照相法对植被覆盖度的估算结果进行了验证，估算精度达 85%。

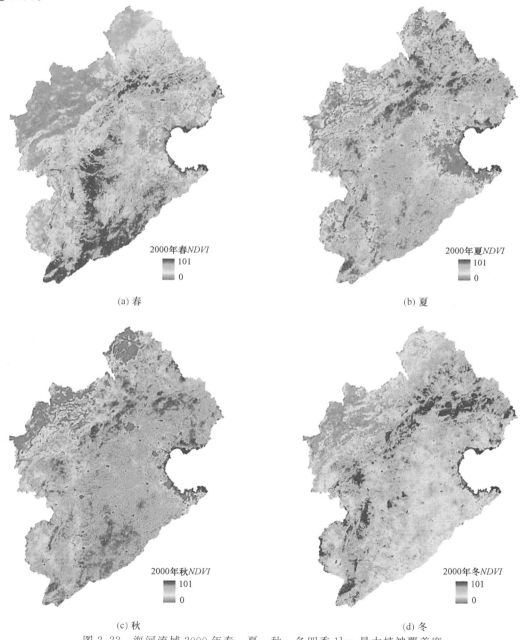

(a) 春　　　　　　　　　　　　　　　　(b) 夏

(c) 秋　　　　　　　　　　　　　　　　(d) 冬

图 2.22　海河流域 2000 年春、夏、秋、冬四季 1km 最大植被覆盖度

由密云县 2007 年植被覆盖度实测数据与遥感估算数据散点图（图 2.23）可知，植被覆盖度遥感反演精度非常高，实测值与遥感估算值之间的相关系数 r 为 0.96，判定系数 R^2 为 0.92。然而，受实测数据所限，其他年份结果精度无法验证。但由于不同时间所采用的反演方法一致，故认为其他时间植被覆盖度遥感产品数据具有类似的反演精度。

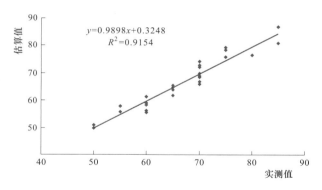

图 2.23 2007 年密云县实测值与估算值散点图

2.6 流域不透水面盖度的提取

2.6.1 模型的确定

线性光谱混合模型定义为像元在某一波段的反射率，是由有限个不同端元的反射率以其所占像元面积比例为权重系数的线性组合（赵英时，2003），它基于以下三点假设：①像元在某一波段的反射率（亮度值）是由构成像元的端元的反射率以其所占像元面积比例为权重系数的线性组合；②瞬时视场内的端元是同质的、相互隔离的，不存在端元间的多重散射；③相邻像元对目标像元的光谱没有影响。

其机理可以由下式描述：

$$D_{Ni} = \sum_{j=1}^{p} m_{ij}\alpha_j + e_i \quad (i=1,2,\cdots,L; j=1,2,\cdots,p) \tag{2.8}$$

式中：D_{Ni} 为像元在第 i 个波段的灰度值；L 为光谱波段数；p 为像元内端元数；m_{ij} 表示像元内第 j 端元在第 i 波段的灰度值；α_j 为像元内第 j 端元所占的面积比例；e_i 为第 i 波段灰度值误差项。

通过选取合适的端元的光谱信息，并结合混合像元的光谱值即可反求出各个端元的组分比例。端元的合理选择与否，对最终分解结果有着重要的影响。

考虑到海河流域内不透水面及其他端元的光谱空间变异性很强，故采取多端元的光谱分解模型对不透水面盖度进行估算。传统的多端元光谱分解模型中，模型分解使用的端元种类可以变化，每种端元的光谱数目也可以变化。通常情况下，对模型使用的各端元分别选取几个或几十个光谱构成该端元的光谱库，每个像元分解时，各端元均从光谱库中选取一种光谱，从而得到多种分解结果。根据模型分解得到的残差，选取最小残差所对应的分解结果作为像元的最终结果。端元的这种选择策略虽然能减少模型分解所产生的误差，但分解得到的不透水面盖度结果缺少连续性，图斑非常破碎。而且对于几十景的影像，解算起来运行效率非常低。

本书采用的多端元光谱分解模型，对每种端元类型仅选择具有代表性的 2～3 种光谱构成端元光谱库，对每个像元进行多端元的光谱混合分解。这种端元的选取策略不仅能从宏观上控制模型的误差，又能使结果具有很好的连续性和可读性。不透水面提取流程如图 2.24 所示。

2.6.2　端元的选取

端元的选取是模型成功与否的关键，端元的种类和数目均需确定。本书选取植被、不透水面、裸土这三种端元作为线性光谱分解模型的输入。研究区内所有的影像通过选取合适的影像端元，来确保每景影像分解得到的不透水面盖度可靠。

端元的选取有很多种方法（Lu 等，2004），这里将原始影像和已有的 SPOT5 高分辨率影像相结合，采用目视解译的方法在影像上手工选取端元。这主要是因为通过目视的方法手工选取影像端元，可以取得很高的分解精度（樊风雷，2008）。

植被端元从农田和山地林木密集区选取，分为亮植被和暗植被；不透水面端元从道路中央、屋顶、机场处选取，分为高反照度不透水面、低反照度不透水面；裸土从修耕的农田中或水库的两岸空地处选取，分为干裸土、湿裸土，如图 2.25 所示，DN 值为遥感影像上每个像元的值。

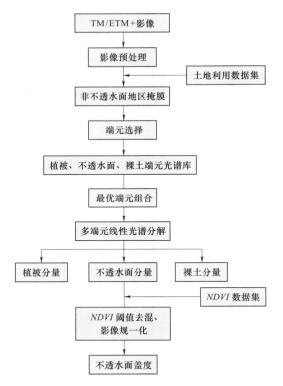

图 2.24　不透水面提取流程图

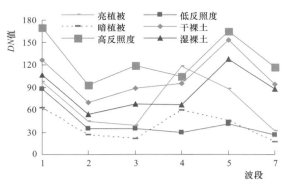

图 2.25　同一端元类型的不同光谱曲线图

并非每景影像必须选取上述各端元光谱，应根据需要选取的端元类型和光谱视影像中地物的光谱变异性而定。这种多端元的选取方法，不仅提高了端元选取的速度，也加快了模型的运行速度。

2.6.3　不透水面盖度估算及后处理方法

根据每景影像所选取的植被、不透水面、裸土端元中的不同光谱组合，进行光谱混合分解，从而得到不同的分解结果。可从多个结果中选取模型分解残差最小的植被分量、不透水面分量和裸土分量。

初始得到的不透水面分量，即不透水面盖度，需经过一系列操作处理，消除不合理之处，得到更加符合实际的不透水面盖度。具体处理如下：

（1）混淆植被去除。一些植被容易同低覆盖度的不透水面混淆，通过 NDVI 予以

去除

$$ISC = 0 \quad (NDVI > NDVI_0) \tag{2.9}$$

式中：ISC 为不透水面盖度；$NDVI_0$ 为低覆盖度的不透水面与植被混淆的一个临界 $NDVI$ 值，通过在初始不透水面盖度结果图和原始 ETM＋影像图中交互浏览获得。

（2）归一化处理。由于影像的获取时间、大气状况等因素的影响，每景影像分解后获得的不透水面盖度值缺乏可比性，因此采用归一化的方法将其转化到 0 到 1 范围内。

$$\left. \begin{array}{l} ISP^* = \dfrac{ISP - ISP_{\text{soil}}}{ISP_{\max} - ISP_{\text{soil}}} \quad ISP \in (ISP_{\text{soil}}, ISP_{\max}) \\[2ex] ISP^* = 0 \quad ISP < ISP_{\text{soil}} \\[2ex] ISP^* = 1 \quad ISP > ISP_{\max} \end{array} \right\} \tag{2.10}$$

式中：ISP^* 为归一化处理后的不透水面盖度值；ISP 为原始不透水面盖度值；ISP_{soil} 为裸土的不透水面盖度值；$ISP_{\max}$ 为地表完全为不透水面时的盖度值。

2.6.4 不透水面盖度空间分布及精度评价

利用上述方法提取了海河流域 1980 年、1990 年和 2000 年不透水面盖度空间分布图（图 2.26），并利用高分辨率影像对结果开展了精度评价。

首先对 1m 空间分辨率的航空正射影像进行分类，获得包含不透水面在内的分类结果，结果中每个像元可以认为是纯像元，不存在地类的混合现象；然后在 ArcMap 中目视解译手工修改不合理的不透水面分类结果，获得不透水面分布。计算精度评价可通过单元内不透水面面积所占的比例来分析。由于缺乏野外实地验证数据，该比例可假定为单元内真实的不透水面盖度值，所以其可用于对估算的不透水面盖度进行精度评价。

为了对估算结果进行合理评价，应考虑以下几个原则：①在研究区内通过分层随机采样的方法选择精度验证样本的位置；②当从航空相片中计算真实不透水面盖度时，每个样本点选取 3×3（90m×90m）的像元窗口作为精度评价单元，以减小影像配准误差对精度评价的影响，即一个样本点对应 3×3＝9 个 ETM＋像元，8100 个航空正射影像元；通过聚类的方法获取 90m×90m 评价单元下航片的真实不透水面盖度和 ETM＋估算的不透水面盖度估算结果。

选取不透水面盖度真实值与不透水面估算值两者的平均相对误差（MRE）和相关系数（R）作为不透水面盖度的精度评价标准：

$$MRE = \dfrac{\sum\limits_{i=1}^{n} (|ISC_{i\text{真实}} - ISC_{i\text{估算}}| / ISC_{i\text{真实}})}{n} \tag{2.11}$$

式中：MRE 为平均相对误差；$ISC_{i\text{真实}}$ 为第 i 个样本处不透水面盖度真实值；$ISC_{i\text{估算}}$ 为第 i 个样本处不透水面盖度估算值；n 为样本的个数。

由于航片数量有限，仅对怀柔、密云地区及周围的不透水面盖度进行了精度评价，所有样本计算求得的平均相对误差 MRE 和相关系数 R 分别为 12.1％和 0.83，由此可知不透水面盖度的提取具有较好的精度。其他地区通过原始影像与最终的不透水面盖度结果目

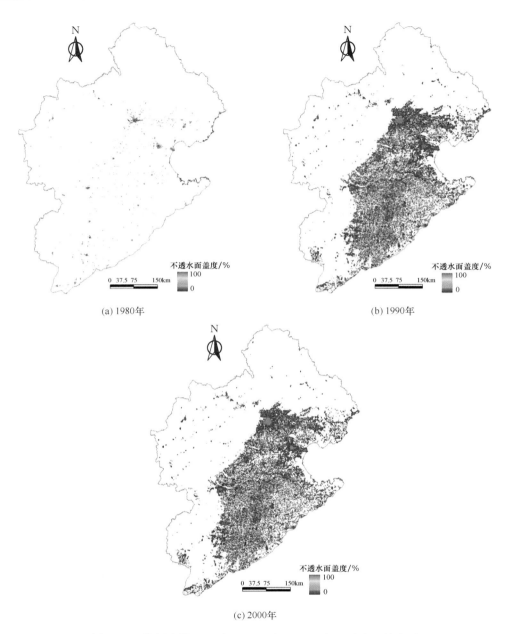

(a) 1980年　　(b) 1990年

(c) 2000年

图 2.26　海河流域 1980 年、1990 年、2000 年不透水面盖度图

视比较的方式进行精度评价，结果发现估算结果真实可信，不透水面盖度结果总体精度较高。从图 2.27 中可以清楚地看到，公园和城市边上的农田地区不透水面盖度较低，而在建筑群地区不透水面盖度较高，不透水面盖度分布与实际相符。

通过上述植被覆盖度和不透水面盖度的反演再次表明，遥感数据所识别的下垫面情况，其精度还是满足要求的，可以用来分析海河流域各水系及典型流域下垫面状况变化趋势。

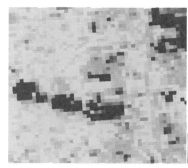

不透
水面盖度
100

0

(a) 怀柔县城航片一角   (b) 不透水盖度估算结果

图 2.27　怀柔县城部分地区航片和 ETM＋估算的不透水面盖度结果

2.7　小结

通过资料收集和实地调查，以及解译遥感影像，得到了海河流域不同时期的土地利用/土地覆盖、植被覆盖度及不透水面盖度，主要结果如下：

（1）针对海河流域的下垫面结构特征，将研究区土地分为耕地，林地，草地，水域，城乡、工矿、居民用地和未利用地 6 个一级类别，水田、旱地、有林、灌木林等 23 个二级类别。基于面向对象分类法、决策树分类法和最大似然分类法的综合分类方法，获取了海河流域 1980 年、1990 年、2000 年和 2008 年四期土地利用/覆盖分类图，与野外调查验证点对比结果表明，流域整体分类精度在 85％以上。

（2）对比了保定市主要区（县）同期土地利用实际调查结果和遥感数据识别结果，结果表明遥感数据所识别的土地利用情况，其精度还是满足要求的，可以用来分析海河流域各水系及典型流域下垫面状况变化趋势。

（3）利用归一化植被指数估算植被覆盖度，基于 Pathfinder AVHRR - NDVI 产品，获得了 1984—1997 年 8km 月度植被覆盖度监测结果，基于 SPOT - VGT 产品，获得了 1998—1999 年 1km 月度植被覆盖度，基于 MODIS - NDVI 产品，获得了 2000—2008 年 1km 月度植被覆盖度。利用照相法对植被覆盖度的估算结果进行了验证，估算精度达 85％。

（4）采取多端元的光谱分解模型对不透水面盖度进行估算，并利用高分辨率影像对结果开展了精度评价，平均相对误差 MRE 和相关系数 R 分别为 12.1％和 0.83，不透水面盖度的提取具有较好的精度。

参考文献

Anderson J R，Hardy E E，Roach J T，et al，1976. A Land Use and Land Cover Classification System for Use with Remote Sensor Data. Geological Survey Professional Paper 964. A revision of the land use classification system as presented in U. S. Geological Survey Circular 671 ［M］. Washington：United

States Government Printing Office.

Choudhury B J，Ahmed N U，Idso S B，et al，1994．Relations between evaporation coefficients and vegetation indices studied by model simulations ［J］．Remote Sensing of Environment，50：1 – 17.

Ehrlich D，Estes J E，Singh A，1994．Applications of NOAA – AVHRR 1km data for environmental monitoring ［J］．International Journal of Remote Sensing，15：145 – 161.

Gutman G，Lgnatov A，1998．The derivation of the green vegetation fraction from NOAA/AVHRR data for use in numerical weather prediction models ［J］．International Journal of Remote Sensing，19：1533 – 1543.

Ivits E，Cherlet M，Mehl W，et al，2009．Estimating the ecological status and change of riparian zones in Andalusia assessed by multi – temporal AVHRR datasets ［J］．Ecological Indicators，9：422 – 431.

Jiang Z，Huete A R，Chen J，et al，2006．Analysis of NDVI and scaled difference vegetation index retrievals of vegetation freaction ［J］．Remote Sensing of Environment，101：366 – 378.

Kontoes C，Wilkinson G G，Burrill A，et al，1993．An experimental system for the integration of GIS data in knowledge based analysis for remote sensing of agriculture ［J］．International Journal of Geographic Information System，7：247 – 262.

Lawrence R L，Wright A，2001．Rule – based classification systems using classification and regression tree （CART） analysis ［J］．Photogrammetric Engineering and Remote Sensing，7：1137 – 1142.

Lo C P，Quattrochi D A，Luvall J C，1997．Application of high – resolution thermal infrared remote sensing and GIS to assess the urban heat island effect ［J］．International Journal of Remote Sensing，18：287 – 304.

Lu D，Weng Q．Spectral mixture analysis of the urban landscape in Indianapolis with Landsat ETM$^+$ imagery ［J］．Photogrammetric Engineering and Remote Sensing．2004，70：1053 – 1062.

Myneni R B，Keeling C D，Tucker C J，et al，1997．Increased plant growth in the northern high Latitudes from 1981 to 1991 ［J］．Nature，386：698 – 702.

Tammervik H，Hogda J A，Solheim I，2003．Monitoring vegetation changes in Pasvik （Norway） and Pechenga in Kola Peninsula （Russia） using multitemporal Landsat MSS/TM data ［J］．Remote Sensing of Environment，85：370 – 388.

Tucker C J，Townshend J R G，1985．African landcover classification using satellite data ［J］．Science，227：369 – 374.

Yang X，Lo C P，2002．Using a time series of satellite imagery to detect land use and land cover changes in the Atlanta，Georgia metropolitan area ［J］．International Journal of Geographic Information System，23：1775 – 1798.

程昌秀，严泰来，朱德海，等，2001．GIS 与 RS 集成的高分辨率遥感影像分类技术在地类识别中的应用 ［J］．中国农业大学学报，6（3）：50 – 54.

樊风雷，2008．基于线性光谱混合模型（LSMM）的两种不同端元值选取方法应用与评价——以广州市为例 ［J］．遥感技术与应用，23（3）：272 – 277.

廖春华，张显峰，孙权，等，2001．基于 HJ – 1 高光谱数据的植被覆盖度估测方法研究 ［J］．遥感应用（5）：65 – 70.

刘勇洪，牛铮，徐永明，等，2006．基于 MODIS 数据设计的中国土地覆盖分类系统与应用研究 ［J］．农业工程学报，22（5）：99 – 104.

卢善龙，2008．基于地质要素的金衢盆地环境数值模型的建立 ［D］．杭州：浙江大学.

张友水，冯学智，阮仁宗，2003．基于 GIS 的 BP 神经网络遥感影像分类研究 ［J］．南京大学学报（自然科学），39（6）：806 – 813.

赵萍，傅云飞，郑刘根，等，2005．基于分类回归树分析的遥感影像土地利用/覆被分类研究 ［J］．遥感学报，9（6）：708 - 716.

赵英时，2003. 遥感应用分析原理与方法［M］. 北京：科学出版社.

周红妹，周成虎，葛伟强，等，2001. 基于遥感与 GIS 的城市热场分布规律研究［J］. 地理学报，56（2）：189 - 196.

周纪，陈云浩，张锦水，等，2007. 北京城市不透水层覆盖度遥感估算［J］. 国土资源遥感（3）：13 - 17.

第3章 水文类型分区及典型流域选择

3.1 概述

由于影响产汇流特征的下垫面条件和气候条件的空间差异性，导致了流域水文特性也存在着一定的空间分布规律。因此，可以通过划分水文分区，探求流域产汇流的空间分布规律，也可为水文资料的移用及水文站网的规划提供科学依据。

水文分区的划分原则是将流域划分成不同的区域，使得区域内下垫面和气候条件相似性最大且差异性最小，而在不同区域之间下垫面和气候条件相似性最小且差异性最大（赵卫民等，2006）。常用的水文分区方法有地理水文分区法、等值线图法、地貌单位线法、流域水文模型参数法及聚类分析法等。其中地理水文分区法在划分相似区边界时存在一定的随意性。在相同的条件下，不同的研究者从不同角度可以划分出不同的分区（Nathan et al，1990）。等值线图法和地貌单位线法分区结果的稳定性，主要依赖于水文站网的密度和资料的样本容量，且地貌单位线法还缺乏产汇流机制分析，也会降低分区成果的稳定性。流域水文模型参数法对于降雨径流资料较少的干旱半干旱地区，其适用性将受到限制（胡凤斌等，1989）。聚类分析法在国内外的水文分区中应用较多（Hosking et al，1997）。Wolock 等（2004）利用地理信息系统和对气候条件进行聚类分析的方法，对美国的水文景观区进行了分区。李硕等（2002）应用主成分分析的方法，对宁夏水文特征值进行分析计算，然后根据自然地理、气候和水文特性，对宁夏水文分区进行了验证，分区结果与 20 世纪 70 年代的水文分区基本吻合。Zhang 等（2004）通过对甘明河流域洪水频率分析，介绍了四种传统聚类分析法的应用并比较了各自的特点。Goyal 等（2014）通过使用 K-均值聚类分析法和模糊 C-均值聚类分析法对印度东北部进行水文分区，并与传统分类方法所得分区结果进行比较，进一步分析了两种聚类分析方法各自的特点。聚类分析方法的分区成果稳定性，主要取决于所选用的反映流域水文气象和下垫面特性的特征指标是否具有代表性。采用这些方法进行水文区划分析，实质上属于模式识别范畴。其中有些方法在分区时不得不依赖于分区者个人的经验判断，因此不同的研究者可能会得到不同的分区结果。

根据对水文分区的目的不同，采用的指标体系及方法也不同。李淑霞等（2013）根据降水量、水面蒸发、径流深等指标体系，采用系统聚类分析方法将宁夏分为 4 个生态水文分区，并对各生态水文分区的基本生态水文特征、水资源开发利用情况进行了分析。Santra 等（2011）提出了基于土壤饱和导水率的模糊推理体系来划分水文相似单元，并在 Dengei Pahad 小流域进行了应用。徐磊等（2009）采用线性矩法估算了天山北坡区 24 个站点的统计参数，并将其作为聚类因子，运用模糊聚类法对该区进行了水文分区。

Wazneh 等（2015）提出了基于统计深度函数的相似区域划分，并应用于意大利西北部的三个区域，其分区结果更为客观。赵宝君（2008）以干旱指数作为大区分区的指标，小区分区以地形、地貌、植被和水文特征值为主要因子，将内蒙古分为 37 个水文分区。谭国良等（2006）选用具有代表性的中等河流水文站实测样本系列，采用蓄满产流原理进行单站产汇流分析，得到 49 个单站产汇流参数，然后进行地理综合，找出产汇流参数的地理变化规律，据此将江西省划分成了 9 个水文分区。

划分水文分区，要求每一个分区内部具有最大相似性和最小差异性，而不同分区则应具有最大差异性和最小相似性。可是，自然地理条件和水文特性基本上呈连续性、过渡性的特征，因此，相邻区域的边界往往呈现出不够分明或二元的，甚至是多元的重叠的性质。这样，对区域间差异性最大的原则，在其边界处加以区分，就发生了困难。因此，采用小流域作为基本的单元进行水文分区可以较好地克服相邻区域边界不分明带来的困难。冯平等（2013）采用水文气象和下垫面资料，以子流域为划分单元，依据下垫面条件和气候因子的相似性和差异性，采用地理信息系统和多元统计分析的方法，将海河流域内 1399 个子流域划分为 7 个水文分区，并分析了各水文分区的空间分布特征及产汇流机制。但是，利用水文自然地理和气候指标来确定水文分区，还不能完整地表达实际水文特性。因为它仅仅是一种静止的平均状况的描述，不具备动态的随时间演变的特性，因而，尚难刻画运动的状态和发展的趋势。而区域下垫面受人类活动影响是不断变化的，必然会影响水文分区的自然属性及其空间分布，因此，水文分区并不是一成不变的。魏兆珍等（2014）进一步讨论了海河流域土地利用转移变化和单元流域尺度大小对水文分区的影响。近年随着遥感、遥测和地理信息技术的发展，也为流域水文类型分区提供了新的技术途径。因此，本书以海河流域为研究对象，根据流域下垫面的遥感资料以及气候特征的空间分布图，采用地理信息系统及主成分分析和聚类分析的方法，以子流域为划分单元，以土地利用、土壤、植被覆盖、气候条件等为物理影响因子，对海河流域进行水文类型分区划分（冯平等，2013）。此外，由于海河流域下垫面条件复杂多变，从流域整体研究水文循环及暴雨洪水的水文过程机理比较困难，且海河流域很多地区缺乏实测水文气象资料。因此，将海河流域划分成产汇流特征相似的水文类型区进行研究，也有助于全面掌握海河流域的暴雨洪水演变规律。

本章主要根据海河流域水文气象资料、DEM、土壤、土地利用及植被覆盖等下垫面资料，采用主成分分析和聚类分析相结合的方法，在海河流域水资源分区的基础上对其进行水文类型分区。3.2 介绍流域内水资源分区的情况；3.3 确定水文类型分区的原则和方法，并对水文类型分区的特征及分区合理性进行分析；3.4 分析土地利用变化和单元流域尺度大小对水文类型分区的影响；3.5 介绍典型流域的选择和代表性分析；3.6 对本章主要方法和结论进行小结。

3.2 流域水资源分区

水利部海河水利委员会于 2003 年根据《全国水资源综合规划技术细则》，在进行海河流域水资源综合规划中，采用全国统一调整后的水资源分区规则对海河流域进行了水资源分区。本书研究中，为保持河流水系完整性，在海河流域水资源分区的基础上进行水文类型区的划分。

3.2.1　山区和平原的划分

按地形地貌特征，将海河流域划分为山区和平原。山区面积 189005km²，占流域面积的 59%；平原面积 131036km²，占流域面积的 41%。

山区又分为一般山丘区、岩溶山丘区和山间盆地，一般山丘区面积 135564km²，岩溶山丘区面积 34896km²，山间盆地面积 18545km²。平原（也称海河平原）以太行山东侧海拔 100m、燕山南侧海拔 50m 等高线为界。

3.2.2　水资源分区结果

水资源分区是开展水资源评价和水资源供需分析的地域单元。按照尽量保持河流水系完整性、自然地理资源要素相似、考虑水利工程和主要水文控制作用、适当保持行政区完

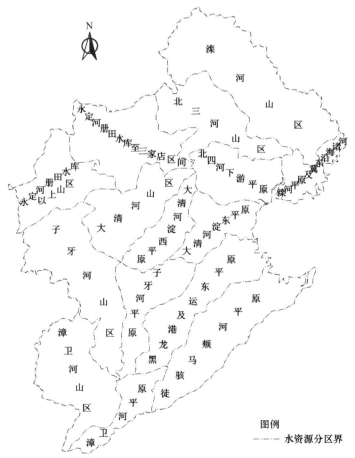

图 3.1　海河流域水资源分区图

整性等划分原则，将海河流域划分为滦河及冀东沿海诸河、海河北系、海河南系和徒骇马颊河系 4 个流域二级区。在二级区基础上划分了 15 个流域三级区，包括 7 个山区分区和 8 个平原分区（图 3.1）。

滦河及冀东沿海诸河包括滦河水系和冀东沿海诸河，面积 54530km²，包括滦河山区、滦河平原及冀东沿海诸河 2 个三级区。

海河北系包括蓟运河、潮白河、北运河和永定河，面积 83426km²，包括北三河山区、永定河册田水库以上山区、永定河册田水库至三家店区间、北四河下游平原 4 个三级区。

海河南系包括大清河、子牙河、黑龙港运东、漳卫南运河，面积 149073km²，包括大清河山区、大清河淀西平原、大清河淀东平原、子牙河山区、子牙河平原、漳卫河山区、漳卫河平原、黑龙港运东平原 8 个三级区。

徒骇马颊河系为徒骇马颊河平原，面积 33012km²，为 1 个三级区。

3.3　水文类型分区

3.3.1　水文类型分区原则

水文类型分区具有综合性及空间上的不重复性，不能依据某一个要素或某种现象去拟定水文类型分区，必须依据全部水文现象所表现的集体效应作为划分的标准。

根据海河流域下垫面的遥感资料以及气候特征的空间分布，采用地理信息系统及主成分分析和聚类分析的方法，以子流域为划分单元，进行海河流域水文类型分区。海河流域水文类型分区的划分主要遵循以下基本原则：

（1）为了保持河流水系完整性及行政区完整性，并考虑自然地理资源要素相似及水利工程和主要水文控制作用，水文类型分区将在水资源分区的基础上进行。即在每个水资源分区内分别进行水文类型分区。

（2）用于水文类型分区划分的分区指标，应能全面反映流域下垫面条件和气候条件，把水资源分区内各子流域作为水文类型分区的基础单元。

（3）根据各基础单元在下垫面和气候特征的相似性和差异性，以基础单元水文特征具有最大的相似性和最小差异性为标准，来进行水文类型分区。

3.3.2　基于下垫面遥感资料的水文类型分区

3.3.2.1　流域水文类型分区资料

影响产汇流的因素主要包括：地形特征、土地利用、土壤类型、植被覆盖、降水和蒸发等水文气象及下垫面因素。进行流域水文类型分区的流域下垫面遥感资料包括由 DEM 图生成的各种地形指标、2000 年土地利用图、2000 年 8 月植被覆盖度图以及土壤砂含量的空间分布图（图 3.2），其中 DEM 图、土地利用和植被覆盖度的分辨率为 250m×250m，土壤砂含量遥感图的分辨率为 1000m×1000m。所有遥感资料均统一采用正轴等面积割圆锥投影坐标系统。

利用 1956—2005 年海河流域 1488 个雨量站年降雨量资料及 130 个气象站观测的年水面蒸发量资料，根据雨量站及气象站的经纬度坐标值，利用 ArcGIS，以插入点的形式生成海河流域雨量站和蒸发站点图，并将流域各站点多年平均降雨量和多年平均蒸发量载入属性表中，采用普通 Kriging 插值法生成多年平均降雨量栅格图及反距离权重法生成多年平均蒸发量栅格图，两幅图叠加生成了海河流域多年平均干旱指数分布图 [图 3.2（i）]。

3.3.2.2　流域水文类型分区

根据上述海河流域 DEM 图、土地利用、土壤砂含量和植被覆盖度的遥感资料及气候特征分布图，可以分析得到海河流域各水资源分区的下垫面和气候因子，然后采用主成分分析和聚类分析的方法，在各水资源分区的基础上对海河流域进行水文类型分区划分。具体步骤包括：

（1）以海河流域各水资源分区内的共 1399 个子流域作为水文类型分区的基础单元，确定可以全面反映流域下垫面条件和气候条件的分区指标。从下垫面的遥感资料及气候资料中分析得到各分区指标特征值的空间分布图，并将这些特征值在各基础单元内进行平均处理。

（2）根据各基础单元在下垫面和气候特征的相似性和差异性，利用主成分分析和聚类分析方法将所有基础单元分组，每一组基础单元就是一类水文分区。

为了使原来具有一定相关关系的原始因子变为相互独立，不再包含具有重叠信息的新变量，需要将提取出来的下垫面和气候因子进行主成分分析。根据累计方差贡献率确定因子数，选取累计方差贡献率大于 0.85 时的特征根个数为主成分个数，共提取 5 个主成分来解释所有原始变量。采用方差最大法对主成分荷载矩阵实施正交旋转使得各主成分具有命名解释性。由表 3.1 可以看出第一主成分解释了耕地面积比例、林地面积比例、最大高程差、平均坡度及坡度＜1％面积比例 5 个变量，第二主成分解释了草地面积比例，第三主成分解释了植被覆盖度，第四主成分解释了土壤砂含量，第五主成分解释了气候因子即多年平均水面蒸发量与降雨量比值（干旱指数）。

表 3.1　　　　　　　　　　　主　成　分　荷　载　矩　阵

水文类型 分区指标	主　成　分				
	1	2	3	4	5
耕地面积比例	−0.811	−0.473	0.022	0.039	0.024
林地面积比例	0.929	−0.058	0.203	−0.049	0.017
草地面积比例	0.234	0.935	−0.211	0.104	−0.049
最大高程差	0.881	0.101	−0.029	0.180	0.024
平均坡度	0.960	0.097	0.093	0.054	0.015
坡度＜1％面积比例	−0.857	−0.335	0.101	−0.174	−0.053
土壤砂含量	0.115	0.082	−0.052	0.981	−0.011
植被覆盖度	0.089	−0.179	0.974	−0.053	0.037
蒸发量与降雨量比值	0.037	−0.039	0.035	−0.010	0.998

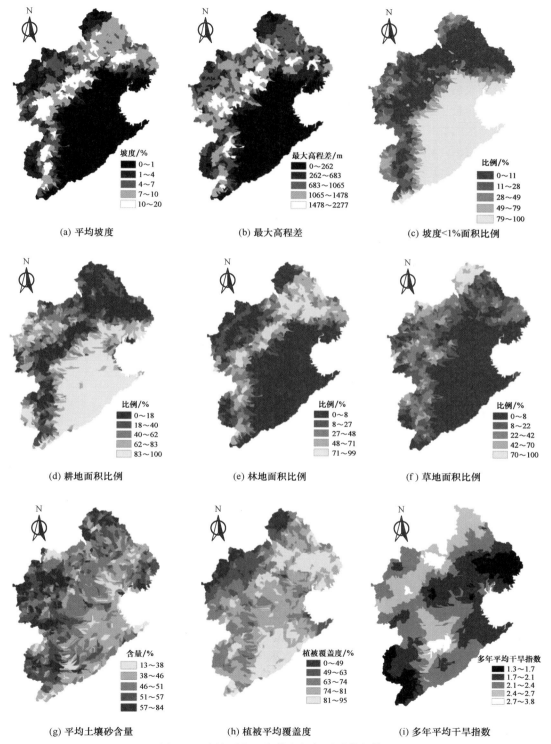

图 3.2 流域下垫面条件和气候因子特征值

将主成分分析计算得到的 5 个主成分作为聚类分析的变量。综合考虑实际研究需要及最小类内方差准则，在海河流域水资源分区的基础上，进一步将海河流域各水资源分区的共 1399 个子基础单元划分为 7 类，每一类内的基础单元即成为一个水文类型分区。根据 K-means 聚类分析法进行迭代运算，将类中心点移植程度（新确定的类中心点距上个类中心点的最大偏移量）小于零时作为迭代终止条件。经过 22 次迭代，由于聚类中心内没有改动或改动较小而达到收敛。将得到的每个子流域的聚类信息，载入 GIS 中生成 7 个水文类型分区的数字分布图（图 3.3），并统计原始变量下垫面条件和气候因子在各水文类型分区的均值，结果如表 3.2 所示。

表 3.2　　　　　　　　水文类型分区内下垫面条件和气候因子的平均特征值

水文分区	耕地面积比例/%	林地面积比例/%	草地面积比例/%	最大高程差/m	坡度/%	坡度<1%面积比例/%	土壤砂含量/%	植被覆盖度/%	多年平均干旱指数
Ⅰ	89.95	1.25	0.90	90.18	0.33	90.31	47.12	80.54	2.03
Ⅱ	71.07	3.33	6.23	135.05	0.83	82.36	32.82	68.36	2.03
Ⅲ	69.43	8.01	17.44	717.68	3.27	31.71	57.55	60.67	2.26
Ⅳ	88.30	0.52	1.84	117.73	0.32	90.82	46.84	77.57	2.48
Ⅴ	16.84	12.24	68.87	569.37	4.05	21.55	50.87	57.13	2.47
Ⅵ	19.85	61.31	17.22	1086.30	9.00	6.69	49.75	76.90	2.27
Ⅶ	22.05	54.64	20.63	944.35	7.89	13.99	48.60	80.82	1.70

3.3.3　水文类型分区的特征及合理性分析

3.3.3.1　水文类型分区的特征

根据水文类型分区内下垫面条件和气候因子平均值及水文类型分区分布图（图 3.3），各水文类型分区的水文特征及其在海河流域的空间分布规律描述如下：

（1）第 Ⅰ 类水文类型分区（HTR1）主要分布在漳卫南运河中下游、徒骇马颊河流域、大清河中下游以及滦河的下游区域。耕地面积比例较大，为 89.95%，林地面积比例和草地面积比例较小，坡度<1%面积比例为 90.31%，属于平原地区，植被覆盖度为 80.54%，对径流的拦蓄作用较大，且该水文类型分区内土壤砂含量为 47.12%，土壤透水性较好，因此易产生壤中流或地下径流。

（2）第 Ⅱ 类水文类型分区（HTR2）主要分布在北运河、潮白河下游及渤海沿岸地区。耕地面积比例也较大，为 71.07%，但相对 HTR1 来说，土壤砂含量仅为 32.82%，因此土壤下渗率较低，易产生超渗地表径流。

（3）第 Ⅲ 类水文类型分区（HTR3）主要分布在永定河上游地区，其他少数分散在漳卫南运河上游及子牙河上游等地区。耕地面积比例为 69.43%，土壤砂含量高，为 57.55%，土壤透水性好，因此易产生壤中流或地下径流。最大高程差为 717.68m，坡度为 3.27%，属于坡度较为平缓的山地或者丘陵到山地的过渡地带，与同样以耕地为主要土地利用类型的 HTR1 相比汇流速度大，汇流时间短，且退水流量小，退水速度快。

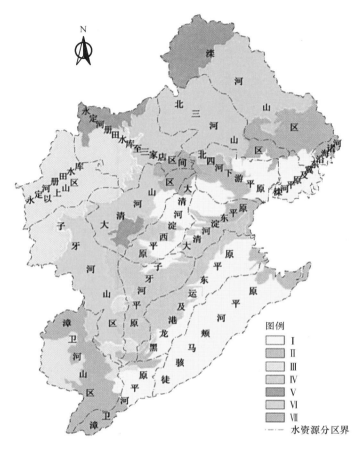

图 3.3 海河流域水资源分区及水文类型分区分布图

（4）第Ⅳ类水文类型分区（HTR4）主要分布在子牙河中下游，少数分布在大清河流域。与 HTR1 土地利用类型和地形地貌相似，同样是平原地区且耕地面积比例和坡度＜1‰面积比例较大，不同的是干旱指数最大（2.48），气候最为干燥。

（5）第Ⅴ类水文类型分区（HTR5）主要分布在滦河上游及永定河上游等部分地区。该分区的地形特征、土壤砂含量和植被覆盖度与 HTR3 类似，不同的是该水文类型分区以草地为主要土地利用类型，对径流有一定的拦蓄作用，产生的地表径流较小，且干旱指数（2.47）仅次于 HTR4，气候比较干燥。

（6）第Ⅵ类水文类型分区（HTR6）所占面积较大，分布范围较广，主要位于滦河、潮白河中上游、永定河中游及大清河、子牙河上游地区。该分区以林地为主要土地利用类型，在气候条件相同的情况下，该区径流量和洪峰量较小，枯水径流量和地下径流量较大。最大高程差为 1086.3m，坡度为 9%，属于山区，土壤砂含量为 49.75%，土壤透水性较好，因此易产生壤中流和地下径流，且汇流速度和退水速度较快。该水文类型分区内干旱指数为 2.27，气候较为干燥。

（7）第Ⅶ类水文类型分区（HTR7）内子流域主要分布在滦河中下游、永定河中游、漳卫南运河上游及大清河上游部分地区。该分区内耕地、林地和草地都有一定面积比例，分别为

22.05％、54.64％和20.63％，林地面积相对较大。最大高程差 944.35m，坡度为 7.89％，可见该水文类型分区为山区。与其他各类水文类型分区相比，植被覆盖度最大，为80.82％，对径流的拦蓄作用较大，且该水文类型分区干旱指数最小，仅为 1.70，气候较为湿润。

3.3.3.2　分区合理性分析

在海河流域内水文类型分区中选择代表性较好、水文资料较为完整的流域为典型流域：HTR1 内石佛口流域、HTR6 内大阁流域及 HTR7 内冷口流域，各典型流域内实测暴雨洪水序列为 1956—2005 年。

各典型流域中，石佛口流域内耕地面积比例为 57％，为主要土地利用类型，地处滦河下游平原地区，因此将其划分在 HTR1 内；大阁流域和冷口流域内林地面积比例分别为 46％和 43％，林地在两个流域内均为主要土地利用类型。大阁流域平均干旱指数为 3.54，而冷口流域平均干旱指数仅为 1.88，因此将大阁流域划分在 HTR6，冷口流域划分在 HTR7。由此可见，流域内的下垫面及气候要素在分区结果中得到了客观有效的识别，分区结果较为合理。

此外，该分区结果还反映了流域水文特征的分布规律。以径流系数为例，由于 HTR7 下垫面情况虽然与 HTR6 类似，但是 HTR7 内流域气候最为湿润，因此 HTR7 内流域径流系数较大；HTR1 内耕地为主要土地利用类型，相对于林地来说，对径流的拦蓄作用较小，产流量较大。由于气候条件相似，因此 HTR1 内流域的径流系数大于 HTR6 内流域径流系数。而 HTR7 内冷口流域径流系数为 0.48，HTR1 内石佛口流域径流系数为 0.33，HTR6 内大阁流域径流系数 0.16，与上述分区内的径流系数特征相符，在水文特征上反映了分区结果的合理性。

由以上可见，分区结果明确反映了流域的下垫面情况及气候条件，分区结果与流域的地形地貌也非常吻合，反映了流域水文特征的分布规律，在一定程度上对分区影响因素进行了有效识别，因此分区结果较为客观。

3.4　土地利用变化对水文类型分区的影响

由于流域的下垫面是不断变化的，尤其是土地利用在人类活动的影响下极易发生变化或者转移，因此作为影响流域水文特征的下垫面要素以及划分水文类型分区的一个重要分区指标（张晓明等，2009），土地利用的空间转移变化必将影响到水文类型分区的特征属性及空间分布。由于土地利用和土壤等下垫面特征的空间不均匀性和流域气候的空间变异性，因此单元流域作为水文类型分区的分区单元，其尺度大小不同，单元流域内的分区指标特征值也会发生变化（任立良等，1996），进而影响水文类型分区的结果。因此，根据流域下垫面的遥感资料以及气候特征的空间分布，采用地理信息系统及主成分分析和聚类分析方法（Hargrove et al，1999），对海河流域进行水文类型分区划分，分析海河流域 1970—1980 年及 1980—2000 年间土地利用的空间转移变化及其对流域水文类型分区的影响，并进一步研究单元流域尺度大小对分区结果的影响（魏兆珍等，2014）。

3.4.1　海河流域土地利用空间转移变化

利用海河流域 1970 年、1980 年及 2000 年的土地利用类型图的矢量数据，在 ArcGIS

中 Spatial analyst 模块支持下进行地图代数运算（张国坤等，2010），生成 1970—1980年、1980—2000 年海河流域土地利用转移变化图。土地利用转移变化图的每个基本单元都包含了土地利用的空间特征、属性及其变化过程，从图 3.4 中可以看出每个时期的土地利用状态及其时空演变规律。

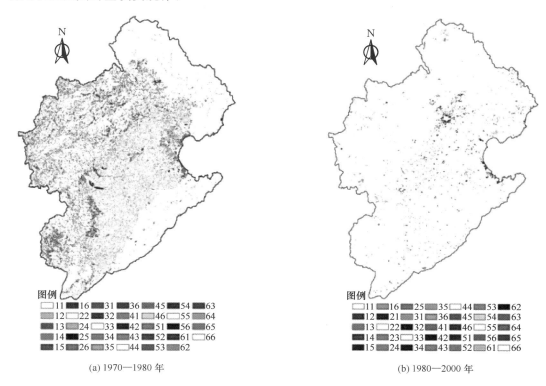

(a) 1970—1980 年　　　　　　　　　　　　(b) 1980—2000 年

图 3.4　海河流域土地利用转移变化空间分布图

由 1970 年和 1980 年的土地利用数据合成 1970—1980 年土地利用转移变化图谱 [图3.4 (a)]，共生成 34 类图谱单元，其中有 28 类图谱单元中发生了土地利用类型的变化（总面积 47684km²），将其按面积大小进行排序并计算其累积百分率，其中 9 类图谱单元覆盖了变化面积的 90% 以上。从主要变化类型列表（表 3.3）中可知，土地利用变化以草地向耕地转化和建设用地向耕地转化为主。

表 3.3　　　　　　　　1970—1980 年主要土地利用类型转移变化图谱排序表

编码	土地利用变化类型	转移面积/km²	转移面积比例/%	编码	土地利用变化类型	转移面积/km²	转移面积比例/%
31	草地→耕地	10815	22.68	15	耕地→建设用地	2582	5.42
51	建设用地→耕地	8713	18.27	12	耕地→林地	2578	5.41
13	耕地→草地	6016	12.62	61	未利用土地→耕地	1243	2.61
32	草地→林地	5481	11.49	43	水域→草地	976	2.05
41	水域→耕地	5228	10.96				

由 1980 年和 2000 年的土地利用数据合成 1980—2000 年土地利用转移变化图谱［图 3.4（b）］，共生成 35 类图谱单元，其中有 29 类图谱单元中发生了土地利用类型的变化（总面积 6596km²），将其按面积大小进行排序并计算其累积百分率，其中 11 类图谱单元覆盖了变化面积的 88.59％以上。从主要变化类型列表（表 3.4）中可知，土地利用变化以耕地向建设用地转化为主，且转移变化面积比例达 47.53％。

表 3.4　　　　　　　　1980—2000 年主要土地利用类型转移变化图谱排序表

编码	土地利用变化类型	转移面积 /km²	转移面积比例 /％	编码	土地利用变化类型	转移面积 /km²	转移面积比例 /％
15	耕地→建设用地	3135	47.53	32	草地→林地	236	3.58
31	草地→耕地	493	7.47	61	未利用土地→耕地	200	3.03
14	耕地→水域	349	5.29	13	耕地→草地	192	2.91
23	林地→草地	339	5.14	65	未利用土地→建设用地	192	2.91
12	耕地→林地	270	4.09	35	草地→建设用地	173	2.62
21	林地→耕地	265	4.02				

3.4.2　土地利用变化对水文类型分区的影响

利用 1970 年、1980 年及 2000 年海河流域土地利用图，分别提取 1399 个单元流域内耕地、草地和林地面积比例，保持单元流域内其他分区指标（平均坡度、最大高程差、坡度<1％面积比例、平均土壤砂含量、平均干旱指数）不变，采用主成分分析和 K - means 聚类方法进行水文类型分区划分，在 ArcGIS 中生成海河流域 1970 年、1980 年及 2000 年土地利用条件下水文类型分区图（图 3.5）。由于 K - means 算法对初始聚类中心敏感，不同的初始聚类中心往往对应着不同的聚类结果（袁方等，2007），因此，为了使流域 1970 年、1980 年及 2000 年水文类型分区的分区标准相似，尽量排除初始聚类中心对分区结果的影响，将 1970 年 K - means 聚类得到的最终聚类中心作为 1980 年和 2000

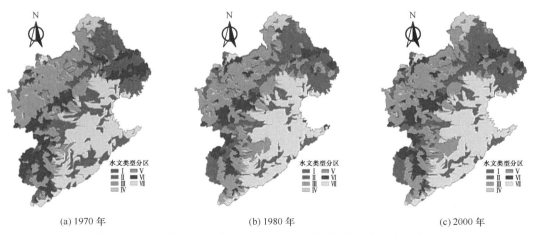

(a) 1970 年　　　　　　　　　(b) 1980 年　　　　　　　　　(c) 2000 年

图 3.5　1970 年、1980 年、2000 年土地利用情况下水文类型分区

年聚类分析的初始聚类中心进行迭代并分类。

在 ArcGIS 中 Spatial analyst 模块支持下,进行地图代数运算,生成 1970—1980 年、1980—2000 年海河流域水文类型分区空间变化图(图 3.6),并计算分区指标即下垫面条件和气候因子在各水文类型分区的特征均值(表 3.5～表 3.7),以及分区转移面积和比例(表 3.8)。

表 3.5　　　　　　　1970 年水文类型分区下垫面条件和气候因子的特征均值

水文类型分区	耕地面积比例/%	林地面积比例/%	草地面积比例/%	最大高程差/m	坡度/%	坡度<1%面积比例/%	土壤砂含量/%	平均干旱指数
I	14.80	63.07	19.38	968.53	9.42	6.60	48.13	2.11
II	80.22	1.93	3.79	120.21	0.46	84.05	52.86	2.09
III	45.78	16.34	32.21	1187.13	6.03	19.30	53.71	2.29
IV	16.72	5.10	63.72	291.65	2.63	37.75	58.21	2.43
V	38.83	12.99	39.58	682.67	4.92	21.11	48.05	2.69
VI	27.99	20.01	46.84	795.60	6.34	18.98	49.76	1.84
VII	84.86	0.51	1.84	56.01	0.18	94.55	40.14	2.19

表 3.6　　　　　　　1980 年水文类型分区下垫面条件和气候因子的特征均值

水文类型分区	耕地面积比例/%	林地面积比例/%	草地面积比例/%	最大高程差/m	坡度/%	坡度<1%面积比例/%	土壤砂含量/%	平均干旱指数
I	14.59	66.61	17.67	941.03	9.21	7.00	48.36	2.10
II	79.77	6.20	6.52	214.08	1.11	71.97	54.64	1.98
III	51.07	22.55	24.10	1186.15	5.85	21.42	52.47	2.15
IV	15.07	5.10	69.23	313.21	2.52	34.96	59.34	2.53
V	59.77	13.38	23.56	593.08	3.97	35.11	50.20	2.70
VI	21.83	19.78	56.97	842.17	7.15	13.76	47.10	2.00
VII	91.02	0.88	1.21	55.46	0.17	94.98	41.15	2.16

表 3.7　　　　　　　2000 年水文类型分区下垫面条件和气候因子的特征均值

水文类型分区	耕地面积比例/%	林地面积比例/%	草地面积比例/%	最大高程差/m	坡度/%	坡度<1%面积比例/%	土壤砂含量/%	平均干旱指数
I	14.91	66.24	17.26	950.97	9.21	7.17	48.40	2.10
II	78.71	6.17	5.67	207.42	1.07	72.98	54.68	1.97
III	50.70	21.87	24.62	1165.56	5.81	20.55	52.73	2.19
IV	14.41	7.41	65.27	303.06	2.58	34.34	57.04	2.51
V	65.27	10.83	20.18	496.62	3.31	42.67	49.39	2.72
VI	23.24	19.65	55.91	873.03	7.24	12.82	48.49	2.00
VII	88.71	0.97	1.49	60.13	0.20	94.62	40.98	2.15

从图 3.6（a）和表 3.8 中可以看出，1970—1980 年水文类型分区变化较大，图中共有 46 类图谱单元，其中有 39 类图谱单元中发生了水文类型分区的转移变化。从主要变化类型列表中可知，水文类型分区变化以 HTR6 向 HTR2 转化、HTR6 向 HTR3 转化及 HTR3 向 HTR5 转化为主。HTR6 向 HTR2 的转化主要分布在漳卫河上游及滦河中下游部分地区，其中漳卫河上游地区转化原因是该类图谱单元内土地利用在 1970—1980 年草地向耕地发生了大面积的转移，从而导致单元流域内耕地面积比例增大，草地面积比例减小，因而在分区过程中与 HTR6 聚类中心的距离增大，与 HTR2 聚类中心的距离减小，所以发生了从 HTR6 向 HTR2 的转移变化，滦河中下游地区土地利用变化较小，该地区水文类型分区的转移变化主要由聚类中心的变化引起；HTR6 向 HTR3 的转移变化分布较为分散，转化的主要原因是该类图谱单元内土地利用在 1970—1980 年间草地向耕地发生了转移；HTR3 向 HTR5 的转移变化主要分布在永定河上游地区，转化的原因是该类图谱单元内草地向耕地发生了一定面积的转移。

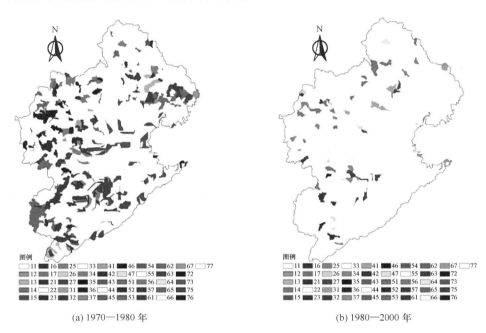

(a) 1970—1980 年　　　　　　　　　　(b) 1980—2000 年

图 3.6　水文类型分区空间转移变化图

从图 3.6（b）和表 3.8 中可以看出，1980—2000 年水文类型分区的转移变化较多，图中共有 46 类图谱单元，其中有 39 类图谱单元中发生了水文类型分区的转移变化，从主要变化类型列表中可知，水文类型分区变化以 HTR5 向 HTR3 转化、及 HTR3 向 HTR1 转化为主。其中 HTR5 向 HTR3 的转移变化主要分布在永定河上游及北三河上游地区，该类图谱单元内土地利用基本保持不变，分区的转化主要由 1980—2000 年土地利用变化导致分区聚类中心的变化引起；HTR3 向 HTR1 的转移变化主要是由于该类图谱单元在 1980—2000 年土地利用由耕地向建设用地发生了较大面积的转移，导致耕地面积减少，在分区过程中与 HTR3 聚类中心的距离增大，而与 HTR1 聚类中心的距离减小，因此发生了 HTR3 向 HTR1 的转移变化。

　　由以上分析可见，水文类型分区的转移变化主要由土地利用的转移或者聚类中心的变化引起，而聚类中心的变化也是由于样本变量的变化即单元流域内土地利用面积比例的变化引起。对于流域中某一个单元流域来说，即便是其自身的土地利用面积比例并未发生变化，但是由于其他单元流域土地利用变化而引起的聚类中心变化，也将可能导致该单元流域所在的分区发生变化，因此土地利用的变化直接或间接地影响了流域水文类型分区的空间分布。

表 3.8　　　　　　　　　1970—1980 年、1980—2000 年水文类型分区转移面积及其比例

1970—1980 年			1980—2000 年		
转移类型	转移面积 /km²	转移面积比例 /%	转移类型	转移面积 /km²	转移面积比例 /%
27	13572	19.33	53	3973	24.80
62	11147	15.88	56	1754	10.95
63	7750	11.04	31	1633	10.20
35	6603	9.41	75	1572	9.81
61	6235	8.88	16	1028	6.42
56	4772	6.80	36	1010	6.30
75	4322	6.16	26	942	5.88
36	4070	5.80	67	931	5.81
25	2445	3.48	25	608	3.79
13	2425	3.45	51	518	3.23

注　转移类型中，27 表示 HTR2 向 HTR7 转移，62 表示 HTR6 向 HTR2 转移，以此类推。

3.4.3　单元流域尺度大小对水文类型分区的影响

　　根据 DEM 对海河流域进行单元流域划分，设置汇流累积量阈值分别为 500、3000 及 4500，得到单元流域个数分别为 5387、915 及 644，单元流域平均面积分别为 64km²、368km² 及 509km² 的三种尺度大小的单元流域分割图，采用 2000 年土地利用数据，分别计算各分区指标在单元流域中的平均特征值。然后利用主成分分析法和 K - means 聚类方法进行水文类型分区划分，并在 ArcGIS 中生成不同单元流域尺度情况下的水文类型分区图（图 3.7）。

　　结合图 3.5（c）即单元流域平均面积为 221km² 和 2000 年土地利用情况下的流域水文类型分区划分图，从图 3.7 中可以看出，单元流域尺度较小时，水文类型分区分布较为离散，反之，单元流域尺度较大时，水文类型分区的分布则较为连续。单元流域平均面积为 64km²、221km² 及 368km² 情况下得到的水文类型分区在空间分布上较为相似。因此，当单元流域平均面积变化小于 350km² 时，分区分布虽然有一定的变化，但总体来看分区结果相对比较稳定。而单元流域平均面积在 500km² 左右时，分区结果与单元流域平均面积为 221km² 情况下分区结果相比变化较大。因此，当单元流域平均面积变化较大，并达到 350km² 以上时，分区结果会发生较大变化，主要原因是单元流域内的分区指标特征值

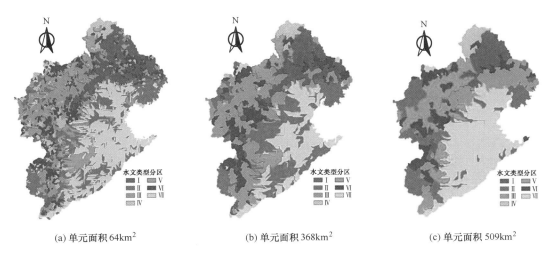

(a) 单元面积 64km²　　　　　　(b) 单元面积 368km²　　　　　　(c) 单元面积 509km²

图 3.7　不同单元流域尺度情况下海河流域水文分区划分

发生了变化，进而影响了水文类型分区的分区结果。

3.5　典型流域选择及代表性分析

　　根据海河流域的水文类型分区情况，可在各水文类型分区内选择代表性较好，水文资料系列较为完整的典型流域。结合流域实际情况，在 7 个水文类型分区中选择了 8 个典型流域，如图 3.8 所示，并对各典型流域的代表性进行了初步分析，为海河流域下垫面变化对洪水径流影响的研究及产汇流演变规律的分析提供了科学依据。

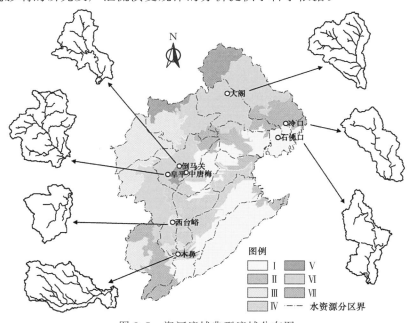

图 3.8　海河流域典型流域分布图

（1）水文类型分区Ⅰ典型流域——石佛口流域。根据水文类型分区Ⅰ的分布和流域实际情况，选择滦河下游区的石佛口流域作为该区的典型流域。石佛口水文站位于滦河及冀东沿海水系沙河中游，为典型的丘陵区代表站，控制流域面积429km²。沙河发源于迁安好树店，南流于杨店子，西汇柳河及大石河，然后于九百户南汇赵家沟，在石佛口村南穿京山铁路，流经钱营、小集后汇入草泊后最终注入渤海，河道全长136km，流域面积1152km²。河道上游好树店一带为浅山区，最高海拔为424m，杨店子以下为丘陵区，平均海拔为68m左右，穿京山铁路后进入平原区，地势低缓，两岸有大堤。进入草泊后无明显河槽，出草泊后开辟新河道注入渤海。1958年以后，在流域中上游相继建成小（1）型水库2座，小（2）型水库4座，总库容为599万m³，但距"根治"还有一定距离，每遇暴雨、洪水，都给中下游造成一定的损失。暴雨主要集中在汛期6—9月，汛期多年平均降水量545mm，约占全年降水总量的85%，由于地形北高南低，地势较陡，所以洪水暴涨暴落。历史最大洪峰水位46.48m（1959年），最大洪峰流量472m³/s（1962年）。

（2）水文类型分区Ⅱ典型流域——木鼻流域。根据水文类型分区Ⅱ的分布、流域实际情况和资料情况，选择子牙河系滏阳河支流牤牛河木鼻流域作为该区的典型流域。木鼻水文站位于子牙河系滏阳河支流牤牛河下游与滏阳河交汇处，控制流域面积275km²。木鼻流域内多为平原区，沿河两岸均为农田，土壤均为壤土，区域内多植物覆盖，主要生长的作物为蔬菜、水稻等。流域多年平均年降水量为499.3mm，最大年降水量为896.5mm，最小年降水量为188.0mm，其中6—9月降水量占全年降水量的80%左右；多年平均径流深为78.6mm，最大年径流深为168.2mm，最大流量为240m³/s（1956年）。木鼻流域上游建有小（1）型水库1座和小（2）型水库5座，总库容为278.8万m³，总控制面积为50.8km²，占木鼻流域面积的18.5%。由于上游小型水库较多，降水产流大部分被小型水库拦截，对水文特征值的统计及产汇流参数的计算有一定影响。

（3）水文类型分区Ⅲ典型流域——西台峪流域。根据水文类型分区Ⅲ的分布、流域实际情况和资料情况，选择子牙河系滏阳河支流南沥河西台峪流域作为该区的典型流域。西台峪流域集水面积127km²，主河道长24.2km，河道纵坡20.4‰，流域平均宽度5.29km。流域形状如手掌，河网密度大，均为小支沟，洪水暴涨暴落，洪峰高，历时短，洪枯水期流量悬殊。河道右岸为石山，属宽浅型河道，低水时河道出现斜流。河床由砂卵石组成，支沟上有塘坝、谷坊等小型水土保持工程，沿河耕地均由河边引水浇地。西台峪水文站始建于1960年，位于河北省临城县石城乡西台峪村，为子牙河水系南沥河的控制站。该流域设有水文站1处（西台峪水文站），雨量站8处，流域多年平均年降水量612mm，汛期多年平均降水量498mm，7—8月降水占汛期降水量72.5%。西台峪水文站为山区典型的小河站，历史最大洪峰流量3990m³/s，发生于1963年8月4日。

（4）水文类型分区Ⅳ典型流域——高屯流域。根据水文类型分区Ⅳ的分布、流域实际情况和资料情况，选择大清河系清南平原区任河大渠高屯流域作为该区的典型流域。任河大渠是位于子牙河与古阳河之间的骨干排沥渠道，河段顺直，河床为黄沙土组成，冲淤变化小，比较稳定。任河大渠高屯流域地势较平坦，呈西高东低缓慢倾斜，渠道纵横交错，河渠相通，白洋淀水也可调入流域之内。河渠两岸及主要交通道路附近植有树木，以杨树、柳树、槐树、榆树为主，植被良好。流域内农作物以小麦、玉米、谷子为主，作物一般每年两季。高屯水文站于 1965 年 6 月建站于孙氏，1968 年 6 月迁移至高屯，控制面积 834km²，为平原区区域代表站，流域上游共有 7 处雨量站。流域汛期多年平均年降水量 406mm，7—8 月降水占汛期降水量 72.2%。1977 年 7 月 27 日实测最高水位 6.76m，实测最大流量 184m³/s。

（5）水文类型分区 V 典型流域——倒马关—中唐梅区间流域。根据水文类型分区 V 的分布、流域实际情况和资料情况，选择大清河南支唐河倒马关—中唐梅区间流域作为该区的典型流域。该区间流域属海河流域大清河水系唐河，区间主河道长 69km，集水面积 710km²。唐河发源于山西省浑源县南部的恒山，在灵邱县东南入保定市涞源县境，经走马驿进入唐县境内，过倒马关至中唐梅。区间流域汛期多年平均年降水量 504mm，7—8 月降水占汛期降水量的 72.8%，洪水主要产自汛期暴雨，产流以超渗地表径流为主，洪水暴涨暴落，断面冲淤变化较大。1963 年 8 月 8 日实测最大流量 5400m³/s。倒马关—中唐梅区间有小型水库 3 座：卧佛寺水库（唐县）、南道神水库（涞源）、大悲水库（顺平县）。

（6）水文类型分区 VI 典型流域——阜平流域和大阁流域。根据水文类型分区 VI 的分布、流域实际情况和资料情况，选择大清河南支沙河阜平流域和潮白河水系潮河大阁流域作为该区的典型流域。

阜平水文站位于大清河系支流沙河上游，控制流域面积 2210km²，主河道长 124km，河道纵坡 7.3‰，流域平均宽度 34.5km。阜平水文站系海河流域大清河系支流沙河的控制站，为典型的深山区代表站。沙河发源于山西省繁峙县东白坡头，支流发育。河床由河卵石和粗砂组成，沿河两岸皆为山坡，土层很薄，中低水冲淤变化不大，植被条件较差，两岸多为荆条、榆、槐等树。流域最大年降水量 1158.9mm（1954 年），多年平均年降水量 676.9mm，汛期多年平均年降水量 430mm，7—8 月降水量占汛期降水量的 69.8%。洪水主要产自汛期暴雨，产流以超渗地表径流为主，洪水暴涨暴落。1963 年 8 月 7 日实测最大流量 3380m³/s。阜平流域有小型水库 5 座：大河湾水库、对子沟水库、塔沟水库、于家台水库和石夹水库。

大阁位于潮白河系支流潮河上游，控制流域面积 1850km²，主河道长 55.5km，河道纵坡 12.5‰，流域平均宽度 33.3km。潮河发源于河北省丰宁满族自治县草碾子沟南山下，经滦平县，自古北口入北京密云境内，其间有安达木河、清水河、红门川等支流汇入，在辛庄附近注入密云水库。河床由细沙、壤土、块石组成，断面冲淤变化较大，流域地貌属山地丘陵区，地势由西北向东南递减，土壤以细沙、壤土、块石为主。流域森林植被覆盖较好，降水及流域产汇流条件较好，水源涵养能力较强，水土流失不明显。流域汛期多年平均降水量 360mm，7—8 月降水量占汛期降水量的 66.5%。洪水主要产自汛期暴雨，产流以超渗地表径流为主，洪水暴涨暴落，1998 年 7 月 6 日实测最大流量 567m³/s。

（7）水文类型分区 VII 典型流域——冷口流域。根据水文类型分区 VII 的分布、流域实际情况和资料情况，选择滦河水系支流沙河冷口流域作为该区的典型流域。沙河发源于承德市青龙县的郭杖子，由冷口关穿长城进入迁安市境内，向南流经建昌营镇东关，到望都庄村东南有白洋河注入，再流至大贤庄村北有凉水河注入后，向东南流至枣行村南注入青龙河。冷口流域河道全长 76km，控制流域面积 856km²。流域汛期多年平均年降水量575mm，7—8 月降水量占汛期降水量的 71.5%，流域多年平均年径流量为 1.03 亿 m³，洪水主要产自汛期暴雨，产流以超渗地表径流为主，洪水暴涨暴落。1962 年 7 月 25 日实测最大流量 1580m³/s。

3.6　小结

　　根据海河流域下垫面和气象资料，采用主成分分析和聚类分析的方法对海河流域进行了水文类型分区划分，并分析了土地利用变化和单元流域尺度大小对水文类型分区的影响，在各水文类型分区选择了代表流域，主要成果如下：

　　（1）根据海河流域地形特征、土地利用、土壤类型、植被覆盖等下垫面资料及降水和蒸发等气象资料，利用地理信息系统，以子流域为基本单元，采用主成分分析和聚类分析的方法对海河流域进行了水文类型分区，最终得到了 7 类水文类型分区，并在水资源分区的基础上分析了每类水文类型分区的下垫面和气候特征，以及各类水文类型分区的水文特性。

　　（2）讨论了土地利用转移变化及单元流域尺度大小对水文类型分区的影响。不同土地利用情况下水文类型分区的结果是不同的，土地利用的变化会直接或间接的影响流域水文类型分区的空间分布，土地利用变化越大，水文类型分区的转移变化也越大。单元流域尺度较小时，水文类型分区分布较为离散，反之，单元流域尺度较大时，水文类型分区的分布则较为连续。当单元流域平均面积变化小于 350km² 时，分区分布虽然有一定的变化，但总体来看分区结果相对比较稳定。当单元流域平均面积变化较大，并达到 350km² 以上时，分区结果会发生较大变化。

　　（3）在每类水文类型分区选择水文气象资料较全且流域下垫面变化的 1～2 个子流域，分别是石佛口流域、木鼻流域、西台峪流域、高屯流域、倒马关—中唐梅区间流域、阜平流域、大阁流域以及冷口流域，作为研究海河流域下垫面要素变化以及对洪水影响的典型流域，并分析了子流域的水文气象特征及其代表性，为进一步的研究工作提供了科学依据。

参考文献

Goyal M K，Gupta V，2014. Identification of homogeneous rainfall regimes in northeast region of India using fuzzy cluster analysis [J]. Water Resources Management，28：4491-4511.

Hargrove W W，Hoffman F M，1999. Using multivariate clustering to characterize ecoregion borders [J]. Computing in Science & Engineering，1：18-25.

Hosking J R M，Wallis J R，1997. Regional frequency analysis：an approach based on L-moments [M]. Cambridge，UK.

Nathan R J，McMahon T A，1990. Identification of homogeneous regions for purpose of regionalization [J]. Journal of Hydrology，10：345-350.

Santra P，Das B S，Chakravarty D，2011. Delineation of hydrologically similar units in a watershed based on fuzzy classification of soil hydraulic properties [J]. Hydrological Processes, 25: 64-79.

Wazneh H, Chebana F, Ouarda T B M J, 2015. Delineation of homogeneous regions for regional frequency analysis using statistical depth function [J]. Journal of Hydrology, 521: 232-244.

Wolock D M, Winter T C, McMahon G, 2004. Delineation and evaluation of hydrologic landscape regions in the United States using geographic information system tools and multivariate statistical analyses [J]. Environmental Management, 34: 71-88.

Zhang J, Hall M J, 2004. Regional flood frequency analysis for the Gan-Ming River basin in China [J]. Journal of Hydrology, 296: 98-117.

冯平, 魏兆珍, 李建柱, 2013. 基于下垫面遥感资料的海河流域水文类型分区划分 [J]. 自然资源学报, 27 (8): 1350-1360.

胡凤彬, 沈言贤, 金柳文, 等, 1989. 流域水文模型参数的水文分区法 [J]. 水文 (1): 34-40.

李淑霞, 王炳亮, 2013. 宁夏生态水文分区及水资源开发利用策略 [J]. 人民黄河, 35 (12): 68-70.

李硕, 许萌芽, 2002. 主成分聚类分析法在宁夏水文分区中的应用 [J]. 水文, 22 (2): 44-50.

任立良, 刘新仁, 郝振纯, 1996. 水文尺度若干问题研究述评 [J]. 水科学进展 (S1): 87-99.

谭国良, 张桂娇, 刘筱琴, 等, 2006. 江西省水文分区研究 [J]. 水文, 26 (5): 86-88.

魏兆珍, 李建柱, 冯平, 2014. 土地利用变化及流域尺度大小对水文类型分区的影响 [J]. 自然资源学报, 28 (8): 1350-1360.

徐磊, 李诚, 任少龙, 2009. 线性矩法在天山北坡水文分区中的应用 [J]. 人民长江, 40 (21): 47-49.

袁方, 周志勇, 宋鑫, 2007. 初始聚类中心优化的 K-means 算法 [J]. 计算机工程, 33 (3): 65-66.

张国坤, 邓伟, 张洪岩, 等, 2010. 新开河流域土地利用格局变化图谱分析 [J]. 地理学报, 65 (9): 1111-1120.

张晓明, 曹文洪, 余新晓, 等, 2009. 黄土丘陵沟壑区典型流域土地利用/覆被变化的径流调节效应 [J]. 水利学报, 40 (6): 641-650.

赵宝君, 2008. 内蒙古水文分区及分区原则 [J]. 内蒙古农业大学学报, 29 (1): 125-129.

赵卫民, 王庆斋, 刘晓伟, 2006. 黄河流域典型水文分区产流研究 [M]. 郑州: 黄河水利出版社.

第 4 章　流域下垫面要素变化特征分析

4.1　概述

　　对流域产汇流有影响的下垫面要素比较多，主要有流域地形、土壤、植被及水利水保工程等。地形和土壤特征在短时期内可能基本保持不变，而受人类活动影响，流域土地利用、植被及水利水保工程在短时期内就可能发生较大变化。这种变化会对流域的产汇流特征产生一定影响，这也是一般分析研究下垫面变化对洪水径流过程影响的主要考虑因素。

　　流域下垫面要素变化特征分析，主要是对影响洪水过程的各种下垫面进行分析，确定流域的下垫面变化过程及趋势。流域水土保持是为了防治水土流失而进行的防护措施，对流域水文过程产生一定的影响。水土保持防护措施包括以改变小地形、增加地面糙率为主的措施、增加植物为主的措施、改善土壤物理性状的措施、水土保持工程措施及生物措施。土地利用和土地覆盖是流域最明显的下垫面特征，关于流域下垫面特征的识别和分析，也主要集中在土地利用和土地覆盖的识别和分析上。土地利用和土地覆盖的识别和分析的途径主要是实际调研和现场勘查，但这种方法受限的因素比较多。近年来发展起来的遥感、遥测和地理信息系统（GIS）等技术，在土地利用和土地覆盖识别及其变化分析中得到了广泛的应用。

　　分析土地利用变化最基本的指标是采用不同时相的遥感数据，得到的土地利用面积变化值。史培军等（1999）利用深圳 TM 遥感数据、土地利用图和社会经济统计数据研究了深圳的土地利用/覆盖变化过程。顾朝林（1999）利用 20 世纪 70 年代、80 年代和 90 年代三个时相北京市土地利用资料，分析了土地利用的变化形式及土地利用/覆被的变化机制。张丽萍等（2004）利用近 10 年的土地利用系列统计资料和遥感解译数据，在 GIS 支持下揭示了杭州市市区扩建过程中土地利用动态变化规律。赵淑清（2001）依据遥感影像进行了洪湖和洞庭湖地区的土地利用/覆盖时空格局研究，分析了不同时期各土地利用类型的变化比例。占车生等（2011）以 Landsat 影像为数据源，研究了渭河流域的生态景观面积变化情况。

　　但土地利用面积变化并不能对比不同区域间土地利用变化程度，因此需要土地利用时空变化的一些指标。王思远等（2002）以湖北省为例，在遥感技术与 GIS 技术支持下，采用土地利用动态度模型、程度变化模型和土地分类指数变化模型，对土地利用的时间动态特征和空间动态特征进行了定量分析。许月卿等（2003）利用 GIS 技术和数理统计方法，揭示了河北南部平原 1985—2000 年土地利用类型的数量变化，通过土地利用转移矩阵分析了其空间变化特征。王辉等（2004）分析了苏州市土地利用的动态度及变化方向，并提出了提高耕地质量、加强土地管理、合理控制建设用地规模等土地利用政策。郭碧云等（2009）以内蒙古多伦县 1975 年、1990 年、2000 年和 2004 年四个时期的遥感影像为基础数据，再辅以 DEM 数据、NDVI 数据、土地利用图和地面调查数据，对多伦县土地利用/覆被变化动态度进行了分析，得出了区域生态正朝着有利于环境保护方向发展的结论。杨勇等（2013）利用 TM 遥感影像解译数据，借助 GIS 的空间分析功能分析了关中地区长武县、长安区两个典型区土地利用变化过程，并计算了土地利用动态度。陈莹等（2009）以太湖上游西苕溪流域为研究区，基于 1985 和 2002 年土地利用空间数据，分析了土地利用空间变化特征，运用马尔科夫模型和 CLUE－S 模型，预测了研究区 2020 年土地利用的空间格局，揭示了研究区未来土地利用/覆被变化及景观生态效应。Munsi 等（2010）基于遥感数据和 GIS 技术，并利用马尔科夫方法定量分析了喜马拉雅山脉中部的土地利用/覆被变化及不同土地利用类型之间的转换概率。

　　分析土地利用变化机制，有助于对土地利用变化进行有效预测和控制。高崇辉等（2013）以武汉市为研究区，基于遥感和 GIS，也采用土地利用动态度分析了武汉市单项土地利用类型动态变化，并在此基础上总结了武汉市土地利用变化的驱动力。摆万奇等（2001）应用系统论的观点和方法，对土地利用动态进行深入分析，探讨了土地利用变化的驱动力。研究土地利用变化也是水文过程变化、环境生态变化等的研究基础。Hutyra 等（2011）通过获取西雅图都市区不同时期的遥感影像和土地利用现状资料，运用遥感图像解译和土地利用图的数字化等方法分析了土地利用/覆盖变化及其对土壤碳储量的影响。Omran（2012）利用遥感和 GIS 技术检测了埃及伊斯梅利亚省的土地利用/覆被变化，并评估了土地利用/覆被变化对该地区地面温度的影响。

　　本章主要在分析下垫面要素变化对洪水过程影响的基础上，根据海河流域不同时相土地利用遥感资料，分析各流域下垫面要素的变化特征。4.2 介绍各种下垫面要素对洪水过程的影响机理；4.3 介绍海河流域重点水土保持措施；4.4 建立土地利用程度综合指数及时空演变模型，给出土地利用趋势的分析方法；4.5 对海河流域各水系不同时期土地利用情况及其动态变化进行分析；4.6 对该章主要方法和结论进行小结。

4.2　下垫面对洪水的影响

4.2.1　地质条件对洪水的影响

　　流域的地质条件（包括岩性、地层结构和地质构造等）决定着流域的下渗和地下最大蓄水量。若岩石的断层、节理和裂隙发育较好，会增加入渗，减少地面径流，从而引起洪峰推迟和洪峰流量的减少。可溶性岩的长期侵蚀会形成地下溶洞，地质构造也可能形成有利的地下蓄水的构造（如蓄水盆地），这些都会减少降雨对径流的贡献，对洪水产生影响。沈灿燊等（1988）通过对喀斯特地区的产流研究，揭示了不同的岩溶区因岩石结构和岩层年代的不同会导致不同的产流机制，从而对洪水的形成产生影响。

4.2.2　土壤对洪水的影响

　　土壤对洪水的影响主要表现在不同的土壤类型渗水性、保水性不同，土壤的初始下渗率、稳定下渗率、最大蓄水容量也会不同，例如：砂质土的透水性好，保水性差，降雨就会容易渗入地下，形成地下径流；黏质土的透水性差，保水性好，同样的降雨产生地表径流多。不同的土壤类型蒸发系数也不同，土壤颗粒的大小也会影响其透水性和保水性的好坏，这些都会对洪水过程产生影响。此外，前期土壤湿润程度通过对土壤初始下渗率和田间持水量大小的影响，对洪水过程起决定作用。丁文峰等（2007）通过采用双环法及对比分析法对秦巴山区小流域的土壤入渗特性进行了分析研究，表明了大规模水土保持综合治理通过改善土壤的某些物理、化学性质，并增大土壤的入渗能力，是导致流域洪水过程及径流量发生变化的原因之一。

4.2.3 地貌对洪水的影响

地貌（包括绝对高程、地面坡度、相对高程等）通过汇流过程和退水过程对洪水产生影响。水流在重力作用下产生流动，坡度越大，水沿坡面向下流动的速度越快，汇流时间越短。因此，坡度越大，坡面积水量越少，对洪水的贡献越多，坡面的微小坑洼地形存在滞蓄水分的能力随坡面的陡峻而削弱。此外，坡度越大，退水流量越小，退水越快。但是这种变化也不是没有止境的，根据以往的研究成果，当坡度在某一数值以上时，汇流历时保持常数值，退水流量变化也不大，基本保持稳定。因此，地面坡度对汇流和退水过程的影响是有限度的，在某一数值以下时，随着坡度的变化，汇流历时和退水流量变化剧烈。王浩等（2003）在基于人类活动的流域产流模型研究中，指出地貌对水循环的影响主要体现在绝对高度对降雨的影响以及地面坡度对汇流的影响。此外，国内外开展了大量基于DEM的分布式水文模型的研究，也都说明了流域高程、坡度等地貌特征对洪水过程有比较大的影响。

4.2.4 植被覆盖对洪水的影响

植被状况（覆盖率、植被种类）对流域的蒸发、截留、产流机制和汇流过程都有影响，因此是影响洪水过程的重要因素。植被对降雨-洪水过程有 3 个作用层，即林冠、枯枝落叶层和林地土壤层。植被的林冠不同，其叶面指数就不同，而叶面指数是影响蒸散发的重要因素；枯枝落叶层，通过对降雨的截留、提高地表透水率引起的产流变化以及地表粗糙程度的改变对汇流的影响，对洪水过程产生影响；林地土壤层则提高了土壤蓄水能力。经大量研究表明，在北方地区，随着植被覆盖率的提高，洪水总量和洪峰流量都会有相应程度的减少，洪峰出现的时间也会推迟，退水过程延长。相关的研究有：Calder（1993）认为不同的植被类型由于具有不同的叶面指数、根系深度和反照率而具有不同的蒸发速率。Kondoh（1995）指出蒸散发与叶面积指数之间存在密切的关系，通过叶面积指数的变化可以定量估算蒸散发量。Fohrer 等（2001）研究发现树冠拦截 $10\%\sim40\%$ 的雨量，因地表植被覆盖的类型和密度、雨强、雨后蒸发等多种因素而异。

4.2.5 土地利用变化对洪水的影响

人类活动引起土地利用的改变，土地利用通过影响下渗、蒸散发等水文过程，直接或间接地影响着产流过程和汇流过程，导致洪水特性的改变。具体表现在以下几个方面。

1. 森林变化对洪水特性的影响

森林对洪水的影响主要体现在森林截留、蒸散发、下渗、蓄水及坡地汇流等一系列过程中，并最后在洪水过程和洪量的变化上表现出来。

森林的调蓄功能主要是通过森林-土壤系统完成的，由于林冠及枯枝落叶层的截留作用，削弱了雨滴对土壤表层的溅击强度，避免了土壤板结，从而增加了土壤的下渗率，增加了地下径流，使枯季径流增加，汛期径流减少，改变了河流径流的年内分配。即森林具有良好的持蓄水能力，可以起到削减洪峰、延缓洪水起涨过程、增加基流等调节作用。Swank 等（1988）有关研究结果表明，在 Coweeta 集水区内，清除森林可以增加大约 15％的洪峰流量。日本在爱知县的流域试验结果表明，森林采伐可增加直接径流 15％～100％，森林完全采伐后，年径流量增加 300mm 左右（王德连，2004）。

2. 城市化对洪水特性的影响

城市气候和下垫面条件均发生明显的变化，这一系列变化使得城市化地区产生了独特的气候特征。城市气候的热岛效应、城市阻碍效应和城市凝结核效应共同作用，导致了城市地区雨岛效应明显加强。城市对洪水的影响体现在两方面：①由于城市的发展，不透水面积的增加，降低了城市下垫面的渗透性，道路的平整和人为的抽排使得洼地截流蓄水能力下降，下渗的损失减少。②城市中的天然河道往往被裁弯取直和整治，道路、边沟以及下水道系统的不断完善，使城市集水区天然调蓄能力减弱，汇流速度明显加快，导致洪峰流量增大，峰现时间提前，洪水总量增加。Kang 等（1998）的模拟表明城市化导致洪峰流量增加、洪峰滞时缩短。吴学鹏等（1992）根据峨眉山径流实验站资料的分析结果认为，当不透水面积占流域面积 20％以上时，城市化影响表现明显，可作为有城市化影响的一个判别指标。

3. 耕地变化对洪水特性的影响

耕地变化对洪水特性的影响主要体现在截留、蒸发和下渗等方面。总体来说，耕地较其他土地利用类型能增加土壤的下渗量，尤其在汛期水稻的生长季节，水稻的生长需要吸收消耗部分水分。所以，这些地区水田面积的增加，往往能降低汛期的径流量，从而削弱洪峰流量。农作物的不同以及农作物在不同的季节，根据其根系和枝叶的发育程度，对降雨的截留和蒸发量也不同。坡耕地修成水平的梯田，改变了原有的小地形，持水量增大，起到了蓄水减沙的作用。康玲玲等（2006）在分析梯田入渗规律及其对径流影响机理的基础上，分析了坡改梯对径流的影响，确定了黄土高原多沙粗沙区北部、中部、西南部的单位面积梯田对径流的影响量。

4. 草地变化对洪水特性的影响

与林地、灌丛相比，草本植物对雨水的拦截率和蒸散发能力较低，植物根系浅，对土壤水的吸收能力低，渗透率也低，没有深厚的枯枝落叶层拦截雨水、阻挡地表径流。但是，大面积的草原对调节周边气温变幅、空气湿度、降水频率等具有十分明显的效果。而且草原的涵水能力有利于水库、江河的水源供应，提高了湖泊的蓄水能力，通过减缓雨水对地表土的冲刷，防止水土流失。草地的这些作用受到自身覆盖度和草种的限制，近年来不适当的管理和过度放牧将引起植被的减少、土壤板结和土壤持水能力下降，使得地下水供应减少，干旱季节径流量大减，汛期洪峰和洪量猛增，且峰现时间提前，加重了旱涝灾害灾情。关于草地的水土保持作用研究中，美国衣阿华州的试验资料表明，玉米地的水土

流失量为 $675t/hm^2$，而管理好的无芒雀麦草地仅为 $0.67t/hm^2$。

5. 防洪工程对洪水的影响

水库的拦蓄作用主要是改变水库下游径流的时空分布，对次洪水而言，还可能削减一次洪水的洪量。在中小洪水时，这种作用比较明显。但当发生大洪水时，水库的拦蓄作用如何，要视具体情况而定。大型、中型水库，因其防洪标准较高，垮坝的可能性较小，在防洪标准内大洪水发生时，大型、中型水库仍可起拦滞洪水的作用，总的趋势是通过水库调度，达到削减水库下游洪峰的目的。但当超标准洪水发生时，水库为了保坝安全，往往敞泄，其后果很可能是人造洪峰，使下游形成比天然情况更大的洪水。对于小型水库与闸坝，其防洪标准较低或很低，除在一定量级洪水下能起削峰作用外，往往会为了水库自身安全而敞泄，更有甚者，小型水库与闸坝失事的可能性较大，常会加大下游洪水。

关于各种防洪水利工程对洪水的影响研究有很多，例如：张建云等（2003）从水文角度初步分析了主要大型水库、行蓄洪区、怀洪新河、入海水道等水利工程运用对淮河洪水的影响。李新根（2005）通过梯级洪水的计算，分析上游水库对下游电站设计洪水调节及削减洪峰的程度。

6. 地下水位下降对地面产流的影响

大量抽取地下水引起地下水位下降，有的地方形成大范围的漏斗，使土壤非饱和带大幅度地增加，土壤蓄水容量随之大增（刘文具，2013）。有资料显示，海河流域 20 世纪 80 年代以前 50～60mm 降雨就产流的地区，在 21 世纪 100～200mm 降雨也不见有地面径流。降雨径流关系的重大改变，给产流计算带来很大困难；问题的难点还不仅仅在于资料范围内如何确定降雨径流关系，更在于大暴雨条件下降雨径流关系的外延。因为，当发生长历时大暴雨时，一部分雨量渗入土壤，补充了土壤缺水量，使地下水位迅速回升，后续雨水将可能更多地变为地面径流。例如，海河流域在 1996 年 8 月就出现了这种情况。径流系数经历了由大变小，又由小变大的过程。这种变化与下垫面条件的变化有关，也同降雨的时空分布有关。海河流域 20 世纪 50—60 年代，还没有大量抽取地下水，地下水位一般较高。而到 20 世纪 80—90 年代，因大规模开采地下水，才使地下水位大幅度下降，从而造成了流域产汇流规律发生较大变化。

7. 其他因素对洪水的影响

在洪水形成的各个环节上，土地利用变化对其产生的影响可以说是无处不在，除了以上影响因素以外，水土保持、湖泊的围垦、沿河泵站的抽排、滩区人为设障、河道的自然冲淤以及河道上桥梁、隧道的修建等都会不同程度地对洪水产生影响。相关的研究有：王国庆等（2000）根据黄河中游水保工程措施特征，将其划分为滞蓄和拦蓄两种，在分析暴雨产流产沙特征基础上，阐述了两种措施对暴雨产流产沙机制的影响。高俊峰等（1999）通过对太湖流域的研究，表明湖泊围垦、圈圩筑堤减少了流域蓄水面面积，导致汛期河湖水位急剧升高，高水持续时间增长，从而增加洪涝灾害风险。目前广泛开展的河道管理范围内涉河工程防洪评价，其实质也是分析这些工程对洪水的影响。

4.3　海河流域水土保持调查分析

流域的水土保持是指对自然因素和人为活动造成水土流失所采取的预防和治理措施，

具体主要包括工程措施、生物措施和蓄水保土耕作措施。工程措施是指为防治水土流失危害，保护和合理利用水土资源而修筑的各项工程设施，包括治坡工程（各类梯田、台地、水平沟、鱼鳞坑等）、治沟工程（如淤地坝、拦沙坝、谷坊、沟头防护等）和小型水利工程（如水池、水窖、排水系统和灌溉系统等）。生物措施指为防治水土流失，保护与合理利用水土资源，采取造林种草及管护的办法，增加植被覆盖率，维护和提高土地生产力的一种水土保持措施，又称植物措施。其主要包括造林、种草和封山育林、育草以及保土蓄水，改良土壤，增强土壤有机质抗蚀力等方法的措施。蓄水保土耕作措施是以改变坡面微小地形，增加植被覆盖或增强土壤有机质抗蚀力等方法，保土蓄水，改良土壤，以提高农业生产的技术措施，如等高耕作、等高带状间作、沟垄耕作少耕和免耕等。

开展水土保持，就是要以小流域为单元，根据自然规律，在全面规划的基础上，因地制宜、因害设防，合理安排工程、生物、蓄水保土三大水土保持措施，实施山、水、林、田、路综合治理，最大限度地控制水土流失，从而达到保护和合理利用水土资源，实现经济社会的可持续发展。水土保持是一项适应自然、改造自然的战略性措施，也是合理利用水土资源的必要途径。但流域的水土保持措施会改变流域的下垫面特征，进而影响流域的暴雨洪水的产汇流过程。因此，流域的水土保持措施也是引起流域下垫面变化的一项重要因素。

4.3.1　流域水土保持概况

海河、滦河的中上游均在山丘地区，大小支流的泥沙下泄使河道淤积并造成了水灾，因此，治水与治山历来是同步进行的。根据全国第二次水土流失遥感调查成果，20 世纪 90 年代末海河流域水土流失总面积为 10.55 万 km²（不含内蒙古内陆河东部流域地区的水土流失面积）。其中，山区水土流失面积为 10.39 万 km²，山区水蚀面积 9.90 万 km²，山区风蚀面积 0.49 万 km²。

在 20 世纪 80 年代以前，海河流域水土保持的治理目标是保下游安全，但由于只注意了生态效益和社会效益，而未重视经济效益，调动不了农民治山治水的积极性，所以收效甚微。20 世纪 80 年代以后，随着农村经济体制改革的深化，出现了单户承包、联户承包及专业队承包治理小流域的多种治理方式，开始由单纯防护性治理向开发性治理转变，实现了从单一工程措施向工程、生物、耕作三项措施综合治理的转变。特别是进入 21 世纪后，随着国家对生态环境建设的重视，中央和地方财政不断加大水土保持投资力度，京津风沙源治理工程、21 世纪初期首都水资源可持续利用规划水土保持项目和太行山国家水土保持重点工程等一批国家重点工程的相继启动实施，海河流域水土保持生态建设进入历史上投资最大、治理标准最高的发展时期。近 10 年来，海河流域水土流失治理面积超过 2 万 km²，总投资近 40 亿元。以项目为依托，山西省、河北省、内蒙古自治区等建成了一大批集中连片、高标准治理、效益显著的示范区，为控制水土流失，改善和保护当地生态环境，促进区域经济发展和群众脱贫致富，保障京津地区生态和供水安全发挥了重要的作用。

据不完全统计，20 世纪 50 年代至 2007 年年底，海河流域水土保持综合治理总投资已超过 50 亿元，治理面积达到 9.55 万 km²。海河流域全流域年均侵蚀量已由 20 世纪 80

年代初期的 4.33 亿 t 下降到 90 年代末 3.16 亿 t，减少 1.17 亿 t。水土流失面积减少 6704.43km²，减少了 6.45%。其中，强度以上侵蚀面积由 25848.88km² 减少到 4618.13km²，减少了 21230.75km²；中度以上侵蚀面积由 64474.58km² 减少到 53200.18km²，减少了 11274.40km²。水土保持生态建设成效显著，土壤侵蚀状况有所好转。

4.3.2 地下水开采对流域土层蓄水容量的影响

海河流域山丘区及山间盆地的地下水开采对径流也产生了一定的影响。2000—2005 年山丘区及山间盆地地下水年开采量达到了 40 亿～43 亿 m³，折合径流深为 22～24mm。山丘区地下水的开采主要集中在山间盆地和河谷地带，在一些区域地下水开采量已大于多年平均补给量，地下水常年处于超采状态。大同、忻（州）定（襄）、蔚（县）阳（高）盆地的一些区域地下水埋深已达 20～30m，张（家口）宣（化）、涿（鹿）怀（来）、长治等盆地等区域地下水埋深在 10m 左右。

土层蓄水容量主要受到地下水开采利用量的影响，按 2000 年统计数据分析，北三河、永定河、大清河、子牙河 4 条水系的山区地下水开采量，折合所在分区全面的开采深度分别为 19.1mm、28.1mm、13.7mm、27.3mm，如表 4.1 所示。这些开采量中的潜水开采部分，其中的大部分直接加大了流域蓄水能力，并在汛期降雨给予回补。

表 4.1　　　海河流域典型河系山区地下水开采与小型蓄水工程拦蓄量

分 区	北三河山区	永定河山区	大清河山区	子牙河山区
灌溉面积/万亩[①]	212	659	243	472
灌溉拦蓄量/万 m³	28221	87845	32447	62931
土地面积/km²	21630	45179	18807	30943
小型水库及塘坝兴利容积/万 m³	7417	12700	5000	19200
小型工程拦蓄深度/mm	3.4	2.8	2.7	6.2
灌溉可拦蓄深度/mm	1.3	2.8	2.2	3.1
工程与灌溉拦蓄小计/mm	4.7	5.6	4.9	9.3
地下水开采量/万 m³	41028	126849	25816	84601
地下水开采折合深度/mm	19.1	28.1	13.7	27.3

① 1 亩≈667m²。

4.4 流域土地利用变化趋势的分析方法

近年来，我国的土地利用和土地覆被变化日益剧烈，在这种情况下，准确地测算区域各种土地利用类型的变化方向、速率和程度，是客观地判断现状形势和未来趋势，制定出合理且有针对性的土地利用政策的基本要求和必要前提（刘盛和等，2002）。

在分析土地利用变化趋势的研究中，国外陆续提出了一系列的指数模型和模型框架（王秀兰等，1999），主要包括土地利用程度变化与土地利用程度综合指数模型、转移矩阵、土地利用动态度模型、重要度模型和邻接度模型等。它们在区域土地利用变化规律总结上发挥了重要作用，且呈现出以下一些特点：①这些方法绝大多数建立在遥感与 GIS 技术基础之上，指数的分析计算通常离不开图形及其属性数据的支持；②这些方法偏重于分析总结区域土地利用类型转移规律，而对土地利用集约度变化则较少涉及；③虽然都是对区域土地利用变化规律的总结，但各种指数方法的建立与应用明显服务于不同的研究目的（朱会义等，2003）。

我国学者在土地利用变化系统模型方面研究不多，主要靠引进国外学者的模型，对区域土地利用变化现象的指数分析还存在一些明显的混乱与误用，具体表现在以下几个方面：①指数模型方法本身存在一些缺陷，如动态度模型对时间变量处理偏于简单；②模型形式不统一，如综合土地利用动态度模型就有 3 个不同表达形式（王秀兰等，1999）；③同一模型不同形式间缺乏比较与说明；④对各种指数所表达的意义有时不甚明了，出现为指数而计算指数的情形。这些不足在一定程度上影响了区域研究成果的比较。

本书将从三个方面分析海河流域土地利用的变化趋势：①通过土地利用程度模型分析每个典型流域不同时期的土地利用程度，在时间上通过自身比较发现其人类开发土地的程度变化；②通过提取典型流域各个时段的转移矩阵，进行土地利用类型间的转移分析，尤其是单一土地利用类型变化的流向分析和来源分析，找出驱使某土地利用类型变化的主导类型和次要类型（王思远等，2001）；③对现有测算土地利用变化速率的数量分析和动态度模型进行评价，在转移矩阵的基础上将土地利用的变化进一步分为未变化部分、转移部分和新增部分，从而提出改进型的土地利用动态分析模型，并对不同模型的测算结果进行比较分析。

4.4.1　利用程度综合指数及时空演变模型

土地利用程度主要反映土地利用的广度和深度，它不仅反映了土地利用中土地本身的自然属性，同时也反映了人类因素与自然环境因素的综合效应。根据刘纪远等（2002）提出的土地利用程度的综合分析方法，将土地利用程度按照土地自然综合体在社会因素影响下的自然平衡状态分为若干级，并赋予分级指数（表 4.2），从而给出了土地利用程度综合指数及时空演变模型的定量化表达式。

表 4.2　　　　　　　　　　　　　土地资源利用类型分级表

土地利用类型	未利用地	林地、草地、水地	耕地、园地	城镇、居民点等
分级指数	1	2	3	4

4.4.1.1　利用程度综合指数模型

某研究区土地利用程度综合指数可表达为

$$I = \sum_{i=1}^{n} A_i \times C_i \times 100 \tag{4.1}$$

式中：I 为某区域土地利用程度综合指数；A_i 为区域内第 i 级土地利用程度分级指数；C_i 为区域内第 i 级土地利用程度分级面积百分比；n 为土地利用程度分级数。

土地利用程度综合指数的意义在于它能够反映区域土地利用的集约程度，适宜于土地利用的综合评价。

4.4.1.2 利用程度时空演变模型

一个特定范围内土地利用程度的变化是多种土地利用类型变化的结果，土地利用程度的变化量可定量地揭示该范围土地利用的综合水平和变化趋势。在时间上，通过不同时段的土地利用程度综合指数的相减，可以了解该区域土地利用处于发展期还是调整期或衰退期；在空间上，通过不同区域相同时段的土地利用综合指数的比较，可以反映各自土地利用程度差异。土地利用程度变化值可表达为

$$\Delta I_{b-a} = I_b - I_a = \left[\left(\sum_{i=1}^{n} A_i \times C_{ib} \right) - \left(\sum_{i-1}^{n} A_i \times C_{ia} \right) \right] \times 100 \qquad (4.2)$$

式中：I_a、I_b 分别为 a 时间和 b 时间的研究区域的土地利用程度综合指数；A_i 为第 i 级土地利用程度分级指数；C_{ib}、C_{ia} 分别为时间 b 和时间 a 第 i 等级的土地利用程度面积比。

如 ΔI_{b-a} 为正值，则该区域土地利用处于发展期，否则处于调整期或衰退期，但 ΔI_{b-a} 的大小并不反映生态环境的好坏。

4.4.2 变化方向分析模型

4.4.2.1 土地利用类型间的转移分析及转移矩阵

土地利用类型之间的相互转化情况，可以采用马尔科夫转移矩阵模型来进一步描述。马尔科夫链是一种具有"无后效应"的特殊随机运动过程，它反映的是一系列特定的时间间隔下，一个亚稳态系统由 T 时刻向 $T+1$ 时刻状态转化的一系列过程，这种转化要求 $T+1$ 时刻的状态只与 T 时刻的状态有关。这对于研究土地利用类型的动态转化较为适宜，这是因为在一定条件下，土地利用类型的演变具有马尔科夫随机过程的性质：①一定区域内，不同土地利用类型之间具有相互可转化性；②土地利用类型相互之间的转化包含较多难以用函数关系准确描述的事件。因此，转移矩阵可全面而又具体地刻画区域土地利用变化的结构特征与各用地类型变化的方向。转移矩阵的数学形式为

$$\boldsymbol{S}_{ij} = \begin{vmatrix} S_{11} & S_{12} & \cdots & S_{1n} \\ S_{21} & S_{22} & \cdots & S_{2n} \\ \vdots & \vdots & \cdots & \vdots \\ S_{n1} & S_{n2} & \cdots & S_{nn} \end{vmatrix} \qquad (4.3)$$

式中：S 为面积；n 为土地利用的类型数；i, j 分别代表研究期初、研究期末的土地利用类型。

严格地讲，转移矩阵并非一种指数，只是将土地利用变化的类型转移面积按矩阵或表格的形式加以列出，可作为结构分析与变化方向分析的基础。转移矩阵的意义在于它不仅可以反映研究期初和研究期末的土地利用类型结构，同时还可以反映研究时段内各土地利用类型的转移变化情况，便于了解研究期初各类型土地的流失去向以及研究期末各土地利用类型的来源与构成。

目前广泛采用的转移矩阵基本是一种二维矩阵，矩阵中行列元素所表达的意义十分明显，且具有明确的行列统计关系，适合于表达某一时段内的土地利用变化状况。具体应用

中，为了清楚地表达出土地利用的类型结构，可以在矩阵表形式中添加求和统计项，但不能破坏矩阵的行列统计关系。

4.4.2.2　单一土地利用类型变化的流向及来源分析

单一土地利用类型变化的流向及来源分析，通过分析特定土地利用类型的流出及来源来揭示区域土地利用类型变化的原因。该方法涉及的指数有研究初期各土地利用类型流出的面积及占该分析类型面积的百分比，研究末期各土地利用类型面积的组成来源大小及占该分析类型面积的百分比，这些指数都可以通过土地利用类型的转移矩阵求得。

单一土地利用类型变化的流向分析的应用意义在于：通过计算特定土地利用类型的流向百分比，将其按比率大小进行排序，便于分出驱使该土地利用类型变化的主导类型与次要类型，进而以主导类型为突破口，分析解释类型变化的原因。单一土地利用类型变化的来源分析的应用意义在于：通过计算研究期末特定土地利用类型的来源组成，可以掌握研究期土地利用的结构变化及未来变化趋势，并配合流向分析，进一步揭示验证土地利用的变化方向及原因。

4.4.3　动态分析模型的比较及改进

4.4.3.1　现有动态分析模型的评析

测算土地利用动态变化的定量化模型主要为传统的数量分析模型和动态度模型。

1. 传统的数量分析模型

在区域土地利用变化过程中，耕地、林地等用地类型由于关系到区域食物安全与生态安全而备受关注。为了反映这些类型用地面积的变化幅度与变化速度，以及区域土地利用变化中的类型差异，有学者提出了土地利用类型的变化率指数（有的称为单一土地利用类型动态度）。变化率指数以土地利用类型的面积为基础，关注研究时段内类型面积变化的结果，其模型数学形式为：

$$K_i = \frac{LU_{i,b} - LU_{i,a}}{LU_{i,a}} \times \frac{1}{T} \times 100\% \tag{4.4}$$

式中：K_i 为研究时段内区域第 i 种土地利用类型变化率；$LU_{i,a}$、$LU_{i,b}$ 分别为研究时段开始与结束时第 i 种土地利用类型的面积；T 为研究时段，当设定为年时，模型结果表示该区此类土地利用类型的年平均变化率。

这是一种最传统和最简单的分析模型（Bruce 等，1993），它的显著优点是简明扼要，不需要较复杂的专业性分析技能，现已被广泛应用于各种专业性及非专业性的报告和论文之中。但其缺点也同样显而易见：①这种模型忽略了土地利用空间区位的固定性与独特性，不能反映土地利用动态变化的空间过程及相关属性。譬如，在某一变化时期内，同时发生了以下两种空间区位及属性不同，但数量完全一样的土地利用变化。这两种变化一种是边远山区的一片贫瘠未利用土地被开垦为耕地，另一种是城近郊同等面积的优质耕地被转化为城市用地。采用以上模型分析该区域耕地的动态变化时，以上两种变化过程被相互抵消，反映不出耕地的空间变化过程。②这种模型无法测算和比较区域土地利用变化的总体或综合活跃程度，即不能识别土地利用变化的"热点"或"敏感"区域。

2. 土地利用动态度模型

区域内某土地利用类型在某变化时期的动态度或土地利用变化速率可用下式进行

计算：

$$S_i = \frac{\Delta LU_{i-j}}{LU_i} \times \frac{1}{T} \times 100\%$$ （4.5）

式中：S_i 为研究时段内第 i 种土地利用类型的动态度；ΔLU_{i-j} 为第 i 种土地利用类型转化为其他非 i 类土地利用类型的面积总和；LU_i 为研究期初第 i 种土地利用类型的面积；T 为研究时段。

某一研究区的综合土地利用动态度的计算式为

$$S = \frac{\sum\limits_{i=1}^{n} \Delta LU_{i-j}}{\sum\limits_{i=1}^{n} LU_i} \times \frac{1}{T} \times 100\%$$ （4.6）

这是刘纪远等（2002）提出来的一种基于 GIS 空间分析技术的测算模型，同时考虑了第 i 类土地利用类型转变为其他非 i 类土地利用类型的数量及空间属性，其意义在于不仅可以测算和比较区域土地利用变化的总体或综合活跃程度，而且便于在不同空间尺度上找出土地利用变化的热点区域，显然较前述的传统数量分析模型有了很大程度的提高。但是该模型仅考虑了第 i 类土地利用类型转变为其他非 i 类土地利用类型这一单向变化过程，而忽略了其他非 i 类土地利用类型在该研究时期内由其他空间区位上同时转变为第 i 类土地利用类型的变化过程，可称之为单向的空间分析模型。其分析结果对那些转化慢、但增长快的土地利用类型，特别是城市建设用地的动态变化程度可能被严重低估。

众多研究表明，城市建设用地的快速扩展和蔓延是经济较发达地区土地利用动态变化的重要特征和驱动力。刘盛和等（2000）证实了 1982—1997 年工业用地的高速外向扩展是北京城市土地利用规模"超常膨胀"的主要原因。朱会义等（2001）通过对渤海地区 1985—1995 年间分类土地利用的数量变化和空间变化特征分析，指出渤海地区土地利用变化的主要方向就是城乡居住建设用地不断扩张并且大量侵占了耕地。特别是在我国，由人多地少和正处于城市化加速发展阶段的基本国情所决定，城市建设用地的扩展及其所引起的资源、环境效应，已引起国际国内社会的广泛关注和政府管理层的高度重视，是研究我国土地利用动态变化的一个关键和焦点。但由于其具有很强的不可逆性，采用上述模型所测算的城市建设用地动态度总是很低的，不能识别和反映其快速扩展的态势，与实际情况明显不符。

不过，在测算区域综合土地利用动态变化时，该模型是适用的，因为从整体上来看，区域各土地利用类型之间的相互转换是一个双向但等量的过程。

4.4.3.2 改进土地利用动态变化空间分析模型

本书认为在测算某类土地利用的动态变化速度时，应将其在研究期间的新增部分，即把其他非 i 类土地利用类型由其他空间区位上转变为该类土地利用类型的变化过程考虑进来，并据此在土地利用动态度模型的基础上进行了修正，提出了下述土地利用动态变化的空间分析模型，旨在更为精细和准确地刻画和测算土地利用动态变化的空间过程和强烈程度。

$$LCU_i = \frac{LU_{i,a} - ULA_i}{LU_{i,a}} \times \frac{1}{T} \times 100\% \qquad (4.7)$$

$$LUD_i = \frac{LU_{i,b} - ULA_i}{LU_{i,a}} \times \frac{1}{T} \times 100\% \qquad (4.8)$$

$$LCC_i = \frac{(LU_{i,a} - ULA_i) + (LU_{i,b} - ULA_i)}{LU_{i,a}} \times \frac{1}{T} \times 100\% = LCU_i + LUD_i \qquad (4.9)$$

式中：LCU_i 为第 i 种土地利用类型在研究期间的转移速率（也称之为土地利用耗损度）；LUD_i 为其新增速率（也称之为土地利用开发度）；LCC_i 为其变化速率；$LU_{i,a}$、$LU_{i,b}$ 分别为研究时段开始与结束时第 i 种土地利用类型的面积；ULA_i 为研究期间第 i 种土地利用类型未变化部分的面积；T 为研究时段。

区域综合土地利用变化率的算式与前述的动态度模型一致，在此不再重述。

比较式（4.4）、式（4.5）及式（4.7）～式（4.9）可以看出，所提出的空间分析模型与现有的数量分析模型和动态度模型的根本差别，在于它们对转移速率和新增速率之间关系的不同理解和处理。在数量分析模型中，由于只考虑各土地利用类型数量上的变化，所计算出来的第 i 种土地利用类型的变化率 K_i 实际上是空间分析模型中新增速率 LUD_i 减去转移速率 LCU_i 的值。在动态度模型中，则忽略了新增的变化过程而仅考虑转移的变化，其所计算的第 i 种土地利用类型的变化率 S_i 实际上也就是空间分析模型中转移速率 LCU_i。空间分析模型则同时识别并考虑了转移与新增这一对方向相向的变化过程，其变化速率是转移速率和新增速率之和，即

数量分析模型：$K_i = LUD_i - LCU_i$

动态度模型：$S_i = LCU_i$

空间分析模型：$LCC_i = LCU_i + LUD_i$

4.5　各水系不同时期土地利用情况及其动态变化分析

前面的分析论证已经表明，海河流域遥感数据所识别的区域土地利用情况，其精度还是满足要求的，是可以用来分析不同时期海河流域各水系及典型流域下垫面状况及其变化趋势的。

考虑到海河流域不同时期遥感数据识别结果的一致性和协调性，并参考了不同时期部分典型区域的土地利用实际统计情况，特别是各地区不同年代的农业耕地统计数据，这里只对 1970 年、1980 年、2000 年和 2008 年四个时相海河流域各水系的土地利用情况进行分析，并在此基础上进行各水系的土地利用动态变化分析。

4.5.1　土地利用情况分析

4.5.1.1　滦河水系土地利用变化

图 4.1 为滦河水系不同时期土地利用，通过 GIS 软件统计出不同时期各土地利用类型面积（表 4.3），并在图 4.2 中对不同时期的土地利用类型面积进行对比。滦河水系主要土地利用类型为耕地、林地和草地，其中林地所占面积比例最大。1970—1980 年土地

利用发生了一定变化，其中耕地、草地及林地面积均增大，而水域面积减小且相对其自身有很大的变化幅度，建设用地和未利用土地变化不大。1980—2000 年土地利用变化不大，其中耕地、水域和建设用地面积有少量增加，林地和草地面积有少量减小，未利用土地面积比例基本保持不变。2000—2008 年林地、草地和水域面积增加，耕地和未利用土地面积减小，建设用地变化不大。

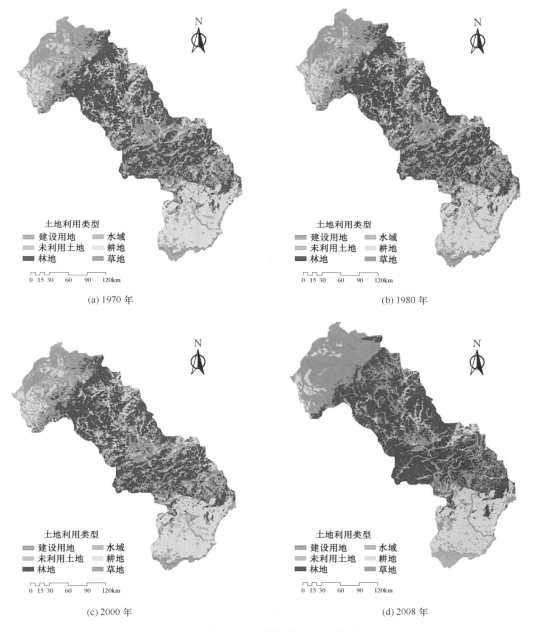

图 4.1　滦河水系不同时期土地利用图

表 4.3 　　　　　　　　　　　　滦河水系不同时期土地利用变化情况

土地利用类型	1970 年		1980 年		2000 年		2008 年	
	面积 /km²	占流域面积比例 /%	面积 /km²	占流域面积比例 /%	面积 /km²	占流域面积比例 /%	面积 /km²	占流域面积比例 /%
耕地	14626	29.3	15004	30.1	15247	30.5	11102	22.2
林地	18548	37.1	18746	37.5	18640	37.3	21988	44.0
草地	13411	26.9	13489	27.0	13267	26.6	14899	29.9
水域	1139	2.3	468	0.9	475	1.0	1134	2.3
建设用地	711	1.4	695	1.4	753	1.5	804	1.6
未利用土地	1493	3.0	1527	3.1	1545	3.1	1	0.0

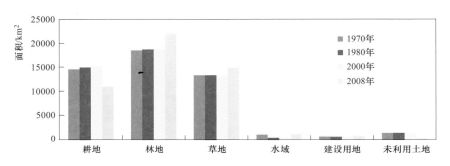

图 4.2　滦河水系不同时期土地利用变化情况

4.5.1.2　北三河水系土地利用变化

图 4.3 为北三河水系不同时期土地利用，通过 GIS 软件统计出不同时期各土地利用类型面积（表 4.4），并在图 4.4 中对不同时期的土地利用类型面积进行对比。由表 4.4

表 4.4 　　　　　　　　　　　　北三河水系不同时期土地利用变化情况

土地利用类型	1970 年		1980 年		2000 年		2008 年	
	面积 /km²	占流域面积比例 /%	面积 /km²	占流域面积比例 /%	面积 /km²	占流域面积比例 /%	面积 /km²	占流域面积比例 /%
耕地	15799	45.7	16962	49.1	15922	46.0	13717	39.7
林地	8523	24.6	10836	31.3	10941	31.6	13362	38.6
草地	6622	19.1	4474	12.9	4389	12.7	4034	11.7
水域	1509	4.4	711	2.1	881	2.6	563	1.6
建设用地	1873	5.4	1529	4.4	2392	6.9	2909	8.4
未利用土地	261	0.8	74	0.2	61	0.2	1	0.0
总计	34587	100	34586	100	34586	100	34586	100

和图 4.4 可以看出，北三河水系主要土地利用类型为耕地和林地，草地也占有一定比例，其中耕地所占面积比例最大。1970—1980 年土地利用发生了较大变化，其中耕地面积增加，增加幅度为 3.4%，林地面积增加，增加幅度为 6.7%，草地面积减小，减小幅度为 6.2%，水域面积减小且相对其自身有很大的变化幅度，建设用地和未利用土地变化不大。1980—2000 年土地利用变化不大，其中耕地面积变化最大，面积比例减小且减小幅度为 3%，草地面积减小，林地、水域和建设用地面积增加，未利用土地面积比例基本保持不

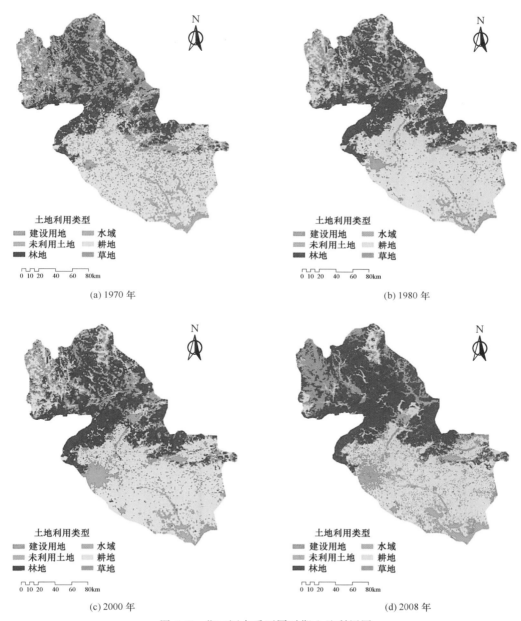

图 4.3 北三河水系不同时期土地利用图

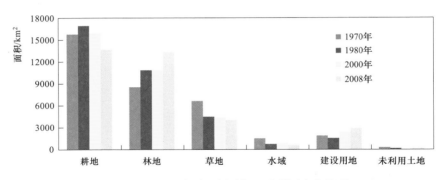

图 4.4　北三河水系不同时期土地利用变化情况

变。2000—2008 年土地利用发生了一定变化，其中林地面积增加且增加幅度为 7%，建设用地面积增加且增加幅度不大，耕地面积减小且减小幅度为 6.4%，草地、水域和未利用土地面积减小。

4.5.1.3　永定河水系土地利用变化

图 4.5 为永定河水系不同时期土地利用，通过 GIS 软件统计出不同时期各土地利用类型面积（表 4.5），并在图 4.6 中对不同时期的土地利用类型面积进行对比。由表 4.5 和图 4.6 可以看出，永定河水系主要土地利用类型为耕地、草地和林地，其中耕地所占面积比例最大。流域内 1970—1980 年土地利用发生了较大变化，其中耕地和林地面积增大，草地面积减小，水域、建设用地和未利用土地面积减小且相对其自身有很大的变化幅度。1980—2000 年土地利用变化不大，其中耕地面积有少量减小，林地、草地和建设用地有少量增加，水域和未利用土地面积比例保持不变。2000—2008 年土地利用发生了一定变化，其中耕地、草地和建设用地面积增加，林地和水域面积减小，未利用土地从有到无。

表 4.5　　　　　　　　　　永定河水系各时期土地利用变化情况

土地利用类型	1970 年		1980 年		2000 年		2008 年	
	面积/km²	占流域面积比例/%	面积/km²	占流域面积比例/%	面积/km²	占流域面积比例/%	面积/km²	占流域面积比例/%
耕地	21941	47.1	23765	51.0	23581	50.5	24730	53.1
林地	7056	15.1	8792	18.8	8806	18.9	7258	15.6
草地	14723	31.6	12865	27.6	12888	27.7	13417	28.8
水域	1363	2.9	458	1.0	461	1.0	423	0.9
建设用地	1014	2.2	546	1.2	692	1.5	764	1.6
未利用土地	501	1.1	172	0.4	169	0.4	6	0.0
总计	46597	100	46597	100	46597	100	46597	100

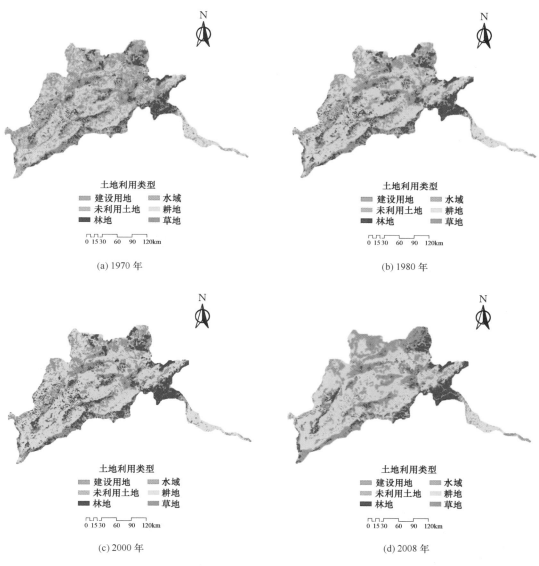

图 4.5　永定河水系不同时期土地利用图

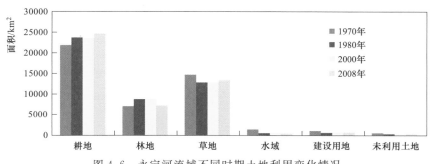

图 4.6　永定河流域不同时期土地利用变化情况

4.5.1.4　大清河水系土地利用变化

图 4.7 为大清河水系不同时期土地利用，通过 GIS 软件统计出不同时期各土地利用类型面积（表 4.6），并在图 4.8 中对不同时期的土地利用类型面积进行对比。由表 4.6 和图 4.8 可以看出，大清河水系主要土地利用类型为耕地，耕地所占面积比例最大，草地和林地也占有一定的面积比例。1970—1980 年土地利用发生了较大变化，其中耕地和林地面积增大，草地面积减小，水域、建设用地和未利用土地面积减小且相对其自身有很大的变化幅度。1980—2000 年土地利用变化不大，其中耕地面积减小，建设用地面积增加，草地和水域面积有少量变化，林地和未利用土地面积比例基本保持不变。2000—2008 年土地利用发生了一定变化，其中耕地和草地面积减小，林地、水域和建设用地面积增加，未利用土地面积比例基本保持不变。

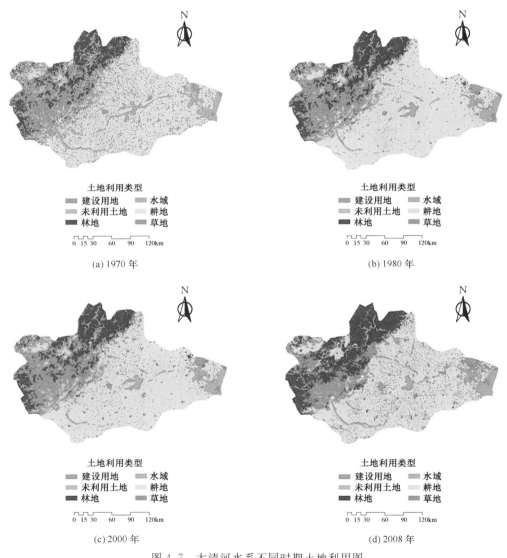

图 4.7　大清河水系不同时期土地利用图

表 4.6 大清河水系各时期土地利用变化情况

土地利用类型	1970 年		1980 年		2000 年		2008 年	
	面积/km²	占流域面积比例/%	面积/km²	占流域面积比例/%	面积/km²	占流域面积比例/%	面积/km²	占流域面积比例/%
耕地	24498	54.4	26493	58.8	25701	57.0	24937	55.3
林地	5622	12.4	7189	16.0	7221	16.0	9908	22.0
草地	9471	21.0	8551	19.0	8516	18.9	5420	12.0
水域	2234	5.0	1417	3.1	1454	3.2	1618	3.6
建设用地	2557	5.7	1355	3.0	2116	4.8	3138	7.0
未利用土地	687	1.5	64	0.1	61	0.1	48	0.1
总计	45068	100	45068	100	45068	100	45068	100

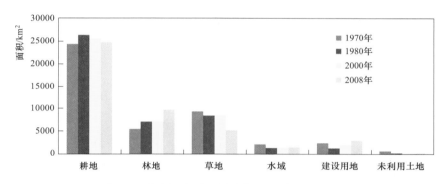

图 4.8 大清河水系不同时期土地利用变化情况

4.5.1.5 子牙河水系土地利用变化

图 4.9 为子牙河水系不同时期土地利用,通过 GIS 软件统计出不同时期各土地利用类型面积(表 4.7),并在图 4.10 中对不同时期的土地利用类型面积进行对比。由表 4.7 和图 4.10 可以看出,子牙河水系主要土地利用类型为耕地,耕地所占面积比例最大,草

表 4.7 子牙河水系不同时期土地利用变化情况

土地利用类型	1970 年		1980 年		2000 年		2008 年	
	面积/km²	占流域面积比例/%	面积/km²	占流域面积比例/%	面积/km²	占流域面积比例/%	面积/km²	占流域面积比例/%
耕地	21949	48.8	24693	54.9	24377	54.2	25274	56.2
林地	5385	12.0	7006	15.6	6941	15.4	10728	23.9
草地	13935	31.0	12161	27.0	12071	26.8	6640	14.8
水域	1264	2.8	389	0.9	355	0.8	545	1.2
建设用地	2121	4.7	718	1.6	1224	2.8	1746	3.8
未利用土地	316	0.7	3	0.0	2	0.0	36	0.1
总计	44970	100	44970	100	44970	100	44970	100

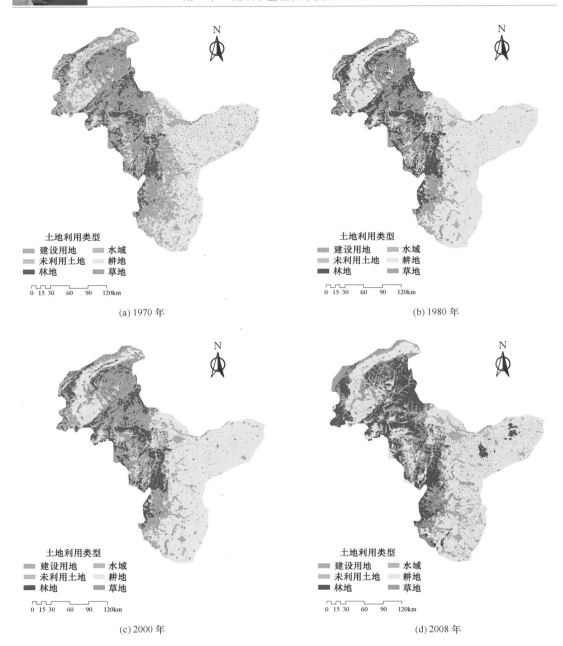

图 4.9　子牙河流域不同时期土地利用图

地和林地也占有一定的面积比例。1970—1980 年土地利用发生了较大变化，其中耕地和林地面积增大，草地面积减小，水域、建设用地和未利用土地面积减小且相对其自身有很大的变化幅度。1980—2000 年土地利用变化不大，其中耕地、林地、草地和水域面积均有少量减小，建设用地面积增大，未利用土地面积比例基本保持不变。2000—2008 年土地利用发生了一定变化，其中林地和草地面积变化最大，林地面积增加，草地面积减小，此外耕地、水域、建设用地和未利用土地面积均有少量增加。

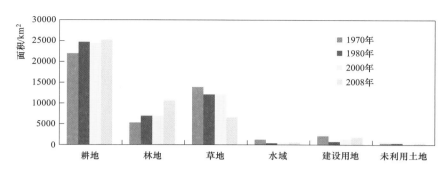

图 4.10　子牙河水系不同时期土地利用变化情况

4.5.1.6　漳卫河水系土地利用变化

图 4.11 为漳卫河水系不同时期土地利用,通过 GIS 软件统计出不同时期各土地利用类型面积(表 4.8),并在图 4.12 中对不同时期的土地利用类型面积进行对比。由表4.8 和图 4.12 可以看出,漳卫河水系主要土地利用类型为耕地、林地和草地,耕地所占面积比例最大。1970—1980 年土地利用发生了较大变化,其中耕地和林地面积增大且耕地面积增加幅度较大,草地面积有较大幅度减小,水域和建设用地面积减小且相对其自身有很大的变化幅度,未利用土地从有到无。1980—2000 年土地利用变化不大,其中耕地和林地面积有少量减少,草地和建设用地面积有少量增加,水域面积比例保持不变。2000—2008 年间土地利用发生了一定变化,其中林地面积增大,草地面积减小,此外耕地和水域面积有少量增加,建设用地面积有少量减小,未利用土地从无到有。

表 4.8　　　　　　　　　　漳卫河水系不同时期土地利用变化情况

土地利用类型	1970 年		1980 年		2000 年		2008 年	
	面积/km²	占流域面积比例/%	面积/km²	占流域面积比例/%	面积/km²	占流域面积比例/%	面积/km²	占流域面积比例/%
耕地	16487	48.4	19272	56.6	18998	55.8	19186	56.3
林地	5415	15.9	6270	18.4	6243	18.3	7687	22.6
草地	10116	29.7	7729	22.7	7785	22.9	6240	18.3
水域	612	1.8	142	0.4	141	0.4	210	0.6
建设用地	1423	4.2	646	1.9	891	2.6	733	2.2
未利用土地	7	0.0	0	0.0	0	0.0	3	0.0
总计	34059	100	34059	100	34059	100	34059	100

4.5.1.7　徒骇马颊河水系土地利用变化

图 4.13 为徒骇马颊河水系不同时期土地利用,通过 GIS 软件统计出不同时期各土地利用类型面积(表 4.9),并在图 4.14 中对不同时期的土地利用类型面积进行对比。由表4.9 和图 4.14 可以看出,徒骇马颊河水系主要土地利用类型为耕地,耕地所占面积比例

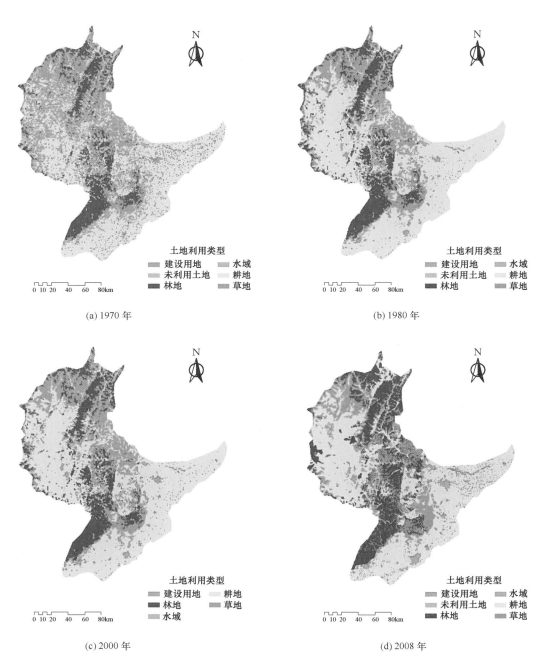

(a) 1970 年

(b) 1980 年

(c) 2000 年

(d) 2008 年

图 4.11　漳卫河水系不同时期土地利用图

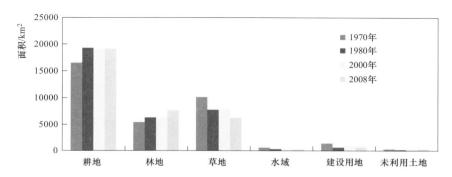

图 4.12　漳卫河水系不同时期土地利用变化情况

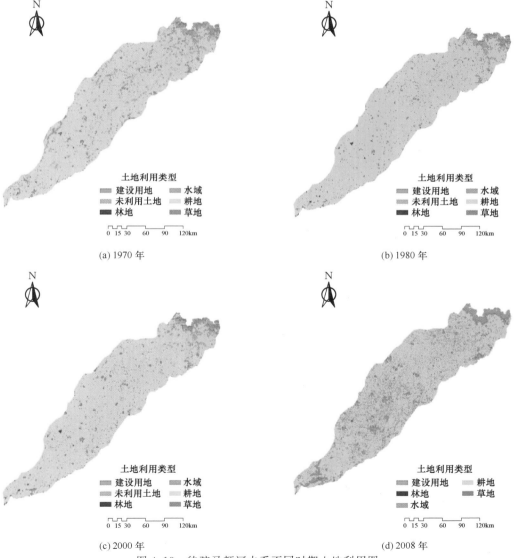

图 4.13　徒骇马颊河水系不同时期土地利用图

高达 92%。1970—1980 年土地利用发生了一定变化，但变化较小，其中耕地面积增加，水域面积减小且相对其自身有很大的变化幅度，建设用地减少，林地和草地面积变化不大。1980—2000 年各土地利用类型变化较小，其中水域和建设用地面积有少量增加，耕地和未利用土地面积有少量减小，林地和草地面积比例保持不变。2000—2008 年土地利用发生了一定变化，但变化较小，耕地面积有少量增加，林地、草地和建设用地面积减小，水域面积增大且相对其自身有很大的变化幅度，未利用土地从有到无。

表 4.9　　　　　　　　徒骇马颊河水系不同时期土地利用变化情况

土地利用类型	1970 年		1980 年		2000 年		2008 年	
	面积/km²	占流域面积比例/%	面积/km²	占流域面积比例/%	面积/km²	占流域面积比例/%	面积/km²	占流域面积比例/%
耕地	30687	87.5	31605	90.1	31331	89.3	32272	92.0
林地	55	0.2	76	0.2	76	0.2	29	0.1
草地	506	1.4	519	1.5	525	1.5	60	0.2
水域	812	2.3	297	0.9	375	1.1	1751	4.9
建设用地	1871	5.3	1415	4.0	1819	5.2	974	2.8
未利用土地	1155	3.3	1174	3.3	960	2.7	0	0.0
总计	35086	100	35086	100	35086	100	35086	100

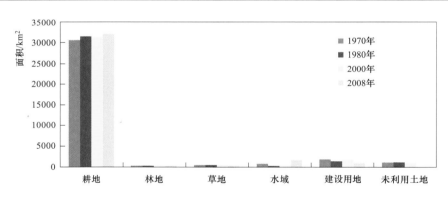

图 4.14　徒骇马颊河水系不同时期土地利用情况

4.5.2　各水系土地利用空间转移变化分析

利用海河流域各水系 1970 年、1980 年、2000 年及 2008 年的土地利用类型图的矢量数据，在 ArcGIS 中 Spatial analyst 模块支持下，进行地图代数运算，生成 1970—1980 年、1980—2000 年、2000—2008 年海河流域各水系的土地利用转移变化图。土地利用转移变化图的每个基本单元都包含了土地利用的空间特征、属性及其变化过程，从图中可以直观地看出每个时期的土地利用状态及其时空演变规律。

4.5.2.1　滦河水系土地利用空间转移变化分析

由滦河水系 1970 年和 1980 年的土地利用数据合成 1970—1980 年土地利用转移变化

图谱［图4.15（a）］，共生成36类图谱单元，有30类图谱单元中发生了土地利用类型的变化（总面积1348km²），其中10类图谱单元覆盖了变化面积的67.71％以上。从主要变化类型列表（表4.10）中可知，土地利用变化以水域向耕地转移、草地向林地转移以及水域向草地转移为主，其中水域向耕地的转移面积最大，为272.18km²，转移比例为20.19％。

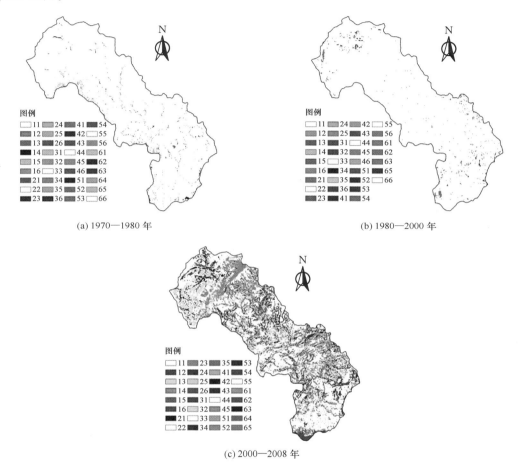

(a) 1970—1980年

(b) 1980—2000年

(c) 2000—2008年

图4.15 滦河水系土地利用转移变化空间分布图

表4.10 滦河水系1970—1980年主要土地利用类型转移变化图谱排序表

编码	土地利用转移类型	转移面积/km²	转移比例/%	编码	土地利用转移类型	转移面积/km²	转移比例/%
41	水域→耕地	272.18	20.19	51	建设用地→耕地	53.83	3.99
43	水域→草地	150.35	11.15	45	水域→建设用地	46.62	3.46
32	草地→林地	109.14	8.10	13	耕地→草地	45.87	3.40
31	草地→耕地	83.5	6.19	46	水域→未利用土地	41.30	3.06
42	水域→林地	74.30	5.51	12	耕地→林地	35.65	2.64

由滦河水系1980年和2000年的土地利用数据合成1980—2000年土地利用转移变化图谱［图4.15（b）］，共生成34类图谱单元，有28类图谱单元中发生了土地利用类型的变化（总面积956.9km²），其中11类图谱单元覆盖了变化面积的90%以上。从主要变化类型列表（表4.11）中可知，土地利用变化以草地向耕地转移、草地向未利用土地转移以及未利用土地向耕地转移为主，其中以草地向耕地的转移面积最大，为142.82km²，转移比例合计14.92%。

表4.11　　　　滦河水系1980—2000年主要土地利用类型转移变化图谱排序表

编码	土地利用转移类型	转移面积 /km²	转移比例 /%	编码	土地利用转移类型	转移面积 /km²	转移比例 /%
31	草地→耕地	142.82	14.92	16	耕地→未利用土地	54.00	5.64
36	草地→未利用土地	136.00	14.21	23	林地→草地	50.35	5.26
61	未利用土地→耕地	120.03	12.54	32	草地→林地	48.00	5.02
21	林地→耕地	107.61	11.24	41	水域→耕地	27.84	2.91
15	耕地→建设用地	88.60	9.26	34	草地→水域	21.68	2.27
63	未利用土地→草地	69.00	7.21				

由滦河水系2000年和2008年的土地利用数据合成2000—2008年土地利用转移变化图谱［图4.15（c）］，共生成32类图谱单元，有27类图谱单元中发生了土地利用类型的变化，总面积24969km²，占水系总面积的50%。从图4.15（c）和表4.12中可以看出，土地利用变化以耕林草之间的相互转移为主，其中草地和耕地向林地的转移面积最大，合计为9172.04km²，转移比例为36.73%。

表4.12　　　　滦河水系2000—2008年主要土地利用类型转移变化图谱排序表

编码	土地利用转移类型	转移面积 /km²	转移比例 /%	编码	土地利用转移类型	转移面积 /km²	转移比例 /%
32	草地→林地	4898.84	19.62	63	未利用土地→草地	894.52	3.58
23	林地→草地	4463.21	17.88	15	耕地→建设用地	601.32	2.41
12	耕地→林地	4273.20	17.11	61	未利用土地→耕地	551.49	2.21
13	耕地→草地	3573.23	14.31	34	草地→水域	196.53	0.79
21	林地→耕地	1548.93	6.20	24	林地→水域	104.47	0.42
31	草地→耕地	1477.28	5.92				

4.5.2.2　北三河水系土地利用空间转移变化分析

由北三河水系1970年和1980年的土地利用数据合成1970—1980年土地利用转移变化图谱［图4.16（a）］，共生成36类图谱单元，有30类图谱单元中发生了土地利用类型的变化（总面积7993km²），其中9类图谱单元覆盖了变化面积的90%以上。从主要变化类型列表（表4.13）中可知，土地利用变化以草地向林地转移、草地向耕地转移以及建设用地向耕地转移为主，其中草地向林地的转移面积最大，为1451.44km²，转移比例为18.16%。

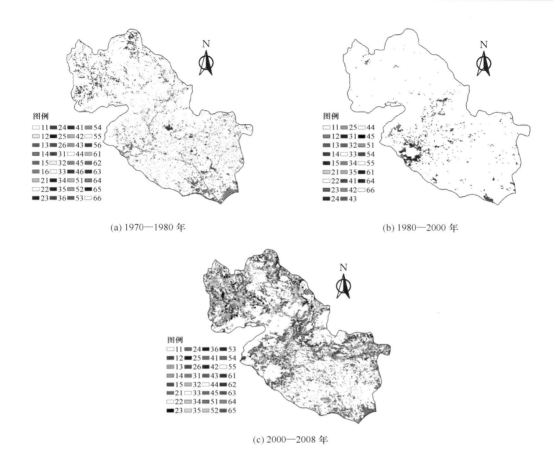

(a) 1970—1980 年 　　　　　　　(b) 1980—2000 年

(c) 2000—2008 年

图 4.16　北三河水系土地利用转移变化空间分布图

表 4.13　　　　北三河水系 1970—1980 年主要土地利用类型转移变化图谱排序表

编码	土地利用转移类型	转移面积 /km²	转移比例 /%	编码	土地利用转移类型	转移面积 /km²	转移比例 /%
32	草地→林地	1451.44	18.16	41	水域→耕地	752.19	9.41
31	草地→耕地	1281.78	16.04	13	耕地→草地	460.60	5.76
51	建设用地→耕地	1269.10	15.88	14	耕地→水域	244.63	3.06
12	耕地→林地	790.20	9.89	45	水域→建设用地	207.31	2.59
15	耕地→建设用地	762.69	9.54				

　　由北三河水系 1980 年和 2000 年的土地利用数据合成 1980—2000 年土地利用转移变化图谱 ［图 4.16 （b）］，共生成 26 类图谱单元，有 20 类图谱单元中发生了土地利用类型的变化（总面积 1394.8km²），其中 7 类图谱单元覆盖了变化面积的 90% 以上。从主要变化类型列表（表 4.14）中可知，土地利用变化以耕地向建设用地转移为主，转移面积为 823.21km²，转移比例合计 59.02%。

表 4.14　　北三河水系 1980—2000 年主要土地利用类型转移变化图谱排序表

编码	土地利用转移类型	转移面积/km²	转移比例/%	编码	土地利用转移类型	转移面积/km²	转移比例/%
15	耕地→建设用地	823.21	59.02	32	草地→林地	47.00	3.37
14	耕地→水域	145.70	10.45	21	林地→耕地	28.00	2.01
12	耕地→林地	137.00	9.82	23	林地→草地	25.00	1.79
31	草地→耕地	56.00	4.01				

由北三河水系 2000 年和 2008 年的土地利用数据合成 2000—2008 年土地利用转移变化图谱 [图 4.16 (c)]，共生成 32 类图谱单元，有 27 类图谱单元中发生了土地利用类型的变化，总面积 12658km²，占水系总面积的 36.6%。从图 4.16 (c) 和表 4.15 中可以看出，土地利用变化以耕林草之间的相互转移为主，其中草地和耕地向林地的转移面积最大，合计为 4622.85km²，转移比例为 36.52%。

表 4.15　　北三河水系 2000—2008 年主要土地利用类型转移变化图谱排序表

编码	土地利用转移类型	转移面积/km²	转移比例/%	编码	土地利用转移类型	转移面积/km²	转移比例/%
32	草地→林地	2504.86	19.79	21	林地→耕地	1019.22	8.05
12	耕地→林地	2117.99	16.73	51	建设用地→耕地	969.72	7.66
15	耕地→建设用地	1521.39	12.02	31	草地→耕地	583.96	4.61
13	耕地→草地	1384.58	10.94	41	水域→耕地	443.23	3.50
23	林地→草地	1287.81	10.17				

4.5.2.3　永定河水系土地利用空间转移变化分析

由永定河水系 1970 年和 1980 年的土地利用数据合成 1970—1980 年土地利用转移变化图谱 [图 4.17 (a)]，共生成 36 类图谱单元，有 30 类图谱单元中发生了土地利用类型的变化（总面积 10377km²），其中 8 类图谱单元覆盖了变化面积的 90% 以上。从主要变化类型列表（表 4.16）中可知，土地利用变化以草地和耕地之间的相互转移为主，其中草地向耕地的转移面积最大，为 3347.36km²，转移比例为 32.26%。

表 4.16　　永定河水系 1970—1980 年主要土地利用类型转移变化图谱排序表

编码	土地利用转移类型	转移面积/km²	转移比例/%	编码	土地利用转移类型	转移面积/km²	转移比例/%
31	草地→耕地	3347.36	32.26	41	水域→耕地	844.71	8.14
13	耕地→草地	2180.50	21.01	51	建设用地→耕地	704.68	6.79
32	草地→林地	929.44	8.96	61	未利用土地→耕地	368.99	3.56
12	耕地→林地	848.48	8.18	15	耕地→建设用地	241.68	2.33

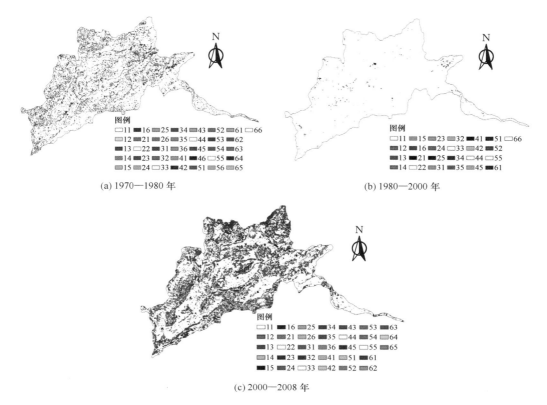

图 4.17 永定河水系土地利用转移变化空间分布图

由永定河水系 1980 年和 2000 年的土地利用数据合成 1980—2000 年土地利用转移变化图谱 [图 4.17（b）]，共生成 25 类图谱单元，有 19 类图谱单元中发生了土地利用类型的变化（总面积 563.9km²），其中 8 类图谱单元覆盖了变化面积的 90% 以上。从主要变化类型列表（表 4.17）中可知，土地利用变化以耕地向建设用地、耕地向草地以及耕地向林地转移为主，其中耕地向建设用地的转移面积最大，为 125.02km²，转移比例合计 22.17%。

表 4.17　永定河水系 1980—2000 年主要土地利用类型转移变化图谱排序表

编码	土地利用转移类型	转移面积 /km²	转移比例 /%	编码	土地利用转移类型	转移面积 /km²	转移比例 /%
15	耕地→建设用地	125.02	22.17	31	草地→耕地	64.60	11.45
13	耕地→草地	82.94	14.71	32	草地→林地	38.95	6.91
12	耕地→林地	79.02	14.01	23	林地→草地	37.73	6.69
21	林地→耕地	78.01	13.83	35	草地→建设用地	15.00	2.66

由永定河水系 2000 年和 2008 年的土地利用数据合成 2000—2008 年土地利用转移变化图谱 [图 4.17（c）]，共生成 33 类图谱单元，有 28 类图谱单元中发生了土地利用类型的变化，总面积 19180km²，占水系总面积的 41.2%。从图 4.17（c）和表 4.18 中可以看

出，土地利用变化以耕林草之间的相互转移为主，其中草地向耕地的转移面积最大，为 4643.40km²，转移比例为 24.21%。

表 4.18　　　　永定河水系 2000—2008 年主要土地利用类型转移变化图谱排序表

编码	土地利用转移类型	转移面积 /km²	转移比例 /%	编码	土地利用转移类型	转移面积 /km²	转移比例 /%
31	草地→耕地	4643.40	24.21	21	林地→耕地	2003.27	10.44
13	耕地→草地	4588.95	23.93	12	耕地→林地	1136.48	5.93
23	林地→草地	2751.58	14.35	15	耕地→建设用地	467.43	2.44
32	草地→林地	2082.03	10.86				

4.5.2.4　大清河水系土地利用空间转移变化分析

由大清河水系 1970 年和 1980 年的土地利用数据合成 1970—1980 年土地利用转移变化图谱〔图 4.18（a）〕，共生成 36 类图谱单元，有 30 类图谱单元中发生了土地利用类型的变化（总面积 8071km²），其中 10 类图谱单元覆盖了变化面积的 90% 以上。从主要变化类型列表（表 4.19）中可知，土地利用变化以建设用地向耕地、草地向林地以及水域向耕地转移为主，其中建设用地向耕地的转移面积最大，为 1827.35km²，转移比例为 22.64%。

表 4.19　　　大清河水系 1970—1980 年主要土地利用类型转移变化图谱排序表

编码	土地利用转移类型	转移面积 /km²	转移比例 /%	编码	土地利用转移类型	转移面积 /km²	转移比例 /%
51	建设用地→耕地	1827.35	22.64	15	耕地→建设用地	555.27	6.88
32	草地→林地	1140.60	14.13	64	未利用土地→水域	322.55	4.00
41	水域→耕地	1065.97	13.21	12	耕地→林地	281.81	3.49
13	耕地→草地	907.90	11.25	61	未利用土地→耕地	277.37	3.44
31	草地→耕地	847.16	10.50	14	耕地→水域	233.28	2.89

由大清河水系 1980 年和 2000 年的土地利用数据合成 1980—2000 年土地利用转移变化图谱〔图 4.18（b）〕，共生成 25 类图谱单元，有 19 类图谱单元中发生了土地利用类型的变化（总面积 1033.9km²），其中 6 类图谱单元覆盖了变化面积的 90% 以上。从主要变化类型列表（表 4.20）中可知，土地利用变化以耕地向建设用地转移为主，转移面积为 704.08km²，转移比例合计 68.10%。

表 4.20　　　大清河水系 1980—2000 年主要土地利用类型转移变化图谱排序表

编码	土地利用转移类型	转移面积 /km²	转移比例 /%	编码	土地利用转移类型	转移面积 /km²	转移比例 /%
15	耕地→建设用地	704.08	68.10	41	水域→耕地	41.00	3.97
14	耕地→水域	83.61	8.09	23	林地→草地	38.67	3.74
32	草地→林地	51.01	4.93	12	耕地→林地	29.00	2.80

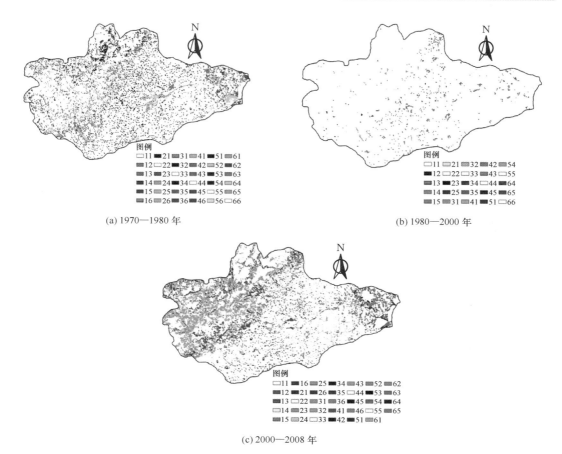

(a) 1970—1980 年

(b) 1980—2000 年

(c) 2000—2008 年

图 4.18　大清河水系土地利用转移变化空间分布图

　　由大清河水系 2000 年和 2008 年的土地利用数据合成 2000—2008 年土地利用转移变化图谱［图 4.18（c）］，共生成 34 类图谱单元，有 29 类图谱单元中发生了土地利用类型的变化，总面积 11490.9km²，占水系总面积的 25.5％。从图 4.18（c）和表 4.21 中可以看出，土地利用变化以草地向林地、耕地向建设用地以及草地向耕地转移为主，其中草地向林地的转移面积最大，为 3024.32km²，转移比例为 26.32％。

表 4.21　　　大清河水系 2000—2008 年主要土地利用类型转移变化图谱排序表

编码	土地利用转移类型	转移面积/km²	转移比例/％	编码	土地利用转移类型	转移面积/km²	转移比例/％
32	草地→林地	3024.32	26.32	23	林地→草地	650.16	5.66
15	耕地→建设用地	1710.80	14.89	12	耕地→林地	618.44	5.38
31	草地→耕地	1471.95	12.81	14	耕地→水域	530.66	4.62
51	建设用地→耕地	1041.82	9.07	21	林地→耕地	490.08	4.26
13	耕地→草地	982.13	8.55				

4.5.2.5 子牙河水系土地利用空间转移变化分析

由子牙河水系 1970 年和 1980 年的土地利用数据合成 1970—1980 年土地利用转移变化图谱 [图 4.19（a）]，共生成 35 类图谱单元，有 29 类图谱单元中发生了土地利用类型的变化（总面积 9322.6km²），其中 8 类图谱单元覆盖了变化面积的 90% 以上。从主要变化类型列表（表 4.22）中可知，土地利用变化以草地向耕地、建设用地向耕地以及耕地向草地转移为主，其中草地向耕地的转移面积最大，为 2425.47km²，转移比例为 26.02%。

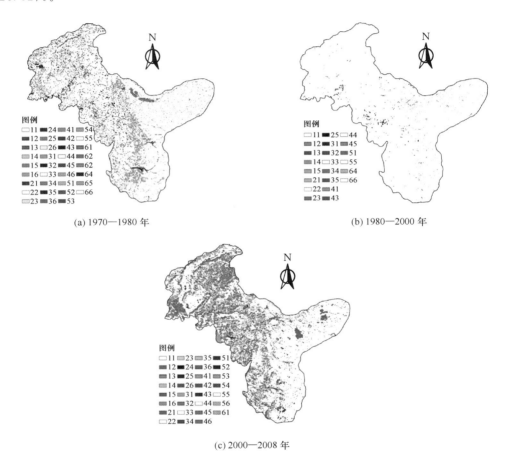

(a) 1970—1980 年

(b) 1980—2000 年

(c) 2000—2008 年

图 4.19　子牙河水系土地利用转移变化空间分布图

表 4.22　　子牙河水系 1970—1980 年主要土地利用类型转移变化图谱排序表

编码	土地利用转移类型	转移面积 /km²	转移比例 /%	编码	土地利用转移类型	转移面积 /km²	转移比例 /%
31	草地→耕地	2425.47	26.02	41	水域→耕地	726.22	7.79
51	建设用地→耕地	1642.49	17.62	12	耕地→林地	347.00	3.72
13	耕地→草地	1551.26	16.64	15	耕地→建设用地	298.39	3.20
32	草地→林地	1307.00	14.02	43	水域→草地	270.61	2.90

由子牙河水系 1980 年和 2000 年的土地利用数据合成 1980—2000 年土地利用转移变化图谱［图 4.19（b）］，共生成 22 类图谱单元，有 16 类图谱单元中发生了土地利用类型的变化（总面积 888.8km²），其中 5 类图谱单元覆盖了变化面积的 90% 以上。从主要变化类型列表（表 4.23）中可知，土地利用变化以耕地向建设用地转移为主，转移面积为 451.37km²，转移比例合计 50.78%。

表 4.23　　　子牙河水系 1980—2000 年主要土地利用类型转移变化图谱排序表

编码	土地利用转移类型	转移面积 /km²	转移比例 /%	编码	土地利用转移类型	转移面积 /km²	转移比例 /%
15	耕地→建设用地	451.37	50.78	41	水域→耕地	47.00	5.29
31	草地→耕地	156.65	17.62	35	草地→建设用地	39.00	4.39
23	林地→草地	109.48	12.32				

由子牙河水系 2000 年和 2008 年的土地利用数据合成 2000—2008 年土地利用转移变化图谱［图 4.19（c）］，共生成 31 类图谱单元，有 26 类图谱单元中发生了土地利用类型的变化，总面积 17293km²，占水系总面积的 38.5%。从图 4.19（c）和表 4.24 中可以看出，土地利用变化以草地向林地以及草地向耕地转移为主，转移面积分别为 4792.12km² 和 3582.81km²，转移比例分别为 27.71% 和 20.72%。

表 4.24　　　子牙河水系 2000—2008 年主要土地利用类型转移变化图谱排序表

编码	土地利用转移类型	转移面积 /km²	转移比例 /%	编码	土地利用转移类型	转移面积 /km²	转移比例 /%
32	草地→林地	4792.12	27.71	13	耕地→草地	1470.08	8.50
31	草地→耕地	3582.81	20.72	15	耕地→建设用地	1196.54	6.92
12	耕地→林地	1736.00	10.04	21	林地→耕地	1069.27	6.18
23	林地→草地	1657.69	9.59	51	建设用地→耕地	819.20	4.74

4.5.2.6　漳卫河水系土地利用空间转移变化分析

由漳卫河水系 1970 年和 1980 年的土地利用数据合成 1970—1980 年土地利用转移变化图谱［图 4.20（a）］，共生成 29 类图谱单元，有 24 类图谱单元中发生了土地利用类型的变化（总面积 6802km²），其中 6 类图谱单元覆盖了变化面积的 90% 以上。从主要变化类型列表（表 4.25）中可知，土地利用变化以草地向耕地以及建设用地向耕地转移为主，其中草地向耕地的转移面积最大，为 2814.5km²，转移比例为 41.38%。

表 4.25　　　漳卫河水系 1970—1980 年主要土地利用类型转移变化图谱排序表

编码	土地利用转移类型	转移面积 /km²	转移比例 /%	编码	土地利用转移类型	转移面积 /km²	转移比例 /%
31	草地→耕地	2814.50	41.38	32	草地→林地	609.66	8.96
51	建设用地→耕地	1115.90	16.40	41	水域→耕地	415.56	6.11
13	耕地→草地	878.32	12.91	15	耕地→建设用地	363.88	5.35

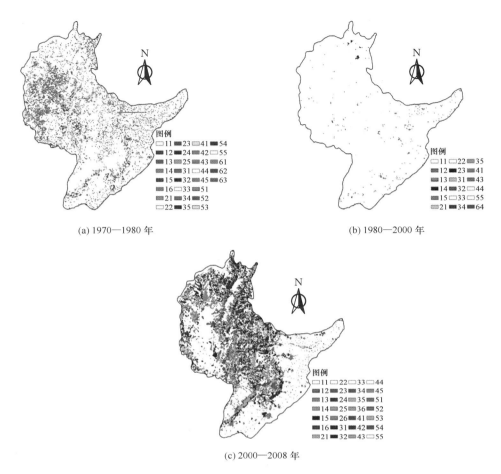

(a) 1970—1980 年

(b) 1980—2000 年

(c) 2000—2008 年

图 4.20　漳卫河水系土地利用转移变化空间分布图

　　由漳卫河水系 1980 年和 2000 年的土地利用数据合成 1980—2000 年土地利用转移变化图谱 [图 4.20（b）]，共生成 18 类图谱单元，有 13 类图谱单元中发生了土地利用类型的变化（总面积 373.4km²），其中 5 类图谱单元覆盖了变化面积的 90% 以上。从主要变化类型列表（表 4.26）中可知，土地利用变化以耕地向建设用地转移为主，转移面积为 236.88km²，转移比例合计 63.43%。

表 4.26　　漳卫河水系 1980—2000 年主要土地利用类型转移变化图谱排序表

编码	土地利用转移类型	转移面积 /km²	转移比例 /%	编码	土地利用转移类型	转移面积 /km²	转移比例 /%
15	耕地→建设用地	236.88	63.43	31	草地→耕地	18.00	4.82
23	林地→草地	51.41	13.76	32	草地→林地	13.00	3.48
13	耕地→草地	19.00	5.09				

由漳卫河水系 2000 年和 2008 年的土地利用数据合成 2000—2008 年土地利用转移变化图谱［图 4.20（c）］，共生成 28 类图谱单元，有 23 类图谱单元中发生了土地利用类型的变化，总面积 13028km²，占水系总面积的 38.2%。从图 4.20（c）和表 4.27 中可以看出，土地利用变化以耕林草之间的相互转移为主，其中草地向耕地的转移面积最大，为 2616.67km²，转移比例为 20.08%。

表 4.27　　漳卫河水系 2000—2008 年主要土地利用类型转移变化图谱排序表

编码	土地利用转移类型	转移面积 /km²	转移比例 /%	编码	土地利用转移类型	转移面积 /km²	转移比例 /%
31	草地→耕地	2616.67	20.08	23	林地→草地	1410.87	10.83
32	草地→林地	2407.19	18.48	21	林地→耕地	1370.21	10.52
13	耕地→草地	1934.54	14.85	51	建设用地→耕地	723.68	5.55
12	耕地→林地	1590.03	12.20				

4.5.2.7　徒骇马颊河水系土地利用空间转移变化分析

由徒骇马颊河水系 1970 年和 1980 年的土地利用数据合成 1970—1980 年土地利用转移变化图谱［图 4.21（a）］，共生成 33 类图谱单元，有 17 类图谱单元中发生了土地利用类型的变化（总面积 1177.8km²），其中 5 类图谱单元覆盖了变化面积的 87.85% 以上。从主要变化类型列表（表 4.28）中可知，土地利用变化以水域向耕地以及建设用地向耕地转移为主，转移面积分别为 481.30km² 和 469.47km²，转移比例分别为 40.86% 和 39.86%。

表 4.28　　徒骇马颊河水系 1970—1980 年主要土地利用类型转移变化图谱排序表

编码	土地利用转移类型	转移面积 /km²	转移比例 /%	编码	土地利用转移类型	转移面积 /km²	转移比例 /%
41	水域→耕地	481.30	40.86	61	未利用土地→耕地	29.58	2.51
51	建设用地→耕地	469.47	39.86	56	建设用地→未利用土地	22.55	1.91
15	耕地→建筑用地	31.87	2.71				

由徒骇马颊河水系 1980 年和 2000 年的土地利用数据合成 1980—2000 年土地利用转移变化图谱［图 4.21（b）］，共生成 20 类图谱单元，有 14 类图谱单元中发生了土地利用类型的变化（总面积 554.3km²），其中 4 类图谱单元覆盖了变化面积的 90% 以上。从主要变化类型列表（表 4.29）中可知，土地利用变化以耕地向建设用地转移为主，转移面积为 257.82km²，转移比例合计 46.51%。

表 4.29　　徒骇马颊河水系 1980—2000 年主要土地利用类型转移变化图谱排序表

编码	土地利用转移类型	转移面积 /km²	转移比例 /%	编码	土地利用转移类型	转移面积 /km²	转移比例 /%
15	耕地→建设用地	257.82	46.51	61	未利用土地→耕地	59.97	10.82
65	未利用土地→建设用地	134.84	24.33	14	耕地→水域	52.35	9.44

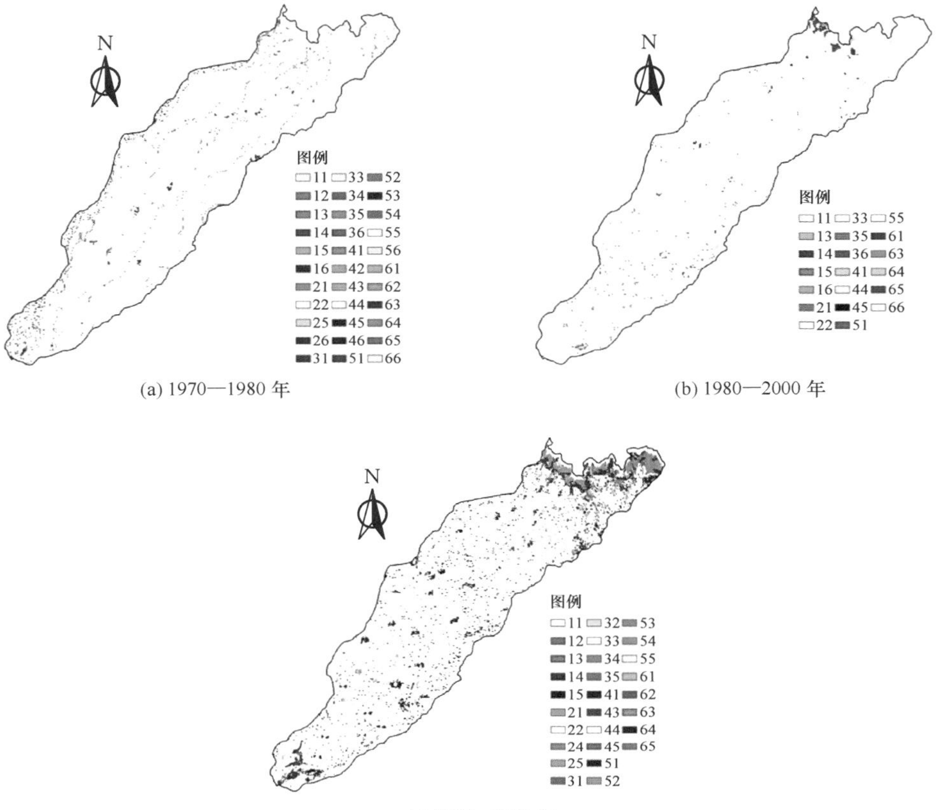

(a) 1970—1980 年　　(b) 1980—2000 年

(c) 2000—2008 年

图 4.21　徒骇马颊河水系土地利用转移变化空间分布图

由徒骇马颊河水系 2000 年和 2008 年的土地利用数据合成 2000—2008 年土地利用转移变化图谱［图 4.21（c）］，共生成 28 类图谱单元，有 23 类图谱单元中发生了土地利用类型的变化，总面积 4393.3km²，占水系总面积的 12.5%。从图 4.21（c）和表 4.30 中可以看出，土地利用变化以建设用地和耕地之间的相互转移为主，转移面积分别为 1104.42km² 和 717.58km²，转移比例分别为 25.14%和 16.33%。

表 4.30　徒骇马颊河水系 2000—2008 年主要土地利用类型转移变化图谱排序表

编码	土地利用转移类型	转移面积 /km²	转移比例 /%	编码	土地利用转移类型	转移面积 /km²	转移比例 /%
51	建筑用地→耕地	1104.42	25.14	54	建设用地→水域	385.18	8.77
15	耕地→建设用地	717.58	16.33	34	草地→水域	273.73	6.23
14	耕地→水域	659.13	15.00	64	未利用土地→水域	265.52	6.04
61	未利用土地→耕地	444.33	10.11	31	草地→耕地	175.32	3.99

4.5.3　典型水系土地利用动态变化分析

按照 4.4 节所介绍的分析水系土地利用变化状况的方法，并根据水系分布的情况分别选取滦河水系和大清河水系作为典型水系,提取出典型水系 1970—1980 年、1980—2000 年以及 2000—2008 年这三个时间段各种土地利用变化情况,并分别进行了分析。

4.5.3.1 滦河水系各时间段土地利用的不同动态分析与比较

1. 传统的数量分析模型

根据表 4.3 计算出滦河水系 1970—1980 年、1980—2000 年以及 2000—2008 年这三个时间段各种土地利用类型的变化量,并利用式 (4.4) 计算出各种土地利用类型的变化率指数,如表 4.31 所示。

表 4.31　　　　　　　　滦河水系各土地利用类型变化面积及年变化率

土地利用类型	1970—1980 年		1980—2000 年		2000—2008 年	
	变化面积 /km²	年变化率 /%	变化面积 /km²	年变化率 /%	变化面积 /km²	年变化率 /%
耕地	378	0.26	243	0.08	−4145	−3.40
林地	198	0.11	−106	−0.03	3348	2.45
草地	78	0.06	−222	−0.08	1632	1.54
水域	−671	−5.89	7	0.08	659	17.34
建设用地	−16	−0.23	58	0.42	51	0.85
未利用土地	34	0.23	18	0.06	−1544	−12.49

对表 4.31 进行纵向分析得出:①滦河水系 1970—1980 年,水域的变化速率最快,年变化率为 −5.89%,其次为耕地,年变化率为 0.26%,未利用土地年变化率为 0.23%,建设用地的年变化率均为 −0.23%;②1980—2000 年,建设用地的变化速率最快,年变化率为 0.42%,其次为草地,年变化率为 −0.08%;③2000—2008 年水域的变化速率最快,年变化率为 17.34%,其次为未利用土地,年变化率为 −12.49%。

对表 4.31 进行横向分析,得出各土地利用类型在三个不同的时间段中,在 2000—2008 年间的变化速率均为最快,其中耕地的变化率为 −3.40%,林地为 2.45%,草地为 1.54%,水域为 17.34%,建设用地为 0.85%,未利用土地为 −12.49%。

2. 土地利用动态度模型

根据表 4.3 和表 4.10～表 4.12,运用式 (4.5) 和式 (4.6),计算出滦河水系 1970—1980 年、1980—2000 年以及 2000—2008 年这三个时间段各土地利用类型的动态度和流域综合土地利用动态度,如表 4.32 所示。

表 4.32　　　　　滦河典型水系各土地利用类型及流域综合土地利用动态度　　　　　　　%

土地利用类型	1970—1980 年	1980—2000 年	2000—2008 年
耕地	0.056	0.048	9.234
林地	0.000	0.042	5.465
草地	0.144	0.129	8.261
水域	5.134	0.297	0.000
建设用地	0.757	0.000	0.000
未利用土地	0.000	0.124	15.599
流域总体	0.183	0.087	5.654

对表 4.32 进行纵向对比分析得到：滦河水系 1970—1980 年，流域综合土地利用动态度为 0.183%，各土地利用类型中水域的动态度最大，达到了 5.134%；1980—2000 年，流域综合土地利用动态度为 0.087%，各土地利用类型中仍是水域的动态度最大，为 0.297%；2000—2008 年，流域综合土地利用动态度为 5.654%，各土地利用类型中未利用土地的动态度最大，为 15.599%。

对表 4.32 进行横向对比分析，得出各土地利用类型及流域总体在三个时间段动态度差异。对流域总体而言，流域在 2000—2008 年间的综合动态度较大，达到 5.654%，流域在 1970—1980 年和 1980—2000 年间综合动态度都很小。耕地、林地、草地和未利用土地的土地利用动态度均在 2000—2008 年最大，而水域和建设用地的土地利用动态度在该时段为 0。

3. 改进动态变化空间分析模型

根据表 4.3 和表 4.10～表 4.12，运用式（4.7）～式（4.9），计算出滦河水系 1970—1980 年、1980—2000 年和 2000—2008 年各种土地利用类型和流域总体的转移速度和转移速率、新增速度和新增速率以及总的变化速度和变化速率，如表 4.33～表 4.35 所示。

表 4.33　　　　　　　　滦河水系 1970—1980 年土地利用动态变化率

土地利用类型	未变化面积 /km²	转移部分			新增部分			变化速度 /(km²/年)	变化速率 /%
		面积 /km²	转移速度 /(km²/年)	转移速率 /%	面积 /km²	新增速度 /(km²/年)	新增速率 /%		
耕地	14544.48	81.52	8.15	0.06	409.51	40.95	0.28	49.10	0.34
林地	18548.00	0.00	0.00	0.00	219.09	21.91	0.12	21.91	0.12
草地	13218.36	192.64	19.26	0.14	196.22	19.62	0.15	38.89	0.29
水域	554.25	584.75	58.48	5.13	0.00	0.00	0.00	58.48	5.13
建设用地	657.17	53.83	5.38	0.78	46.62	4.66	0.66	10.05	1.41
未利用土地	1493.00	0.00	0.00	0.00	41.30	4.13	0.28	4.13	0.28

表 4.34　　　　　　　　滦河水系 1980—2000 年土地利用动态变化率

土地利用类型	未变化面积 /km²	转移部分			新增部分			变化速度 /(km²/年)	变化速率 /%
		面积 /km²	转移速度 /(km²/年)	转移速率 /%	面积 /km²	新增速度 /(km²/年)	新增速率 /%		
耕地	14861.40	142.60	7.13	0.05	398.30	19.92	0.13	27.05	0.18
林地	18638.39	107.61	5.38	0.03	48.00	2.40	0.01	7.78	0.04
草地	13276.50	212.50	10.63	0.08	119.35	5.97	0.05	16.59	0.12
水域	440.16	27.84	1.39	0.30	21.68	1.08	0.23	2.47	0.59
建设用地	695.00	0.00	0.00	0.00	88.60	4.43	0.64	4.43	0.64
未利用土地	1458.00	69.00	3.45	0.23	190.00	9.50	0.62	12.95	0.85

表 4.35　　　　　　　　　滦河水系 2000—2008 年土地利用动态变化率

土地利用类型	未变化面积 /km²	转移部分			新增部分			变化速度 /(km²/年)	变化速率 /%
		面积 /km²	转移速度 /(km²/年)	转移速率 /%	面积 /km²	新增速度 /(km²/年)	新增速率 /%		
耕地	6799.25	8447.75	1407.95	9.23	3577.7	596.28	3.91	2003.94	14.14
林地	12527.86	6112.14	1018.69	5.46	9372.04	1562.01	8.38	2580.69	13.84
草地	6690.88	6576.12	1096.02	8.26	9029.96	1504.99	11.34	2601.01	19.60
水域	475.00	0.00	0.00	0.00	300.25	50.042	10.53	50.04	10.53
建设用地	753.00	0.00	0.00	0.00	601.32	100.22	13.30	100.22	13.30
未利用土地	98.99	1446.01	241.00	15.59	0.00	0.00	0.00	241.02	15.59

从表 4.33 可以看出，1970—1980 年：①水域是转移速度最快的土地利用类型，达到了 58.48km²/年，因其初始面积也较小，所以转移速率也最大，达到了 5.13%，耕地、草地和建设用地的转移速率分别为 0.06%、0.14% 和 0.78%；②新增土地利用类型新增速度最大的是耕地，达到了 40.95km²/年，因其初始面积较大，新增速率排在第二位，而建设用地因其初始面积较小，新增速率最大，为 0.66%；③耕地、林地、草地和未利用土地在该时期的新增速度和速率都大于该时期的转移速度和速率，属于扩展型；水域和建设用地新增速率和速度都小于转移速率和速度，为衰减型；④水域的整体变化速度和变化速率都最大，分别达到 58.48km²/年 和 5.13%，同期耕地和草地的变化速度也较大，分别达到了 49.10km²/年 和 38.89km²/年。

从表 4.34 可以看出，1980—2000 年：①草地是转移速度最快的土地利用类型，达到了 10.63km²/年，因其初始面积较大，转移速率仅排在第 3 位，并且其转移速度大于新增速度，为衰减型。②耕地的新增速度最大，为 19.92km²/年，因其初始面积较大，新增速率仅排在第 4 位，并且其转移速度小于新增速度，为扩展型。③耕地的总体变化速度最大，达到了 27.05km²/年，同时期变化速度较大的还有草地和未利用土地，分别达到了 16.59km²/年 和 12.95km²/年。④林地、草地和水域的转移速度大于新增速度，为衰减型；耕地、建设用地和未利用土地的新增速度大于转移速度，为扩散型。

从表 4.35 可以看出，2000—2008 年：①耕地是转移速度最快的土地利用类型，达到了 1407.95km²/年，因其初始面积较大，转移速率排在第 2 位；转移速度超过 1000km²/年的还有林地和草地，分别达到了 1018.69km²/年 和 1096.02km²/年。②林地的新增速度最大，为 1562.01km²/年，因其初始面积较大，新增速率排在第 3 位，同时，草地的新增速度也超过了 1500km²/年，达到了 1504.99km²/年。③耕地、林地和草地的总体变化速度都超过了 2000km²/年，分别为 2003.94km²/年、2580.69km²/年 和 2601.01km²/年，且变化速率也都较大。④耕地和未利用土地的转移速度大于新增速度，为衰减型；林地、草地、水域和建设用地的新增速度大于转移速度，为扩散型。

4.5.3.2　大清河水系土地利用动态分析

4.5.3.2.1　传统数量分析模型

根据表 4.6 计算出大清河水系 1970—1980 年、1980—2000 年以及 2000—2008 年这

三个时间段各种土地利用类型的变化量，并利用式（4.4）计算出各种土地利用类型的变化率指数，如表 4.36 所示。

表 4.36　　　　　　　　大清河水系各土地利用类型变化面积及年变化率

土地利用类型	1970—1980 年		1980—2000 年		2000—2008 年	
	变化面积/km²	年变化率/%	变化面积/km²	年变化率/%	变化面积/km²	年变化率/%
耕地	1995	0.81	−792	−0.15	−764	−0.37
林地	1567	2.78	22	0.02	2687	4.65
草地	−920	−0.97	−35	−0.02	−3096	−4.54
水域	−817	−3.65	37	0.13	164	1.41
建设用地	−1202	−4.70	761	2.80	1002	5.92
未利用土地	−623	−9.06	−3	−0.23	−13	−2.66

对表 4.36 进行纵向分析得出：①大清河水系 1970—1980 年，未利用土地的变化速率最快，年变化率为 −9.06%，其次为建设用地和水域，年变化率分别为 −4.70% 和 −3.65%；②1980—2000 年，建设用地的变化速率最快，年变化率为 2.80%，其次为未利用土地，年变化率为 −0.23%；③2000—2008 年建设用地的变化速率最快，年变化率为 5.92%，其次为林地和草地，年变化率分别为 4.65% 和 −4.54%。

对表 4.36 进行横向对比分析，得出：①耕地在 1970—1980 年的变化速率最快，其变化率为 0.81%；②林地在 2000—2008 的年变化率最大，为 4.65%；③草地在 2000—2008 年变化率最大，为 −4.54%；④水域在 1970—1980 年变化率最大，为 −3.65%；⑤建设用地在 2000—2008 年的变化速率最快，为 5.92%；⑥未利用土地在 1970—1980 年的变化速率最大，为 −9.06%。

4.5.3.2.2　土地利用动态度模型

根据表 4.6 和表 4.19～表 4.21，运用式（4.5）和式（4.6），计算出大清河水系 1970—1980 年、1980—2000 年以及 2000—2008 年这三个时间段各土地利用类型的动态度和流域综合土地利用动态度，如表 4.37 所示。

表 4.37　　　　大清河水系各土地利用类型及流域综合土地利用动态度　　　　　　%

土地利用类型	1970—1980 年	1980—2000 年	2000—2008 年
耕地	0.81	0.15	2.49
林地	0.00	0.00	3.40
草地	2.10	0.03	8.80
水域	4.77	0.15	0.00
建设用地	7.15	0.00	8.21
未利用土地	8.73	0.00	3.25
流域总体	1.66	0.10	4.02

对表 4.37 进行纵向对比分析得到：大清河水系 1970—1980 年，流域总体土地利用动态度为 1.66%，各土地利用类型中未利用土地的动态度最大，达到了 8.73%；1980—2000 年，流域总体土地利用动态度为 0.10%，各土地利用类型中耕地的动态度最大，为 0.15%；2000—2008 年，流域总体土地利用动态度为 4.02%，各土地利用类型中草地的动态度最大，为 8.80%。

对表 4.37 进行横向对比分析，得出各土地利用类型及流域总体在三个时间段动态度差异：对流域总体而言，在 2000—2008 年的综合动态度较大；并且耕地、林地、草地和建设用地的土地利用动态度均在 2000—2008 年最大，而水域和未利用土地的土地利用动态度在 1970—1980 时段最大。

4.5.3.2.3　改进动态变化空间分析模型

根据表 4.6 和表 4.19～表 4.21，运用式（4.7）～式（4.9），计算出大清河水系 1970—1980 年、1980—2000 年和 2000—2008 年各种土地利用类型和流域总体的转移速度和转移速率、新增速度和新增速率以及总的变化速度和变化速率，如表 4.38～表 4.40 所示。

表 4.38　　　　　　　　大清河水系 1970—1980 年间土地利用动态变化率

土地利用类型	未变化面积/km²	转移部分			新增部分			变化速度/(km²/年)	变化速率/%
		面积/km²	转移速度/(km²/年)	转移速率/%	面积/km²	新增速度/(km²/年)	新增速率/%		
耕地	22519.74	1978.26	197.83	0.81	4017.85	401.78	1.64	599.61	2.48
林地	5622.00	0.00	0.00	0.00	1422.41	142.24	2.53	142.24	2.53
草地	7483.24	1987.76	198.78	2.09	907.90	90.79	0.95	289.56	2.96
水域	1168.03	1065.97	106.60	4.72	555.83	55.58	2.48	162.18	7.26
建设用地	729.65	1827.35	182.74	7.16	555.27	55.52	0.22	238.26	7.36
未利用土地	87.08	599.92	59.99	8.73	0.00	0.00	0.00	59.99	8.73

表 4.39　　　　　　　　大清河水系 1980—2000 年土地利用动态变化率

土地利用类型	未变化面积/km²	转移部分			新增部分			变化速度/(km²/年)	变化速率/%
		面积/km²	转移速度/(km²/年)	转移速率/%	面积/km²	新增速度/(km²/年)	新增速率/%		
耕地	25676.31	816.69	40.83	0.15	41.00	2.05	0.00	42.88	0.15
林地	7189.00	0.00	0.00	0.00	80.00	4.00	0.06	4.00	0.06
草地	8499.90	51.01	2.55	0.03	38.67	1.93	0.02	4.48	0.05
水域	1376.00	41.00	2.05	0.14	83.61	4.18	0.29	6.23	0.44
建设用地	1355.00	0.00	0.00	0.00	704.08	35.20	2.60	35.20	2.59
未利用土地	64.00	0.00	0.00	0.00	0.00	0.00	0.00	0.00	0.00

表 4.40　　　　　　　　大清河水系 2000—2008 年土地利用动态变化率

土地利用类型	未变化面积/km²	转移部分			新增部分			变化速度/(km²/年)	变化速率/%
		面积/km²	转移速度/(km²/年)	转移速率/%	面积/km²	新增速度/(km²/年)	新增速率/%		
耕地	21857.97	3843.03	640.33	2.49	3003.85	500.64	1.94	1140.97	4.43
林地	5748.79	1472.21	245.36	3.39	3642.76	607.12	8.40	852.49	11.80
草地	4019.73	4496.27	749.37	8.80	1632.29	272.04	3.19	1066.42	11.99
水域	1454.00	0.00	0.00	0.00	530.66	88.44	6.08	88.44	6.08
建设用地	1074.18	1041.82	173.63	8.20	1710.80	285.13	13.47	458.77	21.68
未利用土地	51.50	12.50	2.08	3.25	0.00	0.00	0.00	2.08	3.25

从表 4.38 可以看出，1970—1980 年：①草地是转移速度最快的土地利用类型，达到了 198.76km²/年，因其初始面积较大，转移速率仅排在第四位；未利用土地的转移速率最大，达到了 8.73％。②耕地是新增速度最大的土地利用类型，达到了 401.78km²/年，但因为其初始面积较大，新增速率排在第三位。未利用土地在误差范围内未发生明显变化。③从变化速度来看，耕地为最敏感土地类型，变化速度达到了 599.61km²/年，比第二位的草地变化速度的两倍还要多。④耕地和林地的新增速率大于转移速率，属于扩展型；草地、水域、建设用地和未利用土地的转移速率大于新增速率，属于衰减型。

从表 4.39 可以看出，1980—2000 年：①耕地是转移速度最快和转移速率最大的土地利用类型，达到了 40.83km²/年和 0.15％；林地和未利用土地的转移速率在误差范围内未发生明显变化。②建设用地是这一时期新增速度最快和新增速率最大的土地利用类型，达到了 35.20km²/年和 2.60％。未利用土地在误差允许范围内未发生明显新增变化。③从变化速度来看，耕地和建设用地为敏感性较强的土地类型，变化速度分别达到了 42.88km²/年和 35.20km²/年。④林地、水域和建设用地的新增速率大于转移速率，属于扩展型；耕地和草地的转移速率大于新增速率，属于衰减型；未利用土地在误差范围内未发生明显变化。

从表 4.40 可以看出，2000—2008 年：①草地是转移速度最快和转移速率最大的土地利用类型，达到了 749.37km²/年和 8.80％，其次是耕地的转移速度也达到了 640.33km²/年，但因为其初始面积较大，转移速率排在第五位。②林地是新增速度最大的土地利用类型，达到了 607.12km²/年，因为其初始面积较大，新增速率排在第二位。建设用地在这一时期的新增速率最大，为 13.47％。③从变化速度看，耕地为最敏感土地类型，变化速度达到了 1140.97km²/年，其次为草地，达到了 1066.42km²/年。④林地、水域和建设用地的新增速率大于转移速率，属于扩展型；耕地、草地和未利用土地的转移速率大于新增速率，属于衰减型。

4.6　小结

本章分析了各类下垫面要素对洪水影响的机理，并根据海河流域不同年份的下垫面遥感识别结果，分析了各水系土地利用面积变化及水利水保工程等下垫面变化情况，主要结果如下：

（1）分析了地质、地貌、土壤及土地利用等对洪水的影响机理。收集了海河流域内重点水土保持区域资料，分析了流域水土保持工作及其发展历程。收集了海河流域山区地下水开采资料，估算了地下水开采对流域土层蓄水容量的影响，为研究下垫面变化对洪水影响程度奠定了基础。

（2）分析了海河流域滦河、北三河、永定河、大清河、子牙河、漳卫河、及徒骇马颊河等各水系土地利用类型面积变化情况，除了徒骇马颊河以耕地为主要土地利用类型外，各水系主要以耕地、林地和草地为主要土地利用类型，且在这三种土地利用类型间相互转化。

（3）分别采用传统的数量分析模型、土地利用动态度模型和改进动态变化空间分析模型，分析了滦河流域和大清河流域的土地利用变化情况。在不同时期各流域各类土地利用变化速率呈现不同的特点，且不同时期由于转移速率和新增速率的相对大小，某种土地利用类型可能呈现衰减型，而在另一时期为扩散型。但各流域均在2000—2008年综合动态度最大。

参考文献

Bruce P，Maurice Y，1993．Rural/urban land conversion I：estimating the direct and indirect［J］．Urban Geography，14：323 - 347．

Calder I R，1993．Hydrologic effects of land - use change. Chapter 13. In：Maidment D R ed. Handbook of hydrology［M］．New York：McGraw - Hili.

Fohrer N，Haverkamp S，Eckhardt K，et al，2001. Hydrologic response to land use changes on the catchment scale［J］．Physics & Chemistry of the Earth Part B - Hydrology Oceans & Atmosphere，26：577 - 582．

Hutyra L R，Yoon B，Hepinstall - Cymerman J，et al，2011．Carbon consequences of land cover change and expansion of urban lands：A case study in the Seattle metropolitan region［J］．Landscape & Urban Planning，103：83 - 93．

Kang S，Park J I，Singh V，1998．Effects of urbanization on runoff characteristics of the on - Cheon Stream watershed in Pusan，Korea［J］．Hydrological Processes，25：351 - 363．

Kondoh A，1995．Relationship between the global vegetation index and the evapo - transpirations derived from climatologically estimation methods［J］．Journal of the Japan Society of Photogrammetry，34：6 - 14．

Munsi M，Malaviya S，Oinam G，et al，2010．A landscape approach for quantifying land - use and land - cover change（1976 - 2006）in middle Himalaya［J］．Regional Environmental Change，10：145 - 155．

Omran E S E，2012．Detection of land - use and surface temperature change at different resolutions［J］．Journal of Geographic Information System，4：189 - 203．

Swank W T，Crossley D A，1988．Forest hydrology and ecology at Coweeta Ecological studies［M］．New York：Spingerverlag.

摆万奇，赵士洞，2011．土地利用变化驱动力系统分析［J］．自然科学，23（3）：39 - 41．

陈莹，尹义星，陈爽，2009．典型流域土地利用/覆被变化预测及景观生态效应分析［J］．长江流域资源与环境, 18 (8)：765-770.

丁文峰, 张平仓, 任洪玉, 等, 2007. 秦巴山区小流域水土保持综合治理对土壤入渗的影响 [J]. 水土保持通报, 27 (1)：11-14.

高崇辉, 张珺, 代俊峰, 2013. 基于 RS 和 GIS 的武汉土地利用变化驱动力分析 [J]. 国土与自然资源研究 (3)：31-32.

高俊峰, 韩昌来, 1999. 太湖地区的圩及其对洪涝的影响 [J]. 湖泊科学, 11 (2)：105-109.

顾朝林, 1999. 北京土地利用/覆被变化机制研究 [J]. 自然资源学报, 14 (4)：307-312.

郭碧云, 张广军, 2009. 基于遥感和 GIS 的土地利用/覆被变化研究 [J]. 干旱地区农业研究, 27 (4)：240-244.

康玲玲, 张宝, 甄斌, 等, 2006. 多沙粗沙区梯田对径流影响的初步分析 [J]. 水力发电, 32 (12)：16-19.

李新根, 2005. 上游梯级水库对设计洪水的影响分析 [J 水利水电技术, 36 (9)：14-16.

刘纪远, 刘明亮, 庄大方, 等, 2002. 中国近期土地利用变化的空间格局分析 [J]. 中国科学 (D 辑), 32 (2)：1031-1040.

刘盛和, 何书金, 2002. 土地利用动态变化的空间分析测算模型 [J]. 自然资源学报, 17 (5)：533-539.

刘盛和, 吴传钧, 沈洪泉, 等, 2000. 基于 GIS 的北京城市用地扩展模式 [J]. 地理学报, 55 (4)：407-415.

刘文具, 2013. 流域下垫面变化对流域洪水的影响分析 [J]. 地下水, 35 (4)：142-143.

沈灿燊, 陈俊鸿, 高海风, 1988. 喀斯特地区降雨径流三个模型 [J]. 逻辑学研究, 7 (2)：1-7.

史培军, 潘耀忠, 陈晋, 等, 1999. 深圳市土地利用/覆盖变化与生态环境安全分析 [J]. 自然资源学报, 14 (4)：293-299.

王德连, 雷瑞德, 韩创举, 2004. 国内外森林水文研究现状和进展 [J]. 西北林学院学报, 19 (2)：156-160.

王国庆, 王云璋, 2000. 浅析黄河中游水利水保工程措施对暴雨产流产沙机制的影响 [J]. 山西水土保持科技 (1)：23-25.

王浩, 雷晓辉, 秦大庸, 等, 2003. 基于人类活动的流域产流模型构建 [J]. 资源科学, 25 (6)：14-18.

王辉, 董元华, 李德成, 等, 2004. 基于遥感与 GIS 技术的苏州市土地利用动态变化研究 [J]. 土壤, 36 (4)：420-423.

王思远, 刘纪远, 张增祥, 等, 2001. 中国土地利用时空特征分析 [J]. 地理学报, 56 (6)：631-639.

王思远, 张增祥, 周全斌, 等, 2002. 基于遥感与 GIS 技术的土地利用时空特征研究 [J]. 遥感学报, 6 (3)：223-228.

王秀兰, 包玉海, 1999. 土地利用动态变化研究方法探讨 [J]. 地理科学进展, 18 (1)：81-87.

吴学鹏, 林俊俸, 李朝忠, 1992. 都市化对小流域水文影响的研究 [J]. 水科学进展 (2)：155-160.

许月卿, 李秀彬, 2003. 基于 GIS 的河北南部平原土地利用变化动态分析 [J]. 资源科学, 25 (2)：77-84.

杨勇, 任志远, 2013. 基于 GIS 的关中地区土地利用/覆盖变化对比研究 [J]. 干旱区资源与环境, 27 (5)：40-45.

占车生, 乔晨, 徐宗学, 等, 2011. 基于遥感的渭河关中地区生态景观格局变化研究 [J]. 资源科学, 33 (12)：2349-2355.

张建云, 刘金平, 程绪干, 等, 2003. 水利工程运用对淮河洪水的影响 [J]. 中国水利 (19)：21-23.

张丽萍, 张锐波, 2004. 城市化过程中土地利用结构变化的时空动态研究 [J]. 经济地理, 24 (6)：793-796.

赵淑清，2001. 洪湖湖区土地利用/土地覆盖时空格局研究［J］. 应用生态学报，12（5）：721 - 725.

朱会义，李秀彬，2003. 关于区域土地利用变化指数模型方法的讨论［J］. 地理学报，58（5）：643 - 650.

朱会义，李秀彬，何书金，等，2001. 环渤海地区土地利用的时空变化分析［J］. 地理学报，56（3）：253 - 260.

第5章　流域暴雨洪水特征变化分析

5.1　概述

由于海河流域下垫面条件发生了一定的变化（如修建水库、土地利用变化、水土保持等），各典型流域水文时间序列形成的物理成因也发生了变化，其一致性的统计规律是否仍然适用需要进一步分析。对流域暴雨洪水特征的统计规律以及变化情况进行分析十分重要，它是流域防洪规划和管理的基础。

流域暴雨洪水特征分析也是水文科学及其实践中研究最广泛的问题，水文序列中除随机性成分外还有确定性成分，对确定性成分主要从趋势性、突变性和周期性3个方面进行分析（谢平等，2010）。趋势性是指序列中存在缓慢渐变的趋势，在未来有可能会继续渐变。突变性（即水文变量分布的均值或方差发生突变）强调序列从一个状态保持一致直到另一个状态突变发生。

自1970年以来，对水文序列的趋势分析方法有很多（Jakob，2013），常用的检验方法有Theil-Sen估计（Sen，1968）、最小二乘法线性回归及参数Pearson线性检验法（Haan，1977）、非参数Spearman秩次相关检验法（Lettenmaier，1976）和非参数Mann-Kendall秩次检验法（Hirsch et al，1984），还有考虑自相关影响的趋势检验方法，如预白化（pre-whitening）的Mann-Kendall检验法、基于方差改正的Mann-Kendall检验法（Hamed et al，1998）和区组重采样的Mann-Kendall方法（Noguchi et al，2011）等。非参数Mann-Kendall检验法是目前国内外最常用的趋势性检验方法，检验结果可靠合理，在极值洪水序列趋势性检验方面得到了广泛应用。Haddad等（2011）采用Mann-Kendall检验法识别出澳大利亚东南地区的年极值洪水序列呈显著下降趋势。Kashelikar（2009）对美国396个下垫面未有明显变化流域的年最大洪水序列采用Mann-Kendall检验法检验出位于北太平洋中部的夏威夷、美国中西部和东部均存在显著的趋势性。Fritsch（2012）采用同样的检验方法对美国东部和中西部的569个监测站检测出洪水存在显著的趋势性。

这些趋势分析方法也在揭示其他水文气象变量随时间变化规律方面得到了应用。冯平等（2008）采用滑动平均和线性回归法对潘家口水库1956—2003年入库年径流进行了检验，发现入库年径流有较为明显的减小趋势。汪丽娜等（2009）以西江流域高要站1957—2007年径流量序列为基础，通过Mann-Kendall方法以及小波变换法识别了西江流域的径流量序列的趋势和周期演变特性。刘兆飞等（2011）基于太湖流域及周边气象站1957—2009年气象数据，采用Mann-Kendall方法和小波分析方法，分析了平均气温、最高和最低气温、降水量、最大日降水量及径流量的变化趋势和周期特征，并对流域径流量的变化及与降水量的耦合关系等进行分析，结果表明，太湖流域呈增温增湿的趋势。以上对水文序列变化特性的研究多集中于序列均值特征，从分析结果无法了解序列在分布尾端的变化情况，且易受异常值干扰。为了解决这个问题，冯平等（2016）采用分位数回归的方法研究了滦河流域降水及径流变化特性，大部分子流域年降水序列在不同分位数水平下基本保持一致性，而年径流序列在高、低分位数水平下均表现出减小趋势。江聪等（2012）采用 GAMLSS 模型对宜昌站 1882—2009 年的年平均流量序列和年最小月流量序列分别进行了趋势分析，将序列的趋势分析从均值扩展至均方差、偏态系数等其他统计参数。研究发现宜昌站年平均流量序列的均值有明显线性减少的趋势，而年最小月流量序列线性趋势不明显。但年最小月流量序列并非平稳序列，其均值表现为非线性的趋势变化，偏态系数呈现线性的趋势变化。

水文序列的突变性检验可以揭示水文规律发生变异的时间，在过去的研究中提出了一系列的方法，如非参数 Pettitt 检验法（Pettitt，1979）、不用考虑分布的累积和检验法（CUSUM test）、滑动 T 检验法、有序聚类法、Lee-Heghinian 检验法、最优信息二分割法、滑动秩和检验法、滑动 F 检验法、Brown-Forsythe 检验法、R/S 分析法、滑动游程检验法、Bayesian 法等。最常用的变异点检验方法为非参数 Pettitt 检验法和滑动 T 检验法，Pettitt 检验法不需要假设序列服从特定分布，并且检验有异常值的序列更稳健（Villarini et al，2011），不仅用于检验序列均值的变异点还可检验序列方差的突变情况（McCabe，2002），此检验法常被用于检测年最大洪峰流量序列的突变特征（Fritsch，2012；Villarini et al，2009；Villarini et al，2010；Villarini et al，2011）。和 T 检验相比，非参数 Pettitt 检验法能减少水文序列异常值和高偏特点的影响（Villarini et al，2010）。Li 等（2007）采用 Pettitt 检验法分析了滦河流域各子流域年径流序列的突变情况，结果表明 1979 年是年径流序列发生突变的年份。Villarini 等（2011）采用 Pettitt 检验法对美国中西地区 196 个监测站的年最大洪峰流量序列进行了检验，认为洪水序列的非一致性表现为存在变异点而不是渐变的趋势性。Salvadori（2013）采用 Bayesian 法对美国 143 个小流域进行了多个变异点诊断。但由于 Bayesian 法对数学算法的要求较高，相比之下其他变异点检验方法更易于运用，尤其是稳健的 Pettitt 检验法。这些流域洪水序列的突变特征一般是由于气候因素和人类因子所导致。

本章在介绍水文时间序列变化特征主要分析方法的基础上，定性描述各典型流域暴雨洪水的时间变化特征，为海河流域暴雨洪水特征变化机理分析提供依据。5.2 确定暴雨洪水特征指标；5.3 介绍水文序列趋势性和变异性分析的基本方法；5.4 分析典型流域暴雨特征变化；5.5 分析典型流域洪水特征变化；5.6 对本章主要方法和结论进行小结。

5.2 暴雨洪水特征指标

暴雨洪水的特点主要决定于暴雨过程及其特征，也受流域下垫面条件的约束。影响暴雨洪水特点的暴雨特征，除暴雨的成因类型外，还有暴雨中心落点、暴雨中心移动与否、移动路径、暴雨的面分布和时程分配特点。暴雨洪水在水文科学中是历来最受重视的内容，各国水文学者根据暴雨洪水的特点，建立了许多计算公式和模型。但由于暴雨变化的随机性和流域下垫面条件的不稳定和不确定因素，暴雨形成洪水过程的全部物理机制尚未完全认识，难以建立十分严密的数学模型。在实践中常采用一定的概化、假定条件，简化对实际自然现象的描述，并在此基础上进行推理分析，建立概念性的理论和方法，即流域水文数学模型。同时，也常因暴雨洪水本身的特点，数理统计理论在暴雨洪水分析计算中有着广泛的应用。这些对暴雨洪水的分析计算首先需要确定暴雨和洪水特征指标。

5.2.1　暴雨特征指标

暴雨是降水强度很大的雨。一般指降雨量 16mm/h 以上，或连续 12h 降雨量 30mm 以上，或连续 24h 降雨量 50mm 以上的降水。这里的暴雨是指产生较大洪水的降雨。因此，暴雨的最常见特征指标就是不同时段的最大降雨量，如最大 1h、3h、6h、12h 和 24h 的降雨量，以及次暴雨量。

5.2.2　洪水特征指标

洪水是指超过江河、湖泊、水库等容水场所的承纳能力，造成水量剧增或水位急涨的水文现象。其相应的洪涝灾害是一种常见的自然灾害，是因大雨、暴雨引起的水过多或过于集中，所形成的诸如水道急流、山洪暴发、河水泛滥、淹没农田、毁坏环境与各种设施等灾害现象。洪水的特征指标主要是一次洪水的洪峰流量、洪水总量、洪水过程，也称为洪水三要素。这里重点分析的洪水数字特征指标是洪峰流量、不同时段洪量（最大 1d、最大 3d 洪量等）及次洪总量。

5.3　变化特征分析方法

水文序列是一定时期内气候条件、自然地理条件以及人类活动等综合作用的产物，资料本身就反映了这些因素对其影响的程度或造成资料发生的变化。长久以来，人们都是基于物理成因从较长时间的样本序列来认识水文规律的。然而，由于全球气候变化对降水、径流的影响以及高强度人类活动和流域的下垫面变化，流域水文循环和水资源形成过程的物理成因发生了变化。对于物理成因发生变化的水文时间序列，其统计规律不再满足一致性的要求。为了识别这种非一致性水文序列，常对其进行趋势性或突变性的识别与检验。对于趋势性分析，常采用的方法有线性趋势回归分析法、Mann - Kendall 非参数秩次相关检验法、非参数 Spearman 秩次相关检验法等。对于突变性分析有多种方法，包括参数和非参数检验方法，如有序聚类法、Pettitt 检验法、Lee - Heghinian 法、滑动 F 检验法以及滑动 T 检验法、R/S 检验法、滑动秩和法、滑动游程法、最优信息二分割法、Brown - Forsythe 法等（谢平等，2010）。但是各种方法均有不同的适用条件，且得到的水文序列的变异点往往不一致，还需要结合变异点产生的物理机制来确定。

5.3.1　趋势性分析方法

5.3.1.1　Pearson 检验法

Pearson 检验法是基于 Pearson 积矩相关系数显著性、检验变量之间的线性相关性的一种参数检验法。对于水文序列 x_1，x_2，$\cdots$，x_n，由于 Pearson 检验法的假设条件是序列服从高斯分布，因此，首先将具有偏态特点的原序列（skewed series）x_1，x_2，$\cdots$，x_n 采用正态变换法变换为服从高斯分布的新序列 x'_1，x'_2，$\cdots$，x'_n，正态变换法步骤如下：

（1）将原序列 x_1，x_2，$\cdots$，x_n 从小到大进行排序，得到序列 $x_{(1)}$，$x_{(2)}$，$\cdots x_{(n)}$。

（2）计算序列 $x_{(1)}$，$x_{(2)}$，$\cdots$，$x_{(n)}$ 各数据的累积概率值，即 $p_{(i)} = P(X \leqslant x_{(i)}) = i/(n+1)$，其中 $i=1$，$\cdots$，n。

（3）将序列 $x_{(1)}$，$x_{(2)}$，$\cdots x_{(n)}$ 中的数据 $x_{(i)}$ 变换成满足 $x'_{(i)} = Q^{-1}(p_{(i)})$ 的新序列数据 $x'_{(i)}(i=1, 2, \cdots, n)$，其中 Q 表示标准正态分布，Q^{-1} 为 Q 的反函数。

根据新序列 $x'_{(i)}(i=1, 2, \cdots, n)$，Pearson 相关系数 r 的计算公式如下：

$$r = \frac{\sum_{i=1}^{n}(x'_i - \bar{x}')(t_i - \bar{t})}{\sqrt{\sum_{i=1}^{n}(x'_i - \bar{x}')^2 \sum_{i=1}^{n}(t_i - \bar{t})^2}} \tag{5.1}$$

式中：x'_i 和 $t_i(i=1,2,\cdots,n)$ 分别是新序列和时间序列（即 $t=1,2,\cdots,n$），$\bar{x}'$ 和 $\bar{t}$ 分别为新序列和时间序列的平均值。对于给定的显著性水平 $\alpha=0.01$ 或 0.05，查表或计算得到相关系数的临界值 r_α，若样本相关系数的绝对值不小于临界值，即 $|r| \geqslant r_\alpha$，则拒绝相关系数等于 0 的原假设，认为线性趋势存在；反之，则不存在。

5.3.1.2 非参数 Mann - Kendall 秩次相关检验法

对于水文序列这样不服从正态分布、一端有限而另一端趋于无限或总体分布类型未知的时间序列，一般不适合用积矩相关系数来描述其关联性。此时可采用秩相关（rank correlation），也称等级相关，来描述两个变量之间的关联程度与方向。这类方法对原始变量分布不作要求，属于非参数统计方法。其中最常用的统计量是 Mann - Kendall 秩次相关系数和 Spearman 秩相关系数。

在时间序列趋势分析中，Mann - Kendall 检验法是世界气象组织推荐并已广泛使用的非参数检验方法。该方法最早由 Mann 提出，并经过 Kendall 完善发展起来的一种非参数检验方法（Mann，1945；Kendall，1975）。从 1945 年以来已经被许多学者不断用来分析降水、径流、气温和水质等要素时间序列的趋势变化。Mann - Kendall 检验不需要样本遵从一定的分布，也不受少数异常值的干扰，适用于水文、气象等非正态分布的数据。Mann - Kendall 检验法具有计算简便，检测范围宽，定量化程度高等特征。

Mann - Kendall 方法是在水文气候序列平稳的条件下，对于具有 n 个样本量的时间序列 x，构造一秩序列 $d_k = \sum_{i=1}^{k} r_i (2 \leqslant k \leqslant n)$，$r_i$ 表示第 i 个样本 x_i 大于第 j 个样本 $x_j (1 \leqslant j \leqslant i)$ 的累计值。

$$E[d_k] = \frac{k(k-1)}{4} \tag{5.2}$$

$$Var[d_k] = \frac{k(k-1)(2k+5)}{72}(2 \leqslant k \leqslant n) \tag{5.3}$$

在时间序列随机独立的假设下，定义统计变量

$$UF_k = \frac{d_k - E[d_k]}{\sqrt{\operatorname{var}[d_k]}} \quad (k = 1, 2 \cdots, n) \tag{5.4}$$

一般的显著性检验过程是给定一个原假设，寻找与假设有关的统计量及其所遵从的概率分布函数，用具体的一次抽样的样本数据代入统计量，在给定的显著性水平下（通常取 95% 即 $\alpha = 0.05$）做出对原假设的否定和接受的判定。若显著性水平给定 $\alpha = 0.05$ 时，则 $U_{0.05} = \pm 1.96$。当 $|UF_k| > U_a$ 时，表明序列存在明显增长或减小趋势，所有 UF_k 将组成一条曲线 UF。将同样的方法引入到反序列中去，将得到另一条曲线 UB，如果 UF 值大于 0 则表示序列呈现上升趋势，小于 0 则表示呈现下降趋势，当它们超过临界直线时，表明上升或下降趋势显著。

5.3.1.3 非参数 Spearman 秩次相关检验法

相对于传统的参数统计推断方法而言，非参数 Spearman 秩次相关检验法是检验两个统计变量之间的秩次相关性，其相关系数定义为两个秩次变量之间的 Pearson 相关系数。假设水文序列 x_1，x_2，$\cdots$，x_n，其秩次为 R_t，时序 t 的秩次同时间序列本身，则 Spearman 秩相关系数 r 为

$$r = 1 - \frac{6 \sum\limits_{t=1}^{n} d_t^2}{n(n^2 - 1)} \tag{5.5}$$

式中：$d_t = R_t - t$。当样本容量大于 20 时，检验统计量 T

$$T = r \sqrt{\frac{n-2}{1-r^2}} \tag{5.6}$$

服从自由度为 $n - 2$ 的 t 分布。原假设为无时间趋势，对于显著性水平 α，如果 $|T| > t_{a/2}$，拒绝原假设，时间趋势显著；反之，时间趋势不显著。

5.3.1.4 线性趋势回归分析法

线性趋势回归分析法是一种最常见的数理统计方法，它可直观反映序列定性的变化趋势，很早就被广泛用来分析各种序列的趋势变化。在降水、径流、气温和水质等要素时间序列的趋势变化分析中也得到广泛应用。设水文序列由趋势成分 p_t 和随机成分 ε_t 组成，即

$$x_t = p_t + \varepsilon_t \tag{5.7}$$

趋势成分 p_t 可由多项式来描述

$$p_t = a + b_1 t + b_2 t^2 + \cdots + b_m t^m \tag{5.8}$$

式中：a 为常数；b_1，b_2，$\cdots$，b_m 为回归系数。实际工作中 p_t 可能是线性的也可能是非线性的，一般先用图解法进行试配。式（5.8）可转化为多元线性回归模型并可用最小二乘法估计回归系数 $\hat{a}$。当 $m = 1$ 时变为线性趋势，a 和 b 的估计值 $\hat{a}$ 和 $\hat{b}$ 的方差 s_b^2。各计算公式如下：

$$\left. \begin{array}{l} \hat{b} = \dfrac{\sum\limits_{t=1}^{n} (t - \bar{t})(x_t - \bar{x})}{\sum\limits_{t=1}^{n} (t - \bar{t})^2} \\[4mm] \hat{a} = \bar{x} - \hat{b}\,\bar{t} \end{array} \right\} \tag{5.9}$$

$$s_{\hat{b}}^2 = \frac{s^2}{\sum\limits_{t=1}^{n}(t-\bar{t})^2} \tag{5.10}$$

式中：$s^2 = \dfrac{\sum\limits_{t=1}^{n} q_t^2}{n-2}$，$\sum\limits_{t=1}^{n} q_t^2 = \sum\limits_{t=1}^{n}(x_t-\bar{x})^2 - \hat{b}^2 \sum\limits_{t=1}^{n}(t-\bar{t})$，$t = \dfrac{1}{n}\sum\limits_{t=1}^{n} t$，$\bar{x} = \sum\limits_{t=1}^{n} x_t$。

在原假设 $b=0$ 时，统计量 $T = \dfrac{\hat{b}}{s_{\hat{b}}}$ 服从自由度为 $(n-2)$ 的 t 分布。

原假设为非线性趋势，当给定显著性水平 α 后，在 t 分布表中查出临界值，当 $|T| < t_{\alpha/2}$，接受原假设，认为回归效果是不显著的，即线性趋势不明显；当 $|T| > t_{\alpha/2}$，拒绝原假设，认为回归效果是显著的，即线性趋势显著。

5.3.2 突变性分析方法

水文序列受气候变化和人类活动影响，改变其原来的变化趋势，为了区分人类活动和气候变化对水文序列的影响程度，尤其是量化人类活动的影响，研究中普遍使用的方法就是对序列进行突变性检验，找到使得水文序列前后变化不一致突变点。国内外对水文序列突变性的研究很多，研究者采用不同的方法对各自的研究对象进行分析。早期研究者多采用定性的方法判断，其后采用单一检验方法进行统计分析，发展到提出采用水文序列变异点诊断系统进行对比判断，以及将现有的检验方法进行改进使用，这个过程显示了水文序列突变点研究在逐步成熟和完善。

基于谢平等（2010）提出的水文变异诊断系统，把水文序列变异诊断分为初步诊断和详细诊断两个阶段（图 5.1）。对水文序列进行初步分析时，可以采用过程线法、累（差）积曲线和滑动平均等来检验序列的趋势性，判断序列是否存在变异。如果该序列可能存在变异，则运用检验方法进行详细诊断，结合流域水文过程可能突变点的成因分析，从而得到最可能突变点。

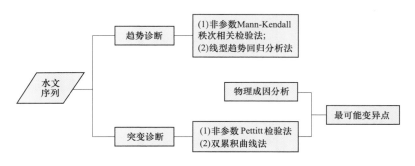

图 5.1 水文变异诊断流程图

检验方法可分为参数和非参数检验，参数检验以总体分布和样本信息对总体参数作推断，对总体有特殊的要求，如 t 检验、F 检验等。非参数检验不需要利用总体的信息，以样本信息对总体分布作出推断，如秩和检验等。在水文序列检验时，非参数检验对总体分布所加的条件较少，较简单、实用，因此应用也相对较广，这也是本书中水文时间序列突变点分析的主要方法。

5.3.2.1　有序聚类法

有序聚类法，是在连续样本内，根据样本间离差的大小进行分类的一种方法。其数学理论基础是用 Fisher 提出来的分类算法，又称 Fisher 最优分割法。分类原则就是使同类之间离差平方和最小，而类与类之间离差平方和相对较大。因此，有序聚类分析法是用来提取水文序列突变点的一种有效方法，被广泛应用于降雨、径流和气温等水文时间序列的变异特征分析。

有序聚类分析法以有序分类来推求最可能的干扰点 τ_0，其实质是求最优分割。对时间序列 $x_t(t=1,2,\cdots,n)$，最优二分割点要点如下：设最可能分割点（即突变点）为 τ，则分割前后离差平方和表示为：

$$V_\tau = \sum_{t=1}^{\tau} (x_t - \bar{x}_\tau)^2 \tag{5.11}$$

$$V_{n-\tau} = \sum_{t=\tau+1}^{n} (x_t - \bar{x}_{n-\tau})^2 \tag{5.12}$$

其中 $\bar{x}_\tau$ 和 $\bar{x}_{n-\tau}$ 分别为分割点以内和以外的平均值，这样总离差平方和为：

$$S_n(\tau) = V_\tau + V_{n-\tau} \tag{5.13}$$

最优二分割 $S_n^* = \min_{-1 \leqslant \tau \leqslant 1} \{S_n(\tau)\}$ 满足上述条件的 τ 记为 τ_0，以此作为最可能的分割点。

5.3.2.2　双累积曲线法

双积累曲线是指两个变量连续累积值的关系曲线，由于其简单、直观而被广泛应用于水文气象要素一致性及其长期演变趋势研究。它最早由美国学者 Merriam 在 1937 年用于分析美国 Susquehanna 流域降雨资料的一致性，并对其做了理论解释。自 1948 年一直被美国地质调查局（U. S. Geological Survey）所使用，甚至应用于污水分析中。Searcy 等（1960）系统介绍了双累积曲线基本理论基础及其在降雨、径流、泥沙量序列长期演变过程分析中的应用，进一步推动了双累积曲线在水文气象（降雨、地表及地下水变化）资料校验以及人类活动（城市化过程、水土保持、水库、森林采伐等）对降雨、径流及输沙量的影响等方面的广泛应用。

近几十年来我国学者应用该方法分析水文要素演变规律，特别是降水与径流关系方面取得了良好效果。双累积曲线方法的理论基础是分析的两个要素（或变量）应具有正比关系。故在应用时要注意分析的要素应该具有相同物理成因或具有明确的因果关系。在降水与径流累积曲线图上，样本点据大体上沿一条直线分布排列。如果在某一时期流域内降水和径流的一些影响因素发生明显变化，则降水与径流双累积曲线可能会发生一定偏移。因此，可根据降水与径流双累积曲线发生偏移时期，初步确定降雨产流规律及流域汇流规律发生突变的年代。

5.3.2.3　非参数 Pettitt 检验法

非参数 Pettitt 检验法是一种基于秩次的非参数检验法，不用假定序列必须服从某一特定分布，是一种常用的、非常稳健的诊断变异点的方法。此方法源于 Mann - Whitney 统计量，检测连续序列 x_1，x_2，$\cdots$，x_n 中的两个样本 x_1，x_2，$\cdots$，x_m 和 x_{m+1}，x_{m+2}，$\cdots$，x_{m+n} 是否服从同一分布，Pettitt 检测统计量 $U_{m,n}$ 被定义为

$$U_{m,n} = \sum_{i=1}^{m} \sum_{j=m+1}^{n} \text{sgn}(x_m - x_j) \quad (5.14)$$

式中：$1 \leqslant m \leqslant n$，$\text{sgn}(x) = \begin{cases} 1 & x > 0 \\ 0 & x = 0 \\ -1 & x < 0 \end{cases}$。

统计量 $U_{m,n}$ 值发生的概率为

$$P(m) = 1 - \exp\left(\frac{-6U_{m,T}^2}{T^3 + T^2}\right) \quad (5.15)$$

给定一定的显著性水平 α，当 $P(m) > 1 - \alpha$ 时，变异点 m 显著，从而得到所有满足条件的显著变异点，在此基础上根据 P 值大小，得到最显著的变异点。

5.3.2.4 Lee‐Heghinian 法

Lee‐Heghinian 法是 Lee 和 Heghinian 于 1977 年提出的基于贝叶斯（Bayes）理论的方法，可用于进一步检验水文时间序列突变点的位置。Lee‐Heghinian 法突变点识别的原理为：对于径流序列 x_1，x_2，$\cdots$，x_n，在假设其总体为正态分布且可能突变点 τ 先验分布为均匀分布的情况下，可以推得出可能的突变点 τ 的后验分布为

$$f(\tau/x_1, x_2, \cdots, x_n) = k[n/\tau(n-\tau)]^{\frac{1}{2}}[R(\tau)]^{-(n-2)/2} \quad (1 \leqslant \tau \leqslant n-1) \quad (5.16)$$

$$R(\tau) = \left[\sum_{i=1}^{\tau}(x_i - \overline{x}_\tau)^2 + \sum_{i=\tau+1}^{n}(x_i - \overline{x}_{n-\tau})^2\right]/\sum_{i=1}^{n}(x_i - \overline{x}_n)^2 \quad (5.17)$$

$$\overline{x}_\tau = \frac{1}{\tau}\sum_{i=1}^{\tau} x_i \quad (5.18)$$

$$\overline{x}_{n-\tau} = \frac{1}{n-\tau}\sum_{i=\tau+1}^{n} x_i \quad (5.19)$$

$$\overline{x}_n = \frac{1}{n}\sum_{i=1}^{n} x_i \quad (5.20)$$

k 为比例常数，由后验分布，得出满足 $\{\max\limits_{1 \leqslant \tau \leqslant n-1} f(\tau/x_1, x_2, \cdots, x_n)\}$ 条件的 τ 记为 τ_0，作为最可能的突变点。

以年份为横坐标，以条件概率密度 $f(\tau/x_1, x_2, \cdots, x_n)$ 值为纵坐标作出 Lee‐Heghinian 法跳跃点检验图，根据检验图观察最大点，即为突变点。

5.3.2.5 Brown‐Forsythe 检验法

Brown‐Forsythe 检验法是基于传统的 F 检验法，由 Brown 等（1974）提出并加以改进的一种检测单个或多个变异点的方法。具体计算步骤如下。

Brown‐Forsythe 检验统计量 F 服从自由度为 $(m-1, f)$ 的 F 分布，公式如下：

$$F = \frac{\sum\limits_{i=1}^{m} n_i(\overline{x}_i - \overline{x})^2}{\sum\limits_{i=1}^{m}(1 - n_i/N)s_i^2} \quad (5.21)$$

式中：m 为基于变异点的子序列分组数；n_i 为第 i 组子序列的样本数；N 为整个序列的样本总数；$\overline{x}_i$ 是第 i 组子序列的样本平均值；$\overline{x}$ 为整个序列平均值；s_i^2 为第 i 组子序列的样本方差。公式如下：

$$\overline{x}_i = \frac{\sum\limits_{j=1}^{n_i} x_{ij}}{n_i} \tag{5.22}$$

$$\overline{x} = \frac{\sum\limits_{i=1}^{m} \sum\limits_{j=1}^{n_i} x_{ij}}{N} = \frac{\sum\limits_{i=1}^{m} n_i \overline{x}_i}{N} \tag{5.23}$$

$$s_i^2 = \frac{\sum\limits_{j=1}^{n_i} (x_{ij} - \overline{x}_i)^2}{n_i - 1} \tag{5.24}$$

$$c_i = \frac{\left(1 - \dfrac{n_i}{N}\right) s_i^2}{\sum\limits_{i=1}^{m} \left(1 - \dfrac{n_i}{N}\right) s_i^2} \tag{5.25}$$

$$f = \frac{1}{\sum\limits_{i=1}^{m} \left(\dfrac{c_i^2}{n_i - 1}\right)} \tag{5.26}$$

计算所得 F 越大，表明不同子序列之间水平差异越大。将 F 与某一显著性水平 α 对应的 F 分布临界值作对比，如果 $F > F_\alpha$，则说明不同子序列之间存在显著差异。

5.3.2.6　滑动秩和检验法

滑动秩和检验法是基于滑动思想的非参数秩和检验法，对整个序列逐点进行检验，检验变异点前后两个子序列的分布是否相等。假设两个子序列总体的分布函数分别为 $F_1(x)$ 和 $F_2(x)$，从总体 $F_1(x)$ 和 $F_2(x)$ 中分别抽取容量为 n_1 和 n_2 的两个样本，检验原假设：$F_1(x) = F_2(x)$。

将两个样本数据从大到小统一进行排序，所得序号即为该数据的秩，如果有相同的数据，用它们序数的平均值作为该数的秩。将小样本序列（样本容量相对小）所有数据的秩相加得到 W，W 作为统计量。

当 n_1 和 n_2 均小于 10 时，给定一个显著性水平，在秩和检验表中查到统计量 W 的上限 W_2 和下限 W_1。若 $W_1 < W < W_2$，则两个子序列的总体无显著差异，即变异点不显著；若 $W \leqslant W_1$ 或 $W \geqslant W_2$，说明变异点显著。

当 n_1 和 n_2 均大于 10 时，统计量 W 近似服从正态分布 $N(\mu, \sigma^2)$，其中

$$\mu = \frac{n_1(n_1 + n_2 + 1)}{2}, \quad \sigma^2 = \frac{n_1 n_2 (n_1 + n_2 + 1)}{12} \tag{5.27}$$

更准确地，用 U 检验法（服从正态分布统计量的检验）进行检验的统计量为

$$U = \frac{W - \mu}{\sigma} \tag{5.28}$$

服从标准正态分布 $N(0,1)$。式中 n_1 为较小的样本容量。给定一个显著性水平 α，由正态分布表得到临界值 $U_{\alpha/2}$，如果 $|U| \geqslant U_{\alpha/2}$，则拒绝原假设，即变异点前后的子序列不是来自同一个分布，突变显著；反之突变不显著。对水文序列进行逐点检验，找出所有突变显著的变异点。

对于 $n_1 > 10$，$n_2 < 10$ 或 $n_1 < 10$，$n_2 > 10$ 的情况，查秩和检验表或采用 U 检验法都

有较大误差，成果不可靠。

5.3.2.7 滑动 T 检验法

滑动 T 检验法是利用传统的 T 检验法对水文序列逐点进行检验，主要针对序列均值发生变异的情况。传统的 T 检验法步骤如下：变异点前后两个子序列总体的分布函数分别为 $F_1(x)$ 和 $F_2(x)$，从总体 $F_1(x)$ 和 $F_2(x)$ 中分别抽取样本容量为 n_1 和 n_2 的两个样本，检验原假设 $F_1(x) = F_2(x)$。检验 t 统计量为

$$t = \frac{\overline{X}_1 - \overline{X}_2}{S_{X_1 X_2} \sqrt{\dfrac{1}{n_1} + \dfrac{1}{n_2}}} \tag{5.29}$$

其中

$$\overline{X}_1 = \frac{1}{n_1} \sum_{t=1}^{n_1} x_t, \quad \overline{X}_2 = \frac{1}{n_2} \sum_{t=n_1+1}^{n_1+n_2} x_t \tag{5.30}$$

$$S_{X_1 X_2}^2 = \frac{(n_1 - 1) S_{X_1}^2 + (n_2 - 1) S_{X_2}^2}{n_1 + n_2 - 2} \tag{5.31}$$

$$S_{X_1}^2 = \frac{1}{n_1 - 1} \sum_{t=1}^{n_1} (x_t - \overline{x}_1)^2, \quad S_{X_2}^2 = \frac{1}{n_2 - 1} \sum_{t=n_1+1}^{n_1+n_2} (x_t - \overline{x}_2)^2 \tag{5.32}$$

统计量 t 服从 $t(n_1 + n_2 - 2)$ 分布，给定显著性水平 α，查 t 分布表得到临界值 $t_{\alpha/2}$，如果 $|t| \geq t_{\alpha/2}$，则表明变异点显著；反之，接受原假设，变异不显著。将水文序列逐点进行检验，得到所有显著的变异点。

由于以上各详细诊断方法均是从数理统计角度来分析得到的变异点，所得变异点是否合理还需经过物理成因分析进行验证得到最可能的变异点。

基于对水文时间序列趋势性和突变性的认识和分析，本章研究对象为各水文类型分区典型流域的暴雨特征指标时间序列，有最大 1h、6h、24h 降雨量，次暴雨量序列，洪水特征指标时间序列有最大 1 日、最大 3 日洪量，次洪量和洪峰流量序列，采用最常用的非参数 Mann - Kendall 检验法和线性趋势回归法分析其变化趋势，采用非参数 Pettitt 检验法或双累积曲线法检验突变性的存在，最后结合物理成因分析确定可靠的趋势特征和变异点。

5.4 暴雨特征变化分析

5.4.1 趋势性分析

5.4.1.1 非参数 Mann - Kendall 秩次相关检验法

采用各水文类型分区典型流域建站年份至 2008 年的实测暴雨资料，统计其不同历时暴雨及场次暴雨特征值系列，并采用非参数 Mann - Kendall 检验法对石佛口、木鼻、西台峪、高屯、倒马关—中唐梅区间、阜平、大阁和冷口流域暴雨特征值的变化趋势进行判断。选择 $\alpha = 0.05$ 的显著性水平，查表得到各统计量的临界值，将统计量值和相应的临界值进行比较，得到海河流域各分区典型流域暴雨特性 Mann - Kendall 检验成果（表 5.1）。

表 5.1　　海河流域各分区典型流域暴雨特征 Mann‐Kendall 检验成果表（α＝0.05）

水文类型分区	典型流域	不同时段暴雨量	U	趋势性	显著性
Ⅰ区	石佛口 $U_{\alpha/2}=1.96$	最大 1h	2.44	上升	显著
		最大 6h	0.41	上升	不显著
		最大 24h	0.27	上升	不显著
		次暴雨量	0.25	上升	不显著
Ⅱ区	木鼻 $U_{\alpha/2}=1.96$	最大 1h	0.88	上升	不显著
		最大 6h	−0.88	下降	不显著
		最大 24h	−0.87	下降	不显著
		次暴雨量	2.92	上升	显著
Ⅲ区	西台峪 $U_{\alpha/2}=1.96$	最大 1h	0.51	上升	不显著
		最大 6h	0.29	上升	不显著
		最大 24h	0.54	上升	不显著
		次暴雨量	0.49	上升	不显著
Ⅳ区	高屯 $U_{\alpha/2}=1.96$	最大 1h	−2.34	下降	显著
		最大 6h	−1.94	下降	不显著
		最大 24h	−1.85	下降	不显著
		次暴雨量	−1.19	下降	不显著
Ⅴ区	倒马关—中唐梅 $U_{\alpha/2}=1.96$	最大 1h	−0.75	下降	不显著
		最大 6h	−0.57	下降	不显著
		最大 24h	−0.42	下降	不显著
		次暴雨量	−0.27	下降	不显著
Ⅵ区	阜平 $U_{\alpha/2}=1.96$	最大 1h	0.36	上升	不显著
		最大 6h	−0.45	下降	不显著
		最大 24h	−0.91	下降	不显著
		次暴雨量	−0.49	下降	不显著
	大阁 $U_{\alpha/2}=1.96$	最大 1h	−0.13	下降	不显著
		最大 6h	−0.78	下降	不显著
		最大 24h	−0.91	下降	不显著
		次暴雨量	−0.92	下降	不显著
Ⅶ区	冷口 $U_{\alpha/2}=1.96$	最大 1h	0.18	上升	不显著
		最大 6h	−1.41	下降	不显著
		最大 24h	−2.18	下降	显著
		次暴雨量	−2.32	下降	显著

　　由表 5.1 可知，海河流域各水文类型分区典型流域Ⅰ区石佛口流域、Ⅲ区西台峪流域的不同历时暴雨及场次暴雨特征值均呈上升趋势，但除Ⅰ区石佛口流域最大 1h 暴雨上升趋势显著外，其余历时暴雨特征值上升趋势不显著（显著性水平 $\alpha=0.05$）；其余类型分

区典型流域的不同历时暴雨及次暴雨量序列大体均呈下降趋势,但大部分序列下降趋势不显著。由此可知,海河流域大部分水文类型分区典型流域的不同历时暴雨及场次暴雨呈下降趋势,但趋势变化并不显著,基本处于平稳状态。

5.4.1.2 线性趋势回归分析

采用各水文类型分区典型流域建站年份至 2008 年的实测暴雨洪水资料,统计其次暴雨量特征值系列,采用线性趋势回归分析方法对次暴雨特征值的变化趋势进行判断。流域各水文类型分区典型流域次暴雨量线性趋势回归分析成果见表 5.2。

表 5.2　　　　海河流域各分区典型流域次暴雨量线性趋势回归分析检验成果表

水文类型分区	典型流域	相关系数	相关临界值	趋势性	显著性
Ⅰ区	石佛口	−0.0316	0.271	下降	显著
Ⅱ区	木鼻	−0.254	0.268	下降	不显著
Ⅲ区	西台峪	−0.1903	0.285	下降	显著
Ⅳ区	高屯	—	—	—	—
Ⅴ区	倒马关—中唐梅	−0.1783	0.279	下降	不显著
Ⅵ区	阜平	−0.2161	0.276	下降	不显著
	大阁	−0.3061	0.273	下降	显著
Ⅶ区	冷口	−0.3357	0.276	下降	显著

由表 5.2 中可以看出,海河流域各水文类型分区典型流域的次暴雨量均呈下降趋势,Ⅱ区木鼻流域、Ⅵ区大阁流域及阜平流域下降趋势不显著,其他各区均呈显著下降趋势。

5.4.2 突变性分析

以海河流域各水文类型分区典型流域建站年份至 2008 年的实测暴雨资料为研究对象,采用非参数 Pettitt 检验法对暴雨特征值的变异特征进行变异点分析,选择 $\alpha = 0.05$ 的显著性水平,各实测暴雨特征值序列变异点检验结果见表 5.3。以各分区典型流域的次暴雨量特征值序列为例,Pettitt 检验法的变异点检验结果如图 5.2 所示。

表 5.3　　　各分区典型流域暴雨特征值 Pettitt 变异点检验成果表 $(\alpha = 0.05)$

水文类型分区	典型流域	不同时段暴雨序列变异点			
		最大 1h	最大 6h	最大 24h	次暴雨量
Ⅰ区	石佛口	1983 年	—	—	—
Ⅱ区	木鼻	—	—	—	1979 年
Ⅲ区	西台峪	—	—	—	—
Ⅳ区	高屯	1978 年	1978 年	—	—
Ⅴ区	倒马关—中唐梅	—	—	—	—
Ⅵ区	阜平	—	—	—	—
	大阁	—	—	—	—
Ⅶ区	冷口	—	—	—	1979 年

注　　"—"表示此序列无显著变异点。

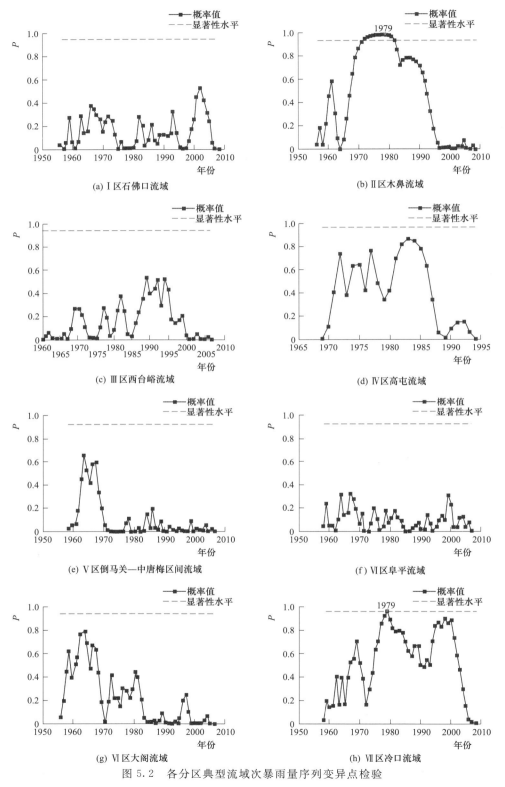

图 5.2　各分区典型流域次暴雨量序列变异点检验

由图 5.2 可知，在 $\alpha=0.05$ 的显著性水平下，各水文类型分区典型流域少数几个暴雨特征值序列的最显著变异点分别为 1983 年、1979 年、1978 年，分布在 1980 年左右，而大部分暴雨特征值序列的突变性特征不显著，表明海河流域暴雨特征值序列基本不存在突变性特征。

5.5 洪水特征变化分析

5.5.1 趋势性分析

5.5.1.1 非参数 Mann – Kendall 秩次相关检验法

采用各水文类型分区典型流域建站年份至 2008 年的实测暴雨洪水资料，统计其不同时段年最大洪量、场次洪水总量及年最大洪峰流量等特征值系列，并采用非参数 Mann – Kendall 检验法对洪水特征值的变化趋势进行判断。选择 $\alpha=0.05$ 的显著性水平，查表得到各统计量的临界值，将统计量值和相应的临界值进行比较，得到海河流域各水文类型分区典型流域洪水特征趋势检验成果（表 5.4）。

表 5.4　　　　各分区典型流域洪水特征 Mann – Kendall 检验成果表（$\alpha=0.05$）

水文类型分区	典型流域	洪水特征	U	趋势性	显著性
I 区	石佛口 $U_{\alpha/2}=1.96$	最大 1d 洪量	−2.57	下降	显著
		最大 3d 洪量	−2.2	下降	显著
		次洪量	−2.12	下降	显著
		洪峰流量	−2.97	下降	显著
II 区	木鼻 $U_{\alpha/2}=1.96$	最大 1d 洪量	0.84	上升	不显著
		最大 3d 洪量	1.82	上升	不显著
		次洪量	2.61	上升	显著
		洪峰流量	−0.25	下降	不显著
III 区	西台峪 $U_{\alpha/2}=1.96$	最大 1d 洪量	−1.34	下降	不显著
		最大 3d 洪量	−1.25	下降	不显著
		次洪量	−1.38	下降	不显著
		洪峰流量	−1.42	下降	不显著
IV 区	高屯 $U_{\alpha/2}=1.96$	最大 1d 洪量	−1.63	下降	不显著
		最大 3d 洪量	−1.5	下降	不显著
		次洪量	−1.19	下降	不显著
		洪峰流量	−1.59	下降	不显著
V 区	倒马关—中唐梅 $U_{\alpha/2}=1.96$	最大 1d 洪量	−2.29	下降	显著
		最大 3d 洪量	−2.04	下降	显著
		次洪量	−1.1	下降	不显著
		洪峰流量	−2.75	下降	显著

水文类型分区	典型流域	洪水特征	U	趋势性	显著性
Ⅵ区	阜平 $U_{\alpha/2}=1.96$	最大 1d 洪量	−2.62	下降	显著
		最大 3d 洪量	−2.31	下降	显著
		次洪量	−2.4	下降	显著
		洪峰流量	−4.05	下降	显著
	大阁 $U_{\alpha/2}=1.96$	最大 1d 洪量	−3.81	下降	显著
		最大 3d 洪量	−3.48	下降	显著
		次洪量	−3.48	下降	显著
		洪峰流量	−3.28	下降	显著
Ⅶ区	冷口 $U_{\alpha/2}=1.96$	最大 1d 洪量	−2.76	下降	显著
		最大 3d 洪量	−2.65	下降	显著
		次洪量	−2.68	下降	显著
		洪峰流量	−2.47	下降	显著

由表 5.4 可知，海河流域各水文类型区典型流域除Ⅱ区木鼻流域的不同时段最大洪量呈上升趋势外，其余典型流域的洪水序列均呈下降趋势；并且Ⅰ区石佛口流域、Ⅴ区倒马关—中唐梅区间流域、Ⅵ区阜平和大阁流域和Ⅶ区冷口流域的洪水序列下降趋势非常显著。而Ⅲ区西台峪流域和Ⅳ区高屯流域的洪水下降变化趋势并不显著。综上，海河流域各水文类型分区大部分典型流域的洪峰流量各时段洪量及次洪总量均呈下降趋势，且大部分下降趋势显著，而鉴于这些分区典型流域内暴雨特征值序列趋势性并不显著，可定性判断洪水特征值显著的下降趋势大部分由海河流域下垫面变化引起。

5.5.1.2　线性趋势回归分析

采用各水文类型分区典型流域建站年份至 2008 年的实测暴雨洪水资料，统计其次洪量、洪峰流量等特征值系列，采用线性趋势回归分析方法对其变化趋势进行判断，海河流域各水文类型分区典型流域次洪量、洪峰流量线性趋势回归分析成果见表 5.5。

表 5.5　　　　　各分区典型流域洪水特征线性趋势回归分析检验成果表

水文类型分区	典型流域	洪水特征	相关系数	相关系数 临界值	趋势性	显著性
Ⅰ区	石佛口	次洪量	−0.1803	0.271	下降	不显著
		洪峰流量	−0.3314	0.271	下降	显著
Ⅱ区	木鼻	次洪量	−0.1939	0.268	下降	不显著
		洪峰流量	−0.5105	0.268	下降	显著
Ⅲ区	西台峪	次洪量	−0.117	0.285	下降	不显著
		洪峰流量	−0.0346	0.285	下降	不显著
Ⅴ区	倒马关—中唐梅	次洪量	−0.217	0.279	下降	不显著
		洪峰流量	−0.2983	0.279	下降	显著

水文类型分区	典型流域	洪水特征	相关系数	相关系数临界值	趋势性	显著性
Ⅵ区	阜平	次洪量	−0.2321	0.285	下降	不显著
		洪峰流量	−0.3548	0.285	下降	显著
	大阁	次洪量	−0.3169	0.273	下降	显著
		洪峰流量	−0.3894	0.273	下降	显著
Ⅶ区	冷口	次洪量	−0.3262	0.276	下降	显著
		洪峰流量	−0.3102	0.276	下降	显著

由表 5.5 中的相关系数可以看出，各典型流域相关系数均为负值，因此，海河流域各水文类型分区典型流域次洪量均呈线性下降趋势，其中Ⅵ区大阁流域和Ⅶ区冷口流域次洪量的相关系数绝对值大于临界值，因此呈显著下降趋势。海河流域各水文类型分区典型流域洪峰流量线性趋势也呈下降趋势，除Ⅲ区西台峪流域相关系数绝对值小于临界值，下降趋势不显著外，其他各区典型流域洪峰流量相关系数均大于临界值，因此，均呈显著线性下降趋势。

5.5.2　突变性分析

5.5.2.1　非参数 Pettitt 检验法

以海河流域各水文类型分区典型流域建站年份至 2008 年的实测洪水资料为研究对象，采用非参数 Pettitt 检验法对洪水特征值的时间序列进行变异点分析，选择 $\alpha=0.05$ 的显著性水平，各实测洪水特征值序列变异点检验结果见表 5.6。以各分区典型流域的次洪水总量和洪峰流量序列为例，Pettitt 检验法的变异点检验如图 5.3 所示。

表 5.6　　各分区典型流域洪水特征值 Pettitt 变异点检验成果表 $(\alpha=0.05)$

水文类型区	典型流域	各洪水特征序列变异点			
		最大 1d 洪量	最大 3d 洪量	次洪量	洪峰流量
Ⅰ区	石佛口	1979 年	1979 年	1979 年	1979 年
Ⅱ区	木鼻	2002 年	1975 年	1977 年	2002 年
Ⅲ区	西台峪	—	—	—	—
Ⅳ区	高屯	1979 年	—	—	1979 年
Ⅴ区	倒马关—中唐梅	—	—	—	1991 年
Ⅵ区	阜平	1979 年	1982 年	1982 年	1979 年
	大阁	1976 年	1982 年	—	—
Ⅶ区	冷口	1979 年	1979 年	—	1979 年

注　"—"表示此序列无显著变异点。

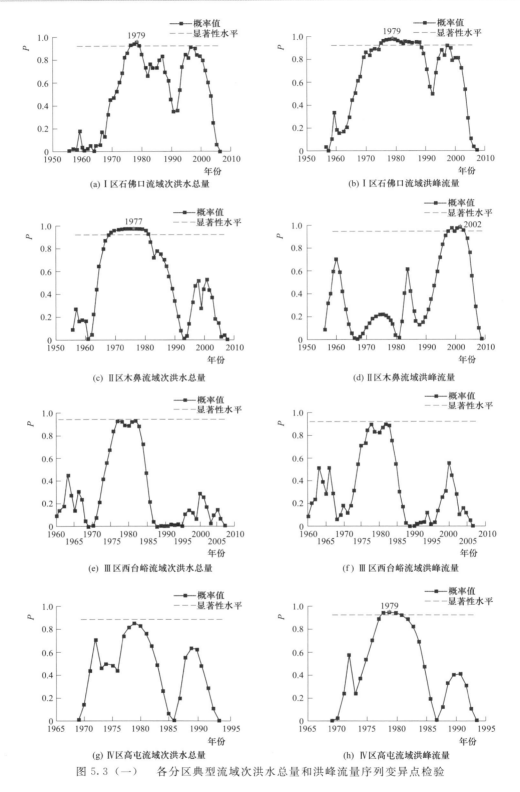

图 5.3（一）　各分区典型流域次洪水总量和洪峰流量序列变异点检验

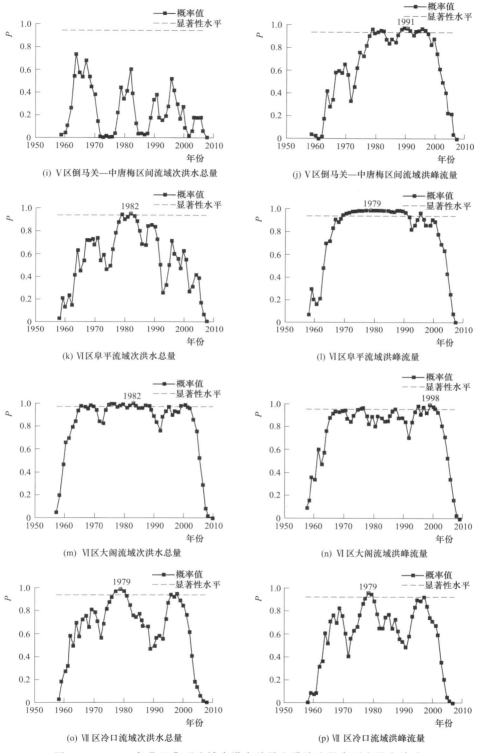

图 5.3（二） 各分区典型流域次洪水总量和洪峰流量序列变异点检验

由表 5.6 可知，Ⅰ区石佛口流域和Ⅵ区阜平流域各洪水特征值序列、Ⅱ区木鼻流域最大 3 日洪量和次洪水总量序列、Ⅳ区高屯流域最大 1 日洪量和洪峰流量序列、Ⅵ区大阁流域最大 1 日和最大 3 日洪量序列、Ⅶ区冷口流域洪峰流量序列和最大 1 日、最大 3 日洪量序列的最显著变异点分别为 1975 年、1976 年、1977 年、1979 年和 1982 年，均为 1980 年前后。而由各水文类型分区典型流域暴雨特征值序列变化检验结果，得知暴雨特征值序列基本不存在趋势性和突变性变异。且从物理意义上，海河流域于 20 世纪 80 年代进行兴修水利工程、封田造林、修建谷坊坝等显著的人类活动，与统计检验结果相符，可定性判断洪水特征值序列 1980 年前后的最显著变异点大部分由海河流域下垫面变化引起。

5.5.2.2 双累积曲线法

双累积曲线法是以流域降水量累加值和径流量的累加值分别为纵坐标、横坐标点绘的曲线。这些样本点大体上沿一条直线分布排列，如果流域内下垫面条件变化，则双累积曲线可能会发生偏移。因此根据采用双累积曲线发生偏移的时期，可以分析确定降雨产汇流规律发生变化的年代。对各典型流域的汛期降水量和相应径流量进行分析计算，可点绘出各流域汛期降雨量和径流量双累积曲线，具体如图 5.4 所示。

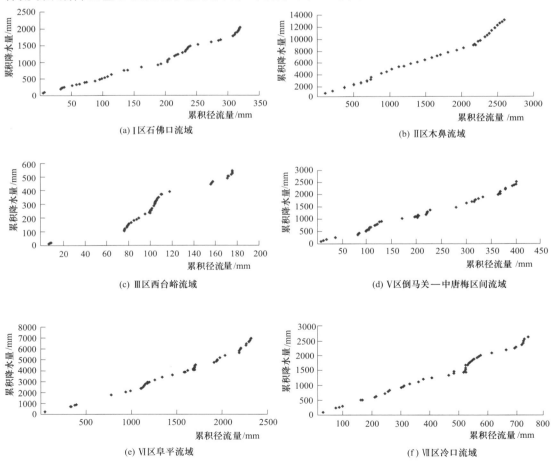

图 5.4 部分分区典型流域汛期降雨径流双累积曲线

对于Ⅰ区石佛口流域，从图5.4（a）可见该流域降雨径流双累积曲线斜率发生变化的年份为1980年，因此，可以初步确定石佛口流域降雨产汇流规律发生变化的年份在1980年。

对于Ⅱ区木鼻流域，由图5.4（b）可见该流域降雨径流双累积曲线斜率发生变化的年份为1997年，因此，可以初步确定Ⅱ区木鼻流域降雨产汇流规律发生变化的年份在1997年。

对Ⅲ区西台峪流域和Ⅴ区倒马关—中唐梅区间流域，图5.4（c）和图5.4（d）中降雨径流双累积曲线斜率发生变化的年份为1978年，因此，也可以初步确定这两个流域降雨产汇规律发生变化的年份在1978年。

对于Ⅵ区阜平流域，由图5.4（e）可见该流域降雨径流双累积曲线斜率发生变化的年份为1968年和1982年，因此Ⅵ区阜平流域降雨产汇流规律发生变化的年份在1982年。

同样对于Ⅶ区冷口流域，由图5.4（f）可见该流域降雨径流双累积曲线斜率发生变化的年份为1979年，也可初步确定Ⅶ区冷口流域降雨产汇流规律发生变化的年份在1979年。

以上分别采用非参数Pettitt检验法和双累积曲线法，对典型流域暴雨和洪水特征值的突变性进行了分析诊断，由于这些分析诊断方法均是从数理统计角度来分析得到的变异点，而且不同的方法所得到的变异点会有一定的差异，因此所得变异点是否合理还需经过物理成因分析进行验证以得到最可能的变异点。一般主要从下垫面变化和气候变化两方面对变异点进行物理成因分析，下垫面变化主要包括不同土地利用类型的变化和流域内水利工程和水土保持工程的修建；而气候变化，主要是通过诊断气象变量（即降雨序列）的变异情况来分析极值洪水序列的突变变异情况。对于海河流域20世纪80年代以来，流域上游大规模修建了谷坊坝、水池水窖等水土保持工程，进行了封山育林，土地利用的类型也发生了较大的变化，可以确定暴雨特征值序列基本不存在变异点，洪水特征值序列的变异点主要是1979年和1982年，即在1980年左右。

5.6 小结

根据海河流域各水文类型分区典型流域建站年份至2008年降雨径流资料，选取年各时段最大降雨量、次降雨量、年各时段最大洪量、次洪量、洪峰流量等暴雨洪水特征指标，分析了其趋势性和突变性变化特征，主要结果如下：

（1）运用非参数Mann-Kendall检验法和线性回归分析法，对各典型流域的各时段最大暴雨量、次暴雨量、各时段最大洪量、次洪量及洪峰流量等序列进行了趋势检验，确定出暴雨量的变化趋势不显著，而洪峰流量和各时段洪量普遍具有显著的下降趋势。

（2）采用非参数Pettitt检验法和双累积曲线法，分析了各典型流域暴雨量、次洪量和洪峰流量的变异点，并与实测暴雨洪水资料相比较，结果表明暴雨特征值序列基本不存在变异点，洪水特征值序列的变异点主要是1979年和1982年，即在1980年左右。

参考文献

Brown M B，Forsythe A B，1974. Robust Tests for the Equality of Variances ［J］. Journal of the American Statistical Association，69：364 – 367.

Fritsch C E，2012. Evaluation of flood risk in response to climate variability ［D］. Michigan Technological University.

Haan C T，1977. Statistical Methods in Hydrology ［M］. Ames，Iowa：The Iowa State University Press.

Haddad K，Rahman A，2011. Selection of the best fit flood frequency distribution and parameter estimation procedure：a case study for Tasmania in Australia ［J］. Stochastic Environmental Research and Risk Assessment，25：415 – 428.

Hamed K H，Rao A R，1998. A modified Mann – Kendall trend test for autocorrelated data ［J］. Journal of Hydrology，204：182 – 196.

Hirsch R M，Slack J R，1984. A nonparametric trend test for seasonal data with serial dependence ［J］. Water Resources Research，20：727 – 732.

Jakob D，2013. Nonstationarity in extremes and engineering design ［M］. Extremes in a Changing Climate. Springer Netherlands.

Kashelikar A，2009. Identification of teleconnections and improved flood risk forecasts using bulletin 17B ［D］. Michigan Technological University.

Kendall M G，1975. Rank Correlation Methods ［M］. London：Charles Griffin.

Lettenmaier D P，1976. Detection of trends in water quality data from records with dependent observations ［J］. Water Resources Research，12：1037 – 1046.

Li J Z，Feng P，2007. Runoff variations in the Luanhe River Basin during 1956 – 2002 ［J］. Journal of Geographical Sciences，17：339 – 350.

Mak M，1995. Orthogonal wavelet analysis：Interannual variability in the sea surface temperature ［J］. Bulletin of the American Meteorological Society，76：2179 – 2186.

Mann H B，1945. Non – parametric test against trend ［J］. Economet，13：245 – 259.

McCabe G J，Wolock D M，2002. A step increase in streamflow in the conterminous United States ［J］. Geophysical Research Letters，29. DOI：10. 1029/2002GL015999.

Noguchi K，Gel Y R，Duguay C R，2011. Bootstrap – based tests for trends in hydrological time series，with application to ice phenology data ［J］. Journal of Hydrology，410：150 – 161.

Pettitt A N. A non – parametric approach to the change – point problem ［J］，1979. Applied statistics，28：126 – 135.

Salvadori N，2013. Evaluation of non – stationarity in annual maximum flood series of moderately impaired watersheds in the upper midwest and northeastern united states ［D］. Michigan Technological University.

Sen P K，1968. Estimates of the regression coefficient based on Kendall's tau ［J］. Journal of the American Statistical Association，63：1379 – 1389.

Searcy J K，Hardison C H，1960. Double – mass curves ［M］. Washington：United Stated Government Printing Office.

Villarini G，Serinaldi F，Smith J A，et al，2009. On the stationarity of annual flood peaks in the continental United States during the 20th century ［J］. Water Resources Research，45：2263 – 2289.

Villarini G，Smith J A，2010. Flood peak distributions for the eastern United States ［J］. Water Resources Research，46：346 – 360.

Villarini G，Smith J A，Baeck M L，et al，2011. Examining flood frequency distributions in the midwest U. S. ［J］. Journal of the American Water Resources Association，47：447 – 463.

冯平，李建柱，徐仙，2008. 潘家口水库入库水资源变化趋势及影响因素［J］. 地理研究，27 (1)：213 – 220.

冯平，商颂，李新，2016. 基于分位数回归的滦河流域降水及径流变化特性［J］. 水力发电学报，35 (2)：28 – 36.

江聪，熊立华，2012. 基于 GAMLSS 模型的宜昌站年径流序列趋势分析［J］. 地理学报，67 (11)：1505 – 1514.

刘兆飞，王翊晨，姚治君，等，2011. 太湖流域降水、气温与径流变化趋势及周期分析［J］. 自然资源学报，26 (9)：1575 – 1584.

汪丽娜，陈晓宏，李粤安，等，2009. 西江流域径流演变规律研究［J］. 水文，29 (4)：22 – 25.

谢平，陈广才，雷红富，等，2010. 水文变异诊断系统［J］. 水力发电学报，29 (1)：85 – 91.

谢平，窦明，朱勇，等，2010. 流域水文模型—气候变化和土地利用/覆被变化的水文水资源效应［M］. 北京：科学出版社.

第6章　流域产汇流特征的变化情况分析

6.1　概述

产汇流理论是水文学研究的重要内容，旨在探讨不同气候和下垫面条件下降雨径流形成的物理机制、不同介质中水流汇集的基本规律，以及产汇流分析计算方法的基本原理，是研制确定性水文模型和短期水文预报方法、解决许多水文水资源实际问题的重要理论依据。它的研究对象是流域水文循环和水-土壤-植物系统的水文循环，理论支柱是土壤水动力学、热力学、明渠水力学、渗流力学和实验水文学等（芮孝芳，1991）。

产汇流机理研究是水文模拟的基础，从实测水文资料出发进行深入分析是认识流域产汇流特性的有效手段。进行流域产汇流特征分析的目的主要是给出产汇流影响因子及其空间和时间变异，探寻有效的降雨径流模拟方法。径流系数是综合反映流域内自然地理要素对径流影响的产流参数，通过分析其多年变化特征能充分了解变化环境下流域产流能力的变化趋势。Velpuri 等（2013）采用季节 Mann - Kendall 趋势分析法分析了美国 62 个流域径流系数的变化趋势，并分析了导致其变化的主要原因。邓珺丽等（2011）利用太子河流域 6 个主要支流 1967—2006 年日均降水和径流资料，分析了各支流径流系数的变化趋势。结果表明 5 条支流的年径流系数呈下降趋势，且除细河流域的年径流系数没有发生突变外，其余各条支流的年径流系数都发生了突变。何艳虎等（2014）分析了东江流域径流系数的时空变化特征及其对降雨、蒸发和地表植被等影响因素的空间对应关系。结果表明东江流域年径流系数均呈上升趋势，且随着流域空间尺度的增大而增加。郝芳华等（2004）分析了黄河小花间石林山区的次洪径流系数的变化趋势，但下降趋势并不显著。径流成分所占比例表征了流域的主要产流模式。豆林（2010）以芦河为例定量分析了水土保持措施对径流的影响程度，并应用小波方法分析了黄土丘陵沟壑区河川径流的时间变化规律及其影响因素，结果表明，流域年总径流、地表径流和基流都有不同程度的下降趋势。

汇流特性主要体现在峰现时间、汇流单位线特性等方面。Grayson 等（2010）分析了暴雨洪水过程线随着流域植被的变化情况，在植被覆盖较少的年份，洪水过程变得尖瘦，且单位降雨形成的洪峰显著增加。Sillanpää 等（2015）分析了城市化对洪水的影响，并分析了瞬时单位线的变化，随着不透水面积的增加，瞬时单位线的形状变得尖瘦。但研究变化环境下流域产汇流机理，一般对产流参数和汇流参数的变化趋势进行综合分析（冯艳，2007）。杨筱筱（2012）以秃尾河流域为研究对象，选择径流系数、次降水结束时的土壤含水量为产流参数，瞬时单位线参数和退水系数为汇流参数，在对流域年平均流量进行突变分析的基础上，确定了基准期和水土保持措施期，对比分析了两个时期产汇流参数的变化程度。池宸星等（2005）对黄土区人类活动影响下的产汇流特性变化进行了研究，通过建立不同尺度天然条件下和下垫面变化条件下的流域分布式产汇流模型，比较模型参数，说明了下垫面变化特点，研究了黄土高原典型支流产汇流特性的变化规律。黄国如等（2004）利用流域水文模型和经验相关方法，较深入地分析了泾洛渭河流域的降雨径流特性，得出产流面积的变化是影响泾洛渭河流域产汇流规律的重要因素。

在海河流域产汇流特征变化研究方面也取得了一些进展。李建柱（2008）通过对流域降雨径流响应的分析，初步确定了流域的产汇流机制以及影响产汇流参数变化的因素。刘文具等（2014）研究了下垫面条件变化及其造成的产汇流参数的改变，以及对洪水计算结果产生的影响。陈伏龙等（2011）以海河流域紫荆关子流域和阜平子流域 1956—2005 年的暴雨洪水资料为基础，利用 Mann - Kendall 秩次相关检验法研究了流域内产汇流特性的变化规律及其影响因素。陈伏龙（2009）选取紫荆关、阜平、龙门水库和漫水河四个典型流域，应用统计分析方法对流域的产汇流特性变化进行了研究。李建柱等（2009）分析了滦河流域存在的产流模式，通过分析径流系数变化和降雨径流相关关系，发现产流模式有从超渗产流向蓄满产流过渡或先超渗后蓄满的趋势。这些研究均表明海河流域下垫面变化导致流域向不利于产流的方面发展。

该章是在第 5 章流域暴雨洪水特征变化分析的基础上，进一步分析各水文类型分区典型流域洪水的径流系数、直接径流比例、洪峰滞时、单位线峰值和峰现时间等产汇流特征时间序列的变化特征，为海河流域产汇流特征变化机理分析和洪水过程模拟提供依据。6.2 介绍产汇流特征指标；6.3 对径流系数时间序列变化进行分析；6.4 对直接径流比例时间序列变化进行分析；6.5 对洪峰滞时时间序列变化进行分析；6.6 分析汇流单位线特征变化趋势；6.7 对该章主要方法和结论进行小结。

6.2 产汇流特征指标

流域内自降雨开始到水流汇集到流域出口断面的整个物理过程称为径流的形成过程。径流形成过程是一个相当复杂的过程，一般把它概括为产流过程和汇流过程两个阶段。因此，径流形成过程也称为产汇流过程。一个流域的产汇流特点主要取决于流域的降雨特征和下垫面特征，而流域出口断面流量过程线则是这两方面特征的综合产物。因此，通过对出口断面流量过程线的多方面分析，一般可获得流域产汇流的一些重要信息。

6.2.1 产流特征指标

产流过程是指流域中各种径流成分的生成过程，也是流域下垫面对降雨的再分配过程。实际上，流域产流过程是降雨扣除损失后形成净雨量的过程。因此，描述产流特征的指标主要是径流系数和直接径流比例等。

1. 径流系数

径流系数是一定汇水面积内任意时段内的径流深度（或径流总量）与同时段内的降水

深度（或降水总量）的比值。径流系数说明在降水过程中有多少降水变成了径流，它综合反映了流域内自然地理要素对径流的影响。

2. 直接径流比例

直接径流比例是一次洪水过程中直接径流量占径流总量的比例。它也反映了流域内下垫面要素对径流的影响。

通过对流量过程线的分割可以割去非本次降雨形成的径流，可求出一次洪水的径流总量。另外，由于补给河川径流的各种水源流速不同，导致汇流历时不同，其中坡面流及大部分壤中流雨后很快汇至出口断面，形成次洪径流过程 $Q \sim t$ 的主体部分。地下径流则汇流时间较长，并常常延续至后继洪水的径流过程，可见，划分 $Q \sim t$ 过程主要是延伸至地下径流的退水段。同时，由于流速不同，汇流计算中需要划分水源，通常把汇流速度相近的地面径流和壤中流划分在一起，称为直接径流。因此，在进行流量过程线的分割，求得次洪径流总量之后，可把流量过程分为直接径流和地下径流两个部分。

分割径流的方法多种多样，归纳起来，主要有三种：斜线分割法、目估作图法和退水曲线法。斜线分割法是先寻找洪水过程的直接径流终止点，然后用斜线连接起涨点与终止点，则斜线上部为直接径流，下部为地下径流。目估作图法，考虑洪水期地下水与河水间的水力联系，根据经验确定过程线上洪峰后 N 天的位置，作该点与起涨点的连线，同样连线上部为直接径流，下部为地下径流。退水曲线法由流量过程线两端延展退水曲线，并认定地下径流极大值出现时刻与河流洪峰流量的时刻相近，据此来划分直接径流和地下径流。为了方便起见，本书采用斜线分割法来估算一次洪水的径流总量和直接径流量，进而确定该次洪水的径流系数和直接径流比例。

6.2.2　汇流特征指标

流域汇流是指在流域各点产生的净雨，经过坡地和河网汇集到流域出口断面的过程。流域出口断面的流量过程取决于流域内的产流过程和汇流特征。当已知流域内降雨形成的净雨过程，则汇流计算的关键就是确定流域的汇流曲线。而洪峰滞时、汇流单位线峰值和峰现时间等特征值能反映流域的汇流特性（图6.1）。

1. 洪峰滞时

洪峰滞时是反映流域径流响应时间特性的重要参数，其值反映研究流域的汇流特性情况。它是指净雨质心到洪峰出现时间的时距，可由净雨过程和实测洪水过程直接统计出来。

2. 单位线峰值

单位线峰值是单位过程线上最高点的流量，其间接地反映了流域对净雨的调蓄能力，可由单位过程线直接统计出来。

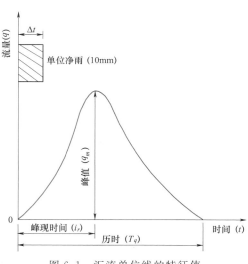

图 6.1　汇流单位线的特征值

3. 单位线历时

单位线历时是单位时段内净雨量所形成的地面径流过程线的总历时，即单位线的底宽，可由单位过程线直接统计出来。

4. 单位线峰现时间

单位线峰现时间是单位净雨开始到单位线洪峰的时距，其反映了流域汇流速度的快慢，也可由单位过程线直接统计出来。

在各水文分区的典型流域，仅对洪峰滞时、汇流单位线峰值和峰现时间等特征值进行产汇流特征分析。

6.3 径流系数变化分析

6.3.1 趋势分析

6.3.1.1 非参数 Mann–Kendall 秩次相关检验法

以海河流域各水文类型分区典型流域建站年份至 2008 年的历次洪水径流系数序列为研究对象，选用非参数 Mann–Kendall 检验法对石佛口、木鼻、西台峪、高屯、倒马关—中唐梅区间、阜平、大阁和冷口流域洪水径流系数的变化趋势进行检验。选择 $\alpha = 0.05$ 的显著性水平，将统计量值和相应的临界值进行比较，便可得到各典型流域洪水径流系数趋势分析成果（表 6.1）。

表 6.1　　典型流域洪水径流系数 Mann–Kendall 检验成果表 （$\alpha = 0.05$）

水文类型分区	典型流域	统计量 U	临界值 $U_{\alpha}/2$	趋势性	显著性
Ⅰ区	石佛口	−3.22	1.96	下降	显著
Ⅱ区	木鼻	−2.22	1.96	下降	显著
Ⅲ区	西台峪	−2.44	1.96	下降	显著
Ⅳ区	高屯	−0.76	1.96	下降	不显著
Ⅴ区	倒马关—中唐梅	−2.33	1.96	下降	显著
Ⅵ区	阜平	−3.69	1.96	下降	显著
	大阁	−3.04	1.96	下降	显著
Ⅶ区	冷口	−2.49	1.96	下降	显著

由表 6.1 可知，各典型流域洪水径流系数普遍呈下降趋势，除高屯区域洪水径流系数序列的趋势不显著外，其余洪水径流系数序列均存在显著的下降趋势。

6.3.1.2 线性趋势回归分析

表 6.2 和图 6.2 为海河流域典型流域洪水径流系数线性趋势回归检验结果。可以看出，各典型流域洪水径流系数均呈线性下降趋势。除大阁、木鼻和西台峪流域外，其他典型流域的洪水径流系数序列没通过 $\alpha = 0.05$ 显著性水平的检验，即线性趋势不显著，大阁、木鼻和西台峪流域的洪水径流系数序列线性趋势显著。

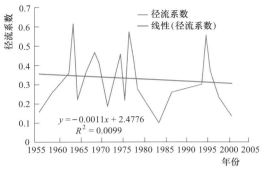

(a) Ⅰ区石佛口流域　　　　　　　　　　(b) Ⅱ区木鼻流域

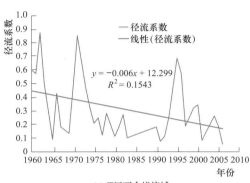

(c) Ⅲ区西台峪流域　　　　　　　　　(d) Ⅴ区倒马关—中唐梅区间流域

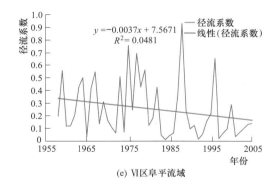

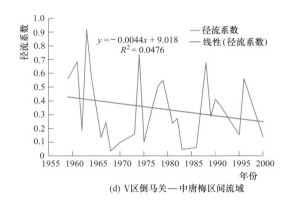

(e) Ⅵ区阜平流域　　　　　　　　　　　(f) Ⅵ区大阁流域

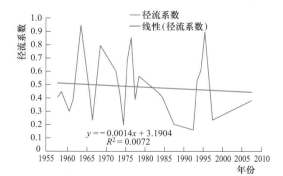

(g) Ⅶ区冷口流域

图 6.2　典型流域洪水径流系数时间序列变化趋势图

表 6.2   典型流域洪水径流系数线性趋势回归检验表（**α＝0.05**）

水文类型分区	典型流域	相关系数 r	临界值 r_α	趋势性	显著性
Ⅰ区	石佛口	−0.095	0.291	下降	不显著
Ⅱ区	木鼻	−0.303	0.264	下降	显著
Ⅲ区	西台峪	−0.392	0.288	下降	显著
Ⅴ区	倒马关—中唐梅	−0.217	0.304	下降	不显著
Ⅵ区	大阁	−0.315	0.304	下降	显著
	阜平	−0.219	0.285	下降	不显著
Ⅶ区	冷口	−0.084	0.276	下降	不显著

6.3.2 突变分析

以各水文类型分区典型流域建站年份至 2008 年的历次洪水径流系数为研究对象，采用非参数 Pettitt 检验法分析洪水径流系数时间序列的变异特征，选择 α＝0.05 的显著性水平，各洪水径流系数序列的最显著变异点检验结果见图 6.3。

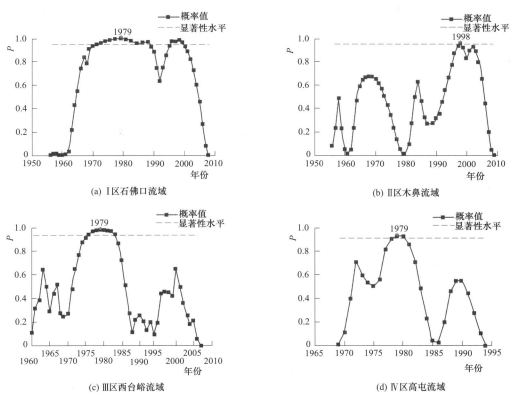

(a) Ⅰ区石佛口流域   (b) Ⅱ区木鼻流域

(c) Ⅲ区西台峪流域   (d) Ⅳ区高屯流域

图 6.3（一）   典型流域洪水径流系数序列变异点检验

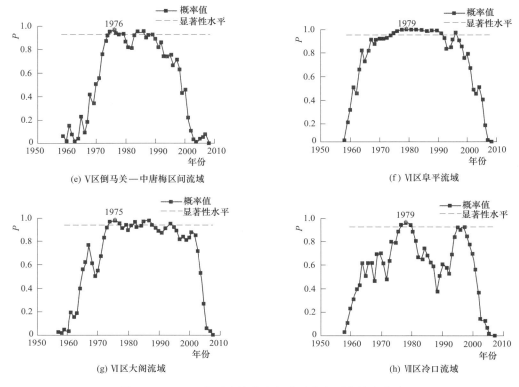

图 6.3（二） 典型流域洪水径流系数序列变异点检验

由图 6.3 可知，在 $\alpha = 0.05$ 的显著性水平下，各典型流域洪水径流系数序列的最显著变异点有 1979 年、1976 年、1975 年和 1998 年，其中 1979 年在各流域出现最多次。木鼻流域的洪水径流系数序列最显著变异点为 1998 年，已快接近序列末端且可能由于 1996 年发生特大洪水导致出现变异延迟点，故不太可靠。由于海河流域于 20 世纪 80 年代进行兴修水利工程、封田造林、修建谷坊坝等显著的人类活动，导致地面径流量相比 20 世纪 80 年代前减少，与统计检验结果（1979 年前后）相符。因此，可定性判断各典型流域洪水径流系数序列 1980 年前后存在最显著变异点，其大部分由海河流域下垫面/覆被变化引起，这是比较符合实际情况的。

6.4 直接径流比例变化分析

6.4.1 趋势分析

6.4.1.1 非参数 Mann-Kendall 秩次相关检验法

以海河流域各水文类型分区典型流域建站年份至 2008 年的历次洪水直接径流比例序列为研究对象，选用非参数 Mann-Kendall 检验法对石佛口、木鼻、西台峪、高屯、倒马关—中唐梅区间、阜平、大阁和冷口流域洪水直接径流比例的变化趋势进行判断。选择 $\alpha = 0.05$ 的显著性水平，将统计量值和相应的临界值进行比较，得到各典型流域直接径流比例趋势分析成果（表6.3）。由表6.3可知，石佛口流域和木鼻流域洪水直接径流比例序列呈显著的下降趋势，高屯流域呈显著的上升趋势，其他典型流域的趋势特征并不显著。

表6.3　　　　典型流域洪水直接径流比例 Mann - Kendall 检验成果表 （$\alpha = 0.05$）

水文类型分区	典型流域	统计量U	临界值$U_{\alpha/2}$	趋势性	显著性
Ⅰ区	石佛口	−3.06	1.96	下降	显著
Ⅱ区	木鼻	−3.34	1.96	下降	显著
Ⅲ区	西台峪	0.03	1.96	上升	不显著
Ⅳ区	高屯	2.47	1.96	上升	显著
Ⅴ区	倒马关—中唐梅	−1.29	1.96	下降	不显著
Ⅵ区	阜平	−1.62	1.96	下降	不显著
	大阁	0.59	1.96	上升	不显著
Ⅶ区	冷口	−1.59	1.96	下降	不显著

6.4.1.2　线性趋势回归分析

表6.4和图6.4为海河流域典型流域的洪水直接径流比例线性趋势回归检验结果。从中可以看出，除大阁和倒马关—中唐梅区间流域外，其他流域的直接径流比例线性趋势呈下降趋势。除大阁、阜平和倒马关—中唐梅区间流域外的其他流域均通过 $\alpha = 0.05$ 显著性水平的检验，下降趋势显著，尤其是木鼻和石佛口流域。

表6.4　　　　典型流域洪水直接径流比例线性趋势回归检验表 （$\alpha = 0.05$）

水文类型分区	典型流域	相关系数r	临界值r_α	趋势性	显著性
Ⅰ区	石佛口	−0.557	0.291	下降	显著
Ⅱ区	木鼻	−0.779	0.264	下降	显著
Ⅲ区	西台峪	−0.383	0.288	下降	显著
Ⅴ区	倒马关—中唐梅	0.138	0.304	上升	不显著
Ⅵ区	大阁	0.078	0.304	上升	不显著
	阜平	−0.095	0.285	下降	不显著
Ⅶ区	冷口	−0.365	0.276	下降	显著

6.4.2　突变分析

以各水文类型分区典型流域建站年份至 2008 年的历次洪水直接径流比例序列为研究对象，采用非参数 Pettitt 检验法分析直接径流比例时间序列的变异特征，选择 $\alpha = 0.05$ 的显著性水平，各洪水直接径流比例序列的变异点检验结果见图6.5。

由图6.5可知，在 $\alpha = 0.05$ 的显著性水平下，各水文类型分区大部分典型流域洪水直接径流比例序列不存在显著的变异点，即突变性特征不显著。其中石佛口流域、木鼻流域和高屯流域的最显著变异点分别是 1984 年、1980 年和 1977 年，均在 1980 年附近，与洪水特征值序列和径流系数序列的最显著变异点一致，且暴雨特征值序列突变性不显著，故也可定性判断洪水直接径流比例序列 1980 年前后的最显著变异点大部分由海河流域下垫面/覆被变化引起。

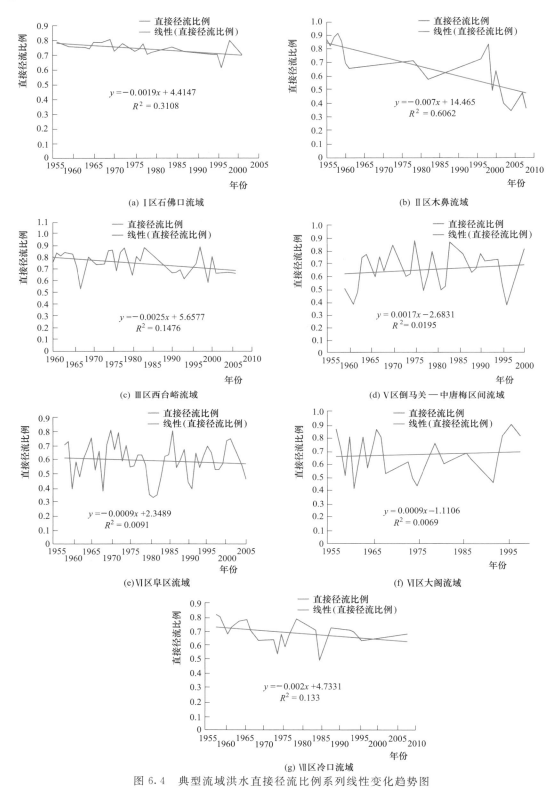

(a) Ⅰ区石佛口流域

(b) Ⅱ区木鼻流域

(c) Ⅲ区西台峪流域

(d) Ⅴ区倒马关—中唐梅区间流域

(e)Ⅵ区阜区流域

(f) Ⅵ区大阁流域

(g) Ⅶ区冷口流域

图 6.4　典型流域洪水直接径流比例系列线性变化趋势图

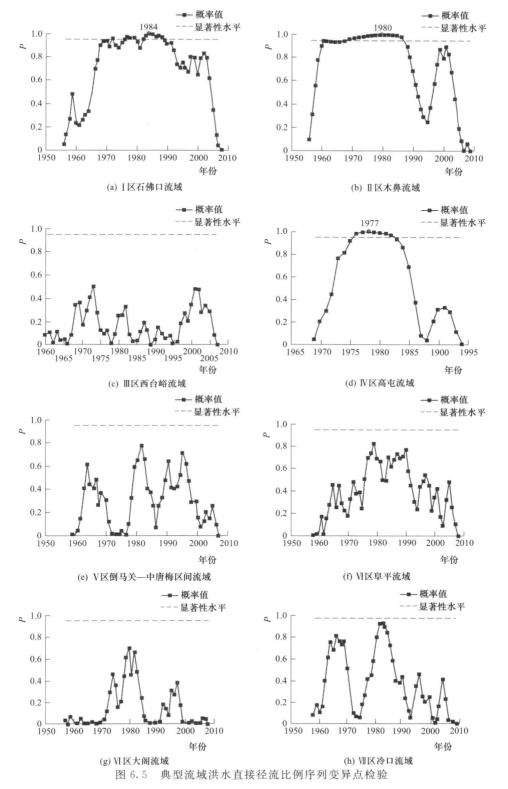

图 6.5 典型流域洪水直接径流比例序列变异点检验

6.5　洪峰滞时变化分析

6.5.1　趋势分析

6.5.1.1　非参数 Mann‑Kendall 秩次相关检验法

以海河流域各水文类型分区典型流域建站年份至 2008 年的历次洪水洪峰滞时序列为研究对象，选用非参数 Mann‑Kendall 检验法对石佛口、木鼻、西台峪、高屯、倒马关—中唐梅区间、阜平、大阁和冷口流域洪峰滞时序列的变化趋势进行检验。选择 $\alpha = 0.05$ 的显著性水平，将统计量值和相应的临界值进行比较，得到各典型流域洪峰滞时序列趋势检验成果（表 6.5）。由表 6.5 可知，各典型流域洪峰滞时序列普遍呈上升趋势，西台峪流域和高屯流域洪峰滞时序列上升趋势不显著，冷口流域存在不显著的下降趋势，其他流域均有显著的上升趋势。

表 6.5　　　　典型流域洪峰滞时 Mann‑Kendall 检验成果表 （$\alpha = 0.05$）

水文类型分区	典型流域	统计量 U	临界值 $U_{\alpha/2}$	趋势性	显著性
Ⅰ区	石佛口	2.15	1.96	上升	显著
Ⅱ区	木鼻	3.46	1.96	上升	显著
Ⅲ区	西台峪	0.48	1.96	上升	不显著
Ⅳ区	高屯	1.61	1.96	上升	不显著
Ⅴ区	倒马关—中唐梅	2.37	1.96	上升	显著
Ⅵ区	阜平	2.43	1.96	上升	显著
	大阁	2.18	1.96	上升	显著
Ⅶ区	冷口	−0.02	1.96	下降	不显著

6.5.1.2　线性趋势回归分析

表 6.6 和图 6.6 为各典型流域的洪峰滞时线性趋势回归检验分析结果。可以看出，除大阁流域和石佛口流域外其他流域的线性趋势均呈上升趋势。阜平和木鼻流域洪峰滞时通过了 $\alpha = 0.05$ 显著性水平的检验，即线性趋势显著，其他流域的洪峰滞时序列线性趋势不显著。

表 6.6　　　　典型流域洪峰滞时线性趋势回归检验表 （$\alpha = 0.05$）

水文类型分区	典型流域	相关系数 r	临界值 r_{α}	趋势性	显著性
Ⅰ区	石佛口	−0.114	0.291	下降	不显著
Ⅱ区	木鼻	0.300	0.264	上升	显著
Ⅲ区	西台峪	0.045	0.288	上升	不显著
Ⅴ区	倒马关—中唐梅	0.118	0.304	上升	不显著
Ⅵ区	大阁	−0.130	0.304	下降	不显著
	阜平	0.323	0.285	上升	显著
Ⅶ区	冷口	0.257	0.276	上升	不显著

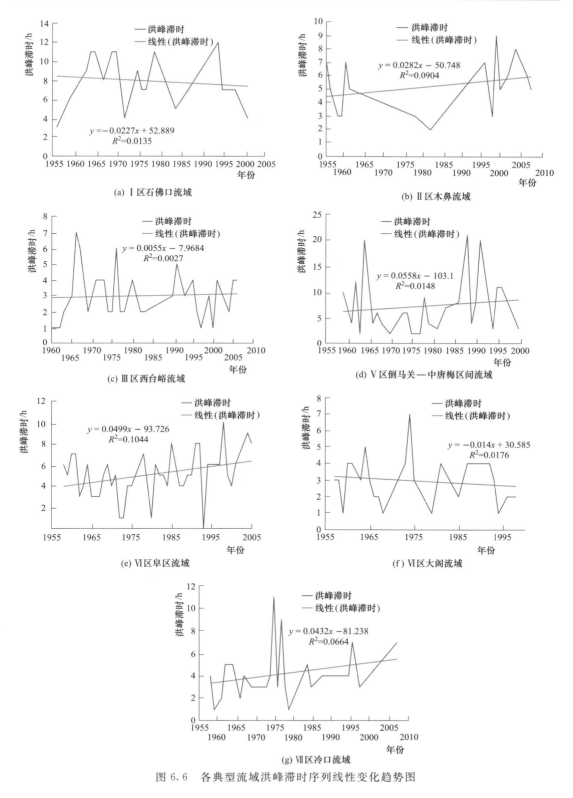

图 6.6　各典型流域洪峰滞时序列线性变化趋势图

6.5.2　突变分析

以各水文类型分区典型流域建站年份至 2008 年的历次洪水洪峰滞时资料为研究对象，采用非参数 Pettitt 检验法分析洪峰滞时时间序列的变异特征。选择 $\alpha = 0.05$ 的显著性水平，各洪峰滞时序列的变异点检验结果见图 6.7。

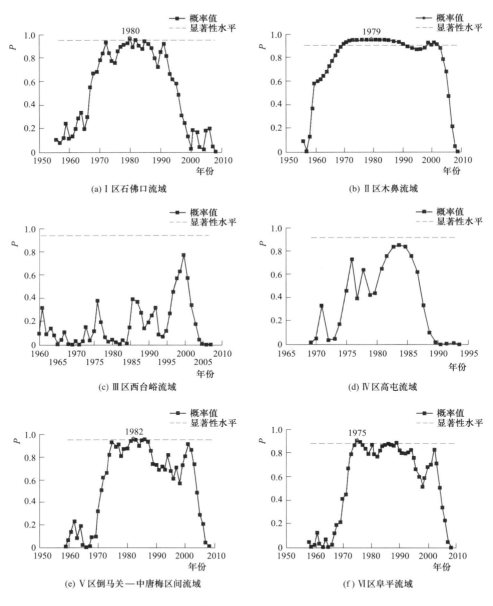

图 6.7（一）　典型流域洪峰滞时序列变异点检验

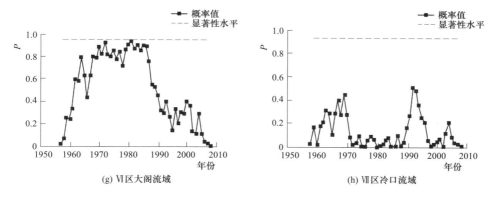

图 6.7（二）　典型流域洪峰滞时序列变异点检验

由图 6.7 可知，在 $\alpha=0.05$ 的显著性水平下，其中西台峪流域、高屯流域、大阁流域和冷口流域的洪峰滞时序列不存在显著的变异点，即无突变性特征；而石佛口流域、木鼻流域、倒马关—中唐梅区间流域和阜平流域的洪峰滞时序列最显著变异点分别为 1980 年、1979 年、1982 年和 1975 年，均在 1980 年左右，与洪水特征值序列、洪水径流系数序列和洪水直接径流比例序列的最显著变异点一致。因此可定性判断洪峰滞时序列 1980 年前后的最显著变异点，也主要是由海河流域下垫面/覆被变化引起的。

6.6　单位线特征变化趋势分析

6.6.1　趋势分析

采用各水文类型分区典型流域建站年份至 2008 年的历次实测暴雨洪水资料，估算了其单位线特征值序列，并分别采用 Mann - Kendall 秩次相关检验法和线性趋势回归分析方法对单位线特征值的变化趋势进行了分析。

6.6.1.1　非参数 Mann - Kendall 秩次相关检验法

1. 单位线峰值

以海河流域各水文类型分区典型流域建站年份至 2008 年的历次洪水单位线峰值序列为研究对象，选用非参数 Mann - Kendall 检验法对石佛口、木鼻、西台峪、高屯、倒马关—中唐梅区间、阜平、大阁和冷口流域单位线峰值序列的变化趋势进行检验。选择 $\alpha=0.05$ 的显著性水平，将统计量值和相应的临界值进行比较，得到各典型流域单位线峰值序列趋势分析成果（表 6.7）。

表 6.7　　　　典型流域单位线峰值 Mann - Kendall 检验成果表（$\alpha=0.05$）

水文类型分区	典型流域	统计量 U	临界值 $U_{\alpha/2}$	趋势性	显著性
Ⅰ区	石佛口	−3.24	1.96	下降	显著
Ⅱ区	木鼻	−7.47	1.96	下降	显著
Ⅲ区	西台峪	−0.28	1.96	下降	不显著

续表

水文类型分区	典型流域	统计量 U	临界值 $U_{\alpha/2}$	趋势性	显著性
IV区	高屯	−2.82	1.96	下降	显著
V区	倒马关—中唐梅	−3.52	1.96	下降	显著
VI区	阜平	−1.21	1.96	下降	不显著
	大阁	−1.81	1.96	下降	不显著
VII区	冷口	−1.26	1.96	下降	不显著

由表6.7可知，各典型流域单位线峰值序列普遍呈下降趋势，其中石佛口流域、木鼻流域、高屯流域和倒马关—中唐梅区间流域的单位线峰值序列存在显著的下降趋势特征，其他流域单位线峰值序列下降趋势均不显著。

2. 单位线峰现时间

以海河流域各水文类型分区典型流域建站年份至2008年的历次洪水单位线峰现时间序列为研究对象，选用非参数 Mann-Kendall 检验法对石佛口、木鼻、西台峪、高屯、倒马关—中唐梅区间、阜平、大阁和冷口流域单位线峰现时间序列的变化趋势进行检验。选择 $\alpha = 0.05$ 的显著性水平，将统计量值和相应的临界值进行比较，得到各典型流域单位线峰现时间序列趋势分析成果（表6.8）。

表6.8　　　　典型流域单位线峰现时间 Mann-Kendall 检验成果表 （$\alpha = 0.05$）

水文类型分区	典型流域	统计量 U	临界值 $U_{\alpha/2}$	趋势性	显著性
I区	石佛口	2.11	1.96	上升	显著
II区	木鼻	4.12	1.96	上升	显著
III区	西台峪	−0.11	1.96	下降	不显著
IV区	高屯	4.55	1.96	上升	显著
V区	倒马关—中唐梅	1.13	1.96	上升	不显著
VI区	阜平	2.44	1.96	上升	不显著
	大阁	2.81	1.96	上升	不显著
VII区	冷口	1.06	1.96	上升	不显著

由表6.8可知，各典型流域除西台峪流域呈不显著的下降趋势外，其他流域单位线峰现时间序列普遍呈上升趋势，其中石佛口流域、木鼻流域和高屯流域的单位线峰现时间序列存在显著的上升趋势特征，其余单位线峰值序列上升或下降趋势均不显著。

6.6.1.2　线性趋势回归分析

1. 单位线峰值

表6.9为各典型流域单位线峰值线性趋势回归检验结果。由表中可以看出，除大阁流域外的其他流域均呈下降趋势。其中木鼻、倒马关—中唐梅区间和石佛口流域通过了 $\alpha = 0.05$ 的显著性水平检验，下降趋势显著，而其他流域下降趋势不显著。

表 6.9　　　　　　　典型流域单位线峰值线性趋势回归检验结果（$\alpha=0.05$）

水文类型分区	典型流域	相关系数 r	临界值 r_α	趋势性	显著性
I 区	石佛口	−0.360	0.271	下降	显著
II 区	木鼻	−0.859	0.268	下降	显著
III 区	西台峪	−0.079	0.285	下降	不显著
V 区	倒马关—中唐梅	−0.517	0.279	下降	显著
VI 区	大阁	0.081	0.273	上升	不显著
	阜平	−0.008	0.285	下降	不显著
VII 区	冷口	−0.174	0.276	下降	不显著

2. 单位线峰现时间

表 6.10 为各典型流域单位线峰现时间线性趋势回归检验结果。由表 6.10 可以看出，各典型流域单位线峰现时间呈上升趋势，其中阜平和木鼻流域的上升趋势显著，其他流域上升趋势不显著。

表 6.10　　　　　典型流域单位线峰现时间线性趋势回归检验结果（$\alpha=0.05$）

水文类型分区	典型流域	相关系数 r	临界值 r_α	趋势性	显著性
I 区	石佛口	0.160	0.271	上升	不显著
II 区	木鼻	0.591	0.268	上升	显著
III 区	西台峪	0.069	0.285	上升	不显著
V 区	倒马关—中唐梅	0.192	0.279	上升	不显著
VI 区	大阁	0.268	0.273	上升	不显著
	阜平	0.286	0.285	上升	显著
VII 区	冷口	0.116	0.276	上升	不显著

6.6.2　突变分析

1. 单位线峰值

以各水文类型分区典型流域建站年份至 2008 年的历次洪水单位线峰值资料为研究对象，采用非参数 Pettitt 检验法分析单位线峰值时间序列的变异特征，选择 $\alpha=0.05$ 的显著性水平，各单位线峰值序列的变异点检验结果见图 6.8。

由图 6.8 可知，在 $\alpha=0.05$ 的显著性水平下，西台峪流域、高屯流域、阜平流域和冷口流域的单位线峰值序列不存在显著的变异点，即无突变性特征；而石佛口流域、木鼻流域、倒马关—中唐梅区间流域和大阁流域的单位线峰值序列最显著变异点分别为 1980 年、1989 年和 1976 年，均在 1980 年左右，与洪水特征值序列、洪水径流系数序列和洪水直接径流比例序列的最显著变异点一致。因此，也可定性判断单位线峰值序列 1980 年前后的最显著变异点，主要是由海河流域下垫面/覆被变化引起的。

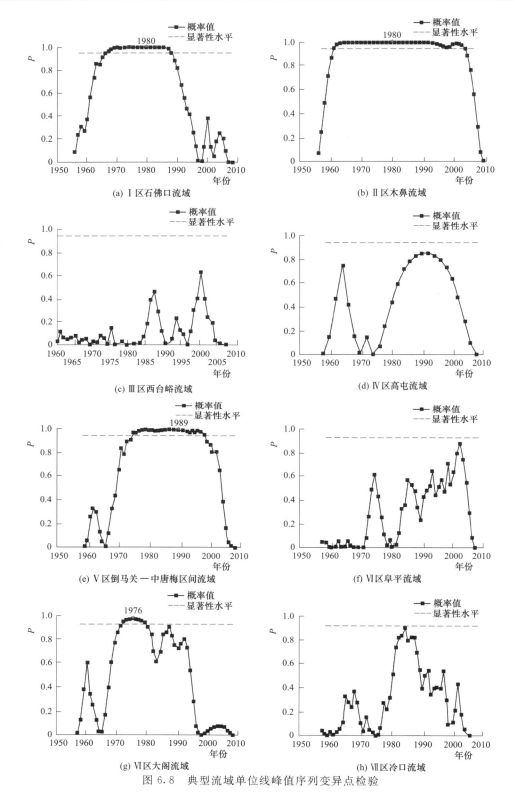

图 6.8　典型流域单位线峰值序列变异点检验

2. 单位线峰现时间

以各水文类型分区典型流域建站年份至 2008 年的历次洪水单位线峰现时间资料为研究对象，采用非参数 Pettitt 检验法分析单位线峰现时间序列的变异特征，选择 $\alpha=0.05$ 的显著性水平，各单位线峰现时间序列的变异点检验结果见图 6.9。

由图 6.9 可知，在 $\alpha=0.05$ 的显著性水平下，西台峪流域、倒马关—中唐梅区间流域和冷口流域的单位线峰现时间序列不存在显著的变异点，即无突变性特征；而石佛口流

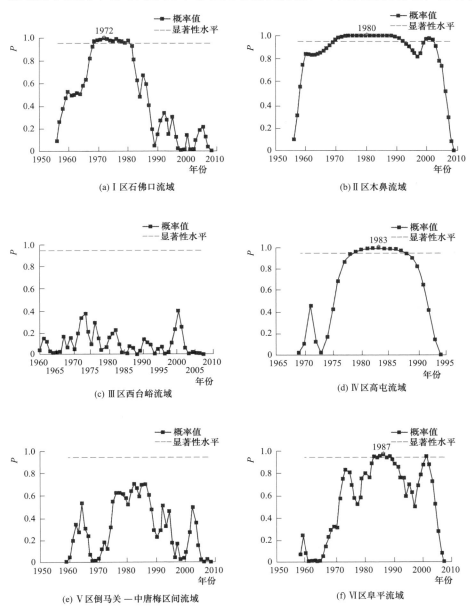

图 6.9（一） 典型流域单位线峰现时间序列变异点检验

155

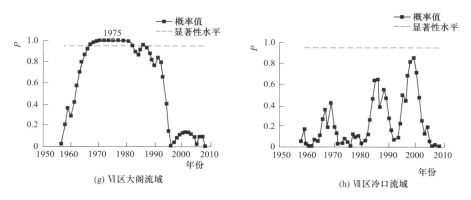

图 6.9（二）　典型流域单位线峰现时间序列变异点检验

域、木鼻流域、高屯流域、阜平流域和大阁流域的单位线峰现时间序列最显著变异点分别为 1972 年、1980 年、1983 年、1987 年和 1975 年，均在 1980 年左右，与洪水特征值序列、洪水径流系数序列、洪水直接径流比例序列和单位线峰值序列的最显著变异点一致，可定性判断单位线峰现时间序列 1980 年前后的最显著变异点，主要由海河流域下垫面/覆被变化引起的。

6.7　小结

　　根据海河流域各典型流域建站年份至 2008 年降雨径流资料，选取洪水径流系数、洪水直接径流比例、洪峰滞时、单位线峰值和单位线峰现时间等产汇流特征参数，分析了其趋势性和突变性特征，主要结果如下：

　　（1）采用非参数 Mann - Kendall 检验法和线性趋势回归分析法，对各水文类型分区典型流域的洪水径流系数、洪水直接径流比例、洪峰滞时、单位线峰值和单位线峰现时间等参数进行了趋势性分析。各典型流域洪水径流系数普遍呈下降趋势，且下降趋势显著；各典型流域洪水直接径流比例序列变化趋势不一致，大部分趋势变化不显著，而石佛口流域和木鼻流域存在显著的下降趋势；洪峰滞时序列基本存在上升趋势，大部分流域上升趋势显著；各典型流域单位线峰值一致呈下降趋势，有的流域趋势显著，有些流域趋势不显著；单位线峰现时间序列普遍呈上升趋势，但大部分上升趋势不显著。

　　（2）采用非参数 Pettitt 检验法分析了各典型流域洪水径流系数、洪水直接径流比例、洪峰滞时、单位线峰值和单位线峰现时间等产汇流参数的最显著变异点，并与暴雨洪水特征的变异点相比较，分别确定了各典型流域产汇流参数的变异点，检验出最显著变异点主要分布在 1980 年左右。由于海河流域于 20 世纪 80 年代进行兴修水利工程、封田造林、修建谷坊坝等显著的人类活动，导致洪水地面径流量相比 20 世纪 80 年代前减少，与统计检验结果相符。因此，可定性判断各流域产汇流参数序列 1980 年前后存在最显著变异点，也主要是由海河流域下垫面/覆被变化引起的。

参考文献

Grayson R，Holden J，Rose R，2010. Long – term change in storm hydrographs in response to peatland vegetation change [J]. Journal of Hydrology，389：336 – 343.

Sillanp?? N，Koivusalo H，2015. Impacts of urban development on runoff event characteristics and unit hydrographs across warm and cold seasons in high latitudes [J]. Journal of Hydrology，521：328 – 340.

Velpuri N M，Senay G B，2013. Analysis of long – term trends (1950 – 2009) in precipitation，runoff and runoff coefficient in major urban watersheds in the United States [J]. Environmental Research Letters，8：279 – 288.

陈伏龙，2009. 大清河流域产汇流特征变化趋势分析 [D]. 天津：天津大学.

陈伏龙，李建柱，2011. 大清河流域产汇流特性变化趋势及影响因素 [J]. 中国农村水利水电 (2)：43 – 45,49.

池宸星，郝振纯，王玲，等，2005. 黄土区人类活动影响下的产汇流模拟研究 [J]. 地理科学进展，24 (3)：101 – 108.

邓珺丽，张永芳，王安志，等，2011. 1967—2006 年太子河流域径流系数的变化特征 [J]. 应用生态学报，22 (6)：1559 – 1565.

豆林，2010. 黄土区流域径流对水土保持措施响应的时空变化特征 [D]. 北京：中国科学院研究生院.

冯艳，2007. 变化条件下小理河流域产汇流特性研究 [D]. 南京：河海大学.

郝芳华，杨桂莲，吴险峰，等，2004. 黄河小花间石山林区产汇流特征 [J]. 地理研究，23 (2)：165 – 174.

何艳虎，陈晓宏，林凯荣，2014. 东江流域近 50 年径流系数时空变化特征 [J]. 地理研究，33 (6)：1049 – 1058.

黄国如，芮孝芳，石朋，2004. 泾洛渭河流域产汇流特性分析 [J]. 水利水电科技进展，24 (5)：21 – 23.

李建柱，2008. 流域产汇流过程的理论探讨及其应用 [D]. 天津：天津大学.

李建柱，冯平，2009. 滦河流域产流特性变化趋势分析 [J]. 干旱区资源与环境，23 (8)：79 – 85.

刘文具，何平，2014. 海河流域产汇流参数变化分析 [J]. 水科学与工程技术 (2)：17 – 19.

芮孝芳，1991. 产汇流理论研究的展望 [J]. 河海科技进展，11 (1)：60 – 65.

杨筱筱，2012. 水土保持措施对秃尾河流域产汇流参数的影响研究 [D]. 杨凌：西北农林科技大学.

第7章 下垫面变化对洪水影响程度的统计分析

7.1 概述

人类活动和气候变化导致下垫面发生了变化，并通过影响陆地水文循环及产汇流机制，对流域水资源和洪水过程产生了影响。近几十年来，环境变化对水资源和洪水特征的影响研究比较多（Costa et al，2003；Tomer et al，2009；李建柱等，2011；李致家等，2012；Bronstert et al，2007；Chang et al，2008；Wongsa et al；2004），在不同的区域其影响机理和结果会有一定的差异，需要根据流域的水文气象特点及下垫面变化特征来具体进行分析，可为变化环境下流域产汇流机理及模拟分析提供科学依据。

统计分析法是研究下垫面变化对洪水影响的基本方法，在洪水时间序列变异点识别的基础上，通过对下垫面变化前后洪水特征及洪水过程的统计分析，可以说明洪水变化的平均程度。但由于降雨类型、降雨量以及前期土壤含水量等因素的影响，这种方法并不能量化下垫面变化对不同量级洪水的影响程度，因此需要建立洪水特征及其影响因素之间的关系式。Sahin 等（1996）采用多元线性回归模型和模糊线性回归分析法定量估算了土地利用变化对流域径流的影响程度，当减少 10％覆盖度时，针叶林的产流量增加 20～25mm，而桉属植被在相同变化条件下仅增加 6mm。张冬冬等（2012）为研究下垫面变化对流域洪峰模数、径流深等的影响程度，选取大清河水系的紫荆关、阜平、漫水河、城头会和张坊五个典型子流域为研究对象，利用卫星遥感资料提取五个子流域 1980 年、1990年、2000 年的土地利用情况，将洪水按重现期分为大于 10 年一遇和小于 10 年一遇两个量级，分别对洪峰模数、径流深度及其影响要素进行多元统计分析，利用得出的回归模型分析了下垫面要素变化对洪水的影响程度。Bradshaw 等（2007）认为洪水及其影响因素之间的关系比较复杂，建立简单的多元线性回归模型是不合适的，而是建立了基于信息理论的一个推理经验模型，模型估算结果表明，森林面积减少 10％，洪水频率会相应增加 4％～28％。Sriwongsitanon 等（2011）利用泰国 11 个小流域 1988—2005 年的洪水数据，建立了次洪径流系数和洪峰流量之间的幂函数关系，并建立了不同量级洪水径流系数和土地利用面积之间的线性关系，在此基础上估算了土地利用类型变化对次洪径流系数的影响程度。这些方法均假定降雨空间分布是均匀的，不能考虑降雨空间变化对洪水的影响，但由于气候波动影响，降雨的空间分布可能随时间也会发生变化（李建柱等，2010）。

统计分析法也是研究水土保持对洪水过程影响的很有效的一种方法。王爱娟等（2008）选择对比小流域的 4 组典型降雨径流过程，统计了水土保持综合治理对峰现时间、洪峰流量及径流系数的影响程度，峰现时间可延迟 30～60min，洪峰流量可削减 14％～90％，次洪径流系数可降低 25％～71％。荆新爱等（2005）采用时间序列对比法分析了黄土高原清涧河流域水土保持对洪水过程的影响，给出了相似降雨条件下水土保持对不同量级暴雨洪水的影响程度。綦俊谕等（2011）采用经验公式法、双累积曲线法和不同系列对比法计算了岔巴沟、大理河与无定河流域 20 世纪 70 年代水土保持综合措施的平均减水效益和减沙效益，并采用减水效率来表示水土保持综合措施减水作用的能力。穆兴民等（2004）通过建立流域降水-水土保持-径流统计模型，分析了佳芦河和秃尾河流域降水及水土保持对流域径流量变化的影响。

　　本章主要分析海河流域历史流域性暴雨洪水特征，通过建立暴雨量～次洪量相关关系，分析土地利用变化与洪水特征值变化的关系，进行相似降雨条件下洪水特征的对比分析，以确定暴雨空间分布及下垫面变化对洪水的影响。7.2 统计分析历史流域性暴雨洪水特征；7.3 分析暴雨洪水特征变化程度；7.4 对土地利用变化与洪水特征值变化的关系进行统计分析；7.5 对典型流域相似暴雨的洪水特征进行对比分析；7.6 对本章主要方法和结论进行小结。

7.2　历史流域性暴雨洪水特征统计分析

7.2.1　历史暴雨特征分析

7.2.1.1　暴雨中心位置

　　（1）"56·8"暴雨："56·8"大暴雨中心有两个，一个位于建屏县狮子坪，暴雨量 785mm（7d）；另一个位于井陉县窦王墓，暴雨量 786mm（7d）。"56·8"暴雨逐日笼罩面积及暴雨总量如表 7.1 所示。

表 7.1　　　　　　　　　　"56·8"暴雨逐日笼罩面积及暴雨总量

日期	暴雨中心地点	中心点暴雨量/mm	暴雨笼罩面积/km²						暴雨总量/亿 m³
			≥25mm	≥50mm	≥100mm	≥200mm	≥400mm	≥600mm	
7 月 29 日	东姚	168	63400	20700	2560				33
7 月 30 日	土围	156	51700	17600	1720				27
7 月 31 日	沙峪	171	116000	24900	1400				53
8 月 1 日	马兰峪	140	16400	3040	280				7
8 月 2 日	窦王墓	242	167000	69800	16000	440			100
8 月 3 日	狮子坪	385	165000	85400	30200	2200			119
8 月 4 日	石盆	154	92600	43100	2920				52
8 月 2—4 日	狮子坪	747		185000	103000	327000	2880	280	278
7 月 29 日至 8 月 4 日	窦王墓	786			169000	91000	10500	920	392

（2）"62·7"暴雨："62·7"暴雨大于400mm的中心有两个，一是位于滦河中游与蓟运河上游一带，石庙子雨量517mm；另一个是在冀东沿海的东部，乐亭、柏各庄一带，俸城雨量470mm。该次暴雨在滦河水系内笼罩面积之大居有记录以来之首位。300mm等雨深线笼罩面积占滦河水系总面积的25.8%，100mm等雨深线的面积占滦河的57.5%。"62·7"暴雨滦河水系笼罩面积及暴雨总量如表7.2所示。

表7.2　　　　　　　　"62·7"暴雨滦河水系笼罩面积及暴雨总量

等雨深线/mm	笼罩面积/km²	平均雨深/mm	暴雨总量/亿 m³	等雨深线/mm	笼罩面积/km²	平均雨深/mm	暴雨总量/亿 m³
500	142	509	0.723	200	19016	304	57.8
400	589	464	2.73	100	25815	263	67.9
350	2642	395	10.4	20	35942	206	74.0
300	11592	341	39.5				

（3）"63·8"暴雨："63·8"暴雨的分布大致与太行山平行，7d暴雨（2—8日）400mm的雨带南北长520km，东西宽120km，南北各有一个暴雨中心。南部暴雨中心在滏阳河邢台、临城以西山区，7d暴雨量东川口1464mm，菩萨岭达1562mm，獐狉达2050mm。北部暴雨中心在大清河保定以西山区，7日暴雨量司仓为1303mm，七峪为1329mm。"63·8"暴雨逐日暴雨区面积及暴雨总量如表7.3所示。

表7.3　　　　　　　　"63·8"暴雨逐日暴雨区面积及暴雨总量

日期	暴雨中心		暴雨笼罩面积/km²					暴雨总量/亿 m³
	地点	雨量/mm	≥50mm	≥100mm	≥200mm	≥500mm	≥1000mm	
8月3日	邯郸	466	49800	23800	8160			72.9
8月4日	獐狉	865	58000	32700	11200	990		95.0
8月5日	黄北坪	500	59600	26600	5760			83.5
8月6日	正定	290	76400	40500	3800			109.5
8月7日	司仓	704	80800	31400	9260	900		122.1
8月8日	来广营	464	67200	21000	3600			90.9
8月3—5日	獐狉	1457	119000	79400	45700	9150	970	253.8
8月5—7日	司仓	1130	167000	95400	53700	9050	220	317.9
8月2—8日	獐狉	2050		153000	10300	43800	5430	600.0

（4）"96·8"暴雨："96·8"暴雨集中于海河南系太行山东侧迎风坡，次雨量四个超过600mm的暴雨中心自南向北依次是：河南省林县附近，最大为土圈站679.9mm；沙河上游野沟门水库附近，最大为河下站653.0mm；泜河临城水库以上地区，最大为石家栏站642.9mm；黄壁庄水库以上冶河一带，最大为南西焦652.0mm。四个暴雨中心相距不远，几乎连成一片，顺着太行山迎风坡形成一个狭长带状的300mm以上高值区。此外在保定西部中易水安格庄水库附近有一个300mm以上的较小范围的暴雨中心，安格庄水库站为325.8mm。

7.2.1.2 暴雨空间分布

（1）"56·8"暴雨："56·8"暴雨自7月29日开始至8月4日结束，历时7d。主要分布在太行山迎风区，但雨量超过100mm的地区在海河南系三河已深入到背风山区的流域边缘，向东北达到滦河干流，面积近17万km²。

（2）"62·7"暴雨：1962年7月22—26日，坝上草原降水量10～30mm，沟台子至旧屯降水量30～100mm，旧屯至三道河子降水量100～200mm，三道河子至柳河口降水量200～300mm，潘家口长城两侧降水量300～350mm，青龙至滦河以东沿海降水量200～300mm，滦河以西滦南、唐海两县降水量420mm。

（3）"63·8"暴雨：1963年8月2—7日，暴雨高值区主要分布在太行山迎风区，降雨量分布随地势由西向东呈逐渐减少趋势，西部山区由迎风坡向背风坡呈逐渐减少趋势。暴雨空间分布为保定以南京广铁路以西，太行山迎风区降雨量在600mm以上；其中邢台西部山区、保定西部的局部降雨量在1000mm以上；西部太行山区背风坡及京广铁路以东降雨量均在400mm以下；沧州东部一带降雨量在100mm左右。

（4）"96·8"暴雨："96·8"暴雨集中于海河南系太行山东侧迎风坡，雨区总的分布趋势是西至冀晋、豫晋边界、东至京广铁路、北到岗南、黄壁庄水库、南到河南省林县，在这个狭长范围内雨量最大，向四周逐渐减小。太行山背风坡、京广铁路以东平原区及滹沱河以北大部地区为100～200mm，滨海地区不足100mm。

7.2.2 历史洪水特征分析

7.2.2.1 径流系数

"63·8"和"96·8"一次降雨径流关系比较如表7.4所示。由表7.4可见，多数站径流系数"96·8"暴雨小于"63·8"暴雨，漳卫南运河和子牙河尤为明显。"96·8"暴雨前期降雨较多，"63·8"暴雨前期降雨较少，两者的降雨强度相近，虽然"96·8"暴雨总量较小是其径流量较小的主要原因，但更深层次的原因还有多年来下垫面条件变化、地下水位下降、平原入渗能力成倍增加，使得径流系数明显减小。

表7.4 "96·8"和"63·8"降雨径流关系比较

水系	河名	站名	集水面积/km²	"96·8"暴雨			"63·8"暴雨		
				次平均降雨量/mm	相应径流深/mm	径流系数	次平均降雨量/mm	相应径流深/mm	径流系数
漳卫南运河	漳河	观台	17800	180.0	40.2	0.22			
	漳河	上七垣	18210				170	102	0.60
	卫河	元村	14286	250.0	62.1	0.25			
	卫河	合河	4020				378	136	0.34
子牙河	槐河	马村	745	478.6	400.6	0.84	1221	1021	0.84
	泜河	临城水库	384	491.7	264.4	0.50	1568	1391	0.89
	沙河	朱庄水库	1220	434.2	313.7	0.72	1202	993	0.83
	洺河	临洺关	2300	252.1	93.0	0.37	783	464	0.59

续表

水系	河名	站名	集水面积/km²	"96·8"暴雨			"63·8"暴雨		
				次平均降雨量/mm	相应径流深/mm	径流系数	次平均降雨量/mm	相应径流深/mm	径流系数
子牙河	滏阳河	东武仕水库	350	212.0	45.6	0.22	675	315	0.47
	冶河	平山	6420	472.2	124.6	0.26	565	253	0.45
	滹沱河	黄壁庄水库	23400	239.0	60.1	0.25	291	125	0.43
大清河	磁河	横山岭水库	440	256.9	199.0	0.77	745	611	0.82
	沙河	王快水库	3770	160.7	104.7	0.65	504	304	0.60
	唐河	西大洋水库	4420	126.4	42.7	0.34	444	197	0.44
	漕河	龙门水库	470	190.7	142.4	0.75	1058	762	0.72
	中易水	安各庄水库	476	235.4	191.9	0.82	866	676	0.78
	拒马河	张坊	4810	170.8	71.9	0.42	396	151	0.38

7.2.2.2　洪峰流量及洪水总量

（1）"56·8"洪水：1956 年暴雨范围广，暴雨中心分散，河道的行洪能力较差。"56·8"海河水系最大 30d 洪量为 201 亿 m³，各水系产流所占的比例分别为：蓟运河 3.4%、潮白河 8.5%、北运河 4.2%、永定河 5.9%、大清河 28.6%、子牙河 27.9%、漳卫南运河 21.5%。由以上各河洪水组成的情况看，"56·8"洪水以海河南系三河为主，海河南系各河主要控制站洪水特征如表 7.5 所示。

表 7.5　　　　　　　　　"56·8"海河南系各河主要控制站洪水特征

河系	河名	站名	集水面积/km²	洪峰流量/(m³/s)	出现日期	洪水总量/亿 m³				
						1d	3d	5d	9d	15d
大清河	沙河	南雅握	3590	4010	8月3日	2.88	5.70	6.79	8.57	9.56
	潴龙河	北郭村	8550	3390	8月5日	2.64	6.26	7.94	9.73	11.58
	白沟河	白沟	10000	2990	8月6日	2.42	6.87	11.09	16.51	21.01
	南拒马河	北河店	1530	3050	8月5日					
	白沟河	东茨村	2133	2780	8月5日					
	拒马河	千河口	5020	4200	8月4日					
子牙河	洺河	临洺关	2300	2970	8月4日	1.93	4.12	4.69	5.20	5.63
	沙河	朱庄	1220	2610	8月3日	1.24	2.85	3.23	3.74	4.32
	北沙河	大陈庄	945	2480	8月3日					
	冶河	平山	6420	8750	8月3日	4.22	9.21	10.26	11.16	11.89
	滹沱河	黄壁庄	23400	13100	8月4日	8.73	17.43	20.56	23.51	25.94
漳卫南运河	洪河	新村	2100	3380	8月4日	1.86	4.12	4.84	6.42	7.47
	安阳河	安阳	1600	1030	8月3日					
	清漳河	涉县	5130	3430	8月3日					
	卫河	西元村	11200	936	8月6日	0.80	2.31	3.69	5.93	8.69
	漳河	观台	17800	9200	8月4日	5.24	10.27	12.25	14.54	17.03

（2）"62·7"洪水：由于滦河中下游地区普遍降雨，致使中下游、干支流全面涨水。该次洪水滦河水系产水总量44.94亿 m^3，罗家屯以上产水25.70亿 m^3，占57.2%（面积占84.1%），以下产水42.8%（面积占15.9%）。其中撒河和青龙河是两个产水的高值区，其径流模数分别是29.7万 m^3/km^2 和22.6万 m^3/km^2。"62·7"洪水滦河水系代表站洪峰流量如表7.6所示。

表7.6　　　　　　　　"62·7"洪水滦河水系代表站洪峰流量

河　名	站　名	集水面积/ km^2	洪峰流量/（ m^3/s ）	发生时间
沙河	冷口	538	1580	25日5：00
柳河	李营	568	2250	25日15：00
撒河	兰旗营	714	2180	26日19：00
青龙河	桃林口	5250	8760	26日18：30
滦河	潘家口	33700	18800	26日11：00
滦河	罗家屯	37100	24800	26日19：00
滦河	滦县	44100	34000	27日3：00

（3）"63·8"洪水：海河"63·8"洪水，主要发生在南系漳卫河、子牙河和大清河，北系洪水不大。"63·8"各河系主要站洪峰流量如表7.7所示。经统计，漳卫南运、子牙、大清三水系8月上旬产水量为72.07亿 m^3，其中南运河水系15.78亿 m^3，子牙河水系37.75亿 m^3，大清河水系18.54亿 m^3。8月产水量三水系合计为301.24亿 m^3，9月份为31.31亿 m^3；8月、9月两月合计三水系产水量为332.87亿 m^3（表7.8）。8月、9月两月海河流域主要大型水库拦蓄水量为13.02亿 m^3。

表7.7　　　　　　　　"63·8"各河系主要站洪峰流量

水　系	河　名	站　名	集水面积 / km^2	洪峰流量 /（ m^3/s ）
滦　河	滦河	滦县	44100	550
	滦河	潘家口	33700	286
潮白河	潮白河	密云	15788	1230
永定河	永定河	官厅	43400	1410
大清河	拒马河	千河口	4740	9920
	拒马河	紫荆关	1760	4490
	中易水	安各庄	476	6350
	唐河	西大洋	4420	7937
	沙河	王快	3770	9600
子牙河	冶河	平山	6420	8900
	漳沱河	黄壁庄	23400	12000
	沙河	朱庄	1200	9500
	洺河	临洺关	2300	12300

续表

水　系	河　名	站　名	集水面积 /km²	洪峰流量 /(m³/s)
漳卫河	淇河	新村	2118	5590
	卫河	淇门	8340	824
	卫河	西元村	11200	1300
	漳河	观台	17800	7040
	卫运河	称钩湾	37200	3240
	南运河	临清	37200	2540

表 7.8　　　　　　　　　　　海河南系"63·8"洪水总量　　　　　　　　　　单位：亿 m³

水系	河　名	站名或区间	1963 年			
			8 月	9 月	8—9 月	8 月上旬
大清河	北支	新盖房以上	18.00	1.38	19.38	15.39
	南支	白洋淀以上	64.78	6.00	70.78	59.95
	平原		5.96	0	5.69	5.40
	小计		88.74	7.38	95.85	80.74
子牙河	滹沱河	黄壁庄以上	31.86	3.00	34.86	29.36
	滏阳河	艾辛庄以上	85.23	2.51	87.74	79.09
	平原		31.29	0	31.29	28.61
	小计		148.38	5.51	153.89	137.06
漳卫南运河	漳河	岳城以上	23.60	6.72	30.32	18.60
	卫河	元村以上	36.42	11.70	48.12	29.81
	平原		4.42	0	4.42	3.95
	小计		64.44	18.42	82.86	52.36
三水系合计			301.56	31.31	332.60	270.16

7.3　暴雨洪水特征变化程度分析

7.3.1　资料准备和分析方法

对各水文类型分区主要控制站，收集 1956—2008 年的实测暴雨和洪水系列资料，对控制站以上流域各次暴雨量相应的洪水过程进行径流划分，统计出相应次洪总量，及相应洪峰流量和洪峰滞时，即给出一次洪水的降雨量和相应径流量，以及相应洪峰流量和洪峰滞时。各控制站分析的洪水场次在 13～56 次之间，资料条件的差异还是比较大的。

在水文水资源计算和水文预报中，为了推求一定降雨量所产生的径流量，需要建立降雨量与产流量，以及与其他影响因素之间的关系。一般常用的分析方法有降雨径流相关分析与降雨径流模型。这里主要采用降雨径流相关分析法。

7.3.2 降雨径流相关分析法

降雨径流关系是水文实践中推求产流量常用的一种方法，一般常用的是降雨径流相关图，它是根据形成一次洪水的降雨量和相应径流量所建立的相关关系。对暴雨洪水而言，也称暴雨洪水相关关系图。

以饱和地表径流为主导机制的地区，影响产流量大小的因素主要是降雨量和初始土壤含水量，即：

$$R = f(P, W_0) \tag{7.1}$$

式中：R 为产流量，mm；P 为降雨量，mm；W_0 为降雨开始时刻的流域平均土壤含水量，mm。

对于整个流域，W_0 很难用实测土壤含水量值表示，在建立暴雨洪水经验相关图时，常用反映前期流域土壤含水量大小的指标前期影响雨量 P_a 表示。这样，暴雨洪水相关图形式如图 7.1 所示。通过点绘不同时期的暴雨洪水相关图，进行对比分析就可以确定下垫面变化对洪水径流的影响。同样，也可点绘不同时期的洪峰流量和洪峰滞时相关图，来分析下垫面变化对洪水径流的影响。

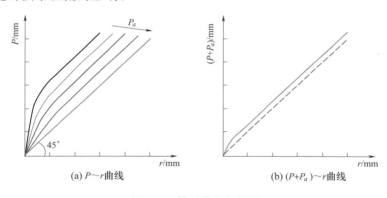

(a) $P \sim r$ 曲线 (b) $(P+P_a) \sim r$ 曲线

图 7.1 暴雨洪水相关图

7.3.3 暴雨洪水变化特征分析

对各水文类型分区的典型流域控制站，统计了各次洪水的降雨量和相应径流量，以及洪峰流量和洪峰滞时。以第 5 章给出的海河流域洪水序列变异点在 1980 年为分期依据，分别点绘 1980 年前和 1980 年后的次暴雨量和相应次洪总量点据，以及洪峰流量和洪峰滞时点据。并根据点据分布趋势，便可建立次暴雨量～次洪总量相关图，以及洪峰流量和洪峰滞时相关图。据此就可以分析其流域下垫面条件变化对洪水的影响程度。

7.3.3.1 石佛口流域

水文类型Ⅰ区石佛口流域次暴雨量（$P+P_a$）～次洪总量（r）相关图，以及洪峰流量（Q_m）～洪峰滞时（T）相关图分别如图 7.2 和图 7.3 所示。

由图 7.2 和图 7.3 可知，Ⅰ区石佛口流域（$P+P_a$）～r 相关图 1980 年前和 1980 年后

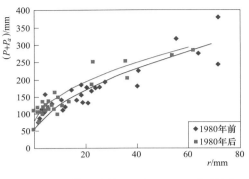

图 7.2　石佛口流域（$P+P_a$）～r 相关图

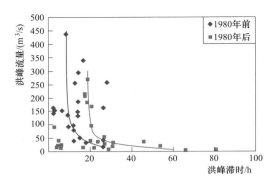

图 7.3　石佛口流域 Q_m～T 相关图

变化比较明显，经分析 1980 年后次暴雨量平均减小 13％，而次洪总量减少了 51％，径流系数减小了 52％；Q_m～T 相关图变化也较明显，洪峰流量减小了 60％，而洪峰滞时增加了 68％。

7.3.3.2　木鼻流域

　　水文类型Ⅱ区木鼻流域（$P+P_a$）～r 相关图，以及 Q_m～T 相关图分别如图 7.4 和图 7.5 所示。由图 7.4 和 7.5 可见，Ⅱ区木鼻流域（$P+P_a$）～r 关系以及 Q_m～T 关系在 1980 年前后变化不明显。

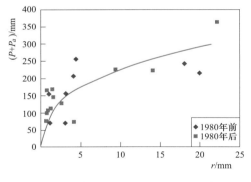

图 7.4　木鼻流域（$P+P_a$）～r 相关图

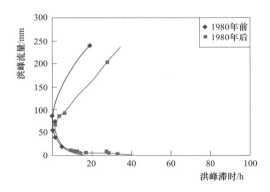

图 7.5　木鼻流域 Q_m～T 相关图

7.3.3.3　西台峪流域

　　水文类型Ⅲ区西台峪流域（$P+P_a$）～r 相关图，以及 Q_m～T 相关图分别如图 7.6 和图 7.7 所示。

　　由图 7.6 和图 7.7 可知，Ⅲ区西台峪流域（$P+P_a$）～r 相关图 1980 年前和 1980 年后变化比较明显，经分析 1980 年后次暴雨量平均减小 16％，而次洪总量减少了 53％，径流系数减小了 35％；Q_m～T 相关图变化不明显，但是洪峰流量 1980 年后减小了 72％，而洪峰滞时基本不变。

7.3.3.4　高屯流域

　　水文类型Ⅳ区高屯流域（$P+P_a$）～r 相关图，以及 Q_m～T 相关图分别如图 7.8 和图 7.9 所示。

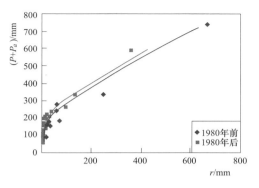

图 7.6　西台峪流域（$P+P_a$）～r 相关图

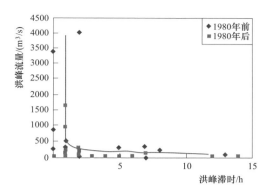

图 7.7　西台峪流域 Q_m～T 相关图

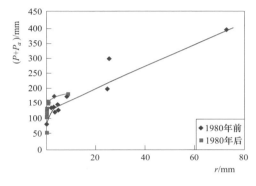

图 7.8　高屯流域（$P+P_a$）～r 相关图

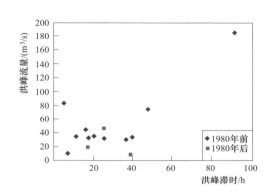

图 7.9　高屯流域 Q_m～T 相关图

由图 7.8 和图 7.9 可知，Ⅳ区高屯流域洪水资料较少，根据现有资料分析，（$P+P_a$）～r 相关图 1980 年前和 1980 年后变化比较明显；Q_m～T 相关关系较差，且 1980 年前后变化不明显。

7.3.3.5　倒马关—中唐梅区间流域

水文类型Ⅴ区倒马关—中唐梅区间流域（$P+P_a$）～r 相关图，以及 Q_m～T 相关图分别如图 7.10 和图 7.11 所示。

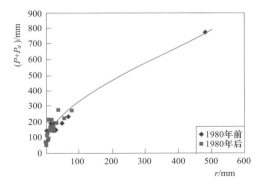

图 7.10　中唐梅流域（$P+P_a$）～r 相关图

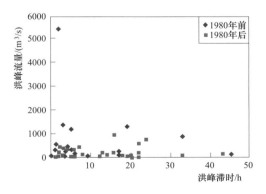

图 7.11　中唐梅流域 Q_m～T 相关

由图 7.10 和图 7.11 可知，V 区倒马关—中唐梅区间流域 $(P+P_a)\sim r$ 相关图 1980 年前和 1980 年后变化不明显，经统计计算 1980 年前平均径流系数为 0.19，1980 年后平均径流系数为 0.15，径流系数变化较小；$Q_m\sim T$ 相关关系较差，但是统计结果表明洪峰流量 1980 年后减小了 69%，洪峰滞时增大了 44%。

7.3.3.6　阜平流域和大阁流域

水文类型 VI 区阜平流域和大阁流域 $(P+P_a)\sim r$ 相关图，以及 $Q_m\sim T$ 相关图分别如图 7.12～图 7.15 所示。

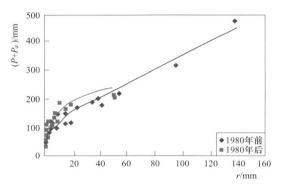

图 7.12　阜平流域 $(P+P_a)\sim r$ 相关图

图 7.13　阜平流域 $Q_m\sim T$ 相关图

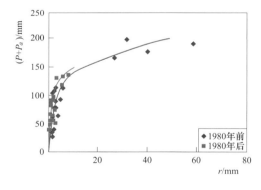

图 7.14　大阁流域 $(P+P_a)\sim r$ 相关图

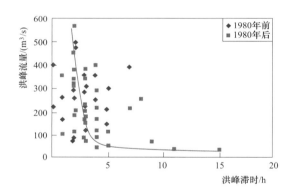

图 7.15　大阁流域 $Q_m\sim T$ 相关图

由图 7.12 和图 7.13 可知，VI 区阜平流域 $(P+P_a)\sim r$ 相关图 1980 年前和 1980 年后变化较明显，经分析 1980 年后次暴雨量减小 35%，而次洪总量减少了 64%，径流系数减小了 55%；$Q_m\sim T$ 相关关系较差，但是统计结果显示洪峰流量 1980 年后减小了 65%，洪峰滞时增大了 46%。

由图 7.14 和图 7.15 可知，VI 区大阁流域 $(P+P_a)\sim r$ 相关图 1980 年前和 1980 年后变化较明显，经分析 1980 年后次暴雨量减小 46%，而次洪总量减少了 76%，径流系数减小了 42%；$Q_m\sim T$ 相关图 1980 年前后变化不明显，但统计结果也显示洪峰流量 1980 年后减小了 24%，洪峰滞时增大了 39%。

7.3.3.7　冷口流域

水文类型Ⅶ区冷口流域 $(P+P_a)\sim r$ 相关图，以及 $Q_m\sim T$ 相关图分别如图7.16和图7.17所示。

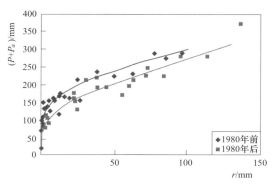

图 7.16　冷口流域 $(P+P_a)\sim r$ 相关图

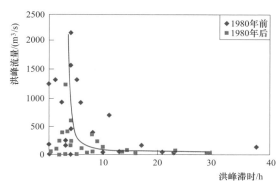

图 7.17　冷口流域 $Q_m\sim T$ 相关图

由图7.16和图7.17可知，Ⅶ区冷口流域 $(P+P_a)\sim r$ 相关图1980年前和1980年后变化较明显，经分析1980年前后次暴雨量减小了34%，而次洪量减少了60%，径流系数减小了48%；$Q_m\sim T$ 相关图1980年前后变化不明显，统计结果显示洪峰流量1980年后减小了65%，洪峰滞时基本上没有变化。

7.4　土地利用变化与洪水特征值变化的关系分析

人类活动引起土地利用的改变，土地利用通过影响下渗、蒸散发等水文过程，直接或间接地影响着产流过程和汇流过程，导致洪水特性的改变。为了分析土地利用变化对洪水特性的影响，本书在大清河水系选择了紫荆关、阜平、漫水河、城头会和张坊等5个典型子流域。这5个子流域位于同一水系，主要集中在水文类型分区Ⅵ，产汇流特征比较接近。在这5个子流域中，草地、林地和耕地面积占了流域总面积的绝大部分，水域、建设用地和未利用土地所占面积很少。因此，选择草地、林地和耕地这三种典型土地利用类型，来分析其变化对次洪过程产生的影响。并且为了消除流域面积不同的影响，洪水特征值采用了次洪量模数和洪峰模数。

采用1970年、1980年和2000年3个时相的土地利用数据，并且为了与这3个时相的土地利用数据相对应，选用这五个子流域1968—2001年的降雨径流资料，统计出83次洪水过程，从各子流域对应3个时相分别选择一些降雨量及分布相近的典型洪水过程，分别统计分析了草地覆被率、林地覆被率和耕地面积变化与次洪量模数和洪峰模数的关系。

7.4.1　土地利用变化与次洪量模数变化

为了研究单一土地利用类型变化对次洪量模数的影响，分别做出草地、林地和耕地三种土地利用类型变化与次洪量模数变化的相关图（图7.18～图7.20），据此可以分析草地覆被率变化、林地覆被率变化和耕地面积变化对洪水特征次洪量模数的影响。

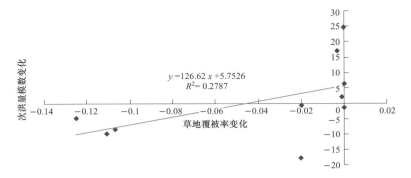

图 7.18　草地覆被率变化与次洪量模数变化的关系

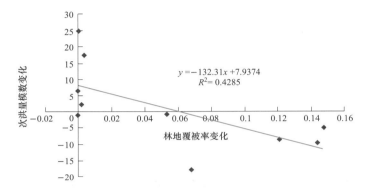

图 7.19　林地覆被率变化与次洪量模数变化的关系

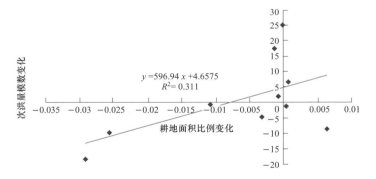

图 7.20　耕地面积比重变化与次洪量模数变化的关系

　　由于次洪量模数的变化是由各种因素的综合作用引起的。因此，在图 7.18～图 7.20 中次洪量模数与单一因素相关性并不好，其趋势线并不能定量地说明某一土地利用类型的变化而引起次洪量模数如何变化。但从图 7.18 中可以看出，随着草地覆被率变化的增大，次洪量模数的变化在增大。图 7.19 表明，随着林地覆被率变化的增大，次洪量模数的变化在减小。而图 7.20 显示，随着耕地面积比重变化的增大，次洪量模数的变化增大。其中，林地覆被率变化与次洪量模数变化之间的相关系数最大，耕地面积比重变化与次洪量模数变化的相关系数次之，草地的最小。这说明林地覆被率变化对次洪量模数的影响最大。从这 5 个流域的土地利用变化情况分析可知，其土地利用变化的总体特点是林地面积增加，草地和耕地向林地转移。因此，与草地和耕地相比，林地的变化比较大，故林地覆被率变化对次洪量模数的影响也比较大。

7.4.2 土地利用变化与洪峰模数变化

同样，为了研究单一土地利用类型的变化对洪峰模数的影响，分别做出草地、林地和耕地三种土地利用类型变化与洪峰模数变化的相关图（图 7.21～图 7.23），据此可以分析草地覆被率变化、林地覆被率变化和耕地面积变化对洪水特征洪峰模数的影响。

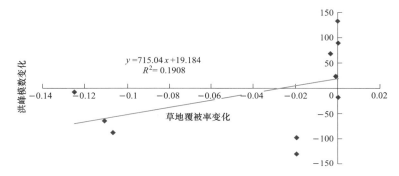

图 7.21　草地覆被率变化与洪峰模数变化的关系

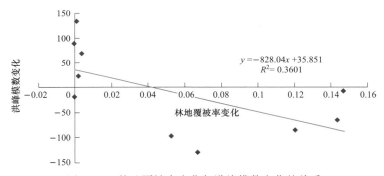

图 7.22　林地覆被率变化与洪峰模数变化的关系

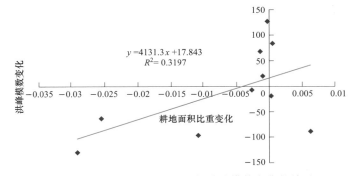

图 7.23　耕地面积比重变化与洪峰模数变化的关系

图 7.21～图 7.23 给出的各土地利用变化与洪峰模数相关性也不好，其趋势线很难定量地说明某一土地利用类型的变化而引起洪峰模数变化。但从图 7.21 可见，随着草地覆被率变化的增大，洪峰模数的变化也增大，但增长的趋势较小。图 7.22 表明，随着林地覆被率变化的增加，洪峰模数的变化在减小，并且减小的趋势比较明显。图 7.23 显示，随着耕地面积比重变化的增大，洪峰模数的变化也在增大，且增大的趋势比较明显。总体上看，也是林地覆被率变化与洪峰模数变化之间的相关系数最大。

7.4.3 次洪量主要影响因素的统计分析

一次洪水径流量是流域中气候和下垫面各种自然地理因素综合作用的产物。气候因素是影响洪水径流最基本和最重要的因素。气候要素中的降水和蒸发直接影响洪水径流的形成和变化。降水方面，降水形式、总量、强度、过程以及在空间上的分布，都会影响洪水径流的变化。蒸发方面，主要受制于空气饱和差和风速。气候的其他要素如温度、风、湿度等往往也通过降水和蒸发影响洪水径流。下垫面因素主要包括地貌、地质、植被、湖泊和沼泽等。地貌中山地高程和坡向影响降水的多少，坡地影响流域内汇流和下渗，流域内地质和土壤条件往往决定流域的下渗、蒸发和地下最大蓄水量。植被，特别是森林植被，可以起到蓄水、保水、保土作用，削减洪峰流量，增加枯水流量，使径流的年内分配趋于均匀。本书中，因为资料条件的限制，仅对降雨量、前期影响雨量等气候因素，及土地利用类型的草地覆被率、林地覆被率和耕地面积比例等下垫面因素对次洪流量的影响进行了统计分析。

根据紫荆关、阜平、漫水河、城头会和张坊等 5 个典型子流域 1968—2001 年统计出 83 次洪水过程，分别计算了各次洪水径流量模数与相应的降雨量、前期影响雨量，及与相应时相的草地覆被率、林地覆被率和耕地面积比例的 Spearman 相关系数，并进行了双侧 t 检验，结果如表 7.9 所示。

表 7.9 次洪量模数与影响因素的相关系数

变量名称	Spearman 相关系数	双侧 t 检验概率	样本数目 N
降雨量	0.758	0.000	83
前期影响雨量	0.605	0.000	83
草地覆被率	0.061	0.582	83
林地覆被率	-0.087	0.015	83
耕地面积比例	0.067	0.013	83

从表 7.9 可以看出，降雨量、前期影响雨量与次洪量模数的相关系数分别为 0.758 和 0.605，t 检验对应的概率均为 $p=0.000$，远小于 0.01 的临界值，这说明降雨量、前期影响雨量与次洪量模数之间有显著的正相关关系，降雨量是次洪量最主要的来源。一般来讲，在同一流域，在前期影响雨量相同的条件下，降雨量越大，经过产汇流过程后，形成的洪水总量也越大。前期影响雨量越大，土壤含水量就越高，产流量也就愈大，特别是在土壤含水量达到田间持水量后，降雨后形成的径流量就更大。

从表 7.9 还可以看出，草地覆被率、林地覆被率和耕地面积比例与次洪量模数的相关系数分别为 0.061、−0.087 和 0.067，t 检验对应的概率也大于 0.01 的临界值，即没有通过 t 检验，说明草地覆被率、林地覆被率和耕地面积比例与次洪量模数之间存在不显著的相关关系，这与用前面散点图分析得出的结论完全一致。

上述相关性分析只是考虑了单个因素与次洪量模数的相关性，而影响次洪量的因素有很多，且极其复杂，有必要采用能综合考虑各影响因素的方法来研究土地利用变化对次洪量的影响。

7.5 典型流域相似暴雨的洪水特征对比分析

为了综合考虑土地利用变化对洪水径流过程的影响，在各水文类型分区的典型流域，分别选择 1980 年前后降雨量、降雨历时及降雨空间分布相似的多组降雨过程，对比分析其产生的洪水过程，以估算出下垫面变化导致的洪峰和洪量衰减程度。

7.5.1 相似暴雨的选择

在海河流域，选择各水文类型分区内石佛口、木鼻、西台峪、阜平、大阁、冷口及倒马关—中唐梅区间等典型流域，进行相似暴雨条件下洪水特征变化分析。暴雨条件相同或相近，是分析下垫面变化前后洪水过程及洪水特征差异的一个重要前提。为保证洪水的可比性，需要对暴雨的相似性进行全面考虑。

首先要保证研究区域内有一定数量的雨量站，根据研究区域的地理范围，选取区域内及周边的雨量站作为计算面平均雨量的代表雨量站。其次在选择资料系列时，要考虑各雨量站降水资料的完整性，且在下垫面变化前后各雨量站具有长系列的同期观测数据，研究区域的实测降雨资料系列一般为 1956—2008 年，系列长度达 53 年可满足要求。各典型流域选择的雨量站信息如表 7.10 所示。

表 7.10　　　　　　　　　各典型流域雨量站信息

研究流域	雨量站号	雨量站名	流域面积/km²	资料年份
石佛口	30227300	好树店	429	1956—2008
	30227400	杨店子		
	30227500	赵店子		
	30227600	潘庄		
	30227700	沙河驿		
	30227800	野鸡坨		
	30200900	石佛口		
西台峪	30934600	桐花	127	1956—2008
	30934650	任家庄		
	30934700	赵庄		
	30934750	崔白芷		
	30934800	獐犺		

续表

研究流域	雨量站号	雨量站名	流域面积/km²	资料年份
西台峪	30934850	石关	127	1956—2008
	30934900	下红鹤		
	30935000	石家栏		
	30907900	西台峪		
阜平	30832600	不老台	2210	1956—2008
	30832800	砂窝		
	30832900	龙泉关		
	30833000	桥南沟		
	30833200	阜平		
	30832500	庄旺		
	30832700	下关		
	30832400	冉庄		
大阁	30326000	小坝子	1850	1956—2008
	30326100	窟窿山		
	30326200	老虎沟门		
	30326300	上黄旗		
	36326400	土城子		
	30326500	五道营		
	30326600	南辛营		
	30326700	大阁		
冷口	30138500	七道河	502	1956—2008
	30138600	肖家营子		
	30104800	冷口		
倒马关—中唐梅	30838900	倒马关	710	1956—2008
	30839000	石塘庄		
	30839100	银坊		
	30839200	葛公		
	30839300	中唐梅		

　　数据挖掘技术已经在水文相似性分析中得到了初步应用。杨敏（2002）利用 PAA 降维方法，建立了水文相似性模型，并在 R＋树索引的基础上构建了水文时间序列相似性查询系统。吴德（2007）提出了基于特征点的分段线性表示模式识别方法和动态模式匹配距离，并在此基础上设计了一个水文时间序列相似性模型。此外，牛俊（2006）应用可拓学理论，以松花江流域为研究背景，建立了场次暴雨洪水相似性分析的可拓评判模型。许进（2008）将暴雨洪水过程分为气象成因、降雨过程和洪水过程三个阶段，分别建立了每个阶段的评价指标，在前人研究成果基础上提出了改进的水文时间序列相似性分析模型。章龙飞等（2013）基于 Davies - Bouldin 指数的 K - means 聚类，通过基于单场降雨类型直方图计算了不同降雨站点的相似性。

在对比洪水特征的相似暴雨选择时，一般要求下垫面变化前后两场暴雨的面平均雨量相同和前期影响雨量相近，以及降雨的空间分布相似，这样可以避免由于暴雨中心位置不同造成洪水过程的差异。首先对历史各场实测暴雨进行暴雨量、历时和前期影响雨量的统计，从中选择各特征值相近的几场暴雨，然后在 GIS 中对各场暴雨进行空间分布分析，得到下垫面变化前后两场相似暴雨。在相似暴雨条件下，两场洪水过程之间的差别可看作是由下垫面变化导致。

7.5.2 洪水特征对比分析

7.5.2.1 石佛口流域

根据雨量站资料划分相似降水组，即每组选择 1980 年前后 2 场降雨量、降雨历时及降雨空间分布相似的降雨过程，比较石佛口流域 1980 年前后洪水总量和洪峰流量变化，如表 7.11 所示。结果表明：石佛口流域各相似降水组中 1980 年后场次洪水的洪水总量及洪峰流量相对于 1980 年前衰减幅度分别为 44.34%～73.28%和 16.47%～33.03%，反映下垫面变化削减了洪水总量及洪峰流量。考虑到暴雨空间分布对洪水产汇流的影响，例如降雨组 2 中，770802 次洪水暴雨中心出现在流域中部，而 940713 次洪水暴雨中心出现在流域上游，在洪水汇流到流域出口断面的过程中下渗损失会比较大，因此由下垫面变化引起的洪量及洪峰衰减率要小于 44.34%和 16.47%；在降雨组 3 中，010615 次洪水暴雨中心出现在流域出口断面附近，而 780806 次洪水暴雨中心位置在流域上游，在洪水汇流到下游出口断面的过程中下渗损失会比较大，因此由下垫面变化引起的洪量及洪峰衰减率要大于 52.20%和 33.03%。对比分析相似降水组中次洪水过程线，结果表明下垫面变化会使石佛口流域洪水过程均化（图 7.24）。

表 7.11　　　　　　　　石佛口流域相似降水组下前后期洪水要素对照表

降雨组	洪水场次	降雨量/mm	降雨历时/h	降雨强度/(mm/h)	最大时段雨量/mm	洪量/万 m³	洪量衰减率/%	洪峰流量/(m³/s)	洪峰衰减率/%
1	770723	258	73	3.54	27.1	10828	−73.28	252	−28.17
	840809	240	60	3.99	25.4	2894		181	
2	770802	131	35	3.73	11.7	8938	−44.34	255	−16.47
	940713	139	40	3.48	19.3	4975		213	
3	780806	61	25	2.44	13.3	2279	−52.20	132	−33.03
	010615	67	24	2.80	27.0	1089		88	

7.5.2.2 西台峪流域

根据雨量站资料划分相似降水组，比较西台峪流域 1980 年前后洪水总量和洪峰流量变化，如表 7.12 所示。结果表明：西台峪流域各相似降水组中 1980 年后场次洪水的洪水总量及洪峰流量相对于 1980 年前衰减幅度分别为 10.46%～67.22%和 28.10%～78.33%，反映下垫面变化削减了洪水总量及洪峰流量。考虑到暴雨空间分布对洪水产汇流的影响，例如在降雨组 4 中，050816 次洪水暴雨中心出现在流域出口断面附近，而 600802 次洪水暴雨中心出现在流域中上游，在洪水汇流到下游出口断面的过程中下渗损失会更大，

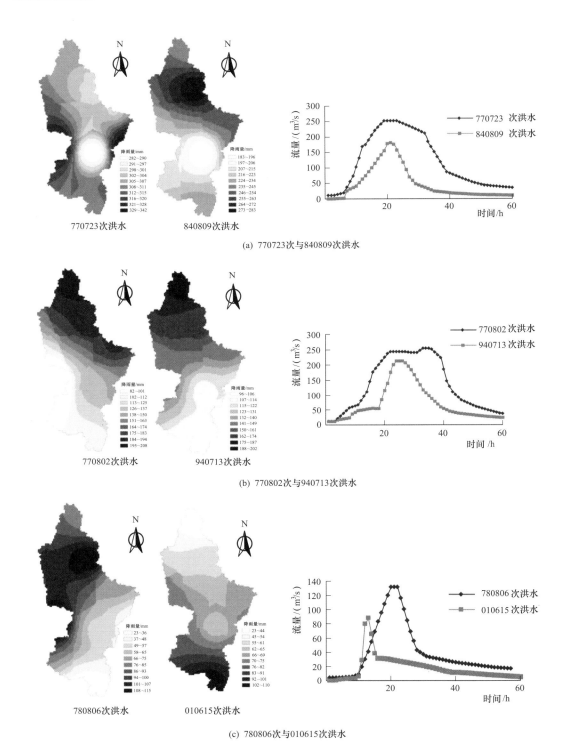

图 7.24　石佛口流域相似降水下暴雨空间分布和洪水过程对照图

因此由下垫面变化引起的洪量及洪峰衰减率要大于 67.22％和 78.33％。对比分析相似降水组中次洪水过程线（图 7.25），结果表明下垫面变化也会使西台峪流域洪水过程均化。

表 7.12　　　　　　　　　　西台峪流域相似降水组下前后期洪水要素对照表

降雨组	洪水场次	降雨量/mm	降雨历时/h	降雨强度/(mm/h)	最大时段雨量/mm	洪量/万 m³	洪量衰减率/%	洪峰流量/(m³/s)	洪峰衰减率/%
1	770727	233	81	2.87	28.6	4006	−38.79	233	−32.62
	820801	285	61	4.68	18.5	2452		157	
2	660823	117	42	2.79	12.1	1770	−25.36	200	−68.79
	990813	115	46	2.50	14.0	1321		62	
3	740729	80	9	8.86	38.9	929	−36.17	348	−47.18
	970625	88	6	14.68	46.3	593		184	
4	600802	75	32	2.34	25.0	1492	−67.22	123	−78.33
	050816	73	23	3.18	13.0	489		27	
5	630723	37	8	4.57	9.5	154	−10.46	38	−28.10
	830827	37	8	4.62	16.9	138		27	

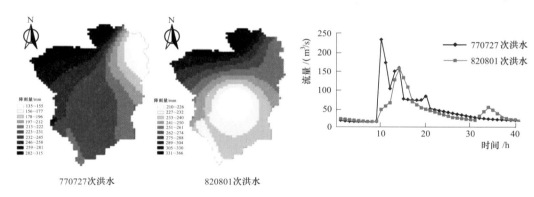

(a) 770727次与820801次洪水

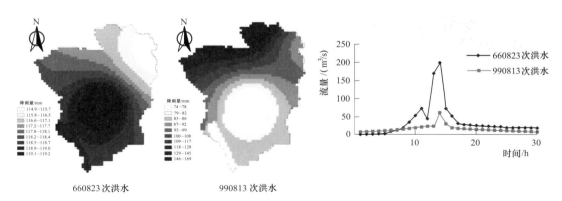

(b) 660823次与990813次洪水

图 7.25（一）　西台峪流域相似降水下暴雨空间分布和洪水过程对照

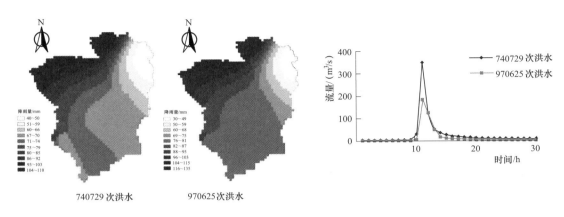

(c)　740729次与970625次洪水

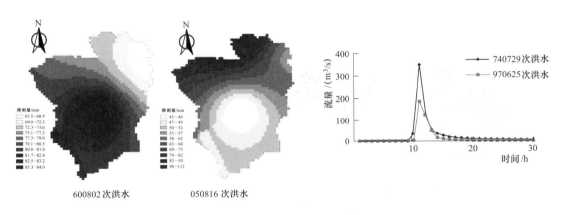

(d)　600802次与050816次洪水

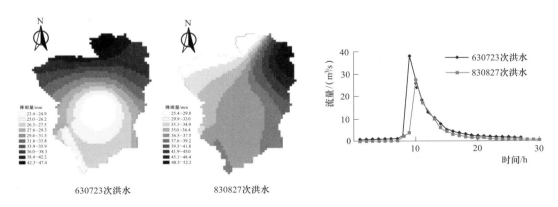

(e)　630723次与830827次洪水

图 7.25（二）　西台峪流域相似降水下暴雨空间分布和洪水过程对照

7.5.2.3　倒马关—中唐梅区间流域

根据雨量站资料划分相似降水组，比较倒马关—中唐梅区间流域1980年前后洪水总量和洪峰流量变化，如表7.13所示。结果表明：各相似降水组中1980年后场次洪水的洪水总量及洪峰流量相对于1980年前变化幅度分别为−72.63%~16.17%和−12.38%~69.97%，反映下垫面变化削减了洪水总量及洪峰流量。考虑到暴雨空间分布对洪水产汇流的影响，例如在降雨组1中，890721次洪水暴雨中心出现在流域出口附近，而640812次洪水暴雨中心出现在流域上游，在洪水汇流到下游出口断面的过程中下渗损失会比较大，因此由下垫面变化引起的洪量及洪峰衰减率实际可能要大于49.96%和57.12%。对比分析相似降水组中次洪水过程线（图7.26），结果表明下垫面变化使倒马关—中唐梅区间流域洪水过程均化。

表 7.13　　　　倒马关—中唐梅区间流域相似降水组下前后期洪水要素对照表

降雨组	洪水场次	降雨量/mm	降雨历时/h	降雨强度/(mm/h)	最大时段雨量/mm	洪量/万 m³	洪量衰减率/%	洪峰流量/(m³/s)	洪峰衰减率/%
1	640812	206	71	2.91	19.8	8225	−49.96	1320	−57.12
	890721	201	59	3.40	13.9	4116		566	
2	780825	182	65	2.79	17.3	6562	−72.63	871	−60.73
	000703	182	53	3.43	18.5	1796		342	
3	790811	148	55	2.69	24.7	5571	16.17	1360	−32.65
	960804	133	43	3.09	13.1	6472		916	
4	790810	37	12	3.05	21.4	391	−51.51	430	−69.97
	940804	35	13	2.69	7.7	190		129	
5	590704	28	9	3.10	9.5	496	−0.43	180	−12.78
	060814	27	12	2.22	13.2	494		157	

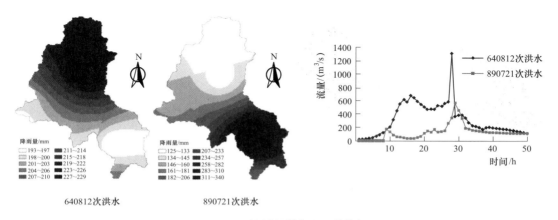

(a) 640812次与897021次洪水

图 7.26（一）　　倒马关—中唐梅区间流域相似降水下暴雨空间分布和洪水过程对照

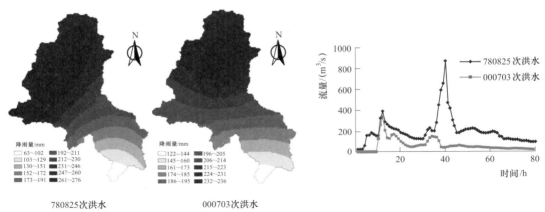

(b) 780825次与000703次洪水

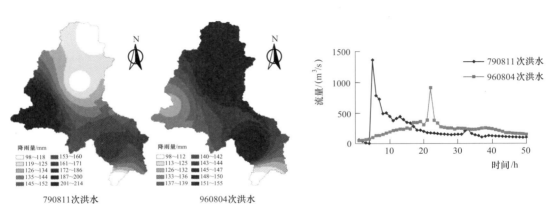

(c) 790811次与960804次洪水

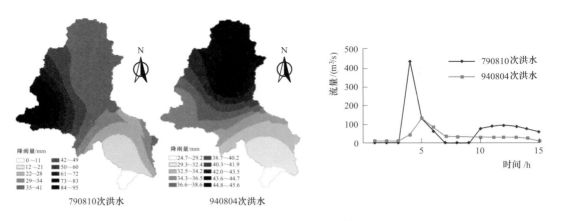

(d) 790810次与940804次洪水

图 7.26（二） 倒马关—中唐梅区间流域相似降水下暴雨空间分布和洪水过程对照

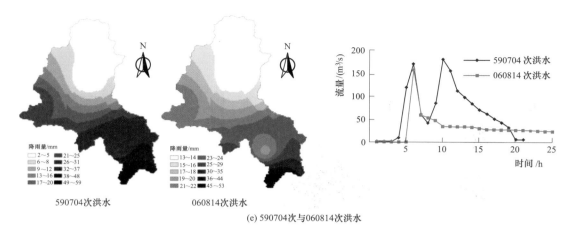

(e) 590704次与060814次洪水

图 7.26（三）　倒马关—中唐梅区间流域相似降水下暴雨空间分布和洪水过程对照

7.5.2.4　阜平流域

　　根据雨量站资料划分相似降水组，比较阜平流域 1980 年前后洪水总量和洪峰流量变化，如表 7.14 所示。结果表明：阜平流域各相似降水组中 1980 年后场次洪水的洪水总量及洪峰流量相对于 1980 年前衰减幅度分别为 25.07%～85.22% 和 27.35%～75.50%，反映下垫面变化削减了洪水总量及洪峰流量。考虑到暴雨空间分布对洪水产汇流的影响，例如降雨组 1 中，950717 次洪水暴雨中心出现在流域出口附近，而 770720 次洪水暴雨中心出现在流域中游和下游，在洪水汇流到下游出口断面的过程中下渗损失会比较大，因此由下垫面变化引起的洪量及洪峰衰减率要大于 74.02% 和 27.35%；在降雨组 4 中，900825 次洪水暴雨中心出现在流域出口附近，而 680817 次洪水暴雨中心出现在流域中部，在洪水汇流到下游出口断面的过程中下渗损失会比较大，因此由下垫面变化引起的洪量及洪峰衰减率要大于 25.07% 和 47.95%；在降雨组 2 中，760819 次洪水暴雨中心出现在流域出口附近，而 980713 次洪水暴雨中心出现在流域上游，在洪水汇流到下游出口断面的过程中下渗损失会比较大，因此由下垫面变化引起的洪量及洪峰衰减率要小于 75.27% 和 74.70%。对比分析相似降水组中次洪水过程线（图 7.27），结果表明下垫面变化使阜平流域洪水过程均化。

表 7.14　　　　　　　　　　阜平相似降水组下前后期洪水要素对照表

降雨组	洪水场次	降雨量 /mm	降雨历时 /h	降雨强度 /(mm/h)	最大时段雨量 /mm	洪量 /万 m³	洪量衰减率 /%	洪峰流量 /(m³/s)	洪峰衰减率 /%
1	770720	104	41	2.5	7.9	99901	−74.02	490	−27.35
	950717	93	38	2.4	5.7	25955		356	
2	760819	83	47	1.8	7.8	12642	−75.27	253	−74.70
	980713	75	51	1.5	6.8	3127		64	
3	730812	69	45	1.5	8.1	24491	−29.42	596	−52.18
	820803	59	40	1.5	4.4	17286		285	
4	680817	42	21	2.0	3.0	4522	−25.07	83	−47.95
	900825	41	26	1.6	4.5	3388		43	
5	700711	17	13	1.3	3.2	5514	−85.22	351	−75.50
	860831	18	11	1.7	4.0	815		86	

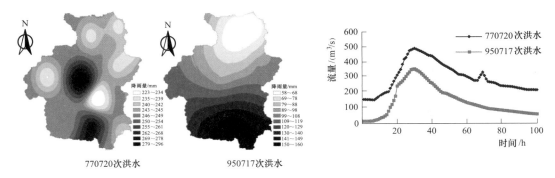

(a) 770720次与950717次洪水

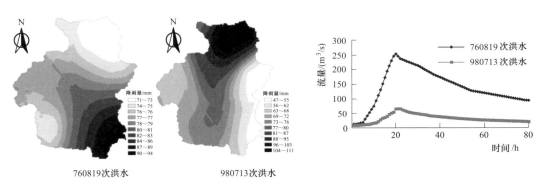

(b) 760819次与980713次洪水

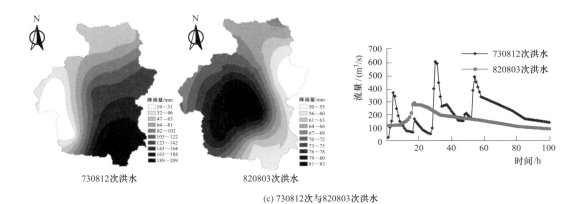

(c) 730812次与820803次洪水

图 7.27（一） 阜平流域相似降水下暴雨空间分布和洪水过程对照

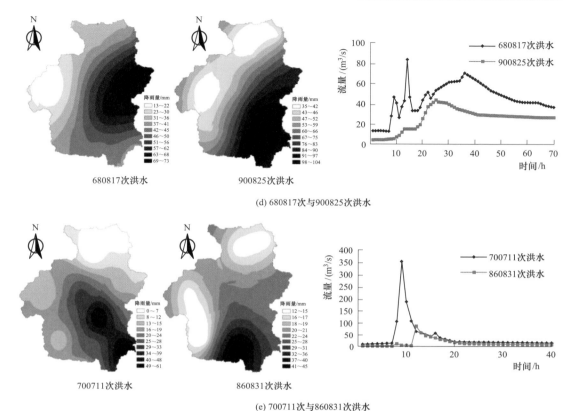

(d) 680817次与900825次洪水

(e) 700711次与860831次洪水

图 7.27（二）　阜平流域相似降水下暴雨空间分布和洪水过程对照

7.5.2.5　大阁流域

根据雨量站资料划分相似降水组，比较大阁流域 1980 年前后洪水总量和洪峰流量变化，如表 7.15 所示。结果表明：大阁流域各相似降水组中 1980 年后场次洪水的洪水总量及洪峰流量相对于 1980 年前变化幅度分别为 $-38.47\%\sim58.41\%$ 和 $-32.03\%\sim83.92\%$。各降雨组内相似降雨的暴雨空间分布较为相似，可以不考虑暴雨空间分布对洪水的影响。但降雨组 1 和降雨组 3 相似降雨选择时，1980 年后的降雨总量比 1980 年前降雨总量大，这也是分析结果中洪量和洪峰流量增加的主要原因。对比分析相似降水组中次洪水过程线（图 7.28），结果表明下垫面变化对大阁流域洪水过程影响不明显。

表 7.15　　　　　　　大阁相似降水组下前后期洪水要素对照表

降雨组	洪水场次	降雨量/mm	降雨历时/h	降雨强度/(mm/h)	最大时段雨量/mm	洪量/万 m³	洪量衰减率/%	洪峰流量/(m³/s)	洪峰衰减率/%
1	580710	81	19	4.24	8.4	2862	58.41	286	83.92
	980705	96	21	4.59	13.7	4533		526	
2	650722	21	16	1.31	3.9	1291	-38.47	327	-32.03
	920731	20	11	1.86	9.5	795		223	
3	660807	6.7	8	0.83	2.3	685	16.89	233	15.20
	850803	9.3	9	1.03	3.1	801		269	

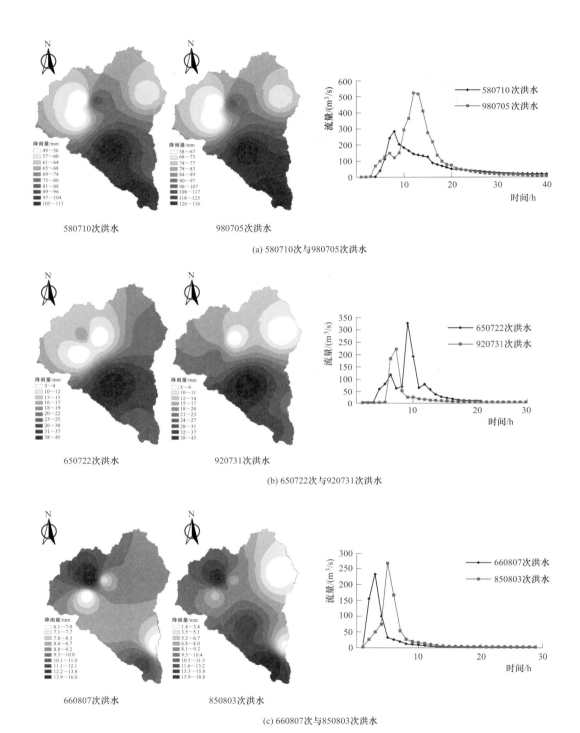

(a) 580710次与980705次洪水

(b) 650722次与920731次洪水

(c) 660807次与850803次洪水

图7.28 大阁流域相似降水下暴雨空间分布和洪水过程对照

7.5.2.6 冷口流域

根据雨量站资料划分相似降水组，比较冷口流域 1980 年前后洪水总量和洪峰流量变化，如表 7.16 所示。结果表明：冷口流域各相似降水组中 1980 年后场次洪水的洪水总量及洪峰流量相对于 1980 年前变化幅度分别为 −16.96% ～ −68.14% 和 2.52% ～ −64.37%，反映下垫面变化削减了洪水总量及洪峰流量。考虑到暴雨空间分布对洪水产汇流的影响，例如在降雨组 2 中，760723 次洪水暴雨中心出现在流域出口附近，而 080704 次洪水暴雨中心出现在流域上游，在洪水汇流到下游出口断面的过程中下渗损失会更大，因此由下垫面变化引起的洪量及洪峰流量衰减率要小于 43.25% 和 37.66%；在降雨组 3 中，880808 次洪水暴雨中心出现在流域出口附近，而 690820 次洪水暴雨中心出现在流域中上游，在洪水汇流到下游出口断面的过程中下渗损失会比较大，因此由下垫面变化引起的洪量及洪峰流量衰减率可能要大于 68.14% 和 64.37%。对比分析相似降水组中次洪水过程线（图 7.29），结果表明下垫面变化也使冷口流域洪水过程均化。

表 7.16　　　　　　　　　冷口相似降水组下前后期洪水要素对照表

降雨组	洪水场次	降雨量 /mm	降雨历时 /h	降雨强度 /(mm/h)	最大时段雨量 /mm	洪量 /万 m³	洪量衰减率 /%	洪峰流量 /(m³/s)	洪峰衰减率 /%
1	640813	168	34	4.9	21.3	22257	−40.01	1330	−8.27
	940711	179	32	5.6	25.6	13353		1220	
2	760723	112	45	2.5	32.8	10726	−43.25	366	−37.66
	080704	114	41	2.8	19.9	6087		228	
3	690820	91	20	4.6	20.1	9788	−68.14	595	−64.37
	880808	109	21	5.2	22.0	3118		212	
4	780808	68	17	4.0	13.1	7901	−16.96	278	2.52
	960809	75	14	5.3	21.3	6561		285	

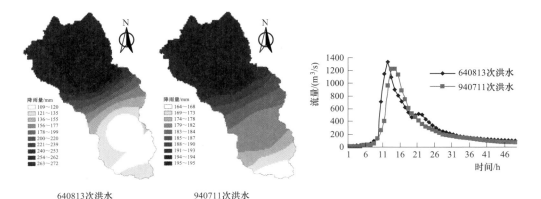

640813次洪水　　　　　　　940711次洪水

(a) 640813次与940711次洪水

图 7.29（一）　冷口相似降水下暴雨空间分布和洪水过程对照

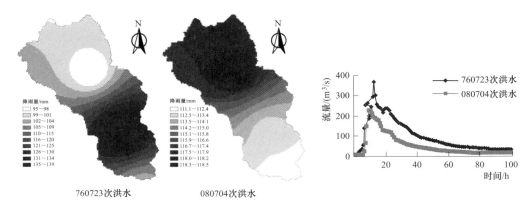

(b) 760723次与080704次洪水

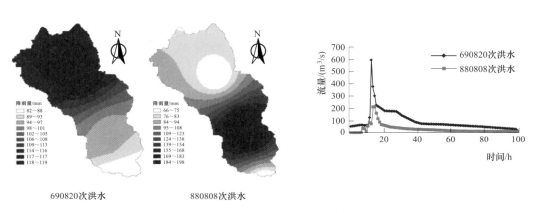

(c) 690820次与880808次洪水

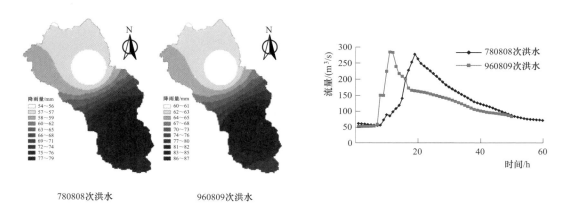

(d) 780808次与960809次洪水

图 7.29（二）　冷口相似降水下暴雨空间分布和洪水过程对照

7.6 小结

根据实测暴雨洪水资料，分析了海河流域历史流域性暴雨洪水的特征，分别采用降雨径流相关图和相似暴雨洪水对比的方法，估算了不同水文类型分区典型流域下垫面变化对洪水特征的影响程度，并进一步分析了主要土地利用类型变化对次洪量模数和洪峰模数的影响趋势，主要结果如下：

（1）分析了海河流域"56•8""62•7""63•8"和"96.8"大洪水的暴雨中心、暴雨笼罩面积和暴雨空间分布特征，及各控制站的径流系数、洪峰流量、洪量等洪水特征。

（2）采用1956—2008年的实测暴雨和洪水系列资料，对各典型流域次暴雨量和次洪总量进行分析和统计，建立了1980年前后$(P+P_a) \sim r$相关图。根据相关图分析其流域下垫面条件变化对暴雨洪水相关特征的影响，下垫面变化导致洪水总量和洪峰流量均有不同程度的减小。

（3）对土地利用比例变化与次洪量模数及洪峰模数进行了相关分析，草地和耕地面积比例的增加导致次洪量模数和洪峰模数增加，林地面积比例的增加会导致次洪量模数和洪峰模数的减小。

（4）在各典型流域选择下垫面变化前后相似降雨产生的洪水，分析了各场洪水特性变化。结果初步表明，下垫面变化可导致各流域洪水洪峰和洪量均减小，且使洪水过程线均化。

参考文献

Bradshaw C J A，Sodhi N S，Peh K S H，et al，2007. Global evidence that deforestation amplifies flood risk and severity in the developing world [J]. Global Change Biology，13：2379 – 2396.

Bronstert A，Bardossy A，Bismuth C，et al，2007. Multi – scale modelling of land – use change and river training effects on floods in the Rhine basin [J]. River Research and Application，23：1102 – 1125.

Chang H，Franczyk J，2008. Climate change，land – use change，and floods：toward an integrated assessment [J]. Geography Compass，2：1549 – 1579.

Costa M H，Botta A，Cardille J A，et al，2003. Effects of large – scale changes in land cover on the discharge of the Tocantins river，southeaster Amazonia [J]. Journal of Hydrology，283：206 – 217.

Sahin V，Hall M J，1996. The effects of afforestation and deforestation on water yields [J]. Journal of Hydrology，178：293 – 309.

Sriwongsitanon N，Taesombat W，2011. Effects of land cover on runoff coefficient [J]. Journal of Hydrology，410：226 – 238.

Tomer M D，Schilling K E，2009. A simple approach to distinguish land – use and climate – change effects on watershed hydrology [J]. Journal of Hydrology，376：24 – 33.

Wongsa S，Shimizu Y，2004. Modelling artificial channel and land – use changes and their impact on floods and sediment yield to the Ishikari basin [J]. Hydrological Processes，18：1837 – 1852.

荆新爱，王国庆，路发金，等，2005. 水土保持对清涧河流域洪水径流的影响 [J]. 水利水电技术，36（3）：66 – 68.

李建柱，冯平，2010. 降雨因素对大清河流域洪水径流变化影响分析 [J]. 水利学报，41（5）：595 – 600.

李建柱，冯平，2011. 紫荆关流域下垫面变化对洪水的影响 [J]. 地理研究，30（5）：921 – 930.

李致家，姚玉梅，戴健男，等，2012. 利用水文模型研究下垫面变化对洪水的影响 [J]. 水力发电学报，31（3）：6 – 8.

穆兴民，李靖，王飞，2004. 基于水土保持的流域降水 – 径流统计模型及其应用 [J]. 水利学报（5）：122 – 128.

牛俊，2006. 流域场次暴雨洪水相似性分析的可拓模型构建及应用 [D]. 南京：河海大学.

綦俊谕，蔡强国，蔡乐，2011. 岔巴沟、大理河与无定河水土保持减水减沙作用的尺度效应 [J]. 地理科学进展，30（1）：95 – 102.

王爱娟，张平仓，2008. 水土保持措施对小流域洪水过程的影响研究 [J]. 水土保持研究（6）：18 – 20.

吴德，2007. 水文时间序列相似模式挖掘的研究与应用 [D]. 南京：河海大学.

许进，2008. 暴雨洪水相似性分析研究及应用 [D]. 南京：河海大学.

杨敏，2002. 水文时间序列相似性模型的研究与应用 [D]. 南京：河海大学.

张冬冬，冯平，2012. 下垫面要素变化对洪水影响的多元统计分析 [J]. 水电能源科学，30（5）：37 – 40.

章龙飞，朱跃龙，李士进，等，2013. 基于降雨类型直方图分析的降雨站点相似性研究 [J]. 水文，33（3）：10 – 17.

第8章 考虑下垫面要素的分布式
流域水文模型

8.1 概述

在海河流域各水文类型区所选的典型流域，通过对暴雨洪水资料的统计分析，已经表明流域下垫面的变化导致了洪水特征的变化。为了进一步定量估算洪水过程对下垫面变化的响应程度，并区分各类下垫面变化对洪水特征的影响程度，需借助考虑下垫面要素的分布式水文模型（Borah et al，2004；芮孝芳等，2004）。

分布式水文模型是以分布式流域下垫面、分布式输入量作为标志的流域水文模型。最早提出具有物理基础的分布式流域水文模型概念的是 Freeze 和 Harlan（1969）发表的《一个具有物理基础数值模拟的水文响应模型的蓝图》（Blueprint for a physically-based, digitally-simulated hydrologic response model）论文，这标志了分布式水文模型研究的开始。此后，许多水文学者开展了这方面的研究工作，并相继开发了各种不同结构的分布式流域水文模型。Beven 等（1979）提出了以地形为水文过程空间变异性基础的 TOPMODEL 模型。该模型把 DEM 网格作为水文单元，假定地貌指数相同的网格单元具有相同的水文响应过程，用地貌指数面积分布函数来描述水文特性的空间不均匀性。产流计算包括非饱和层水分运动、饱和层水分运动和地表径流计算，采用等流时线方法进行汇流计算。1986 年，丹麦、法国和英国的水文学者联合研制了具有真正意义上的分布式水文模型 SHE 模型，以及在此基础上改进的 MIKESHE 模型（Graham et al，2005）。MIKESHE 模型最基本的模块是用于描述模拟地表水和地下水系统的水流运动模块，该模块又包含了 6 个描述流域产汇流过程的子模块，即截留蒸发、坡面流和河道水流、不饱和带、饱和带、融雪、含水层和河道的水量交换。每个子模块均采用有限差分数值解法来求解描述水流运动的偏微分方程，所有的过程描述都采用与水文过程时间尺度最相宜的时间步长。Arnold 等（1995）考虑到土地利用与管理将会影响到一个小流域的水文循环，开发了 SWAT 模型。该模型根据流域下垫面条件和气候条件在时空上的变异特性，通常将研究区细分成若干个计算单元，各单元之间相互独立，计算时对每一个单元的产流进行计算，然后在子流域范围内进行累加，并演算到支流，再通过河道汇流计算演算到流域出口。另外，还有变源面积模拟模型（VSVA 模型）（Hewlett et al，1975）和 SVAT 模型（Roni，1998）等。

我国分布式水文模型研究起步较晚，国内许多学者结合我国现有的数据条件，并借鉴国外先进模型，研制了分布式水文模型（王书功等，2004；熊立华等，2004）。任立良等（1999）在数字高程模型的基础上，进行子流域集水单元划分、河网生成以及河网结构拓扑关系的建立，然后在每一单元上建立数字产流模型，再根据河网拓扑结构，建立数字河网汇流模型，从而形成数字水文模型。郭生练等（2000）提出了一个基于数字高程模型的分布式流域水文模型，该模型应用数学物理方程详细描述了植物截留、蒸散发、融雪、下渗等水文物理过程，并应用于模拟降雨径流时空变化过程。夏军等（2005）将时变增益非线性水文系统与数字高程模型结合，开发了分布式时变增益水文模型。谢平等（2010）根据Shreve河链概念的单元划分方法和中国科学院土地资源分类系统，基于蓄满-超渗产流机制，建立了WHMLUCC模型，并在无定河流域进行了应用。

　　分布式水文模型分布式的参数和输出结果容易与遥感数据和GIS技术相结合，能够灵活地设置土地利用变化情景，模拟不同土地利用变化情景下的水文响应过程，因此，分布式水文模型已成为研究下垫面变化水文响应的重要工具。如何更好地开展下垫面变化条件下的分布式水文模拟不是模型结构合理就能够解决的问题，需要从水文循环理论上提高模型模拟流域对土地利用/覆被变化响应的能力。下垫面变化的水文模拟研究中，首先要求分布式水文模型能够与GIS技术和遥感数据紧密结合，这样能够很好地从遥感数据获取和分析下垫面数据，并且能够表达土地利用的时空差异特征及其对水文过程的影响；其次是能够模拟土地覆被变化条件下的水文过程变化，模型参数应能够反映土地覆被变化的时空变化特征（徐宗学等，2010）。

　　该章主要建立海河流域基于下垫面条件的水文模型。8.2介绍水文模型的基本结构；8.3介绍各水文循环要素的计算方法，进而构建海河流域基于下垫面要素的水文模型；8.4对所建立的水文模型在典型流域进行参数率定和验证；8.5对该章内容进行小结。

8.2　水文模型的基本结构

8.2.1　流域水文循环

　　地球上的水分在太阳辐射及自身重力的作用下，在大气和海陆之间周而复始地进行运动的过程称为水文循环。水文循环按照规模可分为大循环和小循环，海陆之间水汽交换的过程是大循环，陆地（海洋）上的水汽凝结后形成降雨落回陆地（海洋）的局部水文循环过程是内陆（海洋）小循环。

　　水文循环的主要组成部分包括：降雨、植被截留、蒸散发、地表填洼、入渗、坡面流、土壤水侧向运动（壤中流）、深层渗流以及河道汇流等，这些组成部分就构成了整个水文循环过程（图8.1）。水文循环是联系地球系统地圈-生物圈-大气圈的纽带，是全球变化三大主题（碳循环、水资源和食物纤维）的核心问题之一，受自然变化和人类活动的影响，决定水资源的形成与演变规律，也形成了干旱和洪水等水文过程。

　　从全球的角度，水分在地球上环绕分布构成水圈，因热力状况不同，水圈中的水可以为气态、液态或固态。海洋是液态水的主要载体，而陆地上的液态水有地表水、土壤水和地下水。在热力、地心引力等多种外力的作用下，水不断地运动并进行三态的交替变化，各水体相互转化和不断更新，并通过全球水循环联系起来。可以用水量平衡方程来描述：

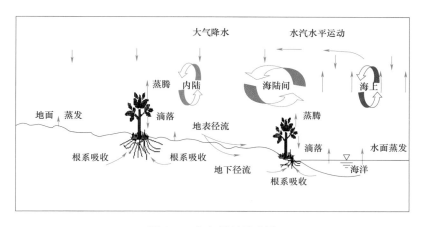

图 8.1 水文循环示意图

$$\Delta W = P - E - R \qquad\qquad (8.1)$$

式中：ΔW 为一段时间内流域蓄水量；P 为一段时间内流域降水量；E 为一段时间内流域蒸散发量；R 为一段时间内流域径流量。

在全球尺度上，水循环是一个闭合系统，但就区域的角度看，水循环则是多个环节的有机耦合并外部开放的巨系统，是非闭合系统。流域尺度的水文循环过程是水文循环研究的一个重要支撑点。基于流域水文循环作为流域水资源综合开发利用、洪水集成管理的基本依据，不仅具有重要的实践意义，而且从科学研究的角度讲，它是从宏观全球尺度向微观局地尺度的过渡，是连接微观研究和宏观研究的重要纽带，也是尺度化过程的焦点。

流域水文循环作为水文循环在特定空间范围内的一种具体实现，是由一系列微观尺度的水循环过程嵌套而成的。同时，作为陆地水循环和全球水循环的一个组成部分，流域水文循环演变过程又受控于全球水文循环的一般形势。受特定的地理位置和范围的影响，不同的流域其水文循环过程和特征各不相同。但是，就流域水文循环的结构看，大多表现为一个多层嵌套的系统。总体来看，流域水文循环包括降水、蒸发、下渗，以及净雨从上游到下游的汇流过程。

然而，随着气候变化和人类活动的影响，流域水文循环过程也发生了变化。例如海河流域在 1980 年后实施了大规模的水土保持工程，即通过种植植被，减弱降雨和径流对土壤的侵蚀，达到改善土壤的目的。通过改善土壤可以影响土壤下渗、地下水循环等，进一步影响降雨在流域内时空的再分布；植被面积的增加又增大植被截留，并可以通过蒸散发作用调节水分平衡。同时水文循环系统是气候系统的重要组成部分，气候变化对水循环要素的影响必然导致流域水文循环和水资源的时空变化（宋晓猛等，2013）。

8.2.2 水文模型结构

水文模型是采用数学方程来描述复杂的水文现象和规律的模型。根据水文循环和径流形成的原理，水文模型的结构一般包括产流、蒸散发和汇流模块，但不同的水文模型，各模块对产汇流过程的概化也不相同。

在整个流域径流形成过程中，流域产流面积的大小及位置在降雨过程中是变化的，对其变化规律的揭示和定量描述是流域产流量计算的关键，它取决于降雨特性和下垫面特性的空间分布不均匀性。新安江模型采用抛物线型的经验性关系来表示土壤蓄水容量分配曲线，以考虑流域下垫面蓄水容量在流域上的不均匀分布对产流的影响。TOPMODEL 根据流域的 DEM 图，采用地貌指数的统计性关系来描述水流趋势，充分考虑了地形对产流区形成和变化的影响。

　　水文模型中的蒸散发计算，由于资料条件的不同，往往采用不同的蒸散发计算模型。新安江模型采用蒸发能力的概念，采用三层模型以考虑土壤含水量垂向分布不均匀影响。VIC 模型由于是基于空间分布网格化的分布式水文模型，在不同的土地表面采用不同的蒸散发计算方法，模型将流域划分为不同的植被类型，每种植被的蒸散发量由该植被覆盖层的蒸散发潜力以及空气动力学阻抗、地表蒸发阻抗和叶面气孔阻抗来计算。在裸地的蒸发也将土壤层分层，裸地的蒸发只发生在土壤的第一层，而将第二层的蒸发量假设为零。在裸地面积上，饱和土层与非饱和土层采用不同的蒸发计算方法。ARNO 模型认为实际蒸发量是由在蓄满面积上和未蓄满面积上的平均土壤含水量产生的一个量来计算流域上的蒸散发。在 TOPMODEL 中，不饱和层的蒸发计算采用的模式为：当实际蒸发 E_a 不能直接给出时，用一个含有潜在蒸发 E_p 和根带蓄水的函数来计算实际的蒸发。

　　水源的划分方法不同，导致汇流结果也不同。新安江模型在研究发展过程中，水源划分有二水源、三水源和四水源模型。模型在水源划分中，可以根据对流域降雨径流形成的认识程度选择不同的水源划分结构，应用最多的是三水源结构模型，即地面径流、壤中流和地下径流，各水源比例与特定降雨过程及流域条件关系密切，模型用抛物线型自由水蓄水曲线控制径流的组成和分布。垂向混合模型利用下渗曲线将径流量划分为地表径流和地下径流两种水源。ARNO 模型将径流划分为三种径流成分，地表径流的计算方法与新安江模型计算方法相同，对于壤中流，土壤蓄水量对降雨的非线性响应受到土壤中水平排水和垂直渗透损失的影响。壤中流的计算选用土壤含水量的非线性经验关系来描述排水损失，地下径流由下渗水量填充到地下水位后形成，借助于梯级非线性水库描述蓄水量的响应过程。VIC - 2L 模型将径流划分为两种径流成分，即地表径流和地下径流，地表径流计算同新安江模型，地下径流计算同 ARNO 模型。VIC - 3L 模型用 Richards 方程来描述垂向一维土壤水运动，土壤各层间的水汽通量服从达西定律。TOPMODEL 模型将径流划分为两种径流成分，即流域的总径流是壤中流和饱和坡面流之和。在土壤非饱和区中的水分以一定速率垂直进入饱和地下水带，然后通过侧向运动形成壤中流。如果饱和地下水水位不断升高，在流域某一山脚低洼处流出，则形成饱和坡面流。

　　流域汇流过程是非常复杂的水流运动过程，由于流域尺度及地形信息精度等问题，目前难以采用纯水力学方法进行求解，常对流域汇流采用概化分析的方法。概化分析主要采用系统分析的途径，将流域汇流过程看作一个系统，流域上的净雨过程是系统的输入，流域出口断面的流量过程是系统的输出，汇流计算时，根据净雨水源划分的不同，一般分为地面汇流、壤中流汇流和地下径流汇流。各种汇流相叠加，即得整个径流过程。新安江模型的地面径流汇流计算一般采用单位线，瞬时单位线把流域的调蓄作用概化为一系列的线性水库进行模拟，对于流域的壤中流和地下径流的汇流计算采用线性水库蓄泄模型，在出口断面各水源汇流过程叠加形成流域出口断面流量。ARNO 模型的坡地汇流和河道汇流均采用分布式线性抛物线模型计算，河槽洪水演进采用抛物线模型。在 TOPMODEL 模型中引入了地表径流滞时函数和河道演算函数，进行河网汇流演算，地表径流和地下径流均视为在空间上相等，通过时间滞时函数进行汇流演算。

参考国内外水文模型的建模思路，结合海河流域实际水文气象及下垫面特点，在建立流域水文模型时，将流域看作是由各类水文单元构成的整体，流域从水平方向上根据不同下垫面类型分为不同类型的土地利用面积，不考虑各类土地利用类型的空间分布，将每一类土地利用类型看做流域的一个子流域，在其上分别进行产流计算（谢平等，2010）；从垂直方向上可分为由超渗和蓄满产流产生的地表径流，以及壤中流、地下径流等几种径流模式，并对地面径流和壤中流、地下径流分别进行汇流计算，在地面径流汇流计算时，考虑水利水保工程对地面径流的拦蓄作用以及水利水保工程的集水面积。

基于土地利用类型的流域水文模型结构框图如图 8.2 所示，图中方框内为水文常数和变量，方框外为水文模型的参数。模型构建的基本原理如下：

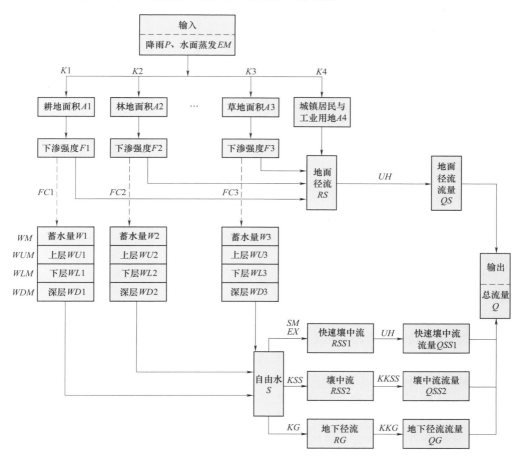

图 8.2　基于土地利用类型的流域水文模型结构框图

（1）根据中国科学院土地资源分类系统的一级类型将流域划分为不同的土地利用/覆被类型，主要包括耕地、林地、草地、水域、建设用地和未利用土地 6 种一级分类。

（2）在耕地、林地、草地和未利用土地等土地利用面积上分别考虑蒸发和下渗等产流要素的差异，并考虑每类土地利用蓄水容量的不同，采用超渗-蓄满耦合产流模型计算这 4 种土地利用面积上的地表径流量和地面以下径流量；在水域和建设用地土地利用面积上，将这 2 种土地利用看做不透水面，考虑水面蒸发的影响，仅产生地面径流。

（3）流域地表径流量等于不同土地利用面积上地表径流量之和，流域地面以下径流量等于不同土地利用面积上地面以下径流量之和。

（4）假设不同土地利用面积上地表径流的汇流作用相同，地面以下径流的汇流作用也相同，地面径流汇流采用单位线汇流计算。地面径流汇流时，根据流域内水利水保工程的蓄量和集水面积，在集水面积范围内产生的地面径流在满足水利水保工程的最大蓄量后才进行汇流计算，否则，该部分地面径流被水利水保工程拦蓄。地面以下径流采用线性水库模型进行汇流计算，将流域地表径流量和地面以下径流量分别演算至流域出口断面，从而得到流域的流量过程。

采用典型流域历史暴雨洪水资料，根据流域下垫面条件，对建立的分布式流域水文模型进行参数率定和模型验证，以得到符合各典型流域的产汇流参数，验证模型的精确性及模型结构的合理性，从而为进一步分析各典型流域水文过程对下垫面变化的响应提供有效的工具。

8.3　流域水文模型的构建

8.3.1　降雨的空间展布

降水是影响流域水文循环最活跃的因素，一般来说，降水在流域的空间分布并不均匀。现阶段我国雨量资料的获取主要依赖于雨量站网，但是雨量站测得的雨量是点雨量，为满足分布式水文模型的需要，需要把不同时间尺度的点雨量展布到空间计算单元上去（周祖昊等，2006）。

对于降雨的空间展布，主要采用空间插值的方法，包括泰森多边形法、三角剖分线性插值法、网格雨量法、距离平方反比法、距离反向加权平均法、Kriging 方法等。同时若高程对降雨量影响较大，还可以考虑将高程作为影响因素引入降雨量的空间插值中，包括修正距离平方反比法和梯度距离平方反比法等。石朋等（2005）对几种常用的降雨空间插值方法的优缺点进行了分析和比较，并在协 Kriging 方法的基础上引入高程因素，将距离平方倒数法、普通 Kriging 方法、引入高程信息的协 Kriging 方法用于沿渡河流域降雨量的插值计算，结果表明，考虑高程信息的协 Kriging 方法的插值效果明显优于其他 2 种方法。

但是上述各种方法都有其自身的优缺点，应根据影响插值要素的物理机制、已有数据的实际特点、精度与计算效率的综合考量对插值方式进行选择。

8.3.2　蒸散发计算

该模型采用三层蒸散发计算模式（赵人俊，1984），输入是蒸发器实测水面蒸发，参数是流域上层、下层、深层的蓄水容量 WUM、WLM、WDM（$WM = WUM + WLM + WDM$，WM 为流域蓄水容量）、流域蒸散发折算系数 K 和深层蒸散发系数 C。输出是上层、下层、深层各层时变的流域蒸散发量 EU、EL、ED（$E = EU + EL + ED$）和各层时变的流域蓄水量 WU、WL、WD（$W = WU + WL + WD$）。以上 E、W 分别表示时变的流域蒸散发量和流域蓄水量。各层蒸散发的计算原则是，上层按蒸散发能力蒸发，上层含水量蒸发量不够蒸发时，剩余蒸散发能力从下层蒸发，下层蒸发与蒸散发能力及下层蓄水量成正比，并要求计算的下层蒸发量与剩余蒸散发能力之比不小于深层蒸散发系数 C。否则，不足部分由下层蓄水量补给，当下层蓄水量不够补给时，用深层蓄水量补给。三层蒸散发模型如图 8.3 所示。其中 $PE = P - K \times EM$，计算公式如式（8.2）～式（8.6）所示。

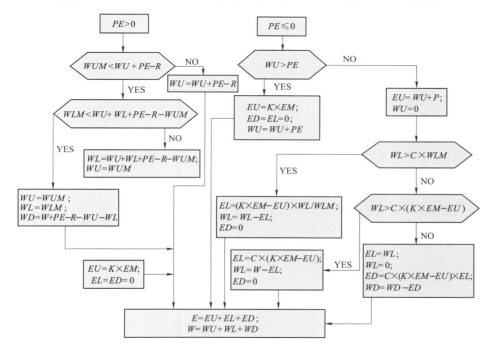

图 8.3　三层蒸散发模型

EM —蒸散发能力，mm

当 $PE + WU \geqslant EP$ 时：

$$EU = EP, \ EL = 0, \ ED = 0 \tag{8.2}$$

当 $PE + WU < EP$ 时：

$$EU = PE + WU \tag{8.3}$$

若 $WL \geqslant C \times WLM$，则

$$EL = (EP - EU) \times \frac{WL}{WLM}, \ ED = 0 \tag{8.4}$$

若 $WL < C \times WLM$ 且 $WL \geqslant C \times (EP - EU)$，则

$$EL = C \times (EP - EU), \ ED = 0 \tag{8.5}$$

若 $WL < C \times WLM$ 且 $WL < C \times (EP - EU)$，则

$$EL = WL, \quad ED = C \times (EP - EU) - WL \tag{8.6}$$

以上各式中，$EP = K \times EM$。

8.3.3　产流量计算

模型中的产流计算采用超渗-蓄满耦合产流计算模式（雒文生等，1992），是把超渗产流和蓄满产流在垂向上进行组合的一种混合产流计算方法。当流域产流时，先判断该流域是否发生超渗产流，设时段 Δt 净雨量为 PE，即先判断 PE 是否大于时段下渗量 $f(t)\Delta t$，若 $PE > f(t)\Delta t$，则发生超渗产流；若 $PE \leqslant f(t)\Delta t$ 时，则不产生超渗产流。当发生超渗产流时，利用下渗容量分配曲线计算时段下渗量和超渗产流量 R_c，然后把 R_c 和时段蒸发量 E 一起作为时段降雨的损失来进行蓄满产流计算，或者说是以超渗产流的下渗量作为蓄满产流中的降雨输入量，计算步骤如式（8.7）～式（8.17）所示。

（1）时段 Δt 超渗产流计算：

当 $PE \leqslant f_c \Delta t$ 时：

$$R_c = 0 \tag{8.7}$$

当 $f_c \Delta t < PE \leqslant f_m \Delta t$ 时：

$$R_c = PE - \frac{(f_m - f_c)^{m+1} - (f_m - PE)^{m+1}}{(m+1)(f_m - f_c)^m} - f_c \tag{8.8}$$

当 $PE > f_m \Delta t$ 时：

$$R_c = PE - \frac{f_m - f_c}{m+1} - f_c \tag{8.9}$$

（2）超渗-蓄满耦合的蓄满产流计算：

当 $P - E - R_c + A < WMM$ 时：

$$R = P - E - R_c - WM + W + WM(1 - (PE - R_c + A)/WMM)^{(1+B)} \tag{8.10}$$

当 $P - E - R_c + A \geqslant WMM$ 时：

$$R = P - E - R_c - (WM - W) \tag{8.11}$$

8.3.4　水源划分

按蓄满产流模型计算出的产流量 R，先进入自由水蓄水库，再划分水源，自由水蓄水库结构如图 8.4 所示，将水源分为快速壤中流 $RSS1$、壤中流 $RSS2$ 和地下径流 RG。为了解决在产流面积上自由水的蓄水容量不均匀，采用自由水蓄水容量曲线（与张力水蓄水容量曲线有同样的意义）描述其空间不均匀性。

计算公式为：

$$SSM = (1 + EX)SM/(1 - IMP) \tag{8.12}$$

$$AU = SSM[1 - (1 - S/SM)^{\frac{1}{1+EX}}] \tag{8.13}$$

当 $P - E - R_c + Au < SSM$ 时：

$$\left.\begin{aligned}
FR &= R/(P - E - R_c) \\
RSS1 &= \{P - E - R_c - SM + S - SM[1 - (P - E - R_c + Au)/SSM]^{(1+EX)}\}FR \\
RSS2 &= \{SM - SM[1 - (P - E - R_c)/SSM]^{(1+EX)}\}FR \times KSS \\
RG &= \{SM - SM[1 - (P - E - R_c)/SSM]^{(1+EX)}\}FR \times KG
\end{aligned}\right\} \tag{8.14}$$

当 $P-E-R_c+Au \geqslant SSM$ 时：

$$FR = R/(P-E-R_c)$$

$$RSS1 = (P-E-R_c-SM+S)FR$$

$$RSS2 = SMFRKSS$$

$$RG = SMFRKG$$

$$(8.15)$$

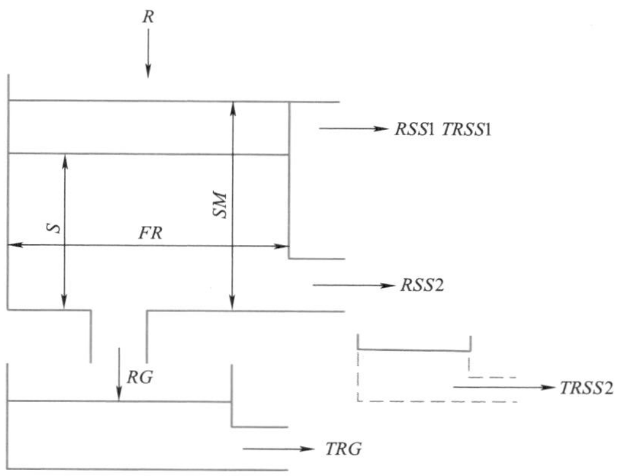

图 8.4 自由水蓄水库的结构图

8.3.5 汇流计算

在计算流域地面径流的汇流过程中，采用时段单位线法的方法，可按照式（8.16）和式（8.17）计算地面径流：

$$Q(j) = \frac{F}{3.6\Delta t} \times UH(j) \qquad (8.16)$$

$$QRS(i) = \sum_{j=1}^{n} RS(i-J+1) \times Q(j) \qquad (8.17)$$

式中：$UH(j)$ 为河网单位线 $(i,j=1,2,3,\cdots,n)$；F 为流域面积，km^2；Δt 为单位线时段，h。

地面径流的汇流考虑塘坝、谷坊坝等水利水保工程的蓄水容量及集水面积，在水利水保工程的集水面积范围内产生的地面径流，在满足水利水保工程的蓄水容量后才进行汇流计算，否则将被水利水保工程拦蓄。

表层自由水以 KSS 侧向出流后成为表层壤中流，进入河网。但如土层较厚，表层自由水尚可渗入深层土，经过深层土的调蓄作用，才进入河网。深层自由水用线性水库模拟，其消退系数为 $KKSS$，计算公式为

$$QRSS(i) = KKSS \times QRSS(i-1) + (1-KKSS) \times RSS(i) \times \frac{F}{3.6\Delta t} \qquad (8.18)$$

地下径流汇流用线性水库模拟，其消退系数为 KKG，出流进入河网。表层自由水以 KG 向下出流后，再向地下水库汇流的时间不另计，包括在 KKG 之内，计算公式为

$$QRG(i) = QRG(i-1) \times KKG + (1-KKG) \times RG(i) \times \frac{F}{3.6\Delta t} \qquad (8.19)$$

8.4 模型率定和验证

8.4.1 模型率定

流域水文模型在模拟过程中，模型参数的优化是很重要的，在一定程度上决定了模型的拟合精度。调整参数使模型模拟的结果与实测资料拟合最好，这个过程叫模型率定。在

模拟洪水过程时，洪峰流量和次洪量模拟误差应在一定的范围内，且流量过程线形状与实测资料吻合较好，可用相对误差、Nash - Suttcliffe 确定性系数等来判断模拟的优劣。

1. 相对误差

相对误差是指模型模拟值相对于实测值的误差，计算公式为

$$R_e = \frac{P_t - O_t}{O_t} \times 100\% \qquad (8.20)$$

式中：R_e 为模型模拟相对误差；P_t 为模拟值；O_t 为实测值。

若 R_e 为正值，说明模型预测或模拟值偏大；若 R_e 为负值，模型预测或模拟值偏小；若 $R_e = 0$，则说明模型模拟结果与实测值正好吻合。相关系数 R^2 可以进一步用于实测值与模拟值之间的数据吻合程度评价，$R^2 = 1$ 表示非常吻合，当 $R^2 < 1$ 时，其值越小反映出数据吻合程度越低。

2. Nash - Suttcliffe 确定性系数

Nash - Suttcliffe 系数 E_{ns} 的计算公式为

$$E_{ns} = 1 - \frac{\sum_{i=1}^{n} (Q_0 - Q_p)^2}{\sum_{i=1}^{n} (Q_0 - Q_{avg})^2} \qquad (8.21)$$

式中：Q_0 是实测值；Q_p 为模拟值；Q_{avg} 为实测平均值；n 为实测数据个数。

当 $Q_0 = Q_p$ 时，$E_{ns} = 1$；若 E_{ns} 为负值，说明模型模拟平均值比直接使用实测平均值的可信度更低，该值较直观地体现了实测与模拟流量过程拟合程度的优劣。

在海河流域水文类型分区中选择石佛口、阜平等典型流域，从 1956—1980 年实测暴雨洪水资料中选择较大的暴雨洪水过程，采用建立的水文模型来进行洪水过程模拟，以 Nash - Suttcliffe 确定性系数为目标函数对模型的参数进行率定，从而在各典型流域确定出最优参数组合。

8.4.1.1　石佛口流域

选择石佛口流域 1956—1980 年 21 场洪水进行水文模型的参数率定，结果如表 8.1 所示。模拟洪水与实测洪水对比结果如表 8.2 所示，部分场次洪水过程的模拟如图 8.5 所示。

表 8.1　　　　　　　　　　　　石佛口流域模型参数率定结果

序　　号	参数名	参　数　含　义	参数值
1	B	蓄水容量分布曲线的指数	0.3
2	M	下渗容量分布曲线的指数	0.1
3	C	深层蒸散发系数	0.1
4	WUM1	耕地上层蓄水容量/mm	15
5	K1	耕地蒸发皿折算系数	0.945
6	FC1	耕地稳定下渗率/(mm/h)	2.409
7	KF1	耕地 Horton 下渗曲线的指数/(1/h)	0.335

续表

序　号	参数名	参　数　含　义	参数值
8	WUM2	林地上层蓄水容量/mm	30
9	K2	林地蒸发皿折算系数	0.486
10	FC2	林地稳定下渗率/(mm/h)	2.12
11	KF2	林地 Horton 下渗曲线的指数/(1/h)	0.212
12	WUM3	草地上层蓄水容量/mm	25
13	K3	草地蒸发皿折算系数	0.219
14	FC3	草地稳定下渗率/(mm/h)	2.157
15	KF3	草地 Horton 下渗曲线的指数/(1/h)	0.364
16	WUM4	未利用土地流域上层蓄水容量/mm	15
17	K4	未利用土地蒸发皿折算系数	0.088
18	FC4	未利用土地稳定下渗率/(mm/h)	2.480
19	KF4	未利用土地 Horton 下渗曲线的指数/(1/h)	0.350
20	EX	自由水蓄水容量曲线的指数	1.5
21	KSS	自由水蓄水库对壤中流的出流系数	0.1
22	KG	自由水蓄水库对地下径流出流系数	0.6
23	KKSS	壤中流的退水系数	0.999
24	KKG	地下水库的消退系数	0.998

表 8.2　　　　　　　石佛口流域模拟洪水与实测洪水对比结果

洪水场次	实测径流深/mm	模拟径流深/mm	径流深相对误差/%	实测洪峰流量/(m³/s)	模拟洪峰流量/(m³/s)	洪峰流量相对误差/%	确定性系数
590721	75.09	76.12	1.4	434.0	438.4	1.0	0.75
640801	41.92	42.74	2.0	142.0	138.7	−2.3	0.72
640813	34.64	30.21	−12.8	163.0	138.7	−14.9	0.70
650718	26.66	26.68	0.1	162.0	149.3	−7.8	0.70
670624	7.73	7.83	1.3	81.6	83.4	2.2	0.73
670625	9.32	8.67	−7.0	70.8	79.8	12.6	0.79
670718	38.03	33.15	−12.8	144.0	146.6	1.8	0.70
670820	27.99	23.43	−16.3	108.0	117.1	8.4	0.90
690811	25.45	29.10	14.3	125.0	113.3	−9.4	0.79
690820	24.37	25.31	3.9	83.1	69.7	−16.2	0.76
690902	41.06	44.22	7.7	295.0	264.7	−10.3	0.40
700808	48.45	39.30	−18.9	135.0	118.6	−12.2	0.81
700903	13.99	12.98	−7.2	83.3	88.0	5.6	0.87

续表

洪水场次	实测径流深 /mm	模拟径流深 /mm	径流深 相对误差 /%	实测洪峰 流量 /(m³/s)	模拟洪峰 流量 /(m³/s)	洪峰流量 相对误差 /%	确定性 系数
720804	14.68	13.86	−5.6	145.0	151.2	4.3	0.05
750729	61.16	70.05	14.5	340.0	278.5	−18.1	0.60
750811	99.60	106.21	6.6	396.5	412.0	3.9	0.66
760724	13.15	12.80	−2.7	73.9	76.0	2.8	0.61
760814	18.72	16.22	−13.4	149.0	139.8	−6.2	−0.01
770723	90.87	86.04	−5.3	252.0	264.9	5.1	0.90
770802	75.00	67.49	−10.0	255.0	257.5	1.0	0.96
780725	19.20	19.78	3.0	155.0	156.9	1.2	0.81

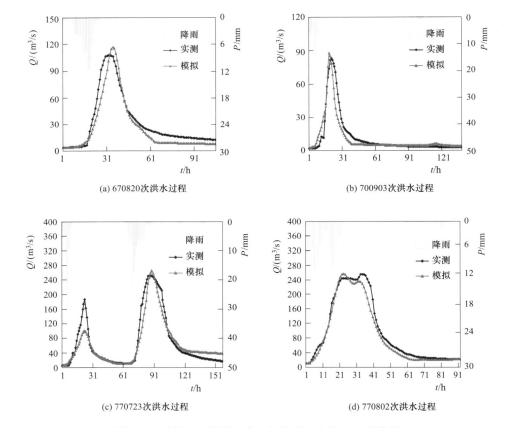

图 8.5　石佛口流域模型率定期部分场次洪水过程模拟

　　通过表 8.2 和图 8.5 可以看出,洪峰流量和径流深及洪水过程模拟的较好。在选择的 21 场洪水中,率定期的洪水模拟的径流深误差均在 20% 以内,并且模拟的洪峰流量误差也均在 20% 以内。从确定性系数来看,率定期的平均确定性系数为 0.68,其中有 3 场洪水模拟的确定性系数不是很理想，分别为 690902 次洪水、720804 次洪水和 760814 次洪水，但这些场次洪水的洪峰流量和径流深误差不是很大，均在 20% 以内。造成这种情况的主要原因是峰现时间误差较大，但是洪水过程的形状拟合较好。

8.4.1.2　木鼻流域

由于 1962—1977 年木鼻水文站实测资料较少，从 1956 年到 1980 年实测洪水共 8 场，选择这 8 场洪水进行水文模型的参数率定，结果如表 8.3 所示。模拟洪水与实测洪水对比结果如表 8.4。

表 8.3　　　　　　　　　　　　　　木鼻流域模型参数率定结果

序　号	参数名	参　数　含　义	参数值
1	WLM	流域下层蓄水容量/mm	90
2	WDM	流域深层蓄水容量/mm	100
3	B	蓄水容量分布曲线的指数	0.3
4	M	下渗容量分布曲线的指数	0.1
5	C	深层蒸散发系数	0.1
6	WUM1	耕地上层蓄水容量/mm	20
7	K1	耕地蒸发皿折算系数	0.945
8	FC1	耕地稳定下渗率/(mm/h)	2.409
9	KF1	耕地 Horton 下渗曲线的指数/(1/h)	0.335
10	WUM3	草地上层蓄水容量/mm	25
11	K3	草地蒸发皿折算系数	0.219
12	FC3	草地稳定下渗率/(mm/h)	2.157
13	KF3	草地 Horton 下渗曲线的指数/(1/h)	0.364
14	SM	流域平均自由水容量	50
15	EX	自由水蓄水容量曲线的指数	1.5
16	KSS	自由水蓄水库对壤中流的出流系数	0.15
17	KG	自由水蓄水库对地下径流出流系数	0.65
18	KKSS	壤中流的退水系数	0.999
19	KKG	地下水库的消退系数	0.999

表 8.4　　　　　　　　　　　　木鼻流域模拟洪水与实测洪水对比结果

洪水场次	实测径流深 /mm	模拟径流深 /mm	径流深 相对误差 /%	实测洪峰 流量 /(m³/s)	模拟洪峰 流量 /(m³/s)	洪峰流量 相对误差 /%	确定性 系数
550906	20.90	19.85	−5.0	156.5	153.6	−1.9	0.88
560801	18.79	20.25	7.8	240.0	205.4	−14.4	0.90
570708	3.41	3.01	−11.7	52.6	57.2	8.8	0.80
580802	5.98	7.65	27.9	80.0	47.4	−40.7	0.37

续表

洪水场次	实测径流深 /mm	模拟径流深 /mm	径流深 相对误差 /%	实测洪峰 流量 /(m³/s)	模拟洪峰 流量 /(m³/s)	洪峰流量 相对误差 /%	确定性 系数
590726	4.78	5.18	8.4	72.5	59.0	−18.6	0.88
600727	1.27	1.74	37.0	15.1	15.0	−0.5	0.09
610731	1.37	0.77	−43.8	12.1	8.3	−31.5	0.46
780728	6.16	5.00	−18.8	36.9	39.4	6.9	0.86

通过表 8.4 可以看出，在选择的 8 场洪水中，率定期有三场洪水模拟的径流深误差在 20% 以上，分别是 580802 次洪水的 27.9%，600727 次洪水的 37% 和 610731 次洪水的 43.8%。而模拟的洪峰流量误差有 2 场超过 20%，为 580802 次洪水的 40.7% 和 610731 次洪水的 31.5%，其余场次模拟洪水的洪峰流量误差均在 20% 以内。从确定性系数来看，率定期的平均确定性系数为 0.65，其中有 3 场洪水模拟的确定性系数不是很理想，分别为 580802 次洪水、600727 次洪水和 610731 次洪水，同时这些场次洪水的洪峰和洪量误差几乎在 20% 以上（除了 600727 次洪水的洪峰误差在 20% 以下）。总体来讲，率定的参数还是可以用来分析模拟流域的洪水过程。

8.4.1.3　西台峪流域

选择西台峪流域 1956—1980 年 10 场洪水进行水文模型的参数率定，结果如表 8.5 所示。模拟洪水与实测洪水对比结果如表 8.6 所示。部分场次洪水过程模拟结果如图 8.6 所示。

表 8.5　　　　　　　　　　西台峪流域模型参数率定结果

序　号	参数名	参　数　含　义	参数值
1	WLM	流域下层蓄水容量/mm	70
2	WDM	流域深层蓄水容量/mm	75
3	B	蓄水容量分布曲线的指数	0.3
4	M	下渗容量分布曲线的指数	0.1
5	C	深层蒸散发系数	0.1
6	WUM1	耕地上层蓄水容量/mm	15
7	K1	耕地蒸发皿折算系数	0.945
8	FC1	耕地稳定下渗率/(mm/h)	2.409
9	KF1	耕地 Horton 下渗曲线的指数/(1/h)	0.335
10	WUM2	林地上层蓄水容量/mm	25
11	K2	林地蒸发皿折算系数	0.486
12	FC2	林地稳定下渗率/(mm/h)	2.12
13	KF2	林地 Horton 下渗曲线的指数/(1/h)	0.212

序 号	参数名	参 数 含 义	参数值
14	WUM3	草地上层蓄水容量/mm	20
15	K3	草地蒸发皿折算系数	0.219
16	FC3	草地稳定下渗率/(mm/h)	2.157
17	KF3	草地 Horton 下渗曲线的指数/(1/h)	0.364
18	SM	流域平均自由水容量	50
19	EX	自由水蓄水容量曲线的指数	1.5
20	KSS	自由水蓄水库对壤中流的出流系数	0.2
21	KG	自由水蓄水库对地下径流出流系数	0.5
22	KKSS	壤中流的退水系数	0.972
23	KKG	地下水库的消退系数	0.999

表 8.6 西台峪流域模拟洪水与实测洪水对比结果

洪水场次	实测径流深/mm	模拟径流深/mm	径流深相对误差/%	实测洪峰流量/(m³/s)	模拟洪峰流量/(m³/s)	洪峰流量相对误差/%	确定性系数
600729	83.72	79.96	−4.5	811.0	824.9	1.7	0.98
610715	20.51	14.41	−29.7	153.0	181.0	18.3	0.61
620623	12.31	5.60	−54.5	93.5	94.6	1.2	0.56
620805	12.35	13.37	8.2	52.1	49.3	−5.4	0.14
630723	4.36	4.05	−7.2	37.9	38.3	1.0	0.71
660719	10.28	8.42	−18.1	43.2	49.3	14.2	0.52
730814	9.33	8.50	−8.9	39.3	36.8	−6.3	0.62
740729	26.34	28.92	9.8	347.6	312.5	−10.1	0.27
740807	16.58	16.66	0.5	96.0	82.2	−14.4	0.73
750630	10.42	4.04	−61.2	58.4	63.1	8.0	0.43

通过表 8.6 和图 8.6 可以看出，洪峰流量和径流深及洪水过程模拟的较好。在选择的 10 场洪水中，率定期有 3 场洪水模拟的径流深误差超过 20%，分别为 610715 次洪水的 29.7%、620623 次洪水的 54.5% 和 750630 次洪水的 61.2%，其余模拟的径流深误差均在 20% 以内。而模拟的洪峰流量误差全部在 20% 以内。从确定性系数来看，平均确定性系数为 0.50。虽然模拟的有些场次洪水确定性系数不高，但是模拟的洪峰流量和径流深误差较小。从模拟和实测过程来看，洪水过程的形状拟合较好。

8.4.1.4 阜平流域

选择阜平流域 1956—1980 年 12 场洪水进行水文模型的参数率定，结果如表 8.7 所示。模拟洪水和实测洪水对比结果如表 8.8 所示。部分场次洪水过程模拟结果如图 8.7 所示。

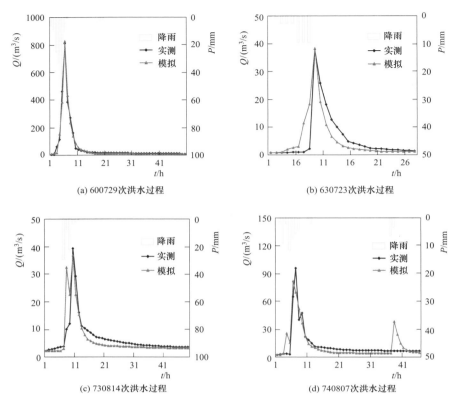

图 8.6　西台峪流域模型率定期部分场次洪水过程模拟

表 8.7　　　　　　　　　　　　阜平流域模型参数率定结果

序　号	参数名	参　数　含　义	参数值
1	B	蓄水容量分布曲线的指数	0.4
2	M	下渗容量分布曲线的指数	0.1
3	C	深层蒸散发系数	0.1
4	$WUM1$	耕地上层蓄水容量/mm	15
5	$K1$	耕地蒸发皿折算系数	0.98
6	$FC1$	耕地稳定下渗率/(mm/h)	2.409
7	$KF1$	耕地 Horton 下渗曲线的指数/(1/h)	0.335
8	$WUM2$	林地上层蓄水容量/mm	25
9	$K2$	林地蒸发皿折算系数	0.5
10	$FC2$	林地稳定下渗率/(mm/h)	2.12
11	$KF2$	林地 Horton 下渗曲线的指数/(1/h)	0.212
12	$WUM3$	草地上层蓄水容量/mm	20
13	$K3$	草地蒸发皿折算系数	0.3
14	$FC3$	草地稳定下渗率/(mm/h)	2.157
15	$KF3$	草地 Horton 下渗曲线的指数/(1/h)	0.364
16	$K4$	水域蒸发皿折算系数	1.05
17	$KKSS$	壤中流的退水系数	0.971
18	KKG	地下水库的消退系数	0.99

表 8.8　　　　　　　　　阜平流域模拟洪水与实测洪水对比结果

洪水场次	实测径流深/mm	模拟径流深/mm	径流深相对误差/%	实测洪峰流量/(m³/s)	模拟洪峰流量/(m³/s)	洪峰流量相对误差/%	确定性系数
580709	21.09	22.13	4.9	890.0	841.7	−5.4	0.30
590803	152.94	166.98	9.2	1800.0	1748.3	−2.9	0.82
610927	13.06	12.98	−0.6	136.0	158.6	16.6	0.91
620729	3.39	3.28	−3.2	148.0	142.2	−3.9	−1.10
630805	182.44	241.17	32.2	3380.0	3352.7	−0.8	0.43
640808	103.02	111.34	8.1	1130.0	916.3	−18.9	0.96
660826	20.40	18.72	−8.2	514.0	470.7	−8.4	0.31
670803	62.85	60.03	−4.5	752.0	776.9	3.3	0.68
680813	7.37	6.84	−7.2	83.0	73.6	−11.4	0.72
700711	3.82	3.87	1.3	351.2	280.4	−20.2	−0.55
710625	10.14	9.72	−4.1	270.1	278.0	2.9	0.86
720815	0.43	0.45	4.7	62.2	63.9	2.7	−1.41

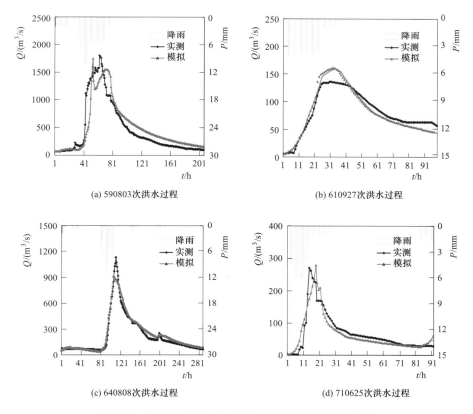

图 8.7　阜平流域模型率定期部分场次洪水过程模拟

通过表 8.8 和图 8.7 可以看出，洪峰流量和径流深模拟效果较好。在选择的 12 场洪水中，率定期仅有 1 场洪水模拟的径流深误差超过 20%，为 630805 次的 32.2%，其余模拟的径流深误差均在 10% 以内。而模拟的洪峰流量误差也仅有 1 场超过 20%，为 700711 次的 20.2%，其余场次洪水模拟的洪峰流量误差均在 20% 以内，其中有 8 场在 10% 以内。模拟的平均确定性系数不是很高，但其中有 6 场确定性系数大于 0.6。虽然另外几场洪水场次的确定性系数不高，如 720815 次洪水确定性系数为 −1.41，但是洪峰流量和径流深模拟效果较好，误差分别为 2.7% 和 4.7%，造成这种现象的原因是峰现时间误差较大，但是洪水过程的形状拟合较好。

8.4.1.5　大阁流域

选择大阁流域 1956—1980 年 7 场洪水进行水文模型的参数率定，结果如表 8.9 所示。模拟洪水和实测洪水对比结果如表 8.10 所示。部分场次洪水过程模拟结果如图 8.8 所示。

表 8.9　　　　　　　　　　　　大阁流域模型参数率定结果

序　号	参数名	参 数 含 义	参数值
1	WLM	流域下层蓄水容量/mm	70
2	WDM	流域深层蓄水容量/mm	75
3	B	蓄水容量分布曲线的指数	0.3
4	M	下渗容量分布曲线的指数	0.1
5	C	深层蒸散发系数	0.1
6	WUM1	耕地上层蓄水容量/mm	20
7	K1	耕地蒸发皿折算系数	0.945
8	FC1	耕地稳定下渗率/(mm/h)	2.409
9	KF1	耕地 Horton 下渗曲线的指数/(1/h)	0.335
10	WUM2	林地上层蓄水容量/mm	30
11	K2	林地蒸发皿折算系数	0.486
12	FC2	林地稳定下渗率/(mm/h)	2.12
13	KF2	林地 Horton 下渗曲线的指数/(1/h)	0.212
14	WUM3	草地上层蓄水容量/mm	25
15	K3	草地蒸发皿折算系数	0.219
16	FC3	草地稳定下渗率/(mm/h)	2.157
17	KF3	草地 Horton 下渗曲线的指数/(1/h)	0.364
18	SM	流域平均自由水容量	35
19	EX	自由水蓄水容量曲线的指数	1.5
20	KSS	自由水蓄水库对壤中流的出流系数	0.2
21	KG	自由水蓄水库对地下径流出流系数	0.5
22	KKSS	壤中流的退水系数	0.992
23	KKG	地下水库的消退系数	0.998

表 8.10　　　　　　　　　　大阁流域模拟洪水与实测洪水对比结果

洪水场次	实测径流深 /mm	模拟径流深 /mm	径流深 相对误差 /%	实测洪峰 流量 /(m³/s)	模拟洪峰 流量 /(m³/s)	洪峰流量 相对误差 /%	确定性 系数
570723	4.21	3.56	−15.3	468.0	533.0	13.9	0.35
580710	5.57	4.06	−27.0	286.0	258.0	−9.8	0.54
580712	6.38	6.07	−4.7	262.0	314.5	20.0	0.61
600715	3.84	3.55	−7.5	214.0	207.4	−3.1	0.94
630723	2.04	2.45	19.8	251.0	210.5	−16.2	0.76
640801	23.61	15.00	−36.4	432.0	457.4	5.9	0.09
650722	2.52	3.01	19.3	327.4	165.4	−49.5	0.48

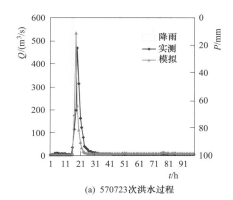

(a) 570723次洪水过程

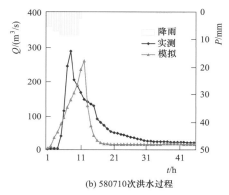

(b) 580710次洪水过程

图 8.8　大阁流域模型率定期部分场次洪水过程模拟

通过表 8.10 和图 8.8 可以看出，洪峰流量和径流深及洪水过程模拟的较好。在选择的 7 场洪水中，580710 次洪水和 640801 次洪水模拟的径流深误差超过 20%，分别为 27.0% 和 36.4%，其余均在 20% 以内，而 650722 次洪水的洪峰流量误差超过 20%，为 49.5%。从确定性系数来看，570723 次、640801 次及 650722 次洪水的确定性系数不高。主要是因为峰现时间误差较大，但是洪水过程的形状拟合较好。

8.4.1.6　冷口流域

选择冷口流域 1956—1980 年 14 场洪水进行水文模型的参数率定，结果如表 8.11 所示。模拟洪水和实测洪水对比结果如表 8.12 所示。部分场次洪水过程模拟结果如图 8.9 所示。

表 8.11　　　　　　　　　　冷口流域模型参数率定结果

序　号	参数名	参数含义	参数值
1	WLM	流域下层蓄水容量/mm	70
2	WDM	流域深层蓄水容量/mm	75
3	B	蓄水容量分布曲线的指数	0.3
4	M	下渗容量分布曲线的指数	0.1

续表

序　号	参数名	参 数 含 义	参数值
5	C	深层蒸散发系数	0.1
6	WUM1	耕地上层蓄水容量/mm	15
7	K1	耕地蒸发皿折算系数	0.945
8	FC1	耕地稳定下渗率/(mm/h)	2.409
9	KF1	耕地 Horton 下渗曲线的指数/(1/h)	0.335
10	WUM2	林地上层蓄水容量/mm	25
11	K2	林地蒸发皿折算系数	0.486
12	FC2	林地稳定下渗率/(mm/h)	2.12
13	KF2	林地 Horton 下渗曲线的指数/(1/h)	0.212
14	WUM3	草地上层蓄水容量/mm	20
15	K3	草地蒸发皿折算系数	0.219
16	FC3	草地稳定下渗率/(mm/h)	2.157
17	KF3	草地 Horton 下渗曲线的指数/(1/h)	0.364
18	SM	流域平均自由水容量	35
19	EX	自由水蓄水容量曲线的指数	1.5
20	KSS	自由水蓄水库对壤中流的出流系数	0.2
21	KG	自由水蓄水库对地下径流出流系数	0.5
22	KKSS	壤中流的退水系数	0.991
23	KKG	地下水库的消退系数	0.998

表 8.12　　　　　　　　　　　冷口流域模拟洪水与实测洪水对比结果

洪水场次	实测径流深/mm	模拟径流深/mm	径流深相对误差/%	实测洪峰流量/(m³/s)	模拟洪峰流量/(m³/s)	洪峰流量相对误差/%	确定性系数
580714	48.37	30.18	−37.6	163.0	224.6	37.8	0.64
590721	159.32	168.06	5.5	1240.0	1208.6	−2.5	0.87
590728	23.86	24.24	1.6	420.0	402.8	−4.1	0.58
590818	45.32	32.91	−27.4	310.0	354.7	14.4	0.79
610821	35.91	26.61	−25.9	160.0	183.4	14.6	0.44
620724	152.24	147.77	−2.9	1580.0	1644.3	4.1	0.82
640813	159.76	146.02	−8.6	1330.0	1153.3	−13.3	0.58
660728	90.16	77.34	−14.2	1292.5	1464.4	13.3	0.77
690810	122.63	106.24	−13.4	861.0	724.3	−15.9	0.22
690820	70.19	66.78	−4.9	595.0	619.2	4.1	0.65
730819	71.21	34.50	−51.6	408.0	232.6	−43.0	0.46
750729	41.65	38.94	−6.5	171.0	175.8	2.8	0.83
760723	76.92	57.39	−25.4	365.8	438.6	19.9	0.42
770726	138.75	119.63	−13.8	695.0	790.0	13.7	0.66

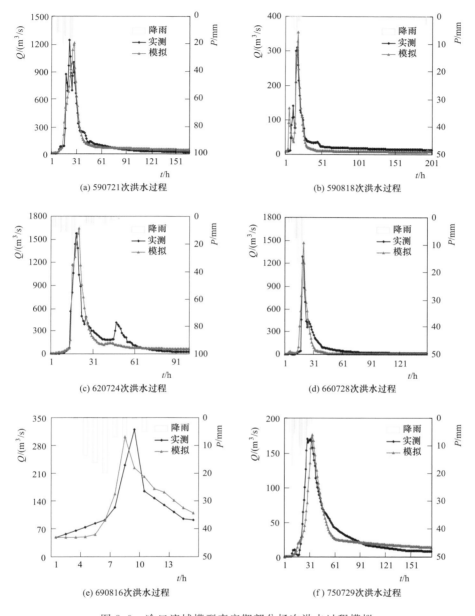

图 8.9 冷口流域模型率定期部分场次洪水过程模拟

通过表 8.12 和图 8.9 可以看出，洪峰流量和径流深及洪水过程模拟的较好。在选择的 14 场洪水中，580714、590818、610821、730819 与 760723 次洪水模拟的径流深误差超过 20%，分别为 37.6%、27.4%、25.9%、51.6% 与 25.4%，其余均在 20% 以内，而 580714 次洪水和 730819 次洪水的洪峰流量误差超过 20%，分别为 37.8% 和 43.0%。从确定性系数来看，率定期的平均确定性系数为 0.62，仅 610821、690810、730819 与 760723 次洪水的确定性系数不高，分别为 0.44、0.22、0.46 和 0.42，其余确定性系数均在 0.50 以上，主要是因为峰现时间误差较大，但是洪水过程的形状拟合较好。

8.4.2　模型验证

在流域上运用水文模型进行水文模拟之前，除了对模型进行参数率定，还需要采用另外一部分实测水文气象资料，用率定得到的模型参数对模型进行检验，这个过程称为模型验证。只有既在率定期又在验证期时水文模型都具有较高的精度，才能将模型应用于研究流域。

8.4.2.1　石佛口流域

选择石佛口流域 1956—1980 年的 4 场洪水进行水文模型的参数验证。模型验证结果如表 8.13 所示。部分场次洪水过程模拟结果如图 8.10 所示。

表 8.13　　　　　　　　　　　　石佛口流域洪水模型验证结果

洪水场次	实测径流深/mm	模拟径流深/mm	径流深相对误差/%	实测洪峰流量/(m³/s)	模拟洪峰流量/(m³/s)	洪峰流量相对误差/%	确定性系数
780728	21.96	21.90	−0.3	122.0	96.5	−20.9	0.80
780808	31.43	32.43	3.2	162.0	152.3	−6.0	0.95
790728	33.40	36.41	9.0	182.0	165.4	−9.1	0.86
790814	45.65	33.13	−27.4	85.4	91.1	6.5	0.61

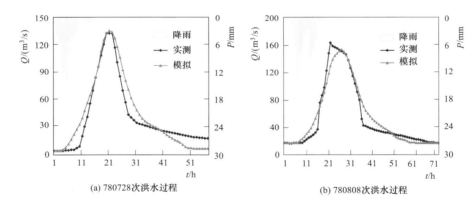

(a) 780728次洪水过程　　　　　　　　　　(b) 780808次洪水过程

图 8.10　石佛口流域模型验证期部分场次洪水过程模拟

通过表 8.13 和图 8.10 可以看出，洪峰流量和径流深及洪水过程模拟的较好。验证期仅有 1 场洪水模拟的径流深误差超过 20%，为 790814 次洪水的 27.4%，其余模拟的径流深误差均在 20% 以内。而模拟的洪峰流量误差仅 780728 次洪水在 20% 以上。从确定性系数来看，验证期的平均确定性系数比较高，达到了 0.81，4 场洪水模拟的确定性系数都达到了 0.60 以上。因此，率定的参数可以用来分析该流域下垫面变化对洪水的影响。

8.4.2.2　西台峪流域

选择西台峪流域 1956—1980 年的 5 场洪水进行水文模型的参数验证。模型验证结果如表 8.14 所示。部分场次洪水过程模拟如图 8.11 所示。

表 8.14 西台峪流域模型验证结果

洪水场次	实测径流深/mm	模拟径流深/mm	径流深相对误差/%	实测洪峰流量/(m³/s)	模拟洪峰流量/(m³/s)	洪峰流量相对误差/%	确定性系数
750807	30.95	32.41	4.7	249.7	213.2	-14.6	0.85
760718	77.00	76.20	-1.0	51.7	55.1	6.5	0.77
770721	9.81	9.87	0.7	80.3	77.9	-3.0	0.82
770727	113.56	119.63	5.3	233.0	228.4	-2.0	0.86
780728	10.50	16.66	58.6	51.5	52.9	2.8	0.59

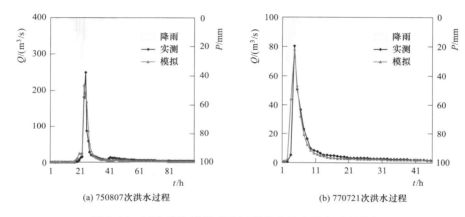

(a) 750807次洪水过程　　　　　(b) 770721次洪水过程

图 8.11　西台峪流域模型验证期部分场次洪水过程模拟

通过表 8.14 可以看出，在选择的 5 场洪水中，验证期只有一场洪水的径流深误差超过 20%，为 780728 次洪水的 58.6%，其余模拟的径流深误差均在 20% 以内。而模拟的洪峰流量误差全部在 20% 以内。从确定性系数来看，平均确定性系数为 0.78。结合模型率定的结果分析，率定的参数可以用来分析该流域下垫面变化对洪水的影响。

8.4.2.3　阜平流域

选择阜平流域 1956—1980 年中的 4 场洪水进行水文模型的参数验证。模型验证结果如表 8.15 所示。部分场次洪水过程模拟如图 8.12 所示。

表 8.15 阜平流域模型验证结果

洪水场次	实测径流深/mm	模拟径流深/mm	径流深相对误差/%	实测洪峰流量/(m³/s)	模拟洪峰流量/(m³/s)	洪峰流量相对误差/%	确定性系数
760819	20.59	19.47	-5.4	252.5	252.4	0.0	0.88
770720	162.73	147.55	-9.3	490.0	474.9	-3.1	0.61
780827	48.75	47.81	-1.9	680.0	731.7	7.6	0.71
790811	87.88	81.08	-7.7	767.0	831.7	8.4	0.93

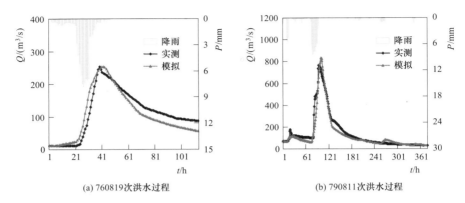

(a) 760819次洪水过程　　　　　　(b) 790811次洪水过程

图 8.12　阜平流域模型验证期部分场次洪水过程模拟

通过表 8.18 和图 8.14 可以看出，洪峰流量和径流深模拟效果较好。验证期洪峰流量和径流深的误差均在 20% 以内，且确定性系数都达到了 0.60 以上，平均确定性系数为 0.78。并且验证期模拟的洪水过程与实测洪水过程拟合较好。因此，结合模型率定的结果分析，率定的参数可以用来分析该流域下垫面变化对洪水的影响。

8.4.2.4　大阁流域

选择大阁流域 1956—1980 年的 2 场洪水进行水文模型的参数验证。模型验证结果如表 8.16 所示。部分场次洪水过程模拟如图 8.13 所示。

表 8.16　　　　　　　　　大阁流域模型验证结果

洪水场次	实测径流深 /mm	模拟径流深 /mm	径流深 相对误差 /%	实测洪峰 流量 /(m³/s)	模拟洪峰 流量 /(m³/s)	洪峰流量 相对误差 /%	确定性 系数
670709	1.12	1.09	−2.4	209.0	216.8	3.7	0.98
750629	1.81	1.74	−3.7	206.8	139.5	−32.6	0.66

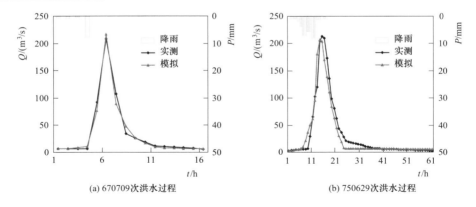

(a) 670709次洪水过程　　　　　　(b) 750629次洪水过程

图 8.13　大阁流域模型验证期部分场次洪水过程模拟

通过表 8.16 和图 8.13 可以看出，洪峰流量和径流深及洪水过程模拟的较好。验证期中的 750629 次洪水的洪峰流量误差为 32.6%，其余场次洪水的洪峰流量和径流深误差均在

10%以内。从确定性系数来看，两场洪水的确定性系数较高，都达到了 0.60 以上。因此，结合模型率定的结果分析，率定的参数可以用来分析该流域下垫面变化对洪水的影响。

8.4.2.5 冷口流域

选择冷口流域 1956—1980 年 4 场洪水进行水文模型的参数验证。模型验证结果如表 8.17 所示。部分场次洪水过程模拟如图 8.14 所示。

表 8.17　　　　　　　　　　　　　冷口流域模型验证结果

洪水场次	实测径流深 /mm	模拟径流深 /mm	径流深 相对误差 /%	实测洪峰 流量 /(m³/s)	模拟洪峰 流量 /(m³/s)	洪峰流量 相对误差 /%	确定性 系数
780725	51.87	43.63	−15.9	874.5	794.9	−9.1	0.51
780728	51.64	48.72	−5.7	421.0	452.3	7.4	0.86
780808	59.15	53.86	−8.9	277.5	304.1	9.6	0.81
790727	143.90	134.92	−6.2	1892.5	2011.6	6.3	0.64

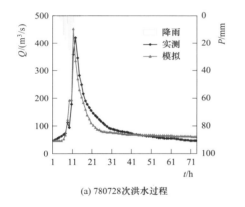

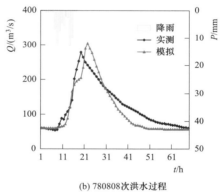

(a) 780728次洪水过程　　　　　　　　(b) 780808次洪水过程

图 8.14　冷口流域模型验证期部分场次洪水过程模拟

通过表 8.17 和图 8.14 可以看出，洪峰流量和径流深及洪水过程模拟的较好。验证期的径流深和洪峰流量误差都在 20% 以内，从确定性系数来看，只有 780725 次洪水的确定性系数在 0.60 以下，为 0.51，其余场次洪水模拟的确定性系数都在 0.60 以上。结合模型参数率定的结果分析，率定的参数可以用来分析该流域下垫面变化对洪水的影响。

8.5　小结

在分析水文模型结构的基础上，为了分析下垫面变化对洪水特征的影响程度，建立了考虑土地利用和水利水保工程等下垫面因素的分布式水文模型，并对模型进行了参数率定和验证，主要结果如下：

（1）根据第 2 章的土地利用分类，在每一类土地利用面积上分别考虑蒸发和下渗等产流要素的差异，采用超渗-蓄满耦合产流模型计算不同土地利用面积上的径流量，地面径流的汇流过程考虑了塘坝、谷坊坝等水利水保工程的蓄水容量及集水面积后，采用单位线法进行汇流计算，壤中流和地下径流采用线性水库方法进行汇流计算。

（2）在各典型流域，选择若干场次暴雨洪水，对建立的水文模型进行了参数率定和模型验证，模型所模拟的 80％以上场次洪水的径流量和洪峰流量误差不超过 20％，而且平均确定性系数也较高，基本在 0.60 以上。各典型流域模拟洪水过程和实测洪水过程形状拟合较好，可以用来分析下垫面变化对洪水特征的影响程度。

参考文献

Arnold J G，Williams J R，Maidment D R，1995. Continuous – time water and sediment – routing model for large basins ［J］. Journal of Hydraulic Engineering，121：171 – 183.

Beven K J，Kirkby M J，1979. A physically based variable contributing model of basin hydrology ［J］. Hydrological Sciences Bulletin，24：43 – 69.

Borah D K，Bera M，2004. Watershed – scale hydrologic and nonpoint – source pollution models：review of applications ［J］. Transactions of the Asae，47：789 – 803.

Freeze R A，Harlan R L，1969. Blueprint for a physically – based，digitally – simulated hydrologic response model ［J］. Journal of Hydrology，9：237 – 258.

Graham D N，Butts M B，2005. Flexible integrated watershed modeling with MIKESHE watershed models ［C］. Boca Raton，USA：CRC Press.

Hewlett J D，Troendle C A，1975. Non point and diffused water sources：a variable source area problem ［C］. Watershed Management：Proceedings of a Symposium.

Roni A，1998. Which type of soil – vegetation – atmosphere transfer scheme is needed for general circulation models：a proposal for a higher – order scheme ［J］. Journal of Hydrology，212：136 – 154.

郭生练，熊立华，杨井，等，2000. 基于 DEM 的分布式流域水文物理模型 ［J］. 武汉水利电力大学学报，33（6）：1 – 5.

雒文生，胡春岐，韩家田，1992. 超渗和蓄满同时作用的产流模型研究 ［J］. 水土保持学报，6（4）：6 – 13.

任立良，刘新仁，1999. 数字高程模型在流域水系拓扑结构计算中的应用 ［J］. 水科学进展（6）：129 – 134.

芮孝芳，黄国如，2004. 分布式水文模型的现状与未来 ［J］. 水利水电科技进展，24（2）：55 – 58.

石朋，芮孝芳，2005. 降雨空间插值方法的比较与改进 ［J］. 河海大学学报（自然科学版），33（4）：361 – 365.

宋晓猛，张建云，占车生，等，2013. 气候变化和人类活动对水文循环影响研究进展 ［J］. 水利学报，44（7）：779 – 790.

王书功，康尔泗，李新，2004. 分布式水文模型的进展及展望 ［J］. 冰川冻土，26（1）：61 – 65.

夏军，叶爱中，王纲胜，2005. 黄河流域时变增益分布式水文模型（Ⅰ）——模型的原理与结构 ［J］. 武汉大学学报（工学版），38（6）：10 – 15.

谢平，窦明，朱勇，等，2010. 流域水文模型——气候变化和土地利用/覆被变化的水文水资源效应 ［M］. 北京：科学出版社.

熊立华，郭生练，2004. 分布式流域水文模型 ［M］. 北京：中国水利水电出版社.

徐宗学，程磊，2010. 分布式水文模型研究与应用进展 ［J］. 水利学报，41（9）：1009 – 1017.

叶爱中，夏军，王纲胜，2006. 黄河流域时变增益分布式水文模型（Ⅱ）——模型的校验与应用 ［J］. 武汉大学学报（工学版），39（4）：29 – 32.

赵人俊，1984. 流域水文模拟——新安江模型与陕北模型 ［M］. 北京：水利电力出版社.

周祖昊，贾仰文，王浩，等，2006. 大尺度流域基于站点的降雨时空展布 ［J］. 水文，26（1）：6 – 11.

第 9 章　下垫面变化对洪水影响程度的模拟分析

9.1　概述

根据前面的统计分析，海河流域各典型流域下垫面发生了较大变化，且流域内产汇流特性和洪水特征也发生了变化。通过对实测资料的统计分析可以估算下垫面变化对洪峰和洪量的总体影响程度，但采用流域水文模型模拟的方法，可以进一步明确各类下垫面变化分别对洪水的影响程度，为洪水特征对下垫面变化的响应机理研究提供科学依据。

集总式和分布式水文模型均可用来定量估算由下垫面变化引起的洪水径流变化。利用集总式水文模型研究下垫面变化对洪水过程的影响，是通过模拟洪水过程分别率定不同时期下垫面情况下的模型参数。再根据率定的参数分别对不同时期的洪水进行模拟，确定下垫面变化对洪水的影响。国内外应用较多的模型为 HEC-HMS 模型、TANK 模型和新安江模型等（万荣荣等，2008）。Wegehenkel（2002）利用集总式水文模型在德国半湿润地区一个中尺度流域的研究结果表明，植树造林导致径流的明显减少和蒸散发的增加。Panahi 等（2010）采用 SCS 模型模拟了伊朗 Nadarsu 流域土地利用变化对洪峰的影响。选择的 1964 年和 2003 年两场降雨相似，但由于林地向耕地的转化，模拟的 2003 年洪峰是 1964 年的 10 倍。但集总式水文模型不能模拟水文过程和流域下垫面参数的空间变化。分布式水文模型可以考虑降雨因素和下垫面因素的空间变异性，能够表述陆地表层特征的空间变化，如地形、坡度、植被、土壤等（Olang et al，2011）。常用的分布式水文模型为 WetSpa、SWAT、LISFLOOD、MIKE11-NAM 模型和 Vflo 模型等（Liu et al，2005）。舒晓娟等（2009）利用 WetSpa 模型定量分析了广东省流溪河流域植树造林的洪水响应。林地对洪水的洪峰和洪量影响接近，土地利用/覆盖变化对小洪水的影响大于对大洪水的影响。Niehoff 等（2002）采用改进的 WaSiM-ETH 模型模拟了不同类型的降雨产流对土地利用变化的响应，土地利用变化对短历时、高强度降雨产流影响显著，而对长历时、低强度的降雨产流影响较小。Ott 等（2004）及 Bronstert（2007）也得到了类似的结论。而分布式水文模型需要大量的数据资料，这对于受资料条件限制的流域，模型参数的率定较为困难，且模型模拟精度可能较低（Onyando et al.，2005），导致下垫面变化对洪水影响的定量模拟结果误差可能较大。

在海河流域的洪水对下垫面变化响应研究也有了一系列成果。李建柱等（2011）在紫荆关流域构建了水文模型，并对不同量级洪水分别进行模拟分析，结果表明，对于 10 年一遇以上洪水由于下垫面的变化，洪峰和洪量平均分别减少 1.3% 和 4.9%，小于 5 年一遇洪水洪峰和洪量分别减少 5.8% 和 12.5%。韩瑞光等（2010）利用山区雨洪模型重演了

80 年代前典型洪水，通过模拟值与实测值的差反映了流域下垫面变化对洪水径流的影响。下垫面变化对 10 年一遇以上洪水的洪峰和洪量影响较小，一般为 5％以内；而对 3 年一遇至 10 年一遇洪水的洪峰和洪量的影响较大，一般为 10％～30％，平均为 17.8％。李致家等（2012）对海河流域中紫荆关、邱庄、阜平三个流域分别用新安江模型进行了洪水模拟，并把洪水按照年代不同分时段分别进行参数调试。通过比较模拟得到的参数，发现海河流域的调蓄作用有增强的趋势。这些在海河流域的研究成果均是对下垫面变化的洪水综合响应进行分析，并没有具体量化各类下垫面要素分别对洪水的影响。

　　本章采用所建立的可以考虑下垫面变化的分布式水文模型，来定量估算各典型流域内下垫面变化对不同量级洪水的综合影响，以及各类下垫面要素对洪水特征的影响程度。9.2 模拟下垫面变化对洪水的综合影响；9.3 模拟分析各类下垫面变化分别对洪水的影响程度；9.4 模拟分析主要土地利用变化对洪水的影响程度；9.5 对本章主要成果进行归纳总结。

9.2　下垫面变化对不同量级洪水影响程度分析

9.2.1　洪水量级的划定和分析方法

9.2.1.1　洪水量级的划定

　　洪水重现期或频率能科学地反映洪水出现的概率和防护对象的安全度以及洪水灾情的大小，并且消除了流域面积这一因素，因而可以作为划分区域洪水等级的统计指标。

　　基于洪水频率分析的结果，根据洪水量级对选择的洪水分为小于 5 年一遇、5 年一遇至 10 年一遇和大于 10 年一遇，并在此结果上对其进行洪水过程的影响模拟和分析。根据《水文情报预报规范》（GB/T 22482—2008），洪水量级划分如下：

　　（1）洪水要素重现期小于 5 年的洪水，为小洪水。

　　（2）洪水要素重现期为 5～20 年的洪水，为中等洪水。

　　（3）洪水要素重现期为 20～50 年的洪水，为大洪水。

　　（4）洪水要素重现期大于 50 年的洪水，为特大洪水。

　　估计重现期的水文要素项目包括洪峰水位（流量）或时段最大洪量等，可根据河流（河段）的水文特性来选择。

　　由于海河流域自 1963 年以来，只有 1996 年海河南系出现过一次大洪水外，一直没有大洪水或特大洪水出现，缺乏足够的大洪水和特大洪水样本资料。因此，本书中为了研究方便，把洪水按重现期分成大于 10 年一遇、5 年一遇至 10 年一遇和小于 5 年一遇三个量级。

9.2.1.2　分析方法

　　下垫面变化对洪水影响的分析方法概括来说可分为流域观测试验和水文模拟两大类。

　　流域观测试验法是根据流域不同条件下的观测资料进行对比分析，从而确定下垫面变化对洪水的影响。这种方法可以对不同流域进行对比，也可以对同一流域下垫面变化前后进行对比，分别称为横向对比法和纵向对比法。横向对比法是先对不同流域进行若干年水文观测，建立流域之间的相关关系，然后一个流域保持原状，其他流域通过人为措施改变下垫面（称处理流域），并继续进行水文观测。将处理流域的观测值与通过上述相关关系由控制流域的观测值推算出流域的理论值进行比较，差值即为下垫面变化的影响程度。有条件也可选择两个完全相同的流域，对其中一个进行下垫面变化处理，并根据观测资料分别建立降雨径流关系，分析同样降雨条件下的径流差异，即下垫面变化的影响。纵向对比法是根据流域下垫面变化前的水文资料建立降雨径流关系，以此推算下垫面变化后的径流并与实测值比较，即得出下垫面变化的影响。

由于一些流域的水土保持工程措施，如人工造林、种草、筑坝淤地以及修筑梯田等措施，也会通过改变流域下垫面情况而给流域的水文特性带来一定的影响。水土保持措施减水量计算经常采用的方法有水保法和水文法两种。

水保法是根据水土保持试验站对各项水土保持措施减水作用的观测资料，按各项措施分项计算后逐项相加，从而得出总减水量，该方法又称为成因法，计算公式如下：

（1）坡面措施减水量计算公式：

$$\Delta W = (1-K)\sum M\eta_i f_i \tag{9.1}$$

式中：ΔW 为坡面措施减水量，m^3；M 为天然地表径流模数，m^3/hm^2；η_i 为某坡面措施减水指标，%；f_i 为某坡面措施面积，hm^2；K 为地下径流补给系数。

（2）淤地坝减水量计算公式：

$$\Delta W_1 = (1-K)\alpha\Delta W_2/\gamma \tag{9.2}$$

式中：ΔW_1 为淤地坝减水量，m^3；ΔW_2 为淤地坝拦泥量，m^3；α 为淤泥空隙率；γ 为淤泥干容重，t/m^3；K 为地下径流补给系数。

这种方法的优点是可以区分不同措施对径流影响量的大小，但要准确地确定各项措施的减水量比较困难。另外，这种方法多用来计算水土保持措施对径流的影响，难以计算对洪水的影响，尤其无法计算对洪峰流量的影响。

水文法是利用水文观测资料分析水土保持措施减水量的另一种方法。其基本原理是通过对降雨和径流基本规律进行分析，从而建立计算水土保持减水量估算模型。广泛使用的方法是利用治理前的水文资料建立流域产汇流模型，然后将治理后的降雨带入计算相当于未治理情况下的产流量，再与治理后的实测水量比较，从而得到水保措施减水量。水文法需要有系统的水文资料和不同时期的水土保持面积统计资料。

流域水文模型的发展为分析下垫面变化的水文效应提供了一个有效的手段。因为水文模型是基于对水文现象的认识，通过分析其成因及各要素之间的关系，用数学方法模拟水文变化的过程，反映了流域内的空间差异。为了定量区分不同土地利用/覆被对洪水过程的影响，可以对流域土地利用设计极端情景。尽管这些是理论的情景，但由于现实的下垫面是多种要素组合的复杂系统，情况十分复杂，各要素在系统中所起的作用很难辨别，通过假定的情景可以排除多要素的干扰，有利于确定单一土地利用在洪水效应中所起的作用。该方法可以反映土地利用/覆被变化对洪水的潜在影响的灵敏度。不同下垫面由于其产汇流参数的不同，对同一场降雨产生的洪水响应也不同。

历史洪水反演法也是借助水文模型来分析洪水的下垫面变化响应的一种方法，利用下垫面变化前的水文气象资料对水文模型进行参数率定和验证，然后对下垫面变化后的暴雨在变化前的下垫面条件下进行洪水模拟，通过与实测洪水过程进行对比，得到下垫面变化对洪水的影响。Xu等（2013）采用这种方法利用SWAT模型分析了谷坊坝对径流的影响程度。由于水文模型结构的不确定性可能导致对有些洪水模拟不精确，从而无法真实反映下垫面变化对洪水的影响规律，因此，该方法要求水文模型要有足够高的精度。为了避免由水文模型估算的下垫面变化对洪水影响程度的规律出现错误，一般采用不同下垫面条件下模拟的洪水过程进行对比分析，即对同一场洪水分别在实际不同时期下垫面条件下进行模拟并对比，得到下垫面变化对洪水的影响程度。这里主要采用历史洪水反演法，分析下垫面变化对典型流域洪水过程的影响程度。

9.2.2　洪水过程的影响模拟

9.2.2.1　石佛口流域

　　从石佛口流域1956—2008年的暴雨洪水资料中选择若干场次洪水过程，并根据洪水量级对选择的洪水分为大于10年一遇、5年一遇至10年一遇，小于5年一遇。对每一场洪水分别在1980年前后下垫面条件进行模拟，两种下垫面条件下模拟结果的差异即为下垫面变化对洪水的影响程度。不同时期下垫面的洪水模拟结果如表9.1所示，不同下垫面条件下部分场次洪水过程模拟如图9.1所示。

表 9.1　　　　　　　　　　石佛口流域在不同时期下垫面的洪水模拟结果

洪水重现期/年	洪水场次	1980年前下垫面模拟		1980年后下垫面模拟		下垫面变化影响	
		洪峰流量/(m³/s)	径流深/mm	洪峰流量/(m³/s)	径流深/mm	洪峰流量变化/%	径流深变化/%
>10	590721	438.4	76.12	421.3	72.45	−3.9	−4.8
	750811	412.0	106.21	387.0	102.30	−6.1	−3.7
	770723	264.9	86.04	231.4	82.23	−12.7	−4.4
	770802	257.5	67.49	216.8	62.69	−15.8	−7.1
	980713	247.3	120.13	203.8	117.31	−17.6	−2.4
	平均					−11.2	−4.5
5～10	640801	138.7	42.74	97.5	37.76	−29.8	−11.7
	690902	264.7	44.22	188.2	38.86	−28.9	−12.1
	700808	118.6	39.30	73.9	34.26	−37.7	−12.8
	790728	165.4	36.41	103.5	31.41	−37.5	−13.7
	840809	178.6	34.84	151.3	30.65	−15.3	−12.0
	940813	246.2	38.96	167.4	33.68	−32	−13.6
	950729	231.9	65.73	200.6	60.78	−13.5	−7.5
	960810	256.5	40.82	177.6	35.68	−30.8	−12.6
	平均					−28.2	−12.0

续表

洪水重现期/年	洪水场次	1980 年前下垫面模拟		1980 年后下垫面模拟		下垫面变化影响	
		洪峰流量/(m³/s)	径流深/mm	洪峰流量/(m³/s)	径流深/mm	洪峰流量变化/%	径流深变化/%
<5	650718	149.3	26.68	89.2	21.63	−40.3	−18.9
	670718	146.6	33.15	91.0	27.97	−38	−15.6
	670820	117.1	23.43	67.9	18.22	−42	−22.2
	720804	151.2	13.86	84.7	8.83	−44	−36.3
	760723	89.0	7.30	43.4	3.83	−51.3	−47.5
	760814	139.8	16.22	74.7	10.90	−46.6	−32.8
	780725	156.9	19.78	96.3	14.59	−38.6	−26.2
	780808	152.3	32.43	103.4	27.05	−32.1	−16.6
	870826	153.9	27.69	93.4	22.53	−39.3	−18.6
	010615	145.4	12.42	81.1	7.60	−44.2	−38.8
	平均					−41.6	−27.4

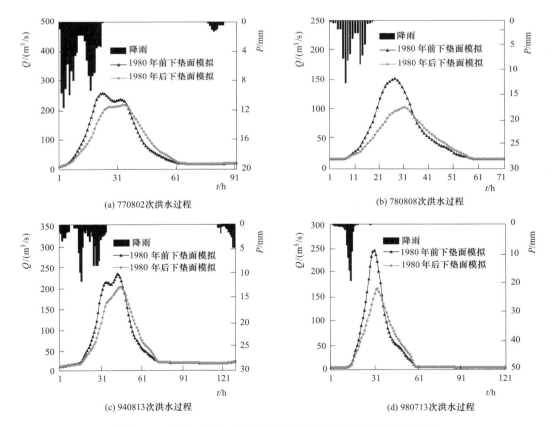

图 9.1 石佛口流域不同下垫面条件下部分场次洪水过程模拟

9.2.2.2　木鼻流域

从木鼻流域 1956—2008 年的暴雨洪水资料中选择若干场次洪水过程，并根据洪水量级对选择的洪水分为大于 10 年一遇、5 年一遇至 10 年一遇，小于 5 年一遇。对每一场洪水分别在 1980 年前后下垫面条件进行模拟，两种下垫面条件下模拟结果的差异即为下垫面变化对洪水的影响程度。不同时期下垫面的洪水模拟结果如表 9.2 所示，不同下垫面条件下部分场次洪水过程模拟如图 9.2 所示。

表 9.2　　　　　　　　　　木鼻流域在不同时期下垫面的洪水模拟结果

洪水重现期 /年	洪水场次	1980 年前下垫面模拟		1980 年后下垫面模拟		下垫面变化影响	
		洪峰流量 /(m³/s)	径流深 /mm	洪峰流量 /(m³/s)	径流深 /mm	洪峰流量变化 /%	径流深变化 /%
>10	820801	170.0	42.81	165.2	42.51	−2.8	−0.7
	960803	278.8	28.08	261.2	25.46	−6.3	−9.3
	000703	309.5	26.83	281.3	25.29	−9.1	−5.7
	平均					−6.1	−5.2
5~10	550906	205.4	20.25	191.4	18.52	−6.8	−8.5
	560801	153.6	19.85	142.4	17.28	−7.3	−13.0
	580802	47.4	7.65	41.1	6.80	−13.2	−11.1
	590726	59.0	5.18	52.0	4.28	−11.8	−17.4
	840812	22.6	5.27	17.9	5.00	−20.6	−5.1
	980621	66.1	5.57	55.1	4.87	−16.7	−12.6
	平均					−12.7	−11.3
<5	570708	57.2	3.01	42.6	2.55	−25.5	−15.3
	600727	15.0	1.74	11.1	1.14	−25.7	−34.5
	610731	8.3	0.77	6.2	0.65	−25.3	−15.6
	780728	39.4	5.00	27.2	4.43	−30.9	−11.4
	990712	15.0	1.71	9.8	1.47	−34.9	−14.0
	020701	20.6	4.67	13.9	4.42	−32.7	−5.4
	040729	8.8	2.55	5.7	2.39	−34.7	−6.3
	070728	17.4	4.40	11.1	4.03	−36.0	−8.4
	080717	6.7	4.11	4.4	3.99	−33.9	−2.9
	平均					−31.1	−12.6

9.2.2.3　西台峪流域

在西台峪流域 1956—2008 年的暴雨洪水资料中选择若干场次洪水过程，并根据洪水量级对选择的洪水分为大于 10 年一遇、5 年一遇至 10 年一遇，小于 5 年一遇。对每一场洪水分别在 1980 年前后下垫面条件进行模拟，两种下垫面条件下模拟结果的差异即为下垫面变化对洪水的影响程度。不同时期下垫面的洪水模拟结果如表 9.3 所示，不同下垫面条件下部分场次洪水过程模拟如图 9.3 所示。

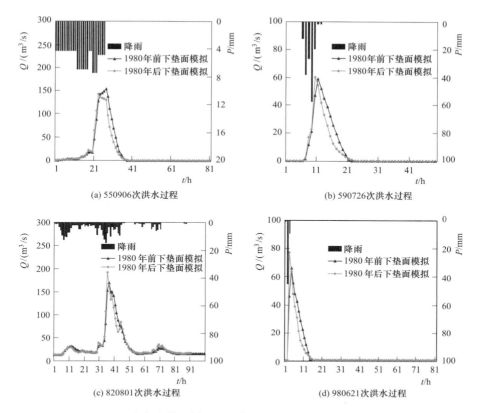

图 9.2 木鼻流域不同下垫面条件下部分场次洪水过程模拟

表 9.3 西台峪流域在不同时期下垫面的洪水模拟结果

洪水重现期 /年	洪水场次	1980 年前下垫面模拟		1980 年后下垫面模拟		下垫面变化影响	
		洪峰流量 /(m³/s)	径流深 /mm	洪峰流量 /(m³/s)	径流深 /mm	洪峰流量变化 /%	径流深变化 /%
>10	600729	824.9	79.96	709.9	70.71	−13.9	−11.6
	960803	1101.1	455.21	1062.2	435.57	−3.5	−4.3
	000703	667.4	208.62	626.8	189.78	−6.1	−9.0
	平均					−7.8	−8.3
5～10	740729	312.5	28.92	228.5	22.40	−26.9	−22.5
	750807	213.2	32.41	154.7	24.34	−27.5	−24.9
	760718	55.1	76.20	38.6	69.14	−29.8	−9.3
	770727	228.4	119.63	170.8	111.05	−25.2	−7.2
	810815	169.2	32.3	118.1	24.79	−30.2	−23.3
	820801	185.5	86.48	159.9	70.72	−13.8	−18.2
	930804	65.3	44.27	46.5	33.27	−28.8	−24.8
	950714	312.1	21.23	233.9	16.62	−25.1	−21.7

续表

洪水重现期/年	洪水场次	1980 年前下垫面模拟		1980 年后下垫面模拟		下垫面变化影响	
		洪峰流量/(m³/s)	径流深/mm	洪峰流量/(m³/s)	径流深/mm	洪峰流量变化/%	径流深变化/%
5～10	950903	152.0	69.50	114.8	60.59	−24.5	−12.8
	970625	251.6	20.42	181.9	15.77	−27.7	−22.8
	平均					−26.0	−18.8
<5	610715	181.0	14.41	130	11.55	−28.2	−19.9
	620623	94.6	5.60	72.7	4.37	−23.1	−22
	630723	38.3	4.05	21.6	2.57	−43.7	−36.5
	660719	49.3	8.42	31.7	6.13	−35.7	−27.2
	730814	36.8	8.50	19.2	6.64	−47.9	−21.9
	740807	82.0	16.66	57.4	12.65	−30.2	−24.1
	780724	77.9	7.63	51.0	5.81	−34.5	−23.9
	780728	52.9	16.66	35.1	15.00	−33.6	−10.0
	800827	68.2	16.33	42.3	12.30	−38.0	−24.7
	830827	53.4	4.23	31.7	2.72	−40.5	−35.7
	900711	44.8	3.62	27.6	2.26	−38.2	−37.6
	920830	54.7	22.56	35.1	17.76	−35.9	−21.3
	000919	27.7	13.59	14.9	10.19	−46.3	−25.0
	010727	32.3	17.61	19.7	14.15	−39.0	−19.6
	040711	80.7	70.65	58.2	63.19	−27.9	−10.6
	050816	45.9	15.42	26.9	11.81	−41.4	−23.4
	平均					−36.5	−24.0

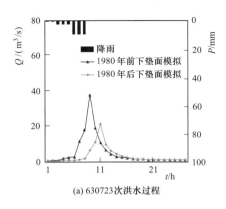

(a) 630723次洪水过程

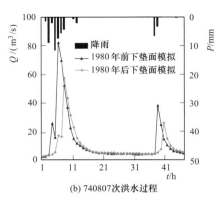

(b) 740807次洪水过程

图 9.3（一）　西台峪流域不同下垫面条件下部分场次洪水过程模拟

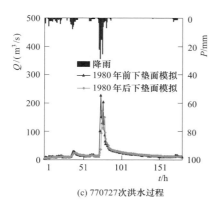
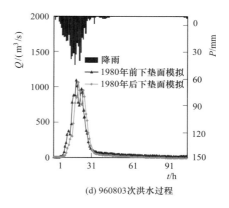

(c) 770727次洪水过程　　　　　　　　(d) 960803次洪水过程

图 9.3（二）　　西台峪流域不同下垫面条件下部分场次洪水过程模拟

9.2.2.4 倒马关—中唐梅区间流域

在倒马关—中唐梅区间流域 1956—2008 年的暴雨洪水资料中选择若干场次洪水过程，并根据洪水量级对选择的洪水分为大于 10 年一遇、5 年一遇至 10 年一遇。对每一场洪水分别在 1980 年前后下垫面条件进行模拟，两种下垫面条件下模拟结果的差异即为下垫面变化对洪水的影响程度。不同时期下垫面的洪水模拟结果如表 9.4 所示，不同下垫面条件下部分场次洪水过程模拟如图 9.4 所示。

表 9.4　　　　　倒马关—中唐梅区间流域在不同时期下垫面的洪水模拟结果

| 洪水重现期
/年 | 洪水场次 | 1980 年前下垫面模拟 | | 1980 年后下垫面模拟 | | 下垫面变化影响 | |
		洪峰流量 /(m³/s)	径流深 /mm	洪峰流量 /(m³/s)	径流深 /mm	洪峰流量变化 /%	径流深变化 /%
>10	590802	565.1	138.20	338.2	132.08	−40.1	−4.4
	630804	3856.3	560.21	3829.6	560.23	−0.7	0
	880804	1415.8	105.90	856.4	92.94	−39.5	−12.2
	890721	940.5	46.49	569.0	37.40	−39.5	−19.6
	平均					−30.0	−9.1
5~10	660726	194.1	5.79	115.6	4.75	−40.4	−18.0
	700731	297.6	4.58	157.6	3.04	−47	−33.6
	740722	305.5	5.60	162.9	3.80	−46.7	−32.1
	750811	406.9	6.47	243.3	3.48	−40.2	−46.2
	770730	139.6	14.29	110.2	13.51	−21.1	−5.5
	770802	442.7	17.12	275.0	14.84	−37.9	−13.3
	790809	396.5	6.46	223.9	4.82	−43.5	−25.4
	810805	261.8	18.90	132.2	14.43	−49.5	−23.7
	820730	698.6	20.16	417.2	15.36	−40.3	−23.8

续表

洪水重现期/年	洪水场次	1980 年前下垫面模拟		1980 年后下垫面模拟		下垫面变化影响	
		洪峰流量/(m³/s)	径流深/mm	洪峰流量/(m³/s)	径流深/mm	洪峰流量变化/%	径流深变化/%
5～10	860626	555.2	10.57	328.9	7.03	−40.8	−33.5
	900713	901.7	23.87	518.3	18.34	−42.5	−23.2
	950717	297.4	19.16	141.5	12.93	−52.4	−32.5
	960809	291.8	27.96	167.2	25.65	−42.7	−8.3
	000703	672.3	25.86	380.6	19.42	−43.4	−24.9
	平均					−42.0	−24.6

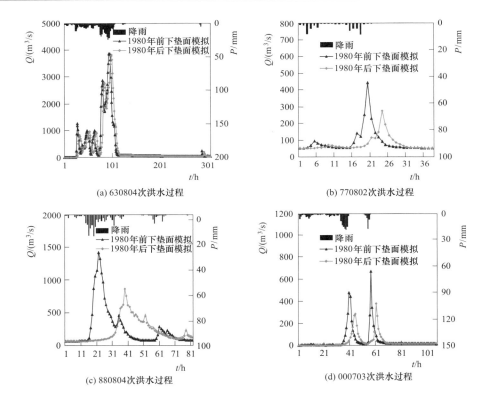

(a) 630804次洪水过程

(b) 770802次洪水过程

(c) 880804次洪水过程

(d) 000703次洪水过程

图 9.4 倒马关—中唐梅区间流域不同下垫面条件下部分场次洪水过程模拟

9.2.2.5 阜平流域

在阜平流域 1956—2008 年的暴雨洪水资料中选择若干场次洪水过程,并根据洪水量级对选择的洪水分为大于 10 年一遇、5 年一遇至 10 年一遇和小于 5 年一遇。对每一场洪水分别在 1980 年前后下垫面条件进行模拟,两种下垫面条件下模拟结果的差异即为下垫面变化对洪水的影响程度。不同时期下垫面的洪水模拟结果如表 9.5 所示,不同下垫面条件下部分场次洪水过程模拟如图 9.5 所示。

表 9.5　　　　　　　　　　　阜平流域在不同时期下垫面的洪水模拟结果

洪水重现期 /年	洪水场次	1980 年前下垫面		1980 年后下垫面		下垫面变化影响	
		洪峰流量 /(m³/s)	径流深 /mm	洪峰流量 /(m³/s)	径流深 /mm	洪峰流量变化 /%	径流深变化 /%
>10	590803	1748.3	166.98	1854	147.86	6.1	−11.5
	630805	3352.7	241.17	3784.2	226.75	12.9	−6.0
	960803	1688.1	111.65	1453.2	91.24	−13.9	−18.3
	640808	916.3	111.34	652.8	91.82	−28.8	−17.5
	880808	1396.9	108.77	1162.5	89.27	−16.8	−17.9
	平均					−8.1	−14.2
5~10	670803	776.9	60.03	491.6	42.78	−36.7	−28.7
	780827	731.7	47.81	417.4	32.56	−43.0	−31.9
	790811	831.7	81.08	554.0	62.39	−33.4	−23.1
	950713	1258.2	64.08	399.7	47.21	−68.2	−26.3
	000704	313.1	89.84	237.9	75.82	−24.0	−15.6
	平均					−41.1	−25.1
<5	610927	158.6	12.98	100.4	9.64	−36.7	−25.7
	620729	142.2	3.28	68.3	2.67	−52.0	−18.6
	660826	470.7	18.72	220.9	14.96	−53.1	−20.1
	680813	73.6	6.84	53.4	5.72	−27.4	−16.4
	700711	280.4	3.87	99.4	2.71	−64.6	−30.0
	710625	278.0	9.72	115.0	6.65	−58.7	−31.6
	720815	63.9	0.45	18.0	0.30	−71.9	−33.3
	760819	252.4	19.47	159.7	15.09	−36.7	−22.5
	770720	474.9	147.55	333.9	124.05	−29.7	−15.9
	800816	146.3	2.97	51.6	2.32	−64.7	−21.9
	810805	132.6	14.47	102.2	12.12	−23.0	−16.2
	820802	339.4	32.83	231.5	27.46	−31.8	−16.4
	830803	358.7	3.46	113.3	1.84	−68.4	−46.8
	840619	38.7	1.13	16.4	0.48	−57.7	−57.7
	850820	133.0	2.14	33.1	1.51	−75.1	−29.4
	860831	290.7	2.41	81.5	1.37	−72.0	−43.2
	870826	241.9	15.83	132.3	11.36	−45.3	−28.2
	890731	329.1	16.54	149	11.46	−54.7	−30.7
	900825	100.9	7.37	45.4	5.16	−55.0	−30.0
	910607	189.3	6.86	79.1	3.50	−58.2	−49.0
	920731	95.8	1.06	24.3	0.60	−74.7	−43.4

续表

洪水重现期/年	洪水场次	1980 年前下垫面		1980 年后下垫面		下垫面变化影响	
		洪峰流量/(m³/s)	径流深/mm	洪峰流量/(m³/s)	径流深/mm	洪峰流量变化/%	径流深变化/%
<5	940705	297.0	15.85	145.6	12.26	−51.0	−22.7
	980711	96.9	7.79	58.1	5.82	−40.0	−25.3
	990814	349.3	18.50	139.9	14.01	−60.0	−24.3
	010724	165.8	3.20	45.7	1.97	−72.4	−38.4
	020801	60.7	2.20	30.6	1.43	−49.6	−35.0
	040809	148.7	23.19	114.8	18.22	−22.8	−21.4
	050816	95.9	5.04	42.6	4.17	−55.6	−17.3
	平均					−52.2	−29.0

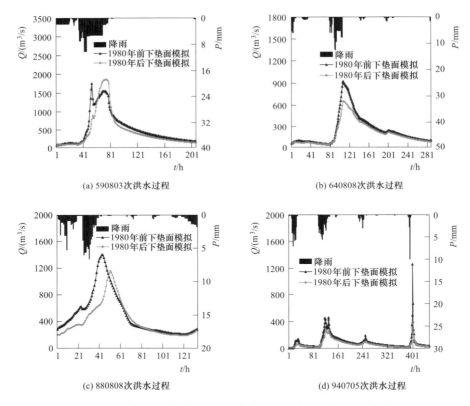

图 9.5　阜平流域不同下垫面条件下部分场次洪水过程模拟

9.2.2.6　大阁流域

在大阁流域 1956—2008 年的暴雨洪水资料中选择若干场次洪水过程，并根据洪水量级对选择的洪水分为大于 10 年一遇、5 年一遇至 10 年一遇和小于 5 年一遇。对每一场洪水分别在 1980 年前后下垫面条件进行模拟，两种下垫面条件下模拟结果的差异即为下垫面变化对洪水的影响程度。不同时期下垫面的洪水模拟结果如表 9.6 所示，不同下垫面条件下部分场次洪水过程模拟如图 9.6 所示。

表 9.6　　　　　　　　　　大阁流域在不同时期下垫面的洪水模拟结果

洪水重现期 /年	洪水场次	1980 年前下垫面		1980 年后下垫面		下垫面变化影响	
		洪峰流量 /(m³/s)	径流深 /mm	洪峰流量 /(m³/s)	径流深 /mm	洪峰流量变化 /%	径流深变化 /%
>10	640801	457.4	15.00	252.2	10.91	−44.9	−27.3
	920803	513.3	4.98	357.9	4.39	−30.3	−11.8
	930810	643.1	5.64	432.0	4.11	−32.8	−27.1
	980705	992.1	9.44	608.3	7.31	−38.7	−22.6
	平均					−36.7	−22.2
5~10	570723	533.0	3.56	323.8	2.87	−39.3	−19.4
	580712	314.5	6.07	224.8	4.97	−28.5	−18.1
	810723	487.7	3.57	365.6	2.92	−25.0	−18.2
	940723	446.5	4.21	299.0	3.08	−33.0	−26.8
	960723	571.5	3.73	353.4	2.83	−38.2	−24.1
	平均					−32.8	−21.3
<5	600715	207.4	3.55	113.0	2.41	−45.5	−32.1
	630723	210.5	2.45	153.8	1.71	−26.9	−30.2
	650722	165.4	3.01	139.9	2.31	−15.4	−23.3
	670709	216.8	1.09	115.3	0.74	−46.6	−32.1
	750629	139.5	1.74	113.5	1.33	−18.6	−23.6
	860906	562.5	2.90	337.4	2.09	−40.0	−27.9
	870731	431.3	2.03	255.7	1.35	−40.7	−33.5
	920731	398.1	2.25	220.6	1.58	−44.6	−29.8
	平均					−34.8	−29.1

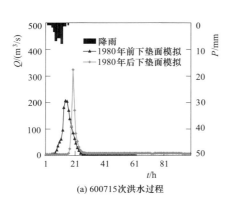

(a) 600715 次洪水过程

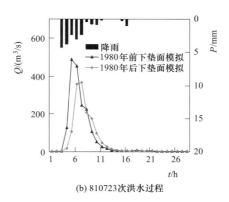

(b) 810723 次洪水过程

图 9.6（一）　大阁流域不同下垫面条件下不同场次洪水过程模拟

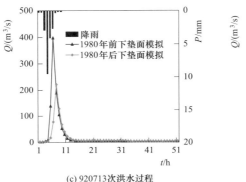

(c) 920713次洪水过程

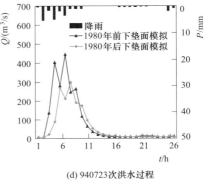

(d) 940723次洪水过程

图 9.6（二）　大阁流域不同下垫面条件下不同场次洪水过程模拟

9.2.2.7　冷口流域

从冷口流域 1956—2008 年的暴雨洪水资料中选择若干场次洪水过程，并根据洪水量级对选择的洪水分为大于 10 年一遇、5 年一遇至 10 年一遇和小于 5 年一遇。对每一场洪水分别在 1980 年前后下垫面条件进行模拟，两种下垫面条件下模拟结果的差异即为下垫面变化对洪水的影响程度。不同时期下垫面的洪水模拟结果如表 9.7 所示，不同下垫面条件下部分场次洪水过程模拟如图 9.7 所示。

表 9.7　　　　　　　　　　冷口流域在不同时期下垫面的洪水模拟结果

洪水重现期/年	洪水场次	1980 年前下垫面		1980 年后下垫面		下垫面变化影响	
		洪峰流量/(m³/s)	径流深/mm	洪峰流量/(m³/s)	径流深/mm	洪峰流量变化/%	径流深变化/%
>10	590721	1208.6	168.06	1243.0	163.37	2.8	−2.8
	620724	1644.3	147.77	1674.7	142.90	1.8	−3.3
	640813	1153.3	146.02	947.8	140.59	−17.8	−3.7
	660728	1464.4	77.34	1422.7	70.99	−2.9	−8.2
	790727	2011.6	134.92	1964.6	129.53	−2.3	−4.0
	840809	1807.4	140.99	1952.9	136.00	8.1	−3.5
	940711	1345.7	88.06	1376.1	81.95	2.3	−6.9
	平均					−1.1	−4.6
5～10	690810	724.3	106.24	665.9	100.21	−8.1	−5.7
	770726	790.0	119.63	664.9	114.00	−15.8	−4.7
	950728	505.7	108.23	474.7	102.33	−6.1	−5.5
	960801	703.4	90.07	755.7	83.58	7.4	−7.2
	080704	310.0	40.33	237.1	37.35	−23.5	−7.4
	平均					−9.2	−6.1

续表

洪水重现期 /年	洪水场次	1980 年前下垫面		1980 年后下垫面		下垫面变化影响	
		洪峰流量 /(m³/s)	径流深 /mm	洪峰流量 /(m³/s)	径流深 /mm	洪峰流量变化 /%	径流深变化 /%
<5	580714	224.6	30.18	148.6	24.49	−33.9	−18.9
	590818	354.7	32.91	273.8	27.40	−22.8	−16.7
	610821	183.4	26.61	121.3	21.32	−33.8	−19.9
	690816	300.6	13.87	228.4	11.98	−24.0	−13.6
	730819	232.6	34.5	152.0	28.70	−34.7	−16.8
	750729	175.8	38.94	122.8	35.19	−30.1	−9.6
	760723	438.6	57.39	341.6	50.48	−22.1	−12.0
	780725	794.9	43.63	691.7	36.58	−13.0	−16.2
	850822	499.8	42.92	326.1	39.23	−34.8	−8.6
	880808	423.1	20.64	265.8	16.80	−37.2	−18.6
	930707	332.1	17.66	245.8	13.93	−26.0	−21.1
	960809	399.3	51.45	285.3	44.02	−28.5	−14.4
	980713	463.8	49.02	338.6	40.26	−27.0	−17.9
	平均					−28.3	−15.7

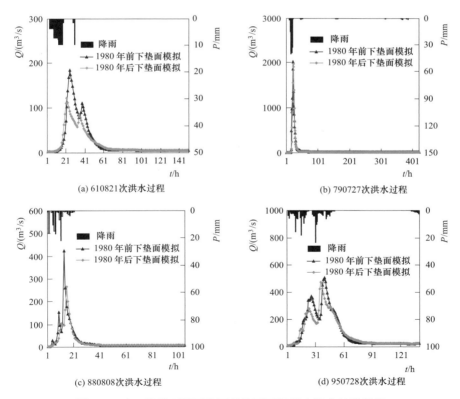

(a) 610821次洪水过程

(b) 790727次洪水过程

(c) 880808次洪水过程

(d) 950728次洪水过程

图 9.7 冷口流域不同下垫面条件下不同场次洪水过程模拟

9.2.3　下垫面变化对洪水过程的影响程度分析

9.2.3.1　石佛口流域

　　从表 9.1 可以看出，石佛口流域 1980 年以后与 1980 年前下垫面条件模拟的洪水结果相比，洪峰流量和径流深均减小。大于 10 年一遇洪水洪峰流量平均减小 11.2%，径流深平均减小 4.5%，5 年一遇至 10 年一遇洪水洪峰流量平均减小 28.2%，径流深平均减小 12.0%，小于 5 年一遇洪水洪峰流量平均减小 41.6%，径流深平均减小 27.4%，因此，可以看出洪峰流量和径流深减小程度随着洪水量级增加而减小。在所有场次洪水中，980713 次洪水径流深为 120.13mm，是洪水量级最大的场次洪水，受下垫面条件变化影响，径流深减少了 2.4%，而 760723 次洪水径流深为 7.30mm，在选择的所有洪水场次中最小，而径流深的减小程度为 47.5%，在所有场次洪水中减小程度最大。洪峰流量的减小程度与降雨的时程分布有密切联系。770723 次洪水过程，在洪峰流量形成之前有较大降雨量，这部分降雨量被植被截留、塘坝等水利工程拦蓄，再发生降雨时，主雨峰产生的径流受水利工程影响较小，因此洪峰流量减小程度为 12.7%，而 870826 次洪水过程，主雨峰靠前，部分降雨被植被截留、产生的部分径流被水利工程拦蓄，对洪水有直接的削峰作用，因此洪峰流量减小程度较大，为 39.3%。

9.2.3.2　木鼻流域

　　从表 9.2 中可以看出，1980 年前后下垫面条件模拟结果相比，下垫面变化导致洪峰流量和径流深普遍减小，大于 10 年一遇洪水洪峰流量和径流深分别平均减小 6.1% 和 5.2%，5 年一遇至 10 年一遇洪水洪峰流量和径流深分别平均减小 12.7% 和 11.3%，小于 5 年一遇洪水洪峰和洪量分别平均减小 31.1% 和 12.6%。可以看出，大于 10 年一遇洪水径流深减小程度最小，但是 5 年一遇至 10 年一遇洪水与小于 5 年一遇洪水相比，小于 5 年一遇洪水的径流深减小程度更小，尤其是 020701、040729 和 080717 次洪水过程，径流深减小程度均在 5% 左右。主要是由于这几场洪水产生的地面径流较少，因此被水利水保工程拦蓄的径流较小，导致小于 5 年一遇洪水的径流深减小程度小于 5 年一遇至 10 年一遇洪水的径流深减小程度。洪峰流量的减小程度除了与下垫面条件有关外，还与降雨的时程分配有密切关系，因此，洪峰流量减小程度与洪水量级关系不明显。

9.2.3.3　西台峪流域

　　从表 9.3 中可以看出，1980 年前后下垫面条件下模拟的结果相比，1980 年后下垫面条件下洪峰流量和径流深均减小，大于 10 年一遇洪水洪峰流量和径流深分别平均减小 7.8% 和 8.3%，5 年一遇至 10 年一遇洪水洪峰流量和径流深分别平均减小 26.0% 和 18.8%，小于 5 年一遇洪水洪峰流量和径流深分别平均减小 36.5% 和 24.0%。因此可以看出，洪峰流量和径流深减小程度均随洪水量级增加而减小。960803 次洪水过程的径流深最大，为 455.21mm，由于下垫面条件变化导致径流深减小 4.3%，而 900711 次洪水过程径流深最小，为 3.62mm，下垫面条件变化导致径流深减小 37.6%。但洪峰流量减小程度除了与洪水量级关系相关外，还与降雨时程分配有关。如 770727 次洪水过程，虽然径流深为 119.63mm，但主雨峰之前的降雨量产生的径流量较少，不能满足塘坝等水利水保工程的蓄量，所以主雨峰产生的地表径流会有部分被塘坝等工程拦蓄，洪峰流量被削减程度较大，为 25.2%。

9.2.3.4　倒马关—中唐梅区间流域

从表 9.4 中可以看出，1980 年前后下垫面条件下洪水模拟结果相比，下垫面变化导致洪峰流量和径流深均减小，大于 10 年一遇洪水洪峰流量和径流深分别平均减小 30.0% 和 9.1%，5 年一遇至 10 年一遇洪水洪峰流量和径流深平均减小程度分别为 42.0% 和 24.6%，总体来说，洪峰流量和径流深的减小程度随着洪水量级增加而减小。但某些场次洪水洪峰流量与径流深减小程度与洪水量级关系不明显。如 590802 次洪水过程径流深较大，为 138.20mm，但下垫面条件变化导致洪峰流量减小程度较大，为 40.1%，而 770730 次洪水过程径流深较小，为 14.29mm，但下垫面变化导致洪峰流量减小程度较小，为 21.1%。主要是由于洪峰流量的减小与降雨的时程分配还有一定的关系。

9.2.3.5　阜平流域

从表 9.5 可以看出，阜平流域下垫面变化导致洪峰流量和径流深减小，大于 10 年一遇洪水洪峰流量和径流深平均减小程度分别为 8.1% 和 14.2%，5 年一遇至 10 年一遇洪水洪峰流量和径流深分别平均减小 41.1% 和 25.1%，小于 5 年一遇洪水洪峰流量和径流深分别平均减小 52.2% 和 29.0%。因此可以看出，阜平流域洪峰流量和径流深随着洪水量级增加而减小。但是 5 年一遇至 10 年一遇和小于 5 年一遇的洪水洪峰流量和径流深减小程度相差较小。950713 次洪水为 5 年一遇至 10 年一遇，但其洪峰流量减小较大，为 68.2%，主要是由于主雨峰产生了较多的地面径流，而在主雨峰前并没有产生地面径流，其中部分地面径流被水利水保工程拦蓄，因此水利水保工程产生了削峰作用。590803 和 630805 次洪水的洪峰流量在 1980 年后下垫面条件下有所增加，增加程度分别为 6.1% 和 12.9%，主要是由土地利用变化导致的。

9.2.3.6　大阁流域

从表 9.6 可以看出，1980 年前后和 1970 年下垫面条件下洪水模拟结果相比，下垫面变化导致洪峰流量和径流深均减小，大于 10 年一遇洪水洪峰流量和径流深平均减小程度分别为 36.7% 和 22.2%，5 年一遇至 10 年一遇洪水洪峰流量和径流深平均减小程度分别为 32.8% 和 21.3%，小于 5 年一遇洪水洪峰流量和径流深平均减小程度分别为 34.8% 和 29.1%。可以看出，径流深减小程度随着洪水量级增大而减小，洪峰流量减小程度与洪水量级关系不明显，主要是因为洪峰减小程度和降雨时程分配有关。如 640801 次洪水过程，径流深为所有场次洪水中最大值，为 15.00mm，但由于主雨峰靠前，产生的部分地面径流被水利水保工程拦蓄，使其洪峰减小程度较大，为 44.9%。而比其量级更小的 920803 次洪水过程，洪峰流量和径流深分别减少了 30.3% 和 11.8%。

9.2.3.7　冷口流域

通过表 9.7 可以看出，和 1980 年前下垫面情况相比，1980 年后下垫面条件下模拟的洪峰流量和径流深普遍减小，大于 10 年一遇洪水洪峰流量和径流深分别平均减小 1.1% 和 4.6%，5 年一遇至 10 年一遇洪水洪峰流量和径流深分别平均减小 9.2% 和 6.1%，小于 5 年一遇洪水洪峰流量和径流深分别平均减小 28.3% 和 15.7%。因此可以看出，冷口流域洪峰流量和径流深减小程度随着洪水量级增加而减小。由于下垫面变化的影响，有些场次洪水洪峰流量有所增加，如 590721、620724、840809 等场次洪水，主要是因为土地利用变化导致洪峰流量增加的程度大于塘坝等水利工程导致的洪峰减小程度，使得1980年后下垫面条件下这些场次洪水的洪峰流量增加，但是增加程度较小。从图9.7也可以看出，950728次洪水过程有两个洪峰，第一洪峰之前产生的部分地面径流被水利水保工程拦蓄，因此减小程度较大，第二洪峰对下垫面变化的响应程度较小。

9.3　主要下垫面要素对洪水影响程度分析

9.3.1　下垫面要素的变化

对产汇流有影响的下垫面要素比较多，但在短时期内对洪水过程变化有影响的因素主要有地下水位变化、土地利用变化和水利水保工程等。第4章已经对海河流域主要水系地下水开采及对地下水位影响情况进行了分析，这里主要对典型流域土地利用变化及水土保持措施进行分析。

9.3.1.1　土地利用方式变化

1. 石佛口流域

表9.8和图9.8分别给出了石佛口流域各时期不同土地利用面积和同一土地利用类型面积在不同时期的对比。可以看出，石佛口流域主要土地利用类型为耕地，林地和草地也占有一定比例。流域内1970—1980年土地利用变化较小，除水域面积减小且相对其自身有很大的变化幅度以外，其他土地利用类型变化不大。1980—2000年土地利用变化很小，除草地和未利用土地面积有少量变化且变化幅度小于0.5%以外，其他土地利用类型面积比例基本保持不变。2000—2008年土地利用发生了一定变化，其中林地和建设用地面积增加，未利用土地从有到无，耕地、草地和水域变化不大。

表9.8　　　　　　　　　　　　　石佛口流域各时期土地利用变化情况

土地利用类型	1970 年		1980 年		2000 年		2008 年	
	面积/km²	占流域面积比例/%	面积/km²	占流域面积比例/%	面积/km²	占流域面积比例/%	面积/km²	占流域面积比例/%
耕地	248.4	56.19	250.5	56.67	250.4	56.65	245.3	55.49
林地	66.6	15.07	66.8	15.10	66.8	15.10	101.2	22.89
草地	34.2	7.73	34.0	7.69	32.0	7.25	30.0	6.79
水域	6.4	1.46	1.0	0.23	1.0	0.23	3.1	0.71
建设用地	21.3	4.82	24.3	5.51	24.3	5.51	62.4	14.12
未利用土地	65.1	14.73	65.5	14.80	67.5	15.26	0.0	0.00
总计	442.1	100	442.1	100	442.1	100	442.1	100

2. 木鼻流域

表9.9和图9.9分别给出了木鼻流域各时期不同土地利用面积和同一土地利用类型面积在不同时期的对比。可以看出，木鼻流域主要土地利用类型为耕地，流域内1970—1980年土地利用发生了一定变化，其中耕地面积增加，草地和建设用地面积减小。

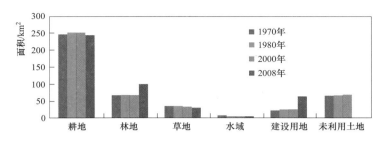

图 9.8   石佛口流域各时期土地利用变化情况

1980—2000 年土地利用变化不大，其中草地面积减小，水域面积增加，耕地和建设用地面积比例保持不变；2000—2008 年土地利用发生了一定变化，其中耕地面积减小，草地和建设用地面积增大，林地从无到有，水域从有到无。

表 9.9   木鼻流域各时期土地利用变化情况

土地利用类型	1970 年		1980 年		2000 年		2008 年	
	面积/km²	占流域面积比例/%	面积/km²	占流域面积比例/%	面积/km²	占流域面积比例/%	面积/km²	占流域面积比例/%
耕地	247.1	90.22	259.0	94.56	259.0	94.56	224.1	81.82
林地	0.0	0.00	0.0	0.00	0.0	0.00	10.8	3.94
草地	1.3	0.48	2.9	1.07	0.4	0.14	19.5	7.12
水域	6.4	2.35	3.6	1.30	6.1	2.23	0.0	0.00
建设用地	19.1	6.95	8.4	3.07	8.4	3.07	19.5	7.12
未利用土地	0.0	0.00	0.0	0.00	0.0	0.00	0.0	0.00
总计	273.9	100	273.9	100	273.9	100	273.9	100

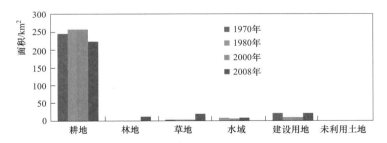

图 9.9   木鼻流域各时期土地利用变化情况

3. 西台峪流域

表 9.10 和图 9.10 分别给出了西台峪流域各时期不同土地利用面积和同一土地利用类型面积在不同时期的对比。可以看出，西台峪流域主要土地利用类型为耕地、林地和草地。流域内 1970—1980 年土地利用发生了一定变化，其中耕地和林地面积增加，草地面积减小，水域和建设用地从有到无。1980—2000 年土地利用变化不大，其中耕地面积有少量增加，草地面积有少量减小，林地面积比例保持不变。2000—2008 年土地利用发生

了一定变化，其中林地和草地面积增加，耕地面积减小。

表 9.10　西台峪流域各时期土地利用变化情况

土地利用类型	1970 年		1980 年		2000 年		2008 年	
	面积/km²	占流域面积比例/%	面积/km²	占流域面积比例/%	面积/km²	占流域面积比例/%	面积/km²	占流域面积比例/%
耕地	48.5	38.61	58.3	46.39	60.3	47.98	26.3	20.93
林地	26.2	20.88	34.9	27.82	34.9	27.82	48.8	38.84
草地	45.8	36.51	32.4	25.79	30.4	24.20	50.5	40.23
水域	2.0	1.60	0.0	0.00	0.0	0.00	0.0	0.00
建设用地	3.0	2.40	0.0	0.00	0.0	0.00	0.0	0.00
总计	125.6	100	125.6	100	125.6	100	125.6	100

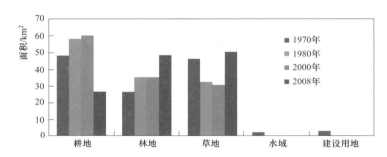

图 9.10　西台峪流域各时期土地利用变化情况

4. 倒马关—中唐梅区间流域

表 9.11 和图 9.11 分别给出了倒马关—中唐梅区间流域各时期不同土地利用面积和同一土地利用类型面积在不同时期的对比。可以看出，倒马关—中唐梅区间流域主要土地利用类型为草地，林地也占有一定面积比例。流域内 1970—1980 年土地利用发生了一定变化，其中耕地面积减小，林地和草地面积增加，建设用地面积减小且相对其自身有很大的变化幅度，水域从有到无。1980—2000 年间土地利用变化不大，其中耕地和林地面积有少量增加，草地和建设用地面积有少量减小。2000—2008 年土地利用发生了较大变化，其中林地面积有较大幅度增加，草地面积有较大幅度减小，耕地面积有少量减小，建设用地面积有少量增加。

表 9.11　倒马关—中唐梅区间流域各时期土地利用变化情况

土地利用类型	1970 年		1980 年		2000 年		2008 年	
	面积/km²	占流域面积比例/%	面积/km²	占流域面积比例/%	面积/km²	占流域面积比例/%	面积/km²	占流域面积比例/%
耕地	74.3	10.63	49.4	7.07	52.9	7.56	45.4	6.49
林地	136.5	19.52	169.2	24.20	169.4	24.22	369.1	52.79
草地	470.1	67.23	480.3	68.69	476.8	68.19	284.3	40.65

续表

土地利用类型	1970 年		1980 年		2000 年		2008 年	
	面积 /km²	占流域面积比例/%	面积 /km²	占流域面积比例/%	面积 /km²	占流域面积比例/%	面积 /km²	占流域面积比例/%
水域	12.4	1.77	0.0	0.00	0.0	0.00	0.0	0.00
建设用地	6.0	0.85	0.3	0.04	0.2	0.03	0.5	0.07
总计	699.3	100	699.3	100	699.3	100	699.3	100

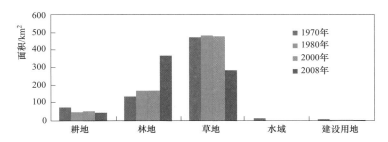

图 9.11　倒马关—中唐梅区间流域各时期土地利用变化情况

5. 阜平流域

表 9.12 和图 9.12 分别给出了阜平流域各时期不同土地利用面积和同一土地利用类型面积在不同时期的对比。可以看出，阜平流域 1970 年、1980 年和 2000 年主要土地利用类型为草地，林地也占有一定面积比例。2008 年主要土地利用类型为林地，草地也占有一定面积比例。流域内 1970—1980 年土地利用发生了一定变化，其中林地面积增加，耕地和草地面积减小，水域和建设用地从有到无。1980—2000 年土地利用变化不大，其中耕地和草地面积有少量减小，林地面积有少量增加。2000—2008 年土地利用发生了较大变化，其中林地面积有较大幅度增加，草地面积有较大幅度减小，耕地面积增加，建设用地从无到有。

表 9.12　　　　　　　　　　　　阜平流域各时期土地利用变化情况

土地利用类型	1970 年		1980 年		2000 年		2008 年	
	面积 /km²	占流域面积比例/%	面积 /km²	占流域面积比例/%	面积 /km²	占流域面积比例/%	面积 /km²	占流域面积比例/%
耕地	135.6	6.04	70.3	3.13	69.8	3.11	158.8	7.08
林地	613.5	27.34	764.6	34.06	765.6	34.10	1338.9	59.65
草地	1455.2	64.82	1409.9	62.81	1409.3	62.79	741.7	33.04
水域	39.3	1.75	0.0	0.00	0.0	0.00	0.0	0.00
建设用地	1.2	0.05	0.0	0.00	0.0	0.00	5.2	0.23
总计	2244.8	100	2244.8	100	2244.8	100	2244.8	100

6. 大阁流域

表 9.13 和图 9.13 分别给出了大阁流域各时期不同土地利用面积和同一土地利用类型

235

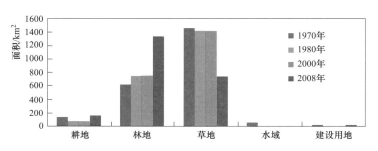

图 9.12　阜平流域各时期土地利用变化情况

面积在不同时期的对比。可以看出，大阁流域主要土地利用类型为林地，耕地和草地也占有一定比例。流域内 1970—1980 年土地利用发生了较大幅度变化，其中耕地和林地面积增加，草地面积减小，水域和建设用地面积减小，未利用土地从有到无。1980—2000 年土地利用变化不大，其中耕地、草地和建设用地面积有少量减小，林地和水域面积有少量增加。2000—2008 年土地利用发生了一定变化，其中耕地和草地面积减小，林地和建设用地面积增加，水域从有到无。

表 9.13　　　　　　　　　　　大阁流域各时期土地利用变化情况

土地利用类型	1970 年		1980 年		2000 年		2008 年	
	面积/km²	占流域面积比例/%	面积/km²	占流域面积比例/%	面积/km²	占流域面积比例/%	面积/km²	占流域面积比例/%
耕地	273.5	14.65	524.6	28.11	522.1	27.98	496.0	26.58
林地	713.6	38.24	863.1	46.25	865.6	46.39	918.0	49.19
草地	823.1	44.11	458.4	24.56	458.2	24.55	437.8	23.46
水域	34.0	1.82	16.1	0.86	16.3	0.87	0.0	0.00
建设用地	17.0	0.91	4.0	0.22	3.9	0.21	14.4	0.77
未利用土地	5.0	0.27	0.0	0.00	0.0	0.00	0.0	0.00
总计	1866.2	100	1866.2	100	1866.2	100	1866.2	100

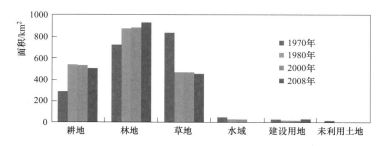

图 9.13　大阁流域各时期土地利用变化情况

7. 冷口流域

表 9.14 和图 9.14 分别给出了冷口流域各时期不同土地利用面积和同一土地利用类型面积在不同时期的对比。可以看出，冷口流域主要土地利用类型为林地和草地，耕地也占

有一定比例。流域内 1970—1980 年土地利用变化较小，耕地、林地、草地和建设用地均有少量增加，水域从有到无。1980—2000 年各土地利用类型面积比例保持不变。2000—2008 年土地利用发生较大幅度变化，其中耕地面积减小，林地和草地面积增加，建设用地从有到无。

表 9.14　　　　　　　　　　　　冷口流域各时期土地利用变化情况

土地利用类型	1970 年		1980 年		2000 年		2008 年	
	面积/km²	占流域面积比例/%	面积/km²	占流域面积比例/%	面积/km²	占流域面积比例/%	面积/km²	占流域面积比例/%
耕地	78.6	15.63	82.8	16.46	82.8	16.46	13.1	2.60
林地	213.6	42.46	216.6	43.05	216.6	43.05	232.2	46.16
草地	198.8	39.53	201.0	39.97	201.0	39.97	257.8	51.24
水域	9.9	1.97	0.0	0.00	0.0	0.00	0.0	0.00
建设用地	2.1	0.41	2.6	0.52	2.6	0.52	0.0	0.00
总计	503	100	503	100	503	100	503	100

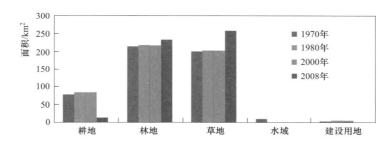

图 9.14　冷口流域各时期土地利用变化情况

9.3.1.2　水土保持工程

在第 4 章已经系统分析了海河流域水土保持工作，对流域洪水特征产生了一定的影响。但由于水土保持工作以小流域为单元，其影响程度在不同的单元流域也不同。要定量分析水土保持对洪水过程的影响，必须对具体的水土保持工作进行分析。以下是选择的典型流域内一些具体水土保持措施。

（1）石佛口流域面积 429km²，其中野鸡坨以上流域地处河北省唐山迁安市，野鸡坨—石佛口流域地处河北省唐山市滦县。到 1997 年，建谷坊坝 4207 道，护坝 2875 道，开挖环山水平沟 1.93km，挖鱼鳞坑 450 万个，修水平梯田 1446hm²，建水库 2 座，塘坝 4 座。截至 2007 年年底，迁安市累计治理水土流失面积 548km²，减少了水土流失，改善了生态环境。2003—2008 年，迁安市投入 22 亿元实施了滦河生态防洪工程，在黄台湖（岛）、大堤两侧及堤顶绿化工程引进和栽种各种苗木 50 余种、162.9 万余株，绿化总面积 120 万 m²。到 2008 年，迁安市共建成水池、水窖 11279 个，容积 57.4 万 m³，既涵养了水源，减少了水土流失，又有力地支持了山区经济的发展。

（2）大阁流域面积 1850km²，地处河北省承德丰宁满族自治县。丰宁县在 2000—

2010 年，共完成小流域水土保持治理 53 个，完成治理面积 993.77km²，其中高标准治理 653.77km²，封育治理 340km²。营建经济林 14670.58hm²，乔木林 10238.12hm²，灌木林 7313.6hm²，种草 53hm²；修水平梯田 2004.4hm²，建沟坝地 46hm²，谷坊坝 9611 座，浆砌石拦沙坝 2 座，护村护地堤防 37km，修沟头防护 3.5 万 m，水平沟 2.47 万 m，工程路 126.6km，架设金属围栏 1.03 万 m，修水源工程 241 处，节水工程 401 处。

（3）冷口流域面积 502km²，地处河北省秦皇岛市青龙满族自治县。1997 年青龙县被列为河北省水土保持重点治理区，经过 1997—1999 年连续 3 年的治理，完成水土流失综合治理面积 308km²，其中修水平梯田 800hm²，营造用材林 2566hm²，栽植经济林 10200hm²，营造薪炭林 607hm²，完成封山育林 9627hm²，修建谷坊坝 4450 座，挖围山转（水平沟）18750km，挖大堰 225.6 万个，修路 68km，埋设低压输水管路 1100km，共完成土石方 2059 万 m³，治理程度达到 95.3%。

（4）倒马关—中唐梅区间流域面积 710km²，地处河北省保定市唐县，属于西大洋水库以上流域，为进一步改善西大洋水库水源保护区上游水源水质环境，确保安全供水需要，唐县实施了上游面源污染防治和水土治理工程，并列入了水利部的重点水利工程项目。自 2005 年开始到 2010 年，唐县共完成水土流失治理面积 44km²，其中修建反坡梯田 501.6hm²，挖鱼鳞坑 45 万个，植树 9.5 万株，封山育林 24km²，修建谷坊坝 8 道、扬水站 1 座、大型蓄水池 1 座、铺设沙石路 2km 等。此外修建人工湿地一处，主要包括拦沙工程、稳定塘、配水布水工程、人工湿地和排水工程等，共 8163 万 m³，铺设水泥砖便道 500m，在沟道坡边栽植紫穗槐 2000 株。

（5）西台峪流域面积 127km²，是河北省南部的一个小面积实验站，位于临城县石城乡，流域内水土保持措施以封山造林为主，近年来封山育林效果显著，基本上消灭了荒山，水土流失得到了一定控制，但植被较差，植被覆盖度为 67.4%。

（6）木鼻流域面积 275km²，地处河北邯郸武安市和峰峰矿区交界处。近年来，武安市先后有 15 个小流域被列入重点水土保持治理流域，平均每年高标准治理水土流失面积 20km² 以上，治理区内森林覆盖率达到 70% 以上，新增保土能力 35.69t/a，新增蓄水能力 2198.6m³/a，相当于一座中型水库的蓄水保土能力，生态环境得到改善，降低了自然灾害的发生频率。

（7）阜平流域面积 2210km²，流域大部分面积位于河北省保定市阜平县。阜平县自 2003 年被列入太行山国家水土保持重点建设工程项目县以来，到 2008 年为止，在全县 24 个小流域治理水土流失面积 190.65km²，栽植经济林 12.9 万亩，建谷坊坝 331 座、水池水窖 182 个，林草覆盖率由治理前的 20% 增加到 80% 以上，年拦沙达到 28 万 t，年保水达到 2780 万 m³。

9.3.2 下垫面要素对洪水过程的影响模拟

9.3.2.1 石佛口流域

在石佛口流域 1956—2008 年的暴雨洪水资料中选择若干场次洪水过程，并根据洪水量级对选择的洪水分为大于 10 年一遇、5 年一遇至 10 年一遇和小于 5 年一遇。对每一场洪水在 1980 年前后土地利用条件、地下水位下降前后以及水利水保工程修建前后分别进行模拟，模拟结果的差异即为土地利用变化、地下水位下降以及水利水保工程对洪水的影响程度。下垫面要素对洪水影响模拟结果如表 9.15 所示。

表 9.15　　　　　　　　　石佛口流域下垫面要素对洪水影响模拟结果

洪水重现期 /年	洪水场次	地下水位变化对洪水要素影响/%		土地利用变化对洪水要素影响/%		水利水保工程对洪水要素影响/%	
		洪峰流量变化	径流深变化	洪峰流量变化	径流深变化	洪峰流量变化	径流深变化
>10	590721	−2.9	−1.6	4.3	4.7	−5.3	−7.9
	750811	−3.4	−1.3	−2.6	3.3	−0.1	−5.7
	770723	−1.0	−1.9	−11.3	4.5	−0.4	−7.0
	770802	−0.4	−1.6	−7.8	3.4	−7.6	−8.9
	980713	−2.7	−0.8	2.5	3.5	−17.4	−5.1
	平均	−2.1	−1.4	−3.0	3.9	−6.2	−6.9
5～10	640813	−1.8	−1.0	−15.3	2.7	−23.9	−19.8
	690902	−1.9	−0.7	−15.1	2.1	−11.9	−13.5
	700903	−2.4	−0.7	5.2	5.3	−43.1	−27.0
	790728	−2.0	−0.5	−14.8	3.3	−20.7	−16.5
	840809	−2.8	−1.2	3.5	6.4	−16.0	−17.2
	940813	−1.2	−0.4	−17.4	2.3	−13.4	−15.5
	950729	−1.5	−1.3	−5.6	2.9	−6.4	−9.1
	960810	−2.6	−0.4	−14.2	2.5	−14.0	−14.7
	平均	−2.0	−0.8	−9.2	3.4	−18.7	−16.7
<5	650718	−3.4	−0.2	−2.7	3.8	−34.2	−22.5
	670624	−0.8	−0.5	2.5	1.7	−44.6	−42.7
	670718	−4.0	−0.4	−12.3	2.9	−21.7	−18.1
	720804	−3.5	−0.5	4.1	4.9	−44.6	−40.7
	760814	−2.2	−0.4	−4.1	4.4	−40.4	−36.8
	780808	−0.3	−0.5	−13.7	2.2	−18.1	−18.5
	870826	−4.2	0.0	−12.3	3.0	−22.8	−21.6
	010615	−0.9	−0.8	1.1	5.1	−44.4	−43.1
	平均	−2.4	−0.4	−4.7	3.5	−33.9	−30.5

9.3.2.2　木鼻流域

在木鼻流域 1956—2008 年的暴雨洪水资料中选择若干场次洪水过程，并根据洪水量级对选择的洪水分为大于 10 年一遇、5 年一遇至 10 年一遇和小于 5 年一遇。对每一场洪水在 1980 年前后土地利用条件、地下水位下降前后以及水利水保工程修建前后分别进行模拟，模拟结果的差异即为土地利用变化、地下水位下降以及水利水保工程对洪水的影响程度。下垫面要素对洪水影响模拟结果如表 9.16 所示。

表 9.16　　　　　　　　木鼻流域下垫面要素对洪水影响模拟结果

洪水重现期/年	洪水场次	地下水位变化对洪水要素影响/%		土地利用变化对洪水要素影响/%		水利水保工程对洪水要素影响/%	
		洪峰流量变化	径流深变化	洪峰流量变化	径流深变化	洪峰流量变化	径流深变化
>10	820801	−3.0	−1.0	2.4	0.5	−2.2	−0.2
	960803	−2.8	−1.3	1.5	−1.9	−5.0	−6.1
	000703	−2.5	−1.2	0.1	−0.9	−6.7	−3.6
	平均	−2.8	−1.2	1.3	−0.8	−4.6	−3.3
5~10	550906	−2.4	−0.8	0.3	−4.4	−4.7	−67.8
	560801	−1.5	−0.6	−0.4	−2.5	−5.4	−9.9
	580802	−2.6	−1.2	−1.6	−1.6	−9.0	−8.3
	590726	−2.8	−0.7	−0.8	−4.2	−8.2	−12.5
	840812	−0.9	−0.6	−5.9	−1.4	−13.8	−3.1
	980621	−4.2	−0.8	−0.5	−2.9	−12	−8.9
	平均	−2.4	−0.8	−1.5	−2.8	−8.9	−18.4
<5	570708	−2.1	−0.2	−6.1	−4.0	−17.3	−11.1
	600727	−1.8	0.0	−5.8	−7.6	−18.1	−26.9
	610731	−1.6	−0.3	−7.7	−5.6	−16.0	−9.7
	780728	−1.7	−0.8	−7.0	−3.9	−22.1	−6.7
	820811	−1.6	−0.1	−8.9	−3.0	−24.4	−10.9
	990712	−1.5	−0.3	−2.4	−2.0	−28.8	−3.1
	020701	−1.2	−0.5	−7.9	−1.0	−25.6	−4.8
	040729	−0.9	−1.0	−13.3	−1.7	−21.8	−5.7
	070728	−2.6	−0.8	−8.7	0.0	−22.6	−2.1
	080717	−3.4	−0.6	−4.8	−3.6	−17.3	−11.1
	平均	−1.9	−0.5	−7.3	−3.2	−21.4	−9.2

9.3.2.3　西台峪流域

在西台峪流域 1956—2008 年的暴雨洪水资料中选择若干场次洪水过程，并根据洪水量级对选择的洪水分为大于 10 年一遇、5 年一遇至 10 年一遇和小于 5 年一遇。对每一场洪水在 1980 年前后土地利用条件、地下水位下降前后以及水利水保工程修建前后分别进行模拟，模拟结果的差异即为土地利用变化、地下水位下降以及水利水保工程对洪水的影响程度。下垫面要素对洪水影响模拟结果如表 9.17 所示。

9.3.2.4　中唐梅—倒马关区间流域

在中唐梅—倒马关区间流域 1956—2008 年的暴雨洪水资料中选择若干场次洪水过程，并根据洪水量级对选择的洪水分为大于 10 年一遇、5 年一遇至 10 年一遇。对每一场洪水在 1980 年前后土地利用条件、地下水位下降前后以及水利水保工程修建前后分别进行模拟，模拟结果的差异即为土地利用变化、地下水位下降以及水利水保工程对洪水的影响程度。下垫面要素对洪水影响模拟结果如表 9.18 所示。

表 9.17 西台峪流域下垫面要素对洪水影响模拟结果

洪水重现期/年	洪水场次	地下水位变化对洪水要素影响/%		土地利用变化对洪水要素影响/%		水利水保工程对洪水要素影响/%	
		洪峰流量变化	径流深变化	洪峰流量变化	径流深变化	洪峰流量变化	径流深变化
>10	600729	−2.1	−0.8	−8.1	−4.1	−5.9	−7.5
	960803	−1.5	−1.2	−3.4	−3.0	−0.1	−1.3
	000703	−1.9	−0.6	−6.1	−6.2	0.0	−2.9
	平均	−1.8	−0.8	−5.9	−4.4	−2.0	−3.9
5~10	740729	−2.3	−1.7	−9.1	−8.3	−17.8	−14.3
	750807	−4.0	−0.9	−10.0	−12.9	−17.5	−12.0
	760718	−3.6	−1.5	−18.5	−6.8	−11.3	−2.5
	770727	−0.8	−1.3	−10.5	−3.1	−14.7	−4.0
	810815	−1.2	−1.5	−13.6	−14.0	−16.6	−9.3
	820801	−1.6	−0.6	−11.1	−11.3	−2.8	−6.9
	930804	−0.5	−1.3	−12.7	−11.6	−16.1	−13.3
	950714	−1.0	−1.2	−6.5	−4.9	−18.6	−16.8
	970625	−0.8	−0.9	−9.8	−8.5	−17.9	−14.3
	平均	−1.8	−0.8	−11.3	−9.0	−14.8	−10.4
<5	610715	−0.7	−0.5	−10.6	−6.6	−17.6	−13.3
	620623	−0.2	−0.3	−3.9	−2.5	−19.2	−19.5
	630723	−0.8	−0.1	−30.6	−26.4	−13.1	−10.1
	660719	−1.0	−0.2	−21.1	−18.1	−14.6	−9.1
	730814	−0.6	−0.1	−38.1	−17.2	−9.9	−4.7
	740807	−0.6	−0.3	−14.4	−14.3	−15.8	−9.8
	780726	−1.2	−0.4	−15.0	−9.4	−16.1	−9.2
	800827	−0.7	0.0	−24.2	−18.6	−13.8	−6.1
	900711	−0.6	−0.1	−23.3	−24.9	−15.0	−12.7
	910716	−0.8	−0.5	−29.3	−22.5	−11.2	−5.2
	920830	−1.5	−0.3	−23.7	−15.9	−12.9	−5.4
	950617	−0.6	−0.2	−18.3	−23.5	−16.1	−12.8
	010727	−1.0	−0.4	−29.4	−15.9	−9.6	−3.8
	040711	−0.7	−0.2	−15.5	−7.0	−12.4	−3.6
	050816	−1.6	−0.5	−28.5	−14.5	−12.9	−9.0
	平均	−0.8	−0.3	−21.7	−15.8	−14.0	−9.0

表 9.18　　　　　　　中唐梅—倒马关区间流域下垫面要素对洪水影响模拟结果

洪水重现期 /年	洪水场次	地下水位变化对洪水要素影响/%		土地利用变化对洪水要素影响/%		水利水保工程对洪水要素影响/%	
		洪峰流量变化	径流深变化	洪峰流量变化	径流深变化	洪峰流量变化	径流深变化
>10	590802	−1.8	−0.5	−20.4	−0.1	−19.7	−4.3
	630804	−2.0	−0.3	−0.7	1.4	0.0	−1.4
	880804	−0.8	−0.7	−33.0	−4.7	−6.6	−7.6
	890721	−1.6	−0.5	−14.6	−2.3	−24.9	−17.2
	平均	−1.6	−0.5	−17.2	−1.4	−12.8	−7.6
5~10	660726	−2.0	−1.5	−18.1	−5.0	−22.3	−13.0
	700731	−3.1	−0.8	−24.8	−7.2	−22.2	−26.4
	740722	−2.5	−1.6	−24.5	−8.9	−22.1	−23.2
	750811	−3.0	−2.0	−15.4	−25.5	−24.8	−20.7
	770802	−1.5	−0.8	−16.7	−2.4	−21.2	−10.9
	790810	−1.9	−1.4	−9.4	−1.3	−25.7	−10.3
	810805	−3.4	−0.8	−29.7	−2.8	−19.8	−20.9
	820730	−1.2	−1.9	−16.2	−2.9	−24.0	−20.9
	860626	−0.8	−2.5	−15.9	−7.8	−24.9	−25.7
	900713	−1.7	−2.0	−18.7	−2.3	−23.8	−20.9
	950717	−0.3	−0.7	−34.1	−10.5	−18.3	−22.0
	960809	−1.3	−1.4	−28.8	−1.5	−13.9	−6.8
	000703	−1.8	−3.1	−20.6	−4.7	−22.8	−20.2
	平均	−1.9	−1.6	−21.0	−6.4	−22.0	−18.6

9.3.2.5　阜平流域

在阜平流域 1956—2008 年的暴雨洪水资料中选择若干场次洪水过程，并根据洪水量级对选择的洪水分为大于 10 年一遇、5 年一遇至 10 年一遇和小于 5 年一遇。对每一场洪水在 1980 年前后土地利用条件、地下水位下降前后以及水利水保工程修建前后分别进行模拟，模拟结果的差异即为土地利用变化、地下水位下降以及水利水保工程对洪水的影响程度。下垫面要素对洪水影响模拟结果如表 9.19 所示。

9.3.2.6　大阁流域

在大阁流域 1956—2008 年的暴雨洪水资料中选择若干场次洪水过程，并根据洪水量级对选择的洪水分为大于 10 年一遇、5 年一遇至 10 年一遇和小于 5 年一遇。对每一场洪水在 1980 年前后土地利用条件、地下水位下降前后以及水利水保工程修建前后分别进行模拟，模拟结果的差异即为土地利用变化、地下水位下降以及水利水保工程对洪水的影响程度。下垫面要素对洪水影响模拟结果如表 9.20 所示。

表 9.19　　　　　　　　　　　　阜平流域下垫面要素对洪水影响模拟结果

洪水重现期/年	洪水场次	地下水位变化对洪水要素影响/%		土地利用变化对洪水要素影响/%		水利水保工程对洪水要素影响/%	
		洪峰流量变化	径流深变化	洪峰流量变化	径流深变化	洪峰流量变化	径流深变化
>10	590803	−4.0	−2.4	6.1	−6.6	0.0	−4.8
	630805	−3.5	−3.2	17.2	−2.7	−4.4	−3.3
	640808	−4.6	−1.8	−23.2	−13.5	−5.6	−4.1
	880808	−0.9	−3.0	−6.1	−10.6	−10.6	−7.4
	960803	−1.5	−1.9	−6.9	−11.1	−7.1	−7.2
	平均	−2.9	−2.5	−2.6	−8.9	−5.5	−5.4
5～10	670803	−2.3	−1.8	−2.7	−15.4	−34.0	−13.3
	780827	−1.8	−1.6	−14.1	−15.6	−28.8	−16.3
	790811	−2.6	−2.7	−6.5	−13.2	−26.9	−9.9
	950713	−2.3	−2.3	−27.9	−15.0	−40.3	−11.4
	000704	−1.2	−1.4	−21.3	−13.6	−2.8	−2.0
	平均	−2.0	−2.0	−14.5	−14.6	−26.6	−10.6
<5	580709	−0.7	−0.2	−15.5	−10.9	−39.9	−22.0
	610927	−1.2	−0.3	−32.9	−23.0	−3.8	−2.8
	620729	−1.3	−0.8	−27.1	−10.4	−24.9	−8.2
	660826	−0.5	−0.6	−22.5	−12.4	−30.6	−7.7
	680813	−0.5	−1.2	−26.8	−14.5	−0.6	−1.9
	700711	−1.4	−1.5	−21.0	−4.7	−43.6	−25.3
	710625	−0.2	−0.6	−29.1	−19.8	−29.6	−11.8
	720815	−0.9	−0.4	−38.8	−2.2	−33.1	−31.1
	760819	−0.8	−1.5	−29.9	−18.2	−6.9	−4.3
	770720	−1.2	−0.6	−10.0	−10.5	−19.7	−5.4
	800816	−1.6	−1.8	−35.6	−11.5	−29.2	−10.4
	810805	−1.8	−0.1	−20.7	−14.7	−2.3	−1.6
	820802	−1.2	−0.4	−23.1	−14.7	−8.7	−1.6
	830803	−0.5	−0.2	−32.0	−19.9	−36.4	−26.9
	840619	−1.3	−1.5	−20.5	−37.2	−37.1	−20.4
	850820	−0.8	−1.0	−52.8	−19.6	−22.3	−9.8
	860831	−0.4	−0.3	−33.0	−7.9	−38.1	−35.3
	870826	−0.1	−0.4	−15.0	−16.2	−30.1	−12.1
	890731	−0.8	−0.8	−6.3	−6.7	−48.4	−24.1
	900825	−1.5	−0.7	−22.0	−18.3	−33.0	−11.7

续表

洪水重现期 /年	洪水场次	地下水位变化对洪水要素影响/%		土地利用变化对洪水要素影响/%		水利水保工程对洪水要素影响/%	
		洪峰流量变化	径流深变化	洪峰流量变化	径流深变化	洪峰流量变化	径流深变化
<5	910607	−1.2	−1.3	−4.8	−11.5	−53.4	−37.5
	920731	−0.8	−0.1	−44.0	−24.5	−30.6	−18.9
	940705	−1.6	−0.9	−31.7	−18.6	−19.3	−4.0
	980711	−0.4	0.0	−39.4	−22.1	−0.7	−3.2
	990814	−0.7	−0.2	−27.6	−17.8	−32.4	−6.4
	010724	−0.6	−0.3	−49.1	−27.5	−23.3	−10.9
	020801	−1.9	−0.2	−5.9	−10.0	−43.7	−25.0
	040809	−1.6	−1.0	−17.8	−19.1	−5.0	−2.4
	050816	−1.2	−0.8	−48.3	−15.3	−7.4	−2.0
	平均	−1.0	−0.7−	−27.0	−15.9	−25.3	−13.3

表 9.20　　　　　　　　　　　大阁流域下垫面要素对洪水影响模拟结果

洪水重现期 /年	洪水场次	地下水位变化对洪水要素影响/%		土地利用变化对洪水要素影响/%		水利水保工程对洪水要素影响/%	
		洪峰流量变化	径流深变化	洪峰流量变化	径流深变化	洪峰流量变化	径流深变化
>10	640801	−1.2	−0.3	−39.3	−21.9	−5.5	−5.3
	920803	−1.8	−0.8	−23.0	−8.0	−7.3	−3.8
	930810	−0.6	−1.0	−25.5	−21.3	−7.3	−5.9
	980705	−1.2	−0.5	−32.1	−17.9	−6.5	−4.7
	平均	−1.2	−0.7	−30.0	−17.3	−6.7	−4.9
5~10	570723	−2.6	−1.8	−32.7	−14.9	−6.6	−4.5
	580712	−1.9	−0.7	−22.2	−15.2	−6.4	−3.0
	810723	−0.9	−2.3	−16.8	−9.8	−8.2	−8.4
	940723	−1.5	−1.4	−25.8	−19.7	−7.2	−7.1
	960723	−2.6	−1.2	−31.4	−19.0	−6.8	−5.1
	平均	−1.9	−1.5	−25.8	−15.7	−7.0	−5.6
<5	600715	−1.3	−0.7	−39.9	−27.0	−5.6	−5.1
	630723	−0.1	−0.3	−19.0	−22.4	−8.0	−7.8
	650722	−0.6	−0.8	−6.4	−15.6	−9.0	−7.6
	670709	−2.4	−1.2	−41.3	−27.5	−5.5	−4.6
	750629	−1.6	−1.0	−10.1	−16.1	−8.5	−7.5
	860906	−0.5	0.0	−33.5	−22.1	−6.5	−5.9
	870731	−0.8	−0.5	−34.2	−26.6	−6.5	−6.9
	平均	−1.0	−0.6	−26.3	−22.5	−7.1	−6.5

9.3.2.7　冷口流域

在冷口流域 1956—2008 年的暴雨洪水资料中选择若干场次洪水过程，并根据洪水量级对选择的洪水分为大于 10 年一遇、5 年一遇至 10 年一遇和小于 5 年一遇。对每一场洪水在 1980 年前后土地利用条件、地下水位下降前后以及水利水保工程修建前后分别进行模拟，模拟结果的差异即为土地利用变化、地下水位下降以及水利水保工程对洪水的影响程度。下垫面要素对洪水影响模拟结果如表 9.21 所示。

表 9.21　　　　　　　　　　冷口流域下垫面要素对洪水影响模拟结果

洪水重现期 /年	洪水场次	地下水位变化对洪水要素影响/%		土地利用变化对洪水要素影响/%		水利水保工程对洪水要素影响/%	
		洪峰流量变化	径流深变化	洪峰流量变化	径流深变化	洪峰流量变化	径流深变化
>10	590721	−1.2	−0.6	3.6	2.0	−0.8	−4.8
	620724	−1.5	−1.2	5.8	2.1	−4.0	−5.4
	640813	−1.0	−0.9	−13.6	1.8	−4.2	−5.5
	660728	−0.8	−0.8	3.6	2.1	−6.5	−10.3
	790727	−0.6	−1.2	2.1	1.9	−4.4	−5.9
	840809	−1.5	−0.6	10.0	2.1	−1.9	−5.7
	940711	−2.3	−0.8	5.3	2.1	−3.0	−9.1
	平均	−1.3	−0.9	2.4	2.0	−3.5	−6.7
5~10	690810	−1.5	−0.2	−6.8	1.9	−1.3	−7.5
	770726	−0.9	−0.8	−10.8	2.0	−5.1	−6.7
	950728	−1.3	−1.3	−2.7	1.9	−3.4	−7.4
	960801	−1.8	−1.0	10.1	1.7	−2.7	−8.9
	080704	−1.2	−0.7	3.0	2.0	−26.6	−9.3
	平均	−1.3	−0.8	−1.4	1.9	−7.8	−8.0
<5	580714	−1.2	−0.2	−9.5	2.3	−24.3	−21.1
	610821	−0.9	−0.1	−9.6	2.2	−24.2	−22.1
	690816	−0.8	−0.6	−2.7	2.5	−21.3	−16.1
	730819	−1.3	0.0	−11.8	1.9	−22.8	−18.7
	750729	−0.5	−0.8	−9.2	2.3	−21.0	−12.0
	760723	−1.2	−1.2	−10.0	1.9	−12.1	−14.0
	780725	−0.2	−0.3	6.0	2.2	−19.0	−18.3
	850822	−0.1	−0.5	−11.2	1.4	−23.6	−10.0
	880808	−1.3	−0.5	−13.5	2.3	−23.7	−20.9
	930707	−1.4	−0.8	1.7	2.3	−27.7	−23.4
	960809	−0.6	−0.9	−7.9	1.0	−20.6	−15.5
	980713	−0.7	−0.2	−13.3	−2.8	−13.7	−15.1
	平均	−0.9	−0.5	−7.6	1.6	−21.2	−17.3

9.3.3　下垫面要素对洪水过程的影响程度分析

9.3.3.1　石佛口流域

从表 9.15 可以看出，1980 年前后下垫面条件模拟的结果相比，地下水位下降导致洪峰流量和径流深减小。但是洪峰流量和径流深减小程度较小。各量级洪水洪峰流量平均减小程度在 2.0%～2.4%，径流深平均减小程度在 0.4%～1.4%。

土地利用变化导致洪峰流量减小，而径流深普遍增加。在石佛口流域林地面积的增加和草地面积的减小会导致径流深减小，而建设用地面积增加程度较大，导致产流量增加。由于土地利用面积变化，大于 10 年一遇洪水洪峰流量减小 3.0%，径流深增加 3.5%，5年一遇至 10 年一遇洪水洪峰流量减小 9.2%，径流深增加 3.4%，小于 5 年一遇洪水洪峰流量减小 4.7%，径流深增加 3.5%，因此，由于土地利用变化引起的石佛口流域洪水变化程度较小。

根据石佛口流域谷坊坝、鱼鳞坑等水利水保工程，估算其可拦蓄径流深为 5.8mm，集水面积占流域总面积的 40% 左右。因此导致洪峰流量和径流深减小程度较大。大于 10年一遇洪水洪峰流量和径流深分别减小 6.2% 和 6.9%，5 年一遇至 10 年一遇洪水洪峰流量和径流深分别减小 18.7% 和 16.7%，小于 5 年一遇洪水洪峰流量和径流深分别减小 33.9% 和 30.5%。可以看出，水利水保工程对径流深的减小程度随着洪水量级的增加而减小。因此，石佛口流域洪水量级的减小主要是由于流域内水利水保工程导致的。

9.3.3.2　木鼻流域

从表 9.16 可以看出，1980 年前后下垫面条件模拟的结果相比，地下水位下降导致洪峰流量和径流深减小。但是洪峰流量和径流深减小程度较小。各量级洪水洪峰流量平均减小程度在 1.9%～2.8%，径流深平均减小程度在 0.5%～1.2%。

由于木鼻流域 1980 年后耕地和草地面积增加，建设用地面积减少，但变化程度较小，土地利用变化模拟结果导致洪峰流量和径流深均减小，从表 9.16 中可以看出，土地利用变化导致大于 10 年一遇洪水洪峰流量和径流深分别增加 1.3% 和减少 0.8%，5 年一遇至 10 年一遇洪水洪峰流量和径流深平均减小 1.5% 和 2.8%，小于 5 年一遇洪水洪峰流量和径流深分别减小 7.3% 和 3.2%，土地利用变化导致洪峰流量和径流深减小程度较小。

根据木鼻流域水土保持措施，估算出可拦蓄径流深约为 2.6mm，集水面积约占流域总面积的 15%。根据模拟结果，从表 9.16 可以看出，大于 10 年一遇洪水洪峰流量和径流深分别减小 4.6% 和 3.3%，5 年一遇至 10 年一遇洪水洪峰流量和径流深分别减小8.9% 和 18.4%，小于 5 年一遇洪水洪峰流量和径流深减小程度为 21.4% 和 9.2%。由于在木鼻流域暴雨洪水资料较少，且选择的洪水量级较小，因此，木鼻流域土地利用变化及水利水保工程对洪水的影响只能代表对中小洪水的影响。

9.3.3.3　西台峪流域

从表 9.17 可以看出，1980 年前后下垫面条件模拟的结果相比，地下水位下降导致洪峰流量和径流深减小。但是洪峰流量和径流深减小程度较小。各量级洪水洪峰流量平均减小程度在 0.8%～1.8%，径流深平均减小程度在 0.3%～0.8%。

由于西台峪流域耕地和林地面积增加，草地和建设用地面积减小，而林地面积增加和建设用地面积减小都会导致产流量和洪峰流量减小，因此，从表 9.17 可以看出，土地利用变化导致洪峰流量和径流深的减小，大于 10 年一遇洪水洪峰流量和径流深分别减小5.9% 和 4.4%，5 年一遇至 10 年一遇洪水洪峰流量和径流深分别减小 11.3% 和 9.0%，小于 5 年一遇洪水洪峰流量和径流深分别减小 21.7% 和 15.8%，洪峰流量减小程度随着洪水量级增加而减小。

流域内水利水保工程措施较少，估算其可拦蓄径流深为 2.2mm，工程的集水面积约占流域总面积 15%，大于 10 年一遇洪水洪峰流量和径流深分别减小 2.0% 和 3.9%，5年一遇至 10 年一遇洪水洪峰流量和径流深分别减小 14.8% 和 10.4%，小于 5 年一遇洪水洪峰流量和径流深分别减小 14.0% 和 9.0%。因此可以看出水利水保工程对 5 年一遇至 10年一遇和小于 5 年一遇洪水的影响程度差别不大，并且在该流域土地利用变化对洪峰流量和径流深的影响程度比水利水保工程影响程度大。

9.3.3.4　中唐梅—倒马关区间流域

从表 9.18 可以看出，1980 年前后下垫面条件模拟的结果相比，地下水位下降导致洪峰流量和径流深减小。但是洪峰流量和径流深减小程度较小。各量级洪水洪峰流量平均减小程度在 1.6%～1.9%，径流深平均减小程度在 0.5%～1.6%。

由于耕地和建设用地面积的减小，以及林地和草地面积的增加，导致洪峰流量和径流深均减小，大于 10 年一遇洪水洪峰流量和径流深减小程度为 17.2% 和 1.4%，5 年一遇至 10 年一遇洪水洪峰流量和径流深分别减小 21.0% 和 6.4%。土地利用变化对径流深影响程度较小。且 630804 次洪水径流深增加 1.4%。

根据流域内修建的鱼鳞坑、谷坊坝 8 道、扬水站、大型蓄水池和人工湿地等多处水土保持工程，估算其可拦蓄径流深约 6.3mm，集水面积占全流域面积的 30%，根据模拟结果，大于 10 年一遇洪水洪峰流量和径流深分别减小 12.8% 和 7.6%，5 年一遇至 10 年一遇洪水洪峰流量和径流深分别减小 22.0% 和 18.6%。可以看出，水利水保工程对该流域洪峰流量和径流深的影响程度随洪水量级增加而减小。水利水保工程对洪峰的影响还与降雨类型有关，如 630804 次洪水，水利水保工程对洪峰流量影响为 0，主要是因为该次洪水的洪峰流量是由分布在降雨历时末的主雨峰形成，该次洪水径流深为 560.21mm，主雨峰前形成的洪量将塘坝等水利工程蓄满，主雨峰形成的洪水过程不受水利工程的影响。

9.3.3.5　阜平流域

从表 9.19 可以看出，1980 年前后下垫面条件模拟的结果相比，地下水位下降导致洪峰流量和径流深减小。但是洪峰流量和径流深减小程度较小。各量级洪水洪峰流量平均减小程度在 1.0%～2.9%，径流深平均减小程度在 0.7%～2.5%。

由于阜平流域土地利用变化主要是耕地面积减小和林地面积增加，根据模拟结果，从表 9.19 中可以看出，土地利用类型变化导致洪峰流量和径流深均有不同程度的减小。大于 10 年一遇洪水洪峰流量和径流深分别减小 2.6% 和 8.9%，5 年一遇至 10 年一遇洪水洪峰流量和径流深分别减小 14.5% 和 14.6%，小于 5 年一遇洪水洪峰流量和径流深分别减小 27.0% 和 15.9%。可以看出，土地利用变化对洪峰流量和径流深的影响程度随洪水量级增加而减小。10 年一遇以上洪水，洪峰流量减小程度不到 3%，5 年一遇以下洪水，洪峰流量减小程度较大。而对 5 年一遇至 10 年一遇与小于 5 年一遇洪水径流深的影响差别不大。

根据阜平流域塘坝、谷坊坝、水池水窖等水利水保工程的规模，估算其可拦蓄径流深约 6.5mm，集水面积占全流域面积的 45％左右。根据模拟结果，该流域水利水保工程导致大于 10 年一遇洪水洪峰流量和径流深分别减小 5.5％和 5.4％，5 年一遇至 10 年一遇洪水洪峰流量和径流深平均减小 26.6％和 10.6％，小于 5 年一遇洪水洪峰流量和径流深平均减小 25.3％和 13.3％。可以看出水利水保工程对大洪水影响程度较小。但是对于 5 年一遇至 10 年一遇和小于 5 年一遇的洪水，和洪水量级关系不明显。主要是因为水利水保工程对洪水的影响程度还与降雨的类型和时程分配有关，如 950713 次洪水过程，由于主雨峰产生了大量地表径流，部分被水利水保工程拦蓄，导致洪峰流量减小程度较大，为 40.3％。

9.3.3.6　大阁流域

从表 9.20 可以看出，1980 年前后下垫面条件模拟的结果相比，地下水位下降导致洪峰流量和径流深减小。但是洪峰流量和径流深减小程度较小。各级洪水洪峰流量平均减小程度在 1.0％～1.9％，径流深平均减小程度在 0.6％～1.5％。

由于大阁流域耕地和林地面积的增加，以及草地和建设用地面积的减小，根据表 9.20 模拟结果可以看出，土地利用变化导致洪峰流量和径流深均减小。大于 10 年一遇洪水洪峰流量和径流深分别减小 30.0％和 17.3％，5 年一遇至 10 年一遇洪水洪峰流量和径流深分别减小 25.8％和 15.7％，小于 5 年一遇洪水洪峰流量和径流深分别减小 26.3％和 22.5％。5 年一遇至 10 年一遇洪水减小程度最小，因此在该流域土地利用变化对洪峰流量和径流深的影响与洪水量级关系不明显。

根据大阁流域修建沟坝地、谷坊坝、浆砌石拦沙坝、水平沟、水源工程等水利水保工程，估算其可拦蓄径流深约为 2.6mm，集水面积约占全流域面积的 15％，根据表 9.20 模拟结果，大于 10 年一遇洪水洪峰流量和径流深分别减小 6.7％和 4.9％，5 年一遇至 10 年一遇洪水洪峰流量和径流深分别减小 7.0％和 5.6％，小于 5 年一遇洪水洪峰流量和径流深分别减小 7.1％和 6.5％。可以看出，大阁流域水利水保工程对洪水影响程度较小，且对各量级洪水影响变化不大，主要是由于水利水保工程较少，且大阁流域产流较少，1956—2008 年降雨径流资料中没有洪量较大的洪水。

9.3.3.7　冷口流域

从表 9.21 可以看出，1980 年前后下垫面条件模拟的结果相比，地下水位下降导致洪峰流量和径流深减小。但是洪峰流量和径流深减小程度较小。各量级洪水洪峰流量平均减小程度在 0.9％～1.3％，径流深平均减小程度在 0.5％～0.9％。

由于冷口流域水域面积减小了 1.97％，而水域主要是坑塘蓄水，建设用地增加 1％，耕地、林地和草地也有少量增加，从表 9.21 模拟结果可以看出，土地利用变化导致洪峰流量和径流深有较小程度的变化。大于 10 年一遇洪水洪峰流量和径流深分别增加 2.4％和 2.0％，5 年一遇至 10 年一遇洪水洪峰流量平均减小 1.4％，径流深平均增加 1.9％，小于 5 年一遇洪水洪峰流量减小 7.6％，径流深平均增加 1.6％。因此，土地利用变化导致洪峰流量和径流深变化较小，主要原因是冷口流域土地利用变化不大。

根据冷口流域修建谷坊坝 4450 座，挖水平沟、挖大埝等水利水保工程，估算其可拦蓄径流深为 6.2mm，集水面积占总流域面积的 28% 左右。根据表 9.21 模拟结果，水利水保工程导致洪峰流量和径流深均减小。大于 10 年一遇洪水洪峰流量和径流深分别减小 3.5% 和 6.7%，5 年一遇至 10 年一遇洪水洪峰流量和径流深分别减小 7.8% 和 8.0%，小于 5 年一遇洪水洪峰流量和径流深分别减小 21.2% 和 17.3%。水利水保工程导致洪峰流量和径流深的变化随着洪水量级增大而减小。在该流域和土地利用变化相比，水利水保工程对洪水的影响程度较大。

9.4   主要土地利用类型变化对洪水影响程度分析

9.4.1   土地利用类型变化情况

9.4.1.1   石佛口流域

根据石佛口流域 1980 年前后土地利用遥感资料，对土地利用类型进行空间转移分析，可以得到各类土地利用类型实际相互转化情况。主要是林地向耕地转化 0.12km²，占流域总面积的 0.028%，耕地向草地转化 0.06km²，占流域总面积 0.014%，草地向林地转化 0.12km²，占流域总面积 0.028%。

9.4.1.2   木鼻流域

根据木鼻流域 1980 年前后土地利用遥感资料，对土地利用类型进行空间转移分析，可以得到各类土地利用类型实际相互转化情况。主要转移是耕地向草地转化 0.90km²，占流域总面积 0.33%，建设用地向耕地转化 10.92km²，占流域总面积 3.97%。

9.4.1.3   西台峪流域

根据西台峪流域 1980 年前后土地利用遥感资料，对土地利用类型进行空间转移分析，可以得到各类土地利用类型实际相互转化情况。主要转移是耕地向林地转化 3.19km²，占流域总面积 2.51%，草地向耕地转化 8.74km²，占流域总面积 6.88%，草地向林地转化 5.30km²，占流域总面积 4.17%。

9.4.1.4   倒马关—中唐梅区间流域

根据倒马关—中唐梅区间流域 1980 年前后土地利用遥感资料，对土地利用类型进行空间转移分析，可以得到各类土地利用类型实际相互转化情况。主要转移是耕地向林地转化 2.91km²，占流域总面积 0.41%，耕地向草地转化 29.39km²，占流域总面积 4.14%，草地向林地转化 30.03km²，占流域总面积 4.23%。

9.4.1.5   阜平流域

根据阜平流域 1980 年前后土地利用遥感资料，对土地利用类型进行空间转移分析，可以得到各类土地利用类型实际相互转化情况。主要转移是耕地向林地转化 7.74km²，占流域总面积 0.35%，耕地向草地转化 62.76km²，占流域总面积 2.84%，草地向林地转化 137.90km²，占流域总面积 6.24%。

9.4.1.6   大阁流域

根据大阁流域 1980 年前后土地利用遥感资料，对土地利用类型进行空间转移分析，可以得到各类土地利用类型实际相互转化情况。主要转移是耕地向林地转化 13.14km²，占流域总面积 0.71%，草地向耕地转化 230.70km²，占流域总面积 12.47%，草地向林地转化 131.90km²，占流域总面积 7.13%。

9.4.1.7　冷口流域

根据冷口流域 1980 年前后土地利用遥感资料，对土地利用类型进行空间转移分析，可以得到各类土地利用类型实际相互转化情况。主要转移是耕地向林地转化 0.86km²，占流域总面积 0.01%，草地向林地转化 3.42km²，占流域总面积 0.04%。

9.4.2　土地利用类型对洪水过程的影响模拟

9.4.2.1　石佛口流域

根据石佛口流域 1980 年前后土地利用实际转移情况，利用水文模型分别模拟了耕地、林地和草地等各类土地利用相互转化对径流深的影响，模拟结果如表 9.22 所示。

表 9.22　　　　　　　　石佛口流域各类土地利用相互转化对径流深的影响

洪水重现期/年	洪水场次	林地转化为耕地			耕地转化为草地			草地转化为林地		
		变化前/mm	变化后/mm	变化比例/%	变化前/mm	变化后/mm	变化比例/%	变化前/mm	变化后/mm	变化比例/%
>10	590721	76.12	78.19	2.7	76.12	78.19	2.7	76.12	78.18	2.7
	770723	12.98	13.53	4.2	12.98	13.53	4.2	12.98	13.53	4.2
	770802	39.30	40.13	2.1	39.30	40.13	2.1	39.30	40.12	2.1
	980713	120.13	122.75	2.2	120.13	122.75	2.2	120.13	122.74	2.2
	平均			2.8			2.8			2.8
5~10	640801	42.74	43.60	2.0	42.74	43.59	2.0	42.74	43.59	2.0
	690902	19.78	20.52	3.7	19.78	20.51	3.7	19.78	20.51	3.7
	700808	67.49	68.37	1.3	67.49	68.36	1.3	67.49	68.35	1.3
	790728	23.43	24.14	3.0	23.43	24.14	3.0	23.43	24.13	3.0
	840809	34.84	36.51	4.8	34.84	36.50	4.8	34.84	36.50	4.8
	940813	38.96	39.50	1.4	38.96	39.49	1.4	38.96	39.49	1.4
	950729	65.73	66.48	1.1	65.73	66.48	1.1	65.73	66.48	1.1
	960810	40.82	41.49	1.6	40.82	41.49	1.6	40.82	41.48	1.6
	平均			2.4			2.4			2.4
<5	650718	26.68	27.51	3.1	26.68	27.51	3.1	26.68	27.50	3.1
	670718	10.80	11.03	2.1	10.80	11.03	2.1	10.80	11.02	2.0
	670820	36.41	37.26	2.3	36.41	37.25	2.3	36.41	37.25	2.3
	720804	16.22	16.80	3.6	16.22	16.80	3.6	16.22	16.79	3.5
	760723	106.21	107.77	1.5	106.21	107.76	1.5	106.21	107.75	1.4
	760814	13.86	14.41	4.0	13.86	14.40	3.9	13.86	14.40	3.9
	780725	44.22	44.65	1.0	44.22	44.65	1.0	44.22	44.63	0.9
	780808	29.10	29.76	2.3	29.10	29.76	2.3	29.10	29.75	2.2

续表

洪水重现期/年	洪水场次	林地转化为耕地			耕地转化为草地			草地转化为林地		
		变化前/mm	变化后/mm	变化比例/%	变化前/mm	变化后/mm	变化比例/%	变化前/mm	变化后/mm	变化比例/%
<5	870826	27.69	28.40	2.6	27.69	28.40	2.6	27.69	28.40	2.6
	010615	12.42	12.90	3.9	12.42	12.90	3.9	12.42	12.89	3.8
	平均			2.6			2.6			2.6

9.4.2.2　木鼻流域

根据木鼻流域 1980 年前后土地利用实际转移情况，利用水文模型分别模拟了耕地、草地和建设用地等各类土地利用相互转化对径流深的影响，模拟结果如表 9.23 所示。

表 9.23　　　　　　　　木鼻流域各类土地利用相互转化对径流深的影响

洪水重现期/年	洪水场次	耕地转化为草地			建设用地转化为耕地		
		变化前/mm	变化后/mm	变化比例/%	变化前/mm	变化后/mm	变化比例/%
>10	820801	42.81	42.94	0.3	42.81	42.38	−1.0
	960803	28.08	28.1	0.1	28.08	25.44	−9.4
	000703	26.83	26.89	0.2	26.83	25.25	−5.9
	平均			0.2			−5.4
5~10	550906	19.85	19.89	0.2	19.85	18.12	−8.7
	560801	20.25	20.29	0.2	20.25	17.58	−13.2
	580802	7.65	7.68	0.2	7.65	6.77	−11.5
	590726	5.18	5.18	0	5.18	4.28	−17.4
	840812	5.27	5.27	0	5.27	5.00	−5.1
	980621	5.57	5.57	0	5.57	4.87	−12.6
	平均			0.1			−11.4
<5	570708	3.01	3.02	0.3	3.01	2.54	−15.6
	600727	1.74	1.74	0	1.74	1.14	−34.5
	610731	0.77	0.77	0	0.77	0.65	−15.6
	780728	5	5.01	0.2	5	4.42	−11.6
	820811	19.21	19.27	0.3	19.21	16.46	−14.3
	990712	1.71	1.73	1.2	1.71	1.60	−6.6
	020701	4.67	4.67	0	4.67	4.38	−6.3
	040729	2.55	2.55	0	2.55	2.34	−8.4
	070728	4.4	4.41	0.2	4.4	4.26	−3.1
	080717	4.11	4.11	0	4.11	4.28	4.1
	平均			0.2			−11.2

9.4.2.3　西台峪流域

根据西台峪流域 1980 年前后土地利用实际转移情况，利用水文模型分别模拟了耕地、林地和草地等各类土地利用相互转化对径流深的影响，模拟结果如表 9.24 所示。

表 9.24　　　　　西台峪流域各类土地利用相互转化对径流深的影响

洪水重现期/年	洪水场次	耕地转化为林地			草地转化为耕地			草地转化为林地		
		变化前/mm	变化后/mm	变化比例/%	变化前/mm	变化后/mm	变化比例/%	变化前/mm	变化后/mm	变化比例/%
>10	600729	79.96	75.98	−5.0	79.96	75.97	−5.0	79.96	75.15	−6.0
	960803	455.21	436.14	−4.2	455.21	434.58	−4.5	455.21	431.67	−5.2
	000703	208.62	195.65	−6.2	208.62	194.56	−6.7	208.62	192.55	−7.7
	平均			−5.1			−5.4			−6.3
5~10	740729	28.92	26.68	−7.7	28.92	26.62	−8.0	28.92	26.21	−9.4
	750807	32.41	28.55	−11.9	32.41	28.38	−12.4	32.41	27.98	−13.7
	760718	76.20	68.81	−9.7	76.20	68.62	−9.9	76.20	68.59	−10.0
	770727	119.63	113.89	−4.8	119.63	113.34	−5.3	119.63	113.35	−5.2
	810815	32.30	27.94	−13.5	32.30	27.62	−14.5	32.30	27.45	−15.0
	820801	86.48	79.05	−8.6	86.48	76.99	−11.0	86.48	77.03	−10.9
	930804	44.27	39.91	−9.8	44.27	39.70	−10.3	44.27	38.96	−12.0
	950714	21.23	19.76	−6.9	21.23	19.77	−6.9	21.23	19.63	−7.5
	950903	69.50	66.25	−4.7	69.50	66.15	−4.8	69.50	65.61	−5.6
	970625	20.42	18.24	−10.7	20.42	18.25	−10.6	20.42	18.15	−11.1
	平均			−8.8			−9.4			−10.0
<5	610715	14.41	13.47	−6.5	14.41	13.39	−7.1	14.41	13.31	−7.6
	620623	5.60	5.27	−5.9	5.60	5.25	−6.2	5.60	5.26	−6.1
	630723	4.05	3.15	−22.2	4.05	3.03	−25.2	4.05	3.05	−24.7
	660719	8.42	7.29	−13.4	8.42	7.07	−16.0	8.42	7.07	−16.0
	730814	8.50	6.90	−18.8	8.50	6.90	−18.8	8.50	6.89	−18.9
	740807	16.66	15.21	−8.7	16.66	14.65	−12.1	16.66	14.70	−11.8
	780724	7.63	6.80	−10.9	7.63	6.66	−12.7	7.63	6.63	−13.1
	780728	16.66	15.42	−7.4	16.66	15.39	−7.6	16.66	15.31	−8.1
	800827	16.33	13.30	−18.6	16.33	13.12	−19.7	16.33	13.11	−19.7
	830827	4.23	3.32	−21.5	4.23	3.26	−22.9	4.23	3.25	−23.2
	900711	3.62	2.86	−21.0	3.62	2.77	−23.5	3.62	2.77	−23.5
	920830	22.56	18.81	−16.6	22.56	18.61	−17.5	22.56	18.62	−17.5
	960802	16.90	15.66	−7.3	16.90	15.46	−8.5	16.90	15.23	−9.9
	000919	13.59	10.38	−23.6	13.59	10.37	−23.7	13.59	10.35	−23.8

续表

洪水重现期/年	洪水场次	耕地转化为林地			草地转化为耕地			草地转化为林地		
		变化前/mm	变化后/mm	变化比例/%	变化前/mm	变化后/mm	变化比例/%	变化前/mm	变化后/mm	变化比例/%
<5	010727	17.61	14.27	−19.0	17.61	14.29	−18.9	17.61	14.25	−19.1
	040711	70.65	63.63	−9.9	70.65	63.40	−10.3	70.65	63.43	−10.2
	050816	15.42	13.54	−12.2	15.42	13.30	−13.7	15.42	13.25	−14.1
	平均			−14.3			−15.6			−15.7

9.4.2.4　倒马关—中唐梅区间流域

根据倒马关—中唐梅区间流域1980年前后土地利用实际转移情况，利用水文模型分别模拟了耕地、林地和草地等各类土地利用相互转化对径流深的影响，模拟结果如表9.25所示。

表9.25　　倒马关—中唐梅区间流域各类土地利用相互转化对径流深的影响

洪水重现期/年	洪水场次	耕地转化为林地			耕地转化为草地			草地转化为林地		
		变化前/mm	变化后/mm	变化比例/%	变化前/mm	变化后/mm	变化比例/%	变化前/mm	变化后/mm	变化比例/%
>10	590802	138.2	135.89	−1.7	138.20	136.01	−1.6	138.2	135.67	−1.8
	630804	560.21	553.84	−1.1	560.21	554.3	−1.1	560.21	553.18	−1.3
	880804	105.9	100.32	−5.3	105.9	100.83	−4.8	105.9	98.61	−6.9
	890721	46.49	44.72	−3.8	46.49	45.01	−3.2	46.49	43.98	−5.4
	平均			−3.0			−2.7			−3.8
5~10	660726	5.79	5.43	−6.2	5.79	5.51	−4.8	5.79	5.33	−7.9
	700731	4.58	4.19	−8.5	4.58	4.27	−6.8	4.58	4.07	−11.1
	740722	5.60	5.01	−10.5	5.60	5.10	−8.9	5.60	4.88	−12.9
	750811	6.47	4.76	−26.4	6.47	4.87	−24.7	6.47	4.60	−28.9
	770730	14.29	13.81	−3.4	14.29	13.85	−3.1	14.29	13.76	−3.7
	770802	17.12	16.68	−2.6	17.12	16.82	−1.8	17.12	16.39	−4.3
	790809	6.46	6.14	−5.0	6.46	6.23	−3.6	6.46	5.98	−7.4
	810805	18.90	18.30	−3.2	18.90	18.52	−2.0	18.90	17.80	−5.8
	820730	20.16	19.38	−3.9	20.16	19.77	−1.9	20.16	18.78	−6.8
	860626	10.57	9.66	−8.6	10.57	9.81	−7.2	10.57	9.37	−11.4
	900713	23.87	23.16	−3.0	23.87	23.39	−2.0	23.87	22.62	−5.2
	950717	19.16	17.10	−10.8	19.16	17.41	−9.1	19.16	16.46	−14.1
	960809	27.96	27.37	−2.1	27.96	27.51	−1.6	27.96	27.14	−2.9
	平均			−7.2			−6.0			−9.4

9.4.2.5　阜平流域

根据阜平流域 1980 年前后土地利用实际转移情况，利用水文模型分别模拟了耕地、林地和草地等各类土地利用相互转化对径流深的影响，模拟结果如表 9.26 所示。

表 9.26　　　　　　　　　　阜平流域各类土地利用相互转化对径流深的影响

洪水重现期/年	洪水场次	耕地转化为林地			耕地转化为草地			草地转化为林地		
		变化前/mm	变化后/mm	变化比例/%	变化前/mm	变化后/mm	变化比例/%	变化前/mm	变化后/mm	变化比例/%
>10	590803	166.98	153.88	−7.8	166.98	154.23	−7.6	166.98	152.84	−8.5
	630805	241.17	231.81	−3.9	241.17	232.27	−3.7	241.17	230.06	−4.6
	640808	111.34	95.06	−14.6	111.34	95.21	−14.5	111.34	94.59	−15
	880808	108.77	96.09	−11.7	108.77	96.21	−11.5	108.77	95.80	−11.9
	960803	111.65	97.81	−12.4	111.65	97.82	−12.4	111.65	97.55	−12.6
	平均			−10.1			−9.9			−10.5
5~10	670803	60.03	50.52	−15.8	60.03	50.62	−15.7	60.03	49.89	−16.9
	780827	47.81	40.22	−15.9	47.81	40.39	−15.5	47.81	39.54	−17.3
	790811	81.08	69.84	−13.9	81.08	70.04	−13.6	81.08	69.07	−14.8
	950713	64.08	53.98	−15.8	64.08	54.27	−15.3	64.08	53.18	−17
	000704	89.82	76.52	−14.8	89.82	77.19	−14.1	89.82	75.47	−16
	平均			−15.2			−14.8			−16.4
<5	610927	12.98	9.86	−24.0	12.98	9.86	−24.0	12.98	9.83	−24.3
	620729	3.28	2.94	−10.4	3.28	2.96	−9.8	3.28	2.90	−11.6
	660826	18.72	16.3	−12.9	18.72	16.33	−12.8	18.72	16.19	−13.5
	680813	6.84	5.78	−15.5	6.84	5.80	−15.2	6.84	5.74	−16.1
	700711	3.87	3.62	−6.5	3.87	3.64	−5.9	3.87	3.61	−6.7
	710625	9.72	7.73	−20.5	9.72	7.76	−20.2	9.72	7.62	−21.6
	720815	0.45	0.44	−2.2	0.45	0.45	0	0.45	0.42	−6.7
	760819	19.47	15.71	−19.3	19.47	15.71	−19.3	19.47	15.66	−19.6
	770720	147.55	129.94	−11.9	147.55	130.39	−11.6	147.55	129.2	−12.4
	800816	2.97	2.62	−11.8	2.97	2.64	−11.1	2.97	2.57	−13.5
	810805	14.47	12.21	−15.6	14.47	12.21	−15.6	14.47	12.19	−15.8
	820802	32.83	27.80	−15.3	32.83	27.81	−15.3	32.83	27.72	−15.6
	830803	3.46	2.79	−19.4	3.46	2.85	−17.6	3.46	2.67	−22.8
	840619	1.13	0.71	−37.2	1.13	0.72	−36.3	1.13	0.68	−39.8
	850820	2.14	1.70	−20.6	2.14	1.71	−20.1	2.14	1.70	−20.6
	860831	2.41	2.21	−8.3	2.41	2.24	−7.1	2.41	2.16	−10.4
	870826	15.83	13.09	−17.3	15.83	13.09	−17.3	15.83	13.06	−17.5
	890731	16.54	15.52	−6.2	16.54	15.64	−5.4	16.54	15.07	−8.9

洪水重现期/年	洪水场次	耕地转化为林地			耕地转化为草地			草地转化为林地		
		变化前/mm	变化后/mm	变化比例/%	变化前/mm	变化后/mm	变化比例/%	变化前/mm	变化后/mm	变化比例/%
<5	900825	7.37	5.99	−18.7	7.37	6.03	−18.2	7.37	5.88	−20.2
	910607	6.86	6.18	−9.9	6.86	6.31	−8.0	6.86	5.84	−14.9
	920731	1.06	0.80	−24.5	1.06	0.81	−23.6	1.06	0.78	−26.4
	940705	15.85	12.72	−19.7	15.85	12.75	−19.6	15.85	12.64	−20.3
	980711	7.79	5.98	−23.2	7.79	5.99	−23.1	7.79	5.96	−23.5
	990814	18.5	15.00	−18.9	18.5	15.07	−18.5	18.5	14.85	−19.7
	010724	3.15	2.28	−27.6	3.15	2.29	−27.3	3.15	2.27	−27.9
	020801	2.20	2.01	−8.6	2.2	2.03	−7.7	2.20	1.94	−11.8
	040809	23.19	18.48	−20.3	23.19	18.52	−20.1	23.19	18.39	−20.7
	050816	5.04	4.21	−16.5	5.04	4.21	−16.5	5.04	4.20	−16.7
	平均			−16.5			−16.0			−17.8

9.4.2.6 大阁流域

根据大阁流域1980年前后土地利用实际转移情况，利用水文模型分别模拟了耕地、林地和草地等各类土地利用相互转化对径流深的影响，模拟结果如表9.27所示。

表 9.27 大阁流域各类土地利用相互转化对径流深的影响

洪水重现期/年	洪水场次	耕地转化为林地			草地转化为耕地			草地转化为林地		
		变化前/mm	变化后/mm	变化比例/%	变化前/mm	变化后/mm	变化比例/%	变化前/mm	变化后/mm	变化比例/%
>10	640801	15.00	13.51	−9.9	15.00	12.59	−16.1	15.00	12.49	−16.7
	920803	4.98	4.82	−3.2	4.98	4.70	−5.6	4.98	4.66	−6.4
	930810	5.64	5.16	−8.5	5.64	4.84	−14.2	5.64	4.72	−16.3
	980705	9.44	8.45	−10.5	9.44	8.06	−14.6	9.44	8.04	−14.8
	平均			−8.0			−12.6			−13.6
5~10	570723	3.56	3.01	−15.4	3.56	3.00	−15.7	3.56	3.00	−15.7
	580712	6.07	5.13	−15.5	6.07	5.12	−15.7	6.07	5.11	−15.8
	810723	3.57	3.38	−5.3	3.57	3.23	−9.5	3.57	3.32	−7.0
	940723	4.21	3.95	−6.2	4.21	3.74	−11.2	4.21	3.57	−15.2
	960723	3.73	3.37	−9.7	3.73	3.20	−14.2	3.73	3.15	−15.5
	平均			−10.4			−13.3			−13.9
<5	600715	3.55	3.03	−14.6	3.55	2.77	−22.0	3.55	2.83	−20.3
	630723	2.45	2.04	−16.7	2.45	1.95	−20.4	2.45	1.95	−20.4
	650722	3.01	2.74	−9.0	3.01	2.51	−16.6	3.01	2.72	−9.6

续表

洪水重现期 /年	洪水场次	耕地转化为林地			草地转化为耕地			草地转化为林地		
		变化前 /mm	变化后 /mm	变化比例 /%	变化前 /mm	变化后 /mm	变化比例 /%	变化前 /mm	变化后 /mm	变化比例 /%
<5	670709	1.09	1.00	−8.3	1.09	0.87	−20.2	1.09	0.91	−16.5
	750629	1.74	1.49	−14.4	1.74	1.44	−17.2	1.74	1.49	−14.4
	860906	2.90	2.68	−7.6	2.90	2.48	−14.5	2.90	2.45	−15.5
	870731	2.03	1.77	−12.8	2.03	1.60	−21.2	2.03	1.64	−19.2
	920731	2.25	2.04	−9.3	2.25	1.84	−18.2	2.25	1.88	−16.4
	平均			−11.6			−18.8			−16.5

9.4.2.7　冷口流域

根据冷口流域1980年前后土地利用实际转移情况，利用水文模型分别模拟了耕地、林地和草地等各类土地利用相互转化对径流深的影响，模拟结果如表9.28所示。

表9.28　　　　　　　　　冷口流域各类土地利用相互转化对径流深的影响

洪水重现期 /年	洪水场次	耕地转化为林地			草地转化为林地		
		变化前 /mm	变化后 /mm	变化比例 /%	变化前 /mm	变化后 /mm	变化比例 /%
>10	590721	168.06	168.05	0.0	168.06	168.03	0.0
	620724	147.77	147.77	0.0	147.77	147.75	0.0
	640813	146.02	146.02	0.0	146.02	146.02	0.0
	660728	77.34	77.34	0.0	77.34	77.33	0.0
	790727	134.92	134.91	0.0	134.92	134.90	0.0
	840809	140.99	140.98	0.0	140.99	140.97	0.0
	940711	88.06	88.06	0.0	88.06	88.05	0.0
	平均			0.0			0.0
5~10	690810	106.24	106.24	0.0	106.24	106.24	0.0
	770726	119.63	119.63	0.0	119.63	119.61	0.0
	950728	108.23	108.23	0.0	108.23	108.22	0.0
	960801	90.07	90.07	0.0	90.07	90.01	−0.1
	080704	40.33	40.33	0.0	40.33	40.33	0.0
	平均			0.0			0.0
<5	580714	30.18	30.18	0.0	30.18	30.17	0.0
	590818	32.91	32.91	0.0	32.91	32.91	0.0
	610821	26.61	26.61	0.0	26.61	26.60	0.0
	690816	13.87	13.87	0.0	13.87	13.86	−0.1
	730819	34.50	34.49	0.0	34.50	34.48	−0.1
	750729	38.94	38.94	0.0	38.94	38.93	0.0

洪水重现期/年	洪水场次	耕地转化为林地			草地转化为林地		
		变化前/mm	变化后/mm	变化比例/%	变化前/mm	变化后/mm	变化比例/%
<5	760723	57.39	57.39	0.0	57.39	57.38	0.0
	780725	43.63	43.63	0.0	43.63	43.62	0.0
	850822	42.92	42.92	0.0	42.92	42.91	0.0
	880808	20.64	20.64	0.0	20.64	20.64	0.0
	930707	17.66	17.66	0.0	17.66	17.66	0.0
	960809	51.45	51.45	0.0	51.45	51.44	0.0
	980713	49.02	46.79	−4.5	49.02	46.78	−4.6
	平均			−0.4			−0.4

9.4.3　洪水过程的影响程度分析

9.4.3.1　石佛口流域

从表 9.22 可以看出，各类土地利用类型相互转化导致径流深增加。由于各类土地利用类型产流量不同，而且各类土地利用类型转化的比例不同，结果各类土地利用之间相互转化导致每场洪水径流深的变化程度相同。以林地转化为耕地为例，大于 10 年一遇洪水径流深增加 2.8%，5 年一遇至 10 年一遇洪水径流深增加 2.4%，小于 5 年一遇洪水径流深增加 2.6%。土地利用类型之间相互转化导致径流深增加的程度与洪水量级无关。

草地转化为林地也导致石佛口流域径流深增加，但是增加程度较小。主要是因为草地向林地转化比例较小，虽然林地蓄水容量和下渗能力比草地大，但在两类土地利用类型分别产生的地面径流没有发生变化，而林地产生的壤中流和地下径流增加，导致了草地向林地转化较小比例时，径流量有所增加。

9.4.3.2　木鼻流域

从表 9.23 可以看出，木鼻流域耕地转化为草地，导致径流深增加，由于转化面积较小，所以导致径流深变化较小，仅在 0.2% 左右。而建设用地转化为耕地，导致径流深明显减小。大于 10 年一遇洪水径流深减小 5.4%，5 年一遇至 10 年一遇洪水径流深平均减小 11.4%，小于 5 年一遇洪水径流深平均减小 11.2%。因此，木鼻流域各土地利用类型对径流深的影响，主要是由建设用地向耕地转化引起的。

9.4.3.3　西台峪流域

从表 9.24 可以看出，西台峪流域各土地利用类型实际转化导致径流深减小。耕地转化为林地导致大于 10 年一遇洪水径流深平均减小 5.1%，5 年一遇至 10 年一遇洪水径流深平均减小 8.8%，小于 5 年一遇洪水径流深平均减小 14.3%。草地转化为耕地导致大于 10 年一遇洪水径流深平均减小 5.4%，5 年一遇至 10 年一遇洪水径流深平均减小 9.4%，小于 5 年一遇洪水径流深平均减小 15.6%。草地转化为林地导致大于 10 年一遇洪水径流深平均减小 6.3%，5 年一遇至 10 年一遇洪水径流深平均减小 10.0%，小于 5 年一遇洪水径流深平均减小 15.7%。各土地利用类型之间的实际转化导致径流深减小程度随洪水量级增加而减小。由于林地蓄水容量和下渗能力比耕地和草地大，因此，耕地和草地向林地转化导致径流深的减小。

9.4.3.4　倒马关—中唐梅区间流域

从表 9.25 可以看出，倒马关—中唐梅区间流域各土地利用类型实际转化导致径流深减小。耕地转化为林地导致大于 10 年一遇洪水径流深平均减小 3.0%，5 年一遇至 10 年一遇洪水径流深平均减小 7.2%。耕地转化为草地导致大于 10 年一遇洪水径流深平均减小 2.7%，5 年一遇至 10 年一遇洪水径流深平均减小 6.0%。草地转化为林地导致大于 10 年一遇洪水径流深平均减小 3.8%，5 年一遇至 10 年一遇洪水径流深平均减小 9.4%。各土地利用类型之间的实际转化导致径流深减小程度随洪水量级增加而减小。由于林地蓄水容量和下渗能力比耕地和草地大，因此，耕地和草地向林地转化导致径流深的减小。

9.4.3.5　阜平流域

从表 9.26 可以看出，阜平流域各土地利用类型实际转化导致径流深减小。耕地转化为林地导致大于 10 年一遇洪水径流深平均减小 10.1%，5 年一遇至 10 年一遇洪水径流深平均减小 15.2%，小于 5 年一遇洪水径流深平均减小 16.5%。耕地转化为草地导致大于 10 年一遇洪水径流深平均减小 9.9%，5 年一遇至 10 年一遇洪水径流深平均减小 14.8%，小于 5 年一遇洪水径流深平均减小 16.0%。草地转化为林地导致大于 10 年一遇洪水径流深平均减小 10.5%，5 年一遇至 10 年一遇洪水径流深平均减小 16.4%，小于 5 年一遇洪水径流深平均减小 17.8%。各土地利用类型之间的实际转化导致径流深减小程度随洪水量级增加而减小。由于林地蓄水容量和下渗能力比耕地和草地大，因此，耕地和草地向林地转化导致径流深的减小。

9.4.3.6　大阁流域

从表 9.27 可以看出，大阁流域各土地利用类型实际转化导致径流深减小。耕地转化为林地导致大于 10 年一遇洪水径流深平均减小 8.0%，5 年一遇至 10 年一遇洪水径流深平均减小 10.4%，小于 5 年一遇洪水径流深平均减小 11.6%。草地转化为耕地导致大于 10 年一遇洪水径流深平均减小 12.6%，5 年一遇至 10 年一遇洪水径流深平均减小 13.3%，小于 5 年一遇洪水径流深平均减小 18.8%。草地转化为林地导致大于 10 年一遇洪水径流深平均减小 13.6%，5~10 年一遇洪水径流深平均减小 13.9%，小于 5 年一遇洪水径流深平均减小 16.5%。各土地利用类型之间的实际转化导致径流深减小程度随洪水量级增加而减小。由于林地蓄水容量和下渗能力比耕地和草地大，因此，耕地和草地向林地转化导致径流深的减小。

9.4.3.7　冷口流域

从表 9.28 可以看出，由于冷口流域耕地、林地和草地等各类土地利用相互转化量很小，各土地利用类型实际转化导致径流深减小，但是除了小于 5 年一遇洪水径流深平均减小为 0.4%以外，其他减小量可以忽略不计。

9.5　小结

从各典型流域 1956—2008 年暴雨洪水资料中，分别选择了若干场次洪水，利用第 8

章所建立的分布式水文模型,分析了海河流域典型流域下垫面变化对洪水的影响程度,主要结果如下:

(1)利用所建立的分布式水文模型,考虑地下水位下降、土地利用和水利水保工程对产流的影响,对选择的每一场暴雨洪水过程,分别模拟了1980年前后下垫面情况下的洪水过程,通过对比分析模拟结果,得到了地下水位下降、土地利用变化和水利水保工程等下垫面变化对洪水的综合影响。

(2)各典型流域下垫面变化导致洪峰流量和径流深均减小,一般情况下,下垫面变化导致洪峰流量和径流深变化程度随着洪水总量增加而减小。大于10年一遇的洪水,水文类型分区Ⅰ区石佛口和Ⅶ区冷口流域径流深减小程度最小,分别为4.5%和4.6%,Ⅱ区木鼻、Ⅲ区西台峪、Ⅴ区倒马关—中唐梅流域减小程度在5%~10%,Ⅵ区阜平和大阁流域径流深减小程度为10%~20%。5年一遇至10年一遇洪水,Ⅶ区冷口流域减小程度为6.1%,Ⅰ区石佛口、Ⅱ区木鼻和Ⅲ区西台峪流域减小程度为10%~20%,Ⅴ区倒马关—中唐梅区间、Ⅵ区阜平和大阁流域减小程度为20%~25%。小于5年一遇洪水,Ⅱ区木鼻和Ⅶ区冷口流域减小程度为12%~16%,其他流域减小程度为24%~30%。

(3)下垫面变化对大于10年一遇洪水的洪峰流量影响程度,Ⅶ区冷口流域减小程度最小,为1.1%,Ⅱ区木鼻、Ⅲ区西台峪和Ⅵ区阜平流域减小程度为6.1%~8.1%,Ⅴ区倒马关—中唐梅区间和Ⅵ区大阁流域分别减小30.0%和38.0%。5年一遇至10年一遇洪水,Ⅱ区木鼻和Ⅶ区冷口流域洪峰流量减小9.2%~12.7%,Ⅰ区石佛口、Ⅲ区西台峪和Ⅵ区大阁流域洪峰流量减小26.0%~32.8%。Ⅴ区倒马关—中唐梅区间和Ⅵ区阜平流域洪峰流量减小41.1%~42.0%。小于5年一遇洪水,Ⅱ区木鼻、Ⅲ区西台峪、Ⅵ区大阁和Ⅶ区冷口流域洪峰流量减小28.3%~36.5%,Ⅰ区石佛口和Ⅵ区阜平流域洪峰流量减小41.6%~52.2%。

(4)通过对1980年前后土地利用条件、地下水位下降前后以及水土保持工程修建前后不同重现期洪水过程的模拟,分析了土地利用变化、地下水位和水利水保工程对每一场洪水特征要素的影响程度。土地利用变化对流域径流深的影响取决于流域内土地利用变化的程度。地下水位下降引起流域深层蓄水容量的增加,会导致洪峰流量和径流深减小程度较小,平均减小程度不超过3%。水土保持工程对洪峰流量和径流深均有减小作用,且洪峰流量和径流深的减小程度随洪水量级的增加而减小。

(5)根据各典型流域各土地利用类型之间实际转化情况,利用水文模型模拟了各土地利用相互转化对洪水的影响。石佛口、木鼻和冷口流域土地利用变化程度小,因此,导致径流深变化程度较小,且不同量级洪水变化程度不同。西台峪、倒马关—中唐梅区间、阜平和大阁流域,土地利用的变化程度较大,因此其对径流深影响也较大。

参考文献

Bahremand A,Smedt F D,Corluy J,et al,2007. WetSpa model application for assessing reforestation impacts on floods in Margecany - Hornad Watershed, Slovakia[J]. Water Resources Management,21:1373-1391.

Bronstert A，Bárdossy A，Bismuth，C，et al，2007. Multi – scale modelling of land – use change and river training effects on floods in the Rhine basin ［J］. River Research and Applications，23：1102 – 1125.

Fang Z，Zimmer A，Bedient P B，et al，2010. Using a distributed hydrologic model to evaluate the location of urban development and flood control storage ［J］. Journal of Water Resources Planning & Management，136：597 – 601.

Liu Y B，De Smedt F，2005. Flood modeling for complex terrain using GIS and remote sensed information ［J］. Water Resources Management，19：605 – 624.

Niehoff D，Fritsch U，Bronstert A，2002. Land use impacts on storm – runoff generation：scenarios of land – use change and simulation of hydrological response in a meso – scale catchment in SW – Germany ［J］. Journal of Hydrology，267：80 – 93.

Olang L O，Furst J，2011. Effects of land cover change on flood peak discharge and runoff volumes：model estimates for the Nyando River Basin，Kenya ［J］. Hydrological Processes，25：80 – 89.

Onyando J O，Olang L O，Chemelil M C，2005. Regional analysis of conceptual rainfall – runoff models for runoff simulation in ungauged catchments：the case of upper Ewaso Ngiro drainage basin in Kenya ［J］. Scientific & Academic Publishing，2：23 – 37.

Ott B，Uhlenbrook S，2004. Quantifying the impact of land use changes at the event and seasonal time scale using a processoriented catchment model ［J］，Hydrology and Earth System Sciences，8：62 – 78.

Panahi A，Alijani B，Mohammadi H，2010. The effect of the land use/cover changes on the floods of the Madarsu basin of Northeastern Iran ［J］. Journal of Water Resources and Protection，2：373 – 379.

Wegehenkel M，2002. Estimating of impact of land use changes using the conceptual hydrological model THESEUS – a case study ［J］. Physics and Chemistry of the Earth，27：631 – 640.

Xu Y D，Fu B J，He C S，2013. Assessing the hydrological effect of the check dams in the Loess Plateau，China，by model simulation ［J］. Hydrology and Earth System Sciences，17：2185 – 2193.

韩瑞光，冯平，2010. 流域下垫面变化对洪水径流影响的研究 ［J］. 干旱区资源与环境，24 （8）：27 – 30.

李建柱，冯平，2011. 紫荆关流域下垫面变化对洪水的影响 ［J］. 地理研究，30 （5）：921 – 930.

李致家，姚玉梅，戴健男，等，2012. 利用水文模型研究下垫面变化对洪水的影响 ［J］. 水力发电学报，31 （3）：6 – 8.

舒晓娟，陈洋波，徐会军，2009. Wetspa 模型在流溪河水库入库洪水模拟中的应用 ［J］. 长江科学院院报，26 （1）：17 – 20.

万荣荣，杨桂山，李恒鹏，2008. 流域土地利用/覆被变化的洪水响应——以太湖上游西苕溪流域为例 ［J］. 自然灾害学报，17 （3）：10 – 15.

第 10 章　下垫面变化影响下降雨径流演变特征可变模糊集分析

10.1　概述

　　环境变化（气候变化和下垫面变化）及其带来的一系列水文、生态、环境等响应问题，是近十年来国际上研究的热点问题。虽然气候在全球范围内是否发生了变化，以及对降雨径流等水文过程产生的影响方面还存在争议，但下垫面发生的变化是可以证实的，并对水文循环的蒸发、下渗和径流产生了较大影响。下垫面变化对水文过程影响评估的研究，主要是通过研究下垫面变化引起的植被截留、下渗、蒸发以及土壤蓄水能力等过程变化来预测径流可能的变化趋势，采用的方法主要是确定性研究途径。如唐亦功（1995）通过建立植被覆盖度与河川径流量之间的定量关系，研究了滦河流域人类活动对河流径流的影响。Lee 等（2007）基于 SWAT（Soil and Water Assessment Tool）模型，研究了气候变化和流域（地下水开采和土地利用）变化对枯水期径流量的影响。李子君等（2008）利用降水-径流经验统计模型，定量评估了潮河流域降水变化与人类活动对流域年径流量的影响程度。Yang 等（2009）利用 Mann - Kendall 检验法对海河流域 8 个子流域的径流和降雨进行了变异分析，并通过比较变异点前后的降雨径流相关关系，确定了导致径流量减少的主要原因是人类活动。Hurkmans 等（2009）利用改进的 VIC（Variable Infiltration Capacity）模型研究了几种预计土地利用变化情景对河川径流量的影响。

　　但是，大气中的水汽、地表水的江河湖海、渗入地下的地下水等水流，每时每刻都在运动变化，水文学研究自然界这些水体运动变化的规律，其中，许多现象、事件、概念具有模糊性。如汛期与非汛期、洪涝与干旱、丰水与枯水、清洁与污染等，这些现象与概念不仅有模糊性，而且在一定时空条件下具有可变性，也就是具有可变模糊性的特征（陈守煜，2008）。因此，陈守煜（2010）基于可变模糊集理论，率先提出对立统一、质量互变与否定的否定定理，用严密的数学定理表达了唯物辩证法哲学的三大基本规律，并在水文水资源、生态和环境等领域得到了初步应用（周惠成等，2009；段春青等，2009；陈守煜等，2007）。陈守煜等（2006）以可变模糊集理论为基础，建立了一种新的流域水资源可再生能力评价模型——模糊可变集合模型，并应用该模型对黄河流域 9 个行政分区的水资源可再生能力进行了综合评价，结果表明建立的模型更合理且计算简单，可靠性、实用性较强。秦鹏等（2011）引入可变模糊集理论，建立了河流健康评价的模糊层次与可变模糊集耦合模型，评价结果比较合理。赵刚等（2015）采用集对分析-可变模糊集评价模型和基于指数超标法的赋权重方法，对 2011 年中国 31 省（自治区、直辖市）的水利现代化水平进行综合评价，并分析研究了 2008—2011 年水利现代化指数的时空变化特征。结果表明，基于集对分析-可变模糊集评价模型和指数超标法赋权重方法，可以在较少人工干预的情况下快速评价中国水利现代化程度。柯丽娜等（2012）以综合权重作为基础构建了基于可变模糊集的海洋水质环境评价模型，并将其应用于青岛倾倒区海水水质综合评价中，该模型能够很好地对海洋水质环境综合情况进行准确评价。

径流量的丰枯、洪水的大小、人类活动对径流量影响的大与小等概念也都是可变的模糊概念，目前对径流的增加或减少是否引起其量变或质变，以及引起量变质变的主要原因的研究成果较少。因此，根据陈守煜（2008，2009）提出的可变模糊集的质变与量变定理，尝试提出一种新的时间序列变异点诊断的方法，以检验水文序列的均值是否发生了变异（魏兆珍等，2011），以及序列发生变异的可能变异点（Li et al，2014）。并将其应用于滦河流域的年降雨径流序列及典型流域阜平、西台峪和冷口流域的洪峰、次洪量和洪峰滞时等时间序列，进行基于可变模糊集理论的演变特征分析，以揭示其时程变化的演变趋势。10.2 介绍可变模糊集的量变质变定理，提出基于质变与量变定理的水文序列变异点分析方法，给出下垫面变化对水文过程影响的可变模糊集分析方法；10.3 对典型流域暴雨洪水特征时间序列，进行变异点检验分析；10.4 对典型流域进行基于可变模糊集的降雨径流演变特征分析；10.5 对本章主要内容和结论进行小结。

10.2　基于可变模糊集的量变质变分析方法

10.2.1　可变模糊集的质变与量变定理

模糊集合概念是由 Zadeh 提出的，是对 Cantor 普通集合论的突破，并由此发展为一门新的数学学科——模糊集合论，在数学思维上具有重要的科学意义。但模糊集合论是静态概念、静态理论，不能描述模糊现象、模糊事件、模糊概念客观上存在的动态可变性。用静态的模糊集合理论去研究动态的模糊现象、时间与概念，存在着研究理论与研究对象之间相悖的矛盾，这是模糊集合论的理论缺陷。

20 世纪 90 年代，陈守煜提出相对隶属度、相对隶属函数的概念，并以此为基础建立了工程模糊集理论。21 世纪伊始，陈守煜又在工程模糊集理论基础上，创建了可变模糊集理论，是对模糊集合论静态概念与理论的突破。第一次用严密的数学定理表达了唯物辩证法三大规律之一的"质量互变规律"，构建起了数学与哲学两大学科之间联系的桥梁。

在 Zadeh 模糊集中，将普通集合中的特征函数定义拓展为隶属函数定义：

设 U 是论域，A 是 U 的一个模糊子集，A 的隶属函数 μ_A 定义为

$$\mu_A : U \rightarrow [0,1], u \mapsto \mu_A(u) \in [0,1] \tag{10.1}$$

1983 年，Atanassov 给出 Zadeh 模糊集的一个推广概念——直觉模糊集定义：论域 U 上的直觉模糊集

$$A = \{(u, \mu_A(u), \nu_A(u)) \quad u \in U\} \tag{10.2}$$

式中：$\mu_A(u) \in [0,1]$ 称为 u 属于 A 的隶属度，称 $\nu_A(u) \in [0,1]$ 为 u 不属于 A 的隶属度，满足条件 $\mu_A(u) + \nu_A(u) \leqslant 1, \forall u \in U$。

直觉模糊集与 Zadeh 模糊集一样是静态模糊概念，也不能表达模糊现象、事件与概念

的动态可变性。

为研究可变模糊集的动态可变性，陈守煜（2008）运用自然辨证法关于运动的矛盾性原理，提出描述事物质变界的概念为：事物 u 具有对立模糊概念或对立的两种基本模糊属性 A 与 A^c 的相对隶属度 $\mu_A(u)$ 与 $\mu_{A^c}(u)$ 达到动态平衡，即 $\mu_A(u) = \mu_{A^c}(u)$。当 $\mu_A(u) > \mu_{A^c}(u)$ 时，事物 u 以属性 A 为主要特性，A^c 为次要特性；当 $\mu_A(u) < \mu_{A^c}(u)$ 时，则相反。当事物 u 从 $\mu_A(u) > \mu_{A^c}(u)$ 转化为 $\mu_A(u) < \mu_{A^c}(u)$，或相反转化，即事物 u 发生渐变式质变时，必然通过渐变式质变界 $\mu_A(u) = \mu_{A^c}(u)$。

这一渐变式质变界的概念，可以用数学定义表达。

设论域 U 中的任意元素 u 的对立模糊概念或 u 对立的两种基本模糊属性，以 A 与 A^c 表示。在连续区间 $[1, 0]$（对 A）与 $[0, 1]$（对 A^c）的任一点上，对两种模糊属性的相对隶属度分别为 $\mu_A(u)$、$\mu_{A^c}(u)$，且 $\mu_A(u) + \mu_{A^c}(u) = 1$，$0 \leqslant \mu_A(u) \leqslant 1$，$0 \leqslant \mu_{A^c}(u) \leqslant 1$。

设论域 U 中元素 u 的变化，记以 $C(u)$：

$$C(u) = \{C_1(u), C_2(u), C_3(u)\} \tag{10.3}$$

$C_1(u)$、$C_2(u)$、$C_3(u)$ 分别表示 u 随时间、空间、条件的变化，变化前、后均有

$$\mu_A(u) + \mu_{A^c}(u) = 1, \mu_A(C(u)) + \mu_{A^c}(C(u)) = 1 \tag{10.4}$$

在连续统上必存在 $\mu_A(u) = \mu_{A^c}(u) = 0.5$，$\mu_A(C(u)) = \mu_{A^c}(C(u))$ 的渐变式质变点。设

$$D(u) = \mu_A(u) - \mu_{A^c}(u) \tag{10.5}$$

当 $\mu_A(u) > \mu_{A^c}(u)$，则 $1 \geqslant D_A(u) > 0$；当 $\mu_A(u) = \mu_{A^c}(u)$，则 $D_A(u) = 0$；当 $\mu_A(u) < \mu_{A^c}(u)$，则 $0 > D_A(u) \geqslant -1$；$D_A(u)$ 称为 u 对 A 与 A^c 的对立相对差异度。映射

$$D_A : U \to [1, -1], \quad u | \to D_A(u) \in [1, -1] \tag{10.6}$$

式（10.6）称为 u 对 A 与 A^c 的对立相对差异函数，如图 10.1 所示。

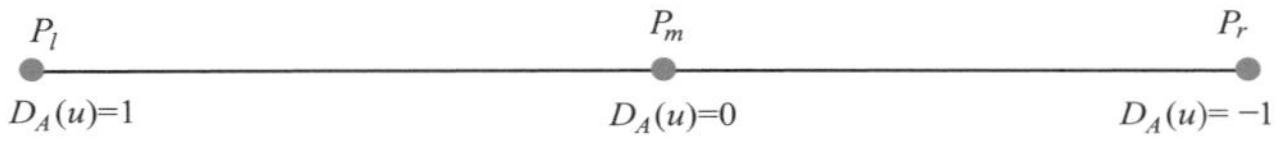

$$
\begin{array}{ccc}
P_l & P_m & P_r \\
\bullet & \bullet & \bullet \\
D_A(u)=1 & D_A(u)=0 & D_A(u)=-1
\end{array}
$$

图 10.1 对立相对差异函数变化图

再设

$$D_{A^c}(u) = \mu_{A^c}(u) - \mu_A(u) \tag{10.7}$$

$D_{A^c}(u)$ 称为 u 对 A^c 与 A 的对立相对差异度。映射

$$D_{A^c} : U \to [-1, 1], \quad u \to D_{A^c}(u) \in [-1, 1] \tag{10.8}$$

称为 u 对 A^c 与 A 的对立相对差异函数。

根据式（10.3）、式（10.5）与式（10.3）、式（10.7），可得相对隶属度与相对差异度的关系式

$$\mu_A(u) = (1 + D_A(u))/2 \tag{10.9}$$

$$\mu_{A^c}(u) = (1 + D_{A^c}(u))/2 \tag{10.10}$$

式（10.9）、式（10.10）相加得到用对立相对差异度表示的对立统一定理

$$D_A(u) + D_{A^c}(u) = 0 \tag{10.11}$$

在一定时空条件组合下，使元素 u 的对立测度值 $\mu_A(u)$、$\mu_{A^c}(u)$ 发生变化，引起对立相对差异度的变化，则变化后的对立相对差异度

$$D(C(u)) = \mu_A(C(u)) - \mu_{A^c}(C(u)) \tag{10.12}$$

设 $D_A(u) \neq 0$。

1）如有等式

$$D_A(u) D_A(C(u)) = 0 \tag{10.13}$$

则变化至平衡点即渐变式质变点，系统处于平衡状态。

2）如有不等式

$$D_A(u) D_A(C(u)) < 0, \quad D_A(C(u)) \neq 1, 0, -1 \tag{10.14}$$

则为渐变式质变。$D_A(u)$ 与 $D_A(C(u))$ 符号相反，变化经过 $D_A(u) = 0$ 的渐变式质变点。

3）如有等式

$$D_A(u) D_A(C(u)) = \pm D_A(u), \quad D_A(C(u)) \neq 0 \tag{10.15}$$

则为突变式质变，$D_A(C(u)) = \pm 1$。

4）如有不等式

$$D_A(u) D_A(C(u)) > 0, \quad D_A(C(u)) \neq 1, 0, -1 \tag{10.16}$$

则为量变。$D_A(u)$ 与 $D_A(C(u))$ 符号相同，变化不经过 $D_A(u) = 0$ 的渐变式质变点。

式（10.13）～式（10.16）统称为可变集的质变与量变定理。由于 $D_{A^c}(u)$、$D_A(u)$ 的对称性，根据 $D_{A^c}(u)$ 同样可得质变与量变定理（陈守煜，2008，2009）。

10.2.2　基于质变与量变定理的水文序列变异点分析

根据可变模糊集理论的质变与量变定理，可提出一种水文时间序列变异点分析方法，来确定水文序列是否发生变异及变异发生的时间。以降雨和径流事件为例，设 A 表示降雨量或者径流量的模糊概念，u 为研究对象，表示流域的年降雨序列或者年径流序列。应用基于可变模糊集理论的质变与量变定理，对降雨序列和径流序列进行变异点分析的具体步骤如下：

把降雨量和径流量的连续序列看成由两个样本 $x_1, \cdots, x_b$ 和 $x_{b+1}, \cdots, x_T$ 组成，其中 T 为样本容量。

（1）建立 u 关于 A 的评价指标 i。其他比较常用的时间序列变异检验方法，如非参数 Mann-Kendall 秩次相关检验法、非参数 Pettitt 检验法等检验序列的均值是否发生变异，因此，基于质变与量变定理的变异点识别也选择序列的均值 i 作为检验序列是否平稳的指标。

对于流域降雨序列的评价指标有：平均降雨量 $P(\mathrm{mm})$；径流序列的评价指标有：平均径流量 W（亿 m^3）。

（2）确定指标 i 的上确界 $\bar{i}$ 与下确界 $\underline{i}$。对于各评价指标的上确界、下确界的确定，参照其他方法的 95% 的置信度来确定。一般对降雨和径流序列的 95% 分位数和 5% 分位数，可分别作为评价指标的上确界和下确界。

（3）选择基准期（如序列的前 20 年），认为该时期水文时间序列是平稳序列，并计算

该时期的均值 $\overline{x}_b$。随着水文时间序列长度每增加一年，求新的水文时间序列的均值 $\overline{x}_{b+1}$，$\cdots$，$\overline{x}_T$。

（4）确定均值序列对 A 的相对隶属度，假定各均值大小与 A 呈正比，即越大越优：

$$\mu_A(u_j) = \frac{\overline{x}_j - \underline{i}}{\overline{i} - \underline{i}}, \quad (j = b+1, \cdots, T) \tag{10.17}$$

$$\mu_A(u_b) = \frac{\overline{x}_b - \underline{i}}{\overline{i} - \underline{i}} \tag{10.18}$$

（5）确定均值序列对 A 的相对差异度，并根据质变与量变定理分析水文时间序列是否发生了质变。相对差异度计算公式如式（10.19）和式（10.20）：

$$D(u_j) = 2\mu_A(u_j) - 1, \quad (j = b+1, \cdots, T) \tag{10.19}$$

$$D(u_b) = 2\mu_A(u_b) - 1 \tag{10.20}$$

若 $D(u_j) \times D(u_b) > 0$，表明降雨序列或径流序列 u 在该点发生量变，降雨序列或径流序列发生了一定的变化。

若 $D(u_j) \times D(u_b) < 0$，则为渐变式质变，表明降雨序列或径流序列变化已越过了质变量变的临界值即阈值，降雨序列或径流序列发生了明显的变化。

若 $D(u_j) \times D(u_b) = D(u_j)$ 或 $-D(u_j)$，则降雨序列或径流序列 u 发生了突变式质变，降雨序列或径流序列发生了显著的变化。

（6）应用质变与量变定理，给出水文时间序列的具体变异点。

10.2.3 下垫面变化对水文过程影响的可变模糊集分析方法

设 A 表示降雨量或者径流量的模糊概念，u 为研究对象，表示流域的年降雨序列或者年径流序列。A^c 为与 A 对立的基本模糊属性，$\mu_A(u)$ 表示 u 对 A 的相对隶属度，$\mu_{A^c}(u)$ 表示 u 对 A^c 的相对隶属度，应用基于可变模糊集理论的质变与量变定理，对滦河流域的降雨序列和径流序列，进行 1980 年前后演变特征分析的具体步骤如下：

（1）建立 u 关于 A 的评价指标集

$$i = \{i_1, i_2, \cdots, i_m\} \tag{10.21}$$

对于流域降雨序列的评价指标有：平均降雨量 $P(\text{mm})$，变差系数 C_v，偏态系数 C_s。径流序列的评价指标有：平均径流量 $W(\text{亿 m}^3)$，平均径流系数 a，变差系数 C_v，偏态系数 C_s。

（2）确定指标集各指标 $i_i(i = 1, 2, \cdots, m)$ 的上确界 $\overline{i_i}$ 与下确界 $\underline{i_i}$ 的行向量：

$$\overline{\boldsymbol{i}} = (\overline{i_1}, \overline{i_2}, \cdots, \overline{i_m}) \tag{10.22}$$

$$\underline{\boldsymbol{i}} = (\underline{i_1}, \underline{i_2}, \cdots, \underline{i_m}) \tag{10.23}$$

对于各评价指标的上确界、下确界的确定，主要有 3 种方法：①根据研究对象的实际情况来确定；②参考经验性数据得到；③采用已有的评价分级标准来确定。这里采用第一种方法，根据流域降雨径流的实际情况来确定评价指标的上下确界。

（3）1980 年前 u 对 A 的指标特征值行向量：

$$\boldsymbol{X} = (x_1, x_2, \cdots, x_m) \tag{10.24}$$

（4）对指标特征值 x_i 与 A 呈正比的评价指标，用式（10.25）确定指标对 A 的相对隶属度：

$$r_i = \frac{x_i - \underline{i_i}}{\overline{i_i} - \underline{i_i}} \tag{10.25}$$

对于两者呈反比的指标，用式（10.26）确定指标对 A 的相对隶属度：

$$r_i = \frac{\overline{i_i} - x_i}{\overline{i_i} - \underline{i_i}} \tag{10.26}$$

这样，便可以得到指标集 i 对 A 的相对隶属度行向量：

$$\boldsymbol{r} = (r_1, r_2, \cdots, r_m) \tag{10.27}$$

（5）确定指标权向量：

$$\boldsymbol{w} = (w_1, w_2, \cdots, w_m), \quad \sum_{i=1}^{m} w_i = 1 \tag{10.28}$$

（6）计算 u 对 A 的可变综合相对隶属度：

$$\mu_A(u) = \left\{ 1 + \left[\frac{\sum\limits_{i=1}^{m} \left[w_i \,|\, r_i - 1 \,|\, \right]^p}{\sum\limits_{i=1}^{m} (w_i r_i)^p} \right]^{\frac{\alpha}{p}} \right\}^{-1} \tag{10.29}$$

式中：α 为优化准则参数，$\alpha = 1$ 为最小一乘方准则。在降雨量或径流量变化的研究中，应取 $\alpha = 1$。p 为距离参数，通常可取为海明距离 $p = 1$ 和欧式距离 $p = 2$。

计算 $p = 1$、$p = 2$ 两种情况下 u 对 A 的平均相对隶属度 $\overline{\mu_A}(u)$。则可求得 1980 年前降雨序列或径流序列 u 对 A 的平均相对差异度：

$$\overline{D}(u) = \overline{\mu_A}(u) - \overline{\mu_{A^c}}(u) = 2\,\overline{\mu_A}(u) - 1 \tag{10.30}$$

其中：$-1 \leqslant \overline{D}(u) \leqslant 1$，且当 $\overline{D}(u) = 0$ 时，$\overline{\mu_A}(u) = \overline{\mu_{A^c}}(u) = 0.5$，表示了对立的两种模糊属性达到动态平衡即渐变式质变界；当 $\overline{D}(u) = -1$ 或 $\overline{D}(u) = 1$ 时则表示对立双方达到突变式质变点。当 $\overline{D}(u) > 0$ 时，$\mu_A(u) > \mu_{A^c}(u)$，说明 u 以属性 A 为主要特性，以 A^c 为次要特性；当 $\overline{D}(u) < 0$，即 $\mu_A(u) < \mu_{A^c}(u)$ 时，则相反。

（7）对于 1980 年后 u 对 A 的指标特征值行向量为

$$_h\boldsymbol{X} = (_h x_1, _h x_2, \cdots, _h x_m) \tag{10.31}$$

（8）重复计算式（10.24）到式（10.26），求得 1980 年后 u 对 A 的平均相对差异度：

$$\overline{D}(h(u)) = 2\,\overline{\mu_A}(h(u)) - 1 \tag{10.32}$$

（9）应用质变与量变定理做出演变特征分析：

若 $\overline{D}(u) \times \overline{D}(h(u)) > 0$，表明 1980 年后较 1980 年前降雨序列或径流序列 u 发生了量变，降雨序列或径流序列发生了一定的变化。

若 $\overline{D}(u) \times \overline{D}(h(u)) < 0$，则为渐变式质变，表明降雨序列或径流序列变化已越过了质变量变的临界值即阈值，降雨序列或径流序列发生了明显的变化。

若 $\overline{D}(u) \times \overline{D}(h(u)) = \overline{D}(u)$ 或 $-\overline{D}(u)$，则 1980 年后较 1980 年前降雨序列或径流序列 u 发生了突变式质变，降雨序列或径流序列发生了显著的变化。

10.3 基于可变模糊集的水文序列变异点分析

10.3.1 滦河流域概况及研究资料

滦河流域位于东经 $115°30'\sim119°45'$，北纬 $39°10'\sim42°40'$，高程 $2\sim2205m$，平均高程为 $766m$，流域总面积 $44900km^2$，面积较大的支流有滦河（承德境内）、兴洲河、伊逊河、武烈河、老牛河、柳河等（图 10.2）。

图 10.2 滦河及其支流位置

滦河流域地处副热带季风区，夏季炎热多雨，冬季寒冷而干燥，年平均气温 $-3℃\sim11℃$ 且自东南向西北递减，降雨分布受地形影响，多年平均年降雨量为 $540mm$。多年平均年径流量 46.94 亿 m^3，洪水主要由暴雨形成，且多发生在 7 月和 8 月。最大洪峰流量 $34000m^3/s$，发生在 1962 年。

该章主要研究降雨和径流的演变特征及变异特征，采用资料包括潘家口水库、武烈河、柳河、兴洲河、滦河和伊逊河 6 个子流域的年降雨径流实测资料（表 10.1）。

表 10.1　　　　　　　　研究区域面积及降雨径流资料

流　域	流域面积/km²	资料年限
武烈河	2460	1956—2002
柳河	626	1957—2002
兴洲河	1378	1960—2002
滦河	17100	1958—2002
伊逊河	6761	1956—2001
潘家口水库	33700	1956—2003

10.3.2　年降雨径流非参数 Pettitt 检验

采用非参数 Pettitt 检验法，对滦河流域 6 个子流域的年降雨径流时间序列进行突变点检验，结果如表 10.2 所示。采取 5% 显著水平进行检验，通过检验值就说明变异明显。

表 10.2　　　　　　　　　流域年降雨径流序列非参数 Pettitt 检验成果表

研究流域	降 雨 量		径 流 量	
	突变点	p 值	突变点	p 值
柳河	1998	0.51	1979	0.77
武烈河	1979	0.58	1979	0.85
滦河	1979	0.62	1979	0.98
伊逊河	1979	0.52	1979	0.91
兴洲河	1972	0.25	1979	0.59
潘家口水库	1959	0.59	1979	0.96

由表 10.2 可以看出，滦河流域 6 个子流域的年降雨量时间序列均未发生明显变异；年径流时间序列发生变异的年份均为 1979 年，且滦河、伊逊河和潘家口水库以上流域的检验 p 值均大于 0.9，且滦河和潘家口水库流域通过了 5% 显著性检验，年径流量变异显著。

10.3.3　年降雨径流质变与量变检验

根据研究方法中变异点识别方法，计算了滦河流域 6 个子流域年降雨径流序列 $D(u_j) \times D(u_b)$ 随着时间的变化（图 10.3）。柳河的李营水文站以上流域的年降雨量 $D(u_j) \times D(u_b)$ 在 0 值附近微小波动，最大值为 0.0013，最小值为 −0.0006，说明降雨量 1956—2002 年没有明显的变化。而年径流量 $D(u_j) \times D(u_b)$ 除了 1979 年为 −0.002 外，其余各年份均大于 0，认为 1979 年得出的年径流的变异点是随机波动引起的，并不是真正意义上的变异点。在武烈河流域，年降雨量的 $D(u_j) \times D(u_b)$ 均大于 0，因此认为武烈河流域年降雨量没有发生变异，而年径流量序列 1981—2002 年 $D(u_j) \times D(u_b)$ 均小于 0，因此可以判断 1981 年以后序列的均值发生了质变，变异点为 1981 年。滦河干流三道河子水文站以上流域及兴洲河流域年降雨量序列和年径流量序列 $D(u_j) \times D(u_b)$ 均大于 0，因此，年降雨量和年径流量仅发生了量变，没有明显变异点。伊逊河流域年降雨量和年径流量序列 $D(u_j) \times D(u_b)$ 在 1981 年以前均大于 0，而在 1981 年以后均小于 0，说明伊逊河流域的年降雨量和年径流量发生了质变，变异点为 1981 年。但年降雨量 $D(u_j) \times D(u_b)$ 在 0 值附近，质变不明显。潘家口水库以上流域年降雨量序列 $D(u_j) \times D(u_b)$ 均大于 0，说明降雨量没有发生变异，而年径流量序列在 1983 年以后 $D(u_j) \times D(u_b)$ 均小于 0，说明变异年份为 1983 年。

将上述检验结果与非参数 Pettitt 检验结果进行比较，可以看出对于年降雨量时间序列的变异点诊断，两种方法得到的检验结果基本一致，而对于年径流量时间序列的变异点诊断，质变与量变定理得到的变异点年份要稍微滞后于非参数 Pettitt 检验法得到的变异

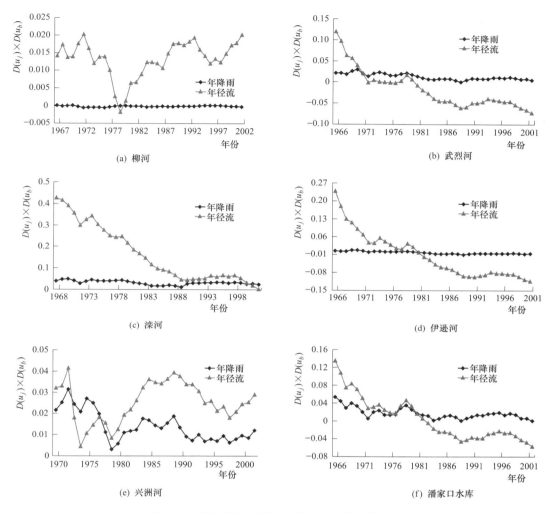

图 10.3　滦河流域年降雨径流序列变异点检验图

点年份，这是由于当变异发生之后，年径流量平均值要减少到一定程度才能达到渐变式质变界。因此，采用基于可变模糊集的质变与量变定理得到的变异点检验结果基本合理。

10.3.4　上下确界及基准期选择对时间序列变异影响

在 10.3.3 基于质变与量变定理的水文序列变异点分析方法中，选择了序列的前 10 年作为基准期，认为该时期的水文时间序列是平稳序列，并将降雨径流序列的 95% 分位数和 5% 分位数分别作为评价指标的上确界和下确界。为了研究上下确界及基准期的选择是否对变异点的识别产生影响，考虑了上下确界为降雨径流序列的 95% 分位数和 5% 分位数，基准期分别为序列前 5 年和 15 年情况下的质量互变检验结果，以及基准期为序列前 10 年，上下确界为降雨径流序列的 99% 分位数和 1% 分位数情况下质变与量变定理的检验结果。

从图 10.4 和图 10.5 中可以看出，当基准期为序列的前 5 年和序列前 15 年时，由质

269

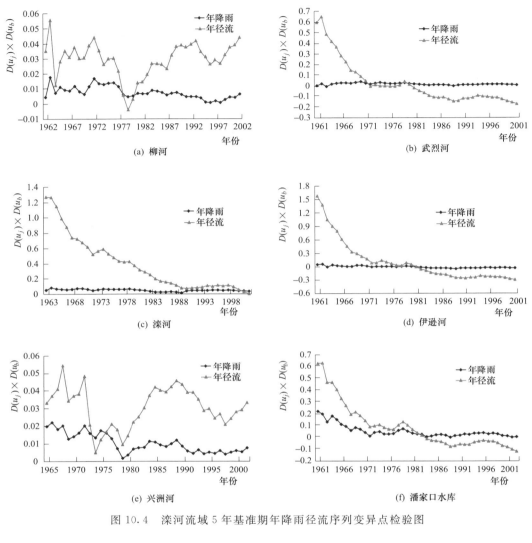

图 10.4　滦河流域 5 年基准期年降雨径流序列变异点检验图

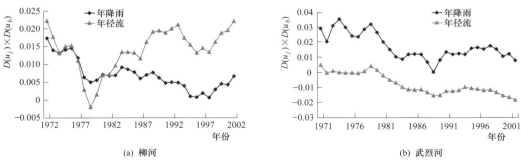

图 10.5（一）　滦河流域 15 年基准期年降雨径流序列变异点检验图

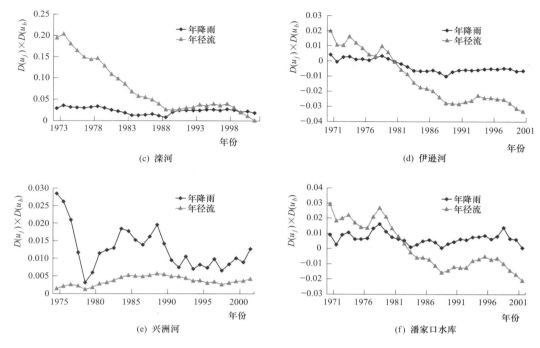

图 10.5（二）　滦河流域 15 年基准期年降雨径流序列变异点检验图

变与量变定理得到的质变点检验结果，与将序列前 10 年作为基准期得到的检验结果基本相同，因此基准期的选择对时间序列变异点分析结果的影响很小，基本可以忽略。

从图 10.6 中可以看出，当上下确界为降雨径流序列的 99% 分位数和 1% 分位数时，武烈河、伊逊河、兴洲河及潘家口水库流域的年降雨量 $D(u_j) \times D(u_b)$ 在 0 值附近有微小波动，最小值为 -0.009，说明降雨量 1956—2002 年没有明显的变化，柳河和滦河的年降雨量在各年份均大于 0，没有发生变异；6 个子流域的年径流序列 $D(u_j) \times D(u_b)$ 在各年份均大于 0，径流量仅发生量变，未出现变异点。由此可见，上下确界的选择对质变与量变定理检验结果的影响较大，上下确界不同，得到的变异点检验结果也不同。

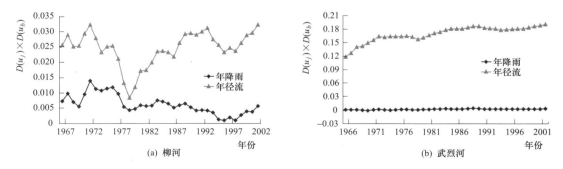

图 10.6（一）　99% 分位数和 1% 分位数上下确界情况下变异点检验图

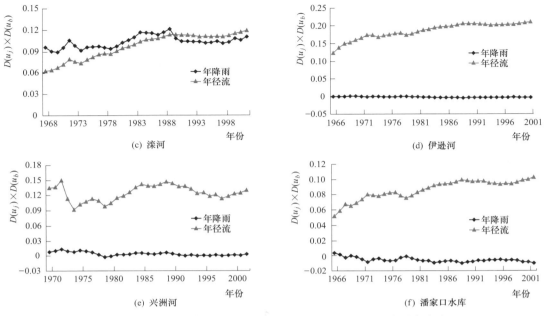

图 10.6（二）　99％分位数和 1％分位数上下确界情况下变异点检验图

10.3.5　洪水序列变异点分析

采用基于可变模糊集的质变与量变定理，对典型流域阜平、西台峪和冷口流域的洪峰、次洪总量及洪峰滞时时间序列进行变异点分析。选择序列的前 10 年为基准期，以序列的 95％分位数及 5％分位数分别为评价指标的上确界和下确界，变异点检验图如图 10.7 所示，

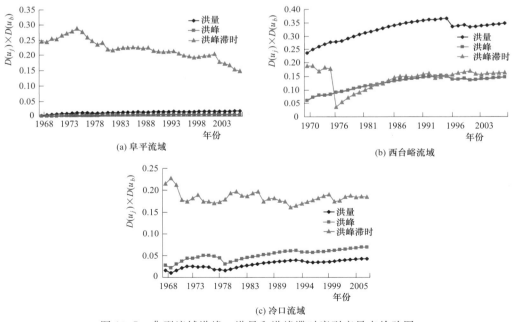

图 10.7　典型流域洪峰、洪量和洪峰滞时序列变异点检验图

从图中可以看出，阜平流域洪峰滞时的 $D(u_j) \times D(u_b)$ 在各年份均大于 0，因此可认为阜平流域的洪峰滞时没有发生质变，洪峰和洪量的 $D(u_j) \times D(u_b)$ 虽然在 0 值附近，但是均大于 0，因此可认为洪峰和洪量也没有发生质变；西台峪流域洪峰、洪量和洪峰滞时的 $D(u_j) \times D(u_b)$ 均大于 0，因此认为西台峪流域的洪峰、洪量和洪峰滞时均未发生质变；冷口流域洪峰、洪量和洪峰滞时的 $D(u_j) \times D(u_b)$ 均大于 0，因此可认为冷口流域的洪峰、洪量和洪峰滞时均未发生质变。

10.4　基于可变模糊集的降雨径流演变特征分析

10.4.1　年降雨径流演变特征分析

20 世纪 80 年代以来，滦河流域的径流量呈逐渐减少趋势（Li 等，2007），导致其减少的原因大致可分为气候变化因素和人类活动影响，气候变化对径流量的影响主要表现在降雨量变化上，人类活动对径流量的影响表现在用水量和下垫面变化方面。在第 4 章，曾结合土地利用和 DEM 等遥感数据，在 GIS 技术支持下，对滦河流域 1970 年、1980 年、2000 年和 2008 年的土地利用情况进行了识别分析，结果发现滦河流域 1970—1980 年土地利用发生了较大规模的变化，其中耕地、草地及林地面积均增大，而 1980—2000 年各土地利用类型变化较小，而且从 10.3.2 和 10.3.3 研究结果中，可以看出流域年径流的质变点年份在 1980 年左右。因此，可以 1980 年为界将研究期分为两个阶段，来对滦河流域降雨径流序列进行演变特征分析。

10.4.1.1　降雨序列的演变特征

将潘家口水库、武烈河、柳河、兴洲河、滦河、伊逊河各子流域的降雨序列按照频率大小分为三组：$p > 50\%$、$20\% < p < 50\%$ 和 $p < 20\%$，并依据该分组结果对降雨序列和相应的径流序列进行演变特征分析。

设 A 为流域年降雨量的模糊概念，而研究对象即流域的年降雨量序列 u 关于 A 的评价指标集为

$$i = \{P, C_v, C_s\} \tag{10.33}$$

式中：P 为降雨序列平均降雨量，mm；C_v、C_s 分别为降雨序列的变差系数和偏态系数。

指标 p 的上下确界：①$p > 50\%$ 时上确界为 $p = 50\%$ 的降雨量，下确界由该降雨序列中最小降雨量来确定；②$20\% < p < 50\%$ 时上确界为 $p = 20\%$ 降雨量，下确界为 $p = 50\%$ 降雨量；③$p < 20\%$ 时，上确界由该组降雨序列中最大降雨量来确定，下确界为 $p = 20\%$ 降雨量。C_v 上确界和下确界通过对计算结果的最大和最小值取整数，分别确定为 1 和 0；C_s 上确界和下确界同样分别确定为 2 和 0 或者 1 和 0。

假设各指标对质变量变的作用相同，即各指标权重相等，则指标权向量

$$w = (1/3, 1/3, 1/3) \tag{10.34}$$

在这种情况下，可以计算各子流域各组降雨序列特征值行向量，并给出 1980 年前后的平均相对隶属度及反映降雨序列演变特征的参数 $\overline{D}(u) \times \overline{D}(h(u))$（表 10.3 和图 10.8）。

表 10.3　　　　　　　　　　　滦河 6 个子流域降雨序列的演变特征

流域	降雨量		平均相对隶属度		$\overline{D}(u) \times \overline{D}(h(u))$
	频率值 p	取值范围/mm	1980 年前	1980 年后	
武烈河	$p>50\%$	<525	0.5128	0.5509	0.0026
	$20\%<p<50\%$	525～600	0.3986	0.3563	0.0594
	$p<20\%$	>600	0.6871	0.6327	0.0993
柳河	$p>50\%$	<700	0.4177	0.3091	0.0628
	$20\%<p<50\%$	700～840	0.6892	0.5928	0.0702
	$p<20\%$	>840	0.4283	0.2388	0.0749
滦河	$p>50\%$	<525	0.6678	0.6439	0.0966
	$20\%<p<50\%$	525～610	0.3863	0.3458	0.0701
	$p<20\%$	>610	0.6295	0.5300	0.0156
兴洲河	$p>50\%$	<500	0.5575	0.5361	0.0083
	$20\%<p<50\%$	500～615	0.3700	0.3333	0.0867
	$p<20\%$	>615	0.3233	0.2061	0.2078
伊逊河	$p>50\%$	<525	0.7599	0.6523	0.1583
	$20\%<p<50\%$	525～600	0.3116	0.2774	0.1677
	$p<20\%$	>600	0.4510	0.3049	0.0382
潘家口水库	$p>50\%$	<480	0.7694	0.6709	0.1841
	$20\%<p<50\%$	480～556	0.3975	0.3999	0.0412
	$p<20\%$	>556	0.3675	0.0718	0.2270

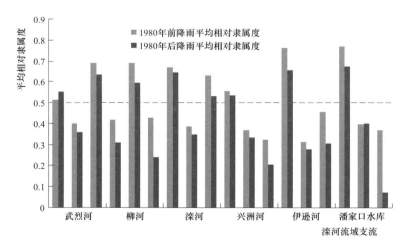

图 10.8　1980 年前后年降雨序列平均相对隶属度对比

注　图中虚线表示平均相对隶属度等于 0.5，即 $\overline{\mu_A(u)} = 0.5$ 或 $\overline{\mu_A(h(u))} = 0.5$。

　　从表 10.3 和图 10.8 的结果可见，在潘家口水库、武烈河、柳河、兴洲河、滦河和伊逊河这 6 个流域中，降雨序列关于 A 的平均相对隶属度在 1980 年后较 1980 年前并没有明显的变化。并且在 1980 年前后反映其演变特征的参数 $\overline{D}(u) \times \overline{D}(h(u))$ 均大于 0，未到达过 $\overline{\mu_A}(h(u)) = \overline{\mu_A{}^c}(h(u)) = 0.5$ 这一动态平衡点，即降雨序列变化并未越过质变量变的临界值：$\overline{D}(h(u)) = 0$。所以，各子流域各组年降雨序列 1980 年后较 1980 年前发生了一定的变化，但未发生渐变式质变也未发生突变式质变，只发生了量变。

10.4.1.2　径流序列的演变特征

在上述降雨序列仅发生量变的基础上，对潘家口水库、武烈河、柳河、兴洲河、滦河和伊逊河流域，按降雨频率 $p > 50\%$、$20\% < p < 50\%$、$p < 20\%$ 所对应年份的年径流量序列进行了其演变特征分析。设 A 为流域年径流量的模糊概念，而研究对象即流域的年径流量序列 u 关于 A 的评价指标集为

$$i = \{W，C_v，C_s，\alpha\} \tag{10.35}$$

式中：W 为径流序列平均径流量，亿 m^3；α 为平均径流系数；C_v、C_s 分别为径流序列的变差系数和偏态系数。

指标 α 的上下确界由各径流序列的最大和最小径流系数来确定。W、C_v、C_s 上下确界与降雨序列的 P、C_v、C_s 上下确界确定方法相同。

假设各指标对质变量变的作用相同，即各指标权重相等，则指标权向量

$$w = (1/4，1/4，1/4，1/4) \tag{10.36}$$

在这种情况下，同样可以计算各子流域各组径流序列特征值行向量，并给出 1980 年前后的平均相对隶属度及反映演变特征的 $\overline{D}(u) \times \overline{D}(h(u))$，各子流域径流序列的演变特征如表 10.4 所示，1980 年前后径流序列平均相对隶属度对比如图 10.9 所示。

表 10.4　　　　　　　　　　滦河 6 个子流域径流序列的演变特征

流域	分组情况		平均相对隶属度		$\overline{D}(u) \times \overline{D}(h(u))$
	频率值	降雨量/mm	1980 年前	1980 年后	
武烈河	$p > 50\%$	<525	0.7065	0.4099	-0.0744
	$20\% < p < 50\%$	$525 \sim 600$	0.6872	0.4514	-0.0364
	$p < 20\%$	>600	0.7393	0.3856	-0.1095
柳河	$p > 50\%$	<700	0.7493	0.4847	-0.0153
	$20\% < p < 50\%$	$700 \sim 840$	0.6082	0.3972	-0.0445
	$p < 20\%$	>840	0.6650	0.4693	-0.0263
滦河	$p > 50\%$	<525	0.8188	0.4755	-0.0323
	$20\% < p < 50\%$	$525 \sim 610$	0.5309	0.3284	-0.0212
	$p < 20\%$	>610	0.5886	0.2865	-0.0757
兴洲河	$p > 50\%$	<500	0.6085	0.4820	-0.0086
	$20\% < p < 50\%$	$500 \sim 615$	0.5196	0.4348	-0.0051
	$p < 20\%$	>615	0.5336	0.3644	-0.0183
伊逊河	$p > 50\%$	<525	0.5723	0.3964	-0.0299
	$20\% < p < 50\%$	$525 \sim 600$	0.5545	0.3441	-0.0340
	$p < 20\%$	>600	0.6352	0.4731	-0.0342

续表

流域	分组情况		平均相对隶属度		$\overline{D}(u) \times \overline{D}(h(u))$
	频率值	降雨量/mm	1980 年前	1980 年后	
潘家口水库	$p > 50\%$	<480	0.6799	0.4168	−0.0599
	$20\% < p < 50\%$	480~556	0.7137	0.4511	−0.0418
	$p < 20\%$	>556	0.6197	0.4035	−0.0462

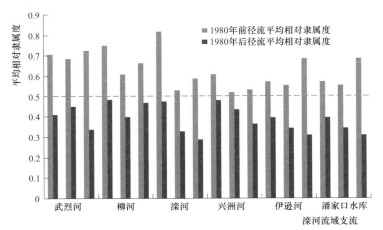

图 10.9　1980 年前后年径流序列平均相对隶属度对比

注　图中虚线表示平均相对隶属度等于 0.5，即 $\overline{\mu_A}(u) = 0.5$ 或 $\overline{\mu_A}(h(u)) = 0.5$。

从表 10.4 和图 10.9 可见，在 1980 年前后的径流序列演变特征分析中，径流序列关于 A 的平均相对隶属度在 1980 年后较 1980 年前均有明显的减小，且平均相对隶属度在减小过程中，曾经到达过 $\overline{\mu_A}(u) = \overline{\mu_{A^C}}(u) = 0.5$ 这一动态平衡点，即径流序列变化已经越过质变量变的临界值：$\overline{D}(h(u)) = 0$，反映其演变特征的参数 $\overline{D}(u) \times \overline{D}(h(u))$ 均小于零。所以，在各子流域降雨序列 1980 年后较 1980 年前仅发生量变的基础上，对应的年径流序列却发生了渐变式质变。由此可见，人类活动是导致滦河流域径流减少的主要因素，并导致其年径流量发生了明显的变化，这与唐亦功（1995）和 Li 等（2007）得到的结论一致，并说明了人类活动对径流的影响已经达到了渐变式质变的程度。

10.4.2　暴雨洪水演变特征

通过典型流域阜平、西台峪和冷口的暴雨洪水特征进行对比分析，可以得到 1980 年前后降雨量、降雨历时及降雨空间分布相似的几组降雨过程。对这些典型流域相似降雨产生的洪水过程，进行基于可变模糊集的质变量变分析，可以研究下垫面变化条件下，1980 年前后洪水特征是否发生质变或者量变。设 A 为流域洪水过程的模糊概念，研究对象为阜平和冷口流域的洪水特征为 u，关于 A 的评价指标集为

$$i = \{Q, W_{6d}, \alpha\} \tag{10.37}$$

由于西台峪流域面积仅为 127km^2，汇流及退水时间较短，因此西台峪流域洪水特征 u 关于 A 的评价指标集为

$$i = \{Q, W_{3d}, \alpha\} \tag{10.38}$$

式中：Q 为洪峰流量，m^3/s；W_{6d} 为洪水的最大 6d 洪量，$10^6 m^3$；W_{3d} 为洪水的最大 3d 洪量，$10^6 m^3$；α 为洪水径流系数。

指标 α 的上确界为 0，下确界为 0，Q 和 W_{6d} 的上下确界确定方法如下：对流域的最大 24h 降雨 P_{24}、洪峰流量 Q 及最大 6 日洪量 W_{6d} 进行频率分析，判断相似降雨组的最大 24h 降雨落在降雨频率 $p < 25\%$、$25\% < p < 50\%$、$50\% < p < 75\%$ 或 $p > 75\%$ 哪个区间内，并根据该频率区间左右两端所对应的洪峰流量和最大 6d 洪量来确定 Q 和 W_{6d} 的上下确界，如阜平流域相似降雨组 770720 与 950717，770720 次降雨 P_{24} 为 89.04mm，落在 $p < 25\%$ 区间上，因此该相似降雨组洪峰流量的上确界为该流域洪峰流量最大值，下确界为 $p = 25\%$ 时的洪峰流量值，最大 6d 洪量的上确界为该流域 W_{6d} 的最大值，下确界为 $p = 25\%$ 时的 W_{6d} 值。最大 3d 洪量 W_{3d} 的上下确界确定方法与 W_{6d} 上下确界确定方法相同。

假设各指标对质变量变的作用相同，即各指标权重相等，则指标权向量

$$w = (1/3, 1/3, 1/3) \tag{10.39}$$

在这种情况下，就可以计算流域相似降雨组情况下洪水特征值行向量，并给出 1980 年前后的平均相对隶属度以及反映演变特征的 $\overline{D}(u) \times \overline{D}(h(u))$。

从表 10.5 可以看出，阜平流域降雨组第 5 组中，860831 次洪水较 700711 次洪水，洪峰流量衰减 75%，最大 6d 洪量衰减 69%，径流系数衰减 62.5%，$\overline{D}(u) \times \overline{D}(h(u))$ 小于 0，洪水特征衰减幅度较大且发生了渐变式质变，其他 4 组相似降雨组中 1980 年前后场次洪水，洪水特征衰减幅度较小，仅发生量变。

表 10.5 阜平流域相似降雨情况下洪水特征演变分析

降雨组	洪水场次	最大 24h 降雨量 /mm	洪峰流量 /(m³/s)	最大 6d 洪量 /10⁶m³	径流系数	平均相对隶属度	$\overline{D}(u) \times \overline{D}(h(u))$
1	770720	89.04	490	165.89	0.69	0.3374	0.2637
	950717	82.39	356	64.5	0.21	0.0946	
2	760819	75.18	253	72.77	0.25	0.4091	0.1713
	980713	65.32	64	11.67	0.06	0.0286	
3	730812	65.2	596	91.6	0.51	0.7937	0.1052
	820803	51	285	86.04	0.42	0.5895	
4	680817	41.55	83	15.93	0.13	0.3137	0.2784
	900825	40.36	43.2	12.55	0.09	0.1263	
5	700711	16.86	351	10.9	0.16	0.6758	−0.2081
	860831	19.43	86	3.34	0.06	0.2040	

从表 10.6 可以看出，西台峪流域相似降雨组第 3 组和第 4 组中 1980 年前后场次洪水洪峰流量衰减率分别为 47% 和 78%，最大 3d 洪量衰减率为 52% 和 71%，径流系数衰减率为 59% 和 87%，$\overline{D}(u) \times \overline{D}(h(u))$ 小于 0，洪水特征发生了渐变式质变，其他 3 组相似降雨组中 1980 年前后场次洪水，洪水特征衰减幅度较小，仅发生量变。

表 10.6　　　　　　　　　　西台峪流域相似降雨情况下洪水特征演变分析

降雨组	洪水场次	最大 24h 降雨量 /mm	洪峰流量 /(m³/s)	最大 3d 洪量 /10⁶m³	径流系数	平均相对隶属度	$\overline{D}(u) \times \overline{D}(h(u))$
1	770727	130.99	233	10.39	0.26	0.4512	0.0843
	820801	93.03	157	8.83	0.08	0.0680	
2	660823	112.1	200	5.63	0.14	0.0822	0.3273
	990813	106.66	62.42	5.61	0.08	0.0476	
3	740729	67.61	347.63	3.98	0.29	0.6037	−0.0634
	970625	75.1	183.63	1.9	0.12	0.3472	
4	600802	69.96	123.2	5.81	0.86	0.6373	−0.1373
	050816	64.23	26.7	1.66	0.11	0.2500	
5	630723	36.6	37.9	0.88	0.11	0.4339	0.0518
	830827	37.54	27.25	0.45	0.08	0.3041	

从表 10.7 可以看出，冷口流域相似降雨组第 2 组和第 3 组中，1980 年前后场次洪水洪峰流量衰减率分别为 38% 和 64%，最大 6d 洪量衰减率分别为 52% 和 63%，径流系数衰减率分别为 29% 和 72%，$\overline{D}(u) \times \overline{D}(h(u))$ 小于 0，洪水特征发生了渐变式质变，其他 2 组相似降雨组中 1980 年前后场次洪水，洪水特征衰减幅度较小，仅发生量变。总体来看，下垫面变化导致流域洪峰流量、洪量和径流系数的衰减，且当其衰减幅度均达到一定程度时，流域的洪水过程将发生渐变式质变。

表 10.7　　　　　　　　　　冷口流域相似降雨情况下洪水特征演变分析

降雨组	洪水场次	最大 24h 降雨量 /mm	洪峰流量 /(m³/s)	最大 6d 洪量 /10⁶m³	径流系数	平均相对隶属度	$\overline{D}(u) \times \overline{D}(h(u))$
1	640813	166.48	1330	70.14	0.55	0.5984	0.0086
	940711	171.12	1220	62.88	0.51	0.5218	
2	760723	98.95	365.75	42.46	0.63	0.7729	−0.1076
	080704	106.16	228	20.3	0.45	0.4014	
3	690820	90.26	595	40.1	0.76	0.8950	−0.4819
	880808	108.6	212	14.77	0.21	0.1950	
4	780808	68	277.5	41.47	0.87	0.7446	0.0841
	960809	74.6	284.5	23.62	0.63	0.5860	

10.5　小结

采用滦河流域 6 个子流域的年降雨径流资料及典型流域阜平、西台峪和冷口流域的暴雨洪水资料，采用基于可变模糊集的质变量变定理，对流域的降雨径流序列及洪水特征时间序列进行了变异点分析，并研究了流域年降雨径流及暴雨洪水的演变特征，主要结论如下：

（1）根据基于可变模糊集的质变与量变定理，提出了水文时间序列变异点检验方法，并对滦河流域 6 个子流域的年降雨径流序列，以及典型流域阜平、西台峪和冷口流域的暴雨洪水特征时间序列，进行了变异点检验。武烈河、伊逊河及潘家口水库流域年径流量发生了质变，武烈河、伊逊河年径流量变异年份均为 1981 年，潘家口水库变异年份为 1983 年，其他流域年径流量仅发生量变；伊逊河年降雨量发生质变，变异点为 1981 年，但年降雨量 $D(u) \times D(C(u))$ 在 0 值附近，质变不明显，其他流域年降雨量仅发生量变。典型流域阜平、西台峪和冷口流域的洪峰流量、次洪量及洪峰滞时均未发生质变，仅发生了量变。

（2）为了研究上下确界及基准期的选择是否对变异点的识别产生影响，考虑了上下确界为降雨径流序列的 95％分位数和 5％分位数，基准期分别为序列前 5 年和 15 年情况下的质量互变检验结果，以及基准期为序列前 10 年，上下确界为降雨径流序列的 99％分位数和 1％分位数情况下质变与量变定理的检验结果。结果表明，基准期的选择对变异点分析结果的影响很小，基本可以忽略；上下确界的选择对检验结果的影响较大，上下确界不同，得到的变异点检验结果也不同。

（3）将潘家口水库、武烈河、柳河、兴洲河、滦河、伊逊河各子流域的降雨序列按照频率大小分为三组：$p > 50\%$、$20\% < p < 50\%$ 和 $p < 20\%$，并依据该分组结果对降雨序列和相应的径流序列进行演变特征分析。各子流域降雨序列 1980 年后较 1980 年前仅发生量变，而对应的年径流序列却发生了渐变式质变，说明人类活动是导致滦河流域径流明显减少并发生渐变式质变的主要因素。

（4）对典型流域阜平、西台峪和冷口流域相似降雨产生的洪水过程，进行了基于可变模糊集的质变量变分析，研究下垫面变化条件下，1980 年前后洪水特征是否发生质变或者量变。结果表明，下垫面变化导致流域洪峰流量、洪量和径流系数的衰减，且当其衰减幅度均达到一定程度时，流域的洪水过程将发生渐变式质变。

参考文献

Hurkmans R T W L, Terink W, Uijlenhoet R, et al, 2009. Effects of land use changes on streamflow generation in the Rhine basin [J]. Water Resources Research, 45: 735 – 742.

Lee K, Chung E S, 2007. Hydrological effects of climate change, groundwater withdrawal, and land use in a small Korean watershed [J]. Hydrological Processes, 21: 3046 – 3056.

Li J, Feng P, 2007. Runoff variations in the Luanhe River Basin during 1956 – 2002 [J]. Journal of Geographical Sciences, 17: 339 – 350.

Li J, Tan S, Wei Z, et al, 2014. A New Method of Change Point Detection Using Variable Fuzzy Sets Under Environmental Change [J]. Water Resources Management, 28: 5125 – 5138.

Yang Y, Tian F, 2009. Abrupt change of runoff and its major driving factors in Haihe River Catchment, China [J]. Journal of Hydrology, 374: 373 – 383.

陈守煜，2008. 可变模糊集量变与质变判据模式及其应用［J］. 系统工程与电子技术，30（10）：1879
　－1882.

陈守煜，2009. 基于可变模糊集的质变与量变定理——兼论集对分析［J］. 数学的实践与认识，39
　（11）：195－201.

陈守煜，2010. 基于可变模糊集的辩证法三大规律数学定理及其应用［J］. 大连理工大学学报，50（5）：
　838－844.

陈守煜，柴春玲，苏艳娜，2007. 可变模糊集方法及其在土地适宜性评价中的应用［J］. 23（3）：95
　－97.

陈守煜，李敏，2006. 基于可变模糊集理论的水资源可再生能力评价模型［J］. 水利学报，37（4）：431
　－425.

段春青，陈晓楠，刘昌明，2009. 可变模糊集方法在湖泊水质评价中的应用［J］. 数学的实践与认识，
　39（22）：36－40.

柯丽娜，王权明，周惠成，2012. 基于可变模糊集的海洋水质环境综合评价模型——以青岛疏浚物海洋
　倾倒区为例［J］. 资源科学，34（4）：734－739.

李子君，李秀彬，2008. 近 45 年来降水变化和人类活动对潮河流域年径流量的影响［J］. 地理科学，28
　（6）：809－813.

秦鹏，王英华，王维汉，等，2011. 河流健康评价的模糊层次与可变模糊集耦合模型［J］. 浙江大学学
　报（工学版），45（12）：2169－2175.

唐亦功，1995. 滦河流域人类活动对河流径流的影响［J］. 陕西师大学报（自然科学版），23（2）：125
　－126.

魏兆珍，冯平，2011. 基于可变模糊集理论的滦河流域降雨径流演变特征分析［J］. 水利学报，42（9）：
　1051－1057.

赵刚，左德鹏，徐宗学，等，2015. 基于集对分析-可变模糊集的中国水利现代化时空变化特征分析
　［J］. 资源科学，37（11）：2211－2218.

周惠成，张丹，2009. 可变模糊集理论在旱涝灾害评价中的应用［J］. 农业工程学报，25（9）：56－61.

第11章 下垫面变化影响下设计洪水修订计算

11.1 概述

设计洪水是江河流域规划和水利水电工程规划、设计的主要依据，设计洪水大小直接关系到流域水利工程体系布局和单项工程的设计规模。设计洪水的推求方法一般包括根据流量资料推求设计洪水、根据雨量资料推求设计洪水、根据水文气象成因推求设计洪水（郭生练，2005）。按照《水利水电工程设计洪水计算规范》（SL 44—2006）规定，对于有实测流量资料的地区，应采用实测资料计算设计洪水。基于实测流量资料，采用频率分析法推求设计洪水要求洪水资料必须满足一致性假定。

然而随着全球气候变化及人类活动的影响，流域产汇流机制的变化可能导致洪水资料序列不再满足一致性，需要对洪水资料进行一致性还原或还现计算，从而对设计洪水进行修正。下垫面/覆被变化条件下，洪水系列的"一致性"修订方法主要包括水文模型法和相关分析法。水文模型法主要是通过构建具体的反映蒸散发、下渗、产汇流过程机理的水文模型，通过建立不同时期下垫面条件与水文模型参数之间的定量关系，用模型参数的变化反映下垫面条件的改变，将不同时期的降雨资料与某一时期的水文模型参数结合，达到洪水系列"还原"或"还现"目的（梁忠民等，2011）。钟栗等（2015）通过新安江-海河模型研究了卫河流域代表区下垫面变化情况，采用综合线性权重法对元村集站设计洪水资料系列进行了一致性修正。王忠静等（2003）认为集总式水文模型法的参数确定缺乏物理依据，容易出现"异参同效"的现象，故推荐使用分布式水文模型法，从产汇流机理出发，通过水文模拟来进行水文系列的一致性修正。

相关分析法主要通过分别建立下垫面变化前后的降雨径流相关图，以相同降雨在不同下垫面条件下产流量的差异作为径流修正值，实现径流量或洪量系列向某一时期的修正，然后基于峰量相关关系可实现洪峰序列的"一致性"修正。邬龙等（2011）对大清河流域南支和北支下垫面变化前不同时段的洪量进行了修正，得到了新的设计洪水成果，并分析了下垫面变化对设计洪水的影响。丛娜等（2014）在修订变异点前洪水序列的基础上，重新计算了王快水库的入库设计洪水，和原设计洪水成果相比有减小的趋势。陈民等（2007）在对流域降水径流关系变化成因分析的基础上，通过对降水径流关系的一致性修正，进行了山丘区和平原区径流系列还原计算。张建中等（2012）提出在设计洪水的修订过程中，可采用系列修订和直接修订两种途径，具体的洪量、洪峰修订可采用常规分析法、水文模型方法和经验公式法。谢平等（2005）提出了时间系列的分解与合成法，即对确定性成分进行拟合计算，对随机性成分进行频率计算，然后将确定性的预测值和随机性的设计值进行合成，得到过去、现在和未来不同时期合成序列的频率分布。

海河流域由于兴建大量水利工程，流域地表径流被过度开发利用，山区蓄水工程的大量修建增加了洪水的拦蓄量及入渗量，使进入下游控制站的流量有一定程度的减少。此外，流域地下水的大量开采，大规模的水土保持工程、灌溉工程的兴建，使得海河流域下垫面发生了显著的变化，导致大部分区域的水资源量减少，汛期暴雨洪水明显衰减。据实测资料分析，在相同量级降雨条件下，海河现状下垫面条件下所产生的径流量较 20 世纪 50—70 年代减少了 20%～50%，在滨海之外的一般平原地区，相同量级降雨产生的径流量减少了 50% 以上（张建中等，2012）。因此，海河流域下垫面变化已经严重影响到洪水的产汇流条件，使得洪水系列的"一致性"遭到破坏，进行设计洪水的修订是十分必要的。

本章在前述海河流域下垫面变化特征分析和对洪水径流影响分析的基础上，探讨下垫面变化影响下设计洪水修订计算问题，主要介绍利用降雨径流相关法进行设计洪水修订的理论与方法。11.2 介绍基于还原/还现的非一致性水文序列频率分析的基本方法；11.3 介绍下垫面条件变化的分期界定方法；11.4 给出基于降雨径流相关法的设计洪水修订的具体方法；11.5 为了和原设计洪水进行比较，以控制区域包括典型流域阜平的王快水库、西大洋水库为例，给出采用降雨径流相关法进行洪水序列修订的实例；11.6 进行一致性修订后洪水序列的频率分析计算，并进行合理性分析；11.7 对本章主要方法和结论进行小结。

11.2　基于还原/还现的非一致性水文序列频率分析

基于还原/还现的非一致性水文频率分析是国内比较常用的方法。该法先采用还原或还现来对非一致性水文序列进行"一致性"修订，然后对修订后的"一致性"水文序列进行频率分析。我国《水利水电工程设计洪水计算规范》（SL 44—2006）（水利部，2006）中规定，"当流域内因修建蓄水、引水、提水、分洪、滞洪等工程，大洪水时发生堤防溃决、溃坝等，明显改变了洪水过程，影响了洪水序列的一致性，应将序列统一到同一基础"。我国水资源综合规划技术大纲中水资源调查评价部分也规定，若实测径流不能代表天然状况时，应对实测水文资料进行"还原"或"还现"计算。基于还原/还现的非一致性水文频率分析法假设变异点之前的状态是天然状态，而变异点之后的状态受到气候变化及人类活动的显著影响，"还原"就是将受到影响的变异点之后的水文序列修正到变异点之前的天然状态，而"还现"就是将变异点之前的天然状态的水文序列修正到变异点之后的状态。具体的修正方法一般包括降雨-径流关系法、时间序列的分解与合成法、水文模型法等。

11.2.1　降雨-径流关系法

由径流的形成原理可知，降雨与径流之间存在一定的相关关系，人类活动影响导致下垫面变化后，同样的降雨量所产生的径流量与下垫面未变化前产生的径流量相比发生了变化（张灿强，2014）。降雨-径流关系法可用于径流序列、洪水序列的"还原"或"还现"，得到一致性径流、洪水序列，从而实现径流、洪水序列频率分析的目的。

设水文序列的变异点为 τ，变异点前后两序列可表示为 $x_1, x_2, \cdots, x_\tau$ 和 $x_{\tau+1}, x_{\tau+2}, \cdots$，$x_n$。假设变异点前后径流序列与对应的降雨序列的相关关系分别为 $x_b = f_1(P)$ 和 $x_a = f_2(P)$，则降雨 P 在变异点前后不同时期产生的径流量差值为 $\Delta x = f_1(P) - f_2(P)$，以此差值作为径流量/洪量的修正值，即可实现径流、洪水序列向某一时期的修正（梁忠民等，2011）。

降雨径流相关图是由降雨推测洪水的最基础的方法。以饱和地表径流为主导产流机制的地区，影响产流量大小的因素，除降雨外，还有降雨前的初始土壤含水量，一般采用 $(P + P_a) \sim R$、$P \sim P_a \sim R$ 两种相关形式。对于控制着较大流域面积的控制站，由于全流域出现全面产流的机会较少，也可按暴雨中心位置分类建立相关关系图。

11.2.2 时间序列的分解与合成法

时间序列的分解与合成法假定非一致性水文序列由相对一致的随机性成分和非一致性的确定性成分两部分组成。首先对非一致性水文序列进行分解，采用统计学方法结合物理成因分析，对确定性成分进行诊断和检验，根据诊断结果对确定性成分（时间域）进行拟合；对随机性成分（频率域）进行频率计算；然后将确定性的预测值和随机性成分进行合成，可得到过去、现在和未来不同时期水文极值序列的频率分布，进而分析水文极值事件的发生概率或一定标准下的设计值。时间序列的分解与合成法计算步骤（谢平等，2009）如图 11.1 所示。

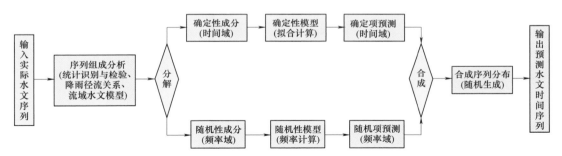

图 11.1　时间序列的分解与合成法计算步骤（谢平等，2009）

11.2.3 水文模型法

流域水文模型是分析研究气候变化和人类活动对洪水、水资源和水环境影响的有效工具（芮孝芳，1997）。随着信息技术在水文水资源及水利工程领域的广泛应用，流域水文模型逐渐被应用于洪水预报调度、水资源评价、开发和管理、水环境和生态系统保护等各个方面。目前，国内外研发的水文模型众多，结构各异，分类方法也不尽相同。按模型构建的基础，水文模型可分为物理模型、概念性模型和黑箱子模型等；按对流域水文过程描述的离散程度分类，水文模型又可分为集总式模型、分布式模型和半分布式模型。

水文模型法可构筑反映产汇流机理的数学模型结构，能通过模型中蒸散发、产流及汇流过程各个参数取值的变化，反映下垫面变化的影响。比如，可选用现状下垫面条件下实测暴雨洪水率定的模型参数，模拟下垫面变化前的历史暴雨在现状条件下的产流、汇流过程，模拟结果与实际洪水的差异可认为是下垫面变化对洪峰和洪量的定量影响，以此实现洪水序列的"一致性"修订。

11.3　下垫面条件变化的分期界定

利用降雨径流相关分析法进行洪水系列下垫面影响一致性修正时，首先要对下垫面条件变化进行分期，利用第 5 章所叙述的水文序列突变性分析方法，可确定下垫面条件变化引起流域产汇流规律变化的突变年份，即突变点。假设降雨序列是一致的，洪水序列的变异可以认为是由下垫面条件变化导致的，可以将洪水序列的变异点作为下垫面条件变化的分界点。此外，为了研究下垫面条件变化引起降雨径流关系的改变，也可绘制降雨径流双累积曲线，利用该曲线可确定下垫面变化对洪水影响的分界点。

大清河流域由于兴建了大量水利工程和水土保持工程，加之流域土地利用方式的改变，导致流域下垫面发生了显著的变化。本节以大清河流域内控制区域包括典型流域阜平的王快水库、西大洋水库入库年最大洪峰序列、年最大洪峰对应的场次降雨径流系列、年最大 1d、3d、6d 洪量序列为例，采用以下方法对王快水库、西大洋水库控制流域下垫面条件变化进行分期。首先采用非参数 Mann - Kendall 方法及非参数 Pettitt 法对次降雨序列进行趋势和变异点诊断。其次，对于场次降雨径流系列，采用降雨径流双累积曲线法，确定下垫面变化对洪水影响的分界点；对于年最大 1d、3d、6d 洪量序列，采用非参数 Pettitt 法（Fealy et al，2005；Kiely，1999）、Lee - Heghinian 法（Lee et al，1977）、滑动 T 检验法和 Brown - Forsythe 法（张一驰等，2005）对各洪水序列进行初步变异点诊断，并初步对下垫面条件变化分界点进行确认。最后，进行流域下垫面变化的成因分析，确定最终的下垫面条件变化的分界点。

11.3.1　流域概况

11.3.1.1　王快水库

20 世纪 80 年代以来，王快水库控制流域开展了封山育林，修建了大量谷坊坝、水池水窖等水土保持工程，林草覆盖率明显增加，下垫面条件发生了显著变化。图 12.2 为王快水库控制流域图；图 11.3～图 11.5 分别为王快水库控制流域 1970 年、1980 年、2000 年土地利用情况图。从图 11.3～图 11.5 可以看出，王快水库 1970—1980 年土地利用发生了较大变化，其中耕地、草地、水域面积减小，林地面积增加；1980—2000 年土地利用变化不大，耕地和林地略有减小，草地和建设用地略有增加，水域和未利用土地基本保持不变。

王快水库控制流域除土地利用变化比较显著外，水利工程和水土保持工程的兴建也对流域下垫面变化有着显著的影响。以王快控制流域内阜平县为例，该县兴建小型水库 11 座，控制流域面积达 124.95km²，总库容为 591.5 万 m³，兴利库容 316.7 万 m³。阜平县境内共有塘坝 76 座，几乎遍布全县所有乡镇，其中阜平镇 15 座、平阳镇 2 座、王林口乡 6 座、史家寨乡 9 座、天生桥镇 7 座、大台乡 3 座、砂窝乡 12 座、城南庄镇 12 座、龙泉关镇 1 座、夏庄乡 1 座、北果园乡 7 座、台峪乡 1 座，有效库容 148 万 m³，实灌面积 0.33

图 11.2 王快水库控制流域图

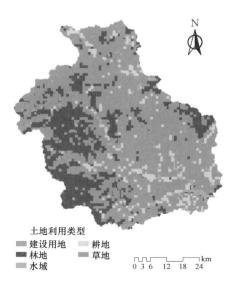

图 11.3 王快水库 1970 年土地利用情况

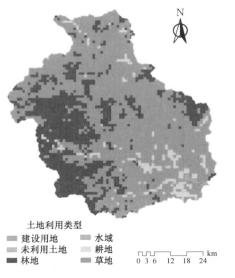

图 11.4 王快水库 1980 年土地利用情况

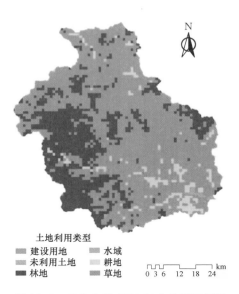

图 11.5 王快水库 2000 年土地利用情况

万亩。由于塘坝数量众多，控制流域面积大，防洪拦沙效果十分显著。此外，在引水工程方面，阜平县有 5km 以上的渠道 49 条，总引水能力 5.7m³/s，年均引水 559.3 万 m³，现状年引水量 420 万 m³。县内有小型渠道 4104 条，分布在沙河，及其支流胭脂河、北流河、鹞子河、板峪河、平阳河两岸，全长 2302.5km，设计灌溉面积 36343 亩。实灌面积近 15666 亩，年均引水 880 万 m³，现状年引水量 661.7 万 m³。阜平县还采取工程、生态等多种措施治理县内水土流失等问题，通过封育保护、预防监督、综合治理等措施，全县共治理水土流失面积 192km²，共修水平梯田 34615 亩，建谷坊坝 6066 道，栽植乔木林 32.6 万亩，经济林 49.55 万亩。经过近几年的连续治理，阜平县东部山区的土壤侵蚀模数由治理前 2002 年的 1708t/(km²·年)，减少到 2009 年的 350t/(km²·年)，年拦沙 25.6 万 t，年保水 1830 万 m³，林草覆盖率由 20% 增加到 80% 以上，大大减少了泥沙向王快水库的淤积，增加了常水流量，提高了土壤肥力。

11.3.1.2　西大洋水库

西大洋水库地处大清河流域，大清河流域唐河河流总长 273km，其中山区河段长 182km，河道坡陡流急，纵坡一般为 0.2%~0.5%，流域内多年平均降雨量 511mm，多年平均水面蒸发量约 1511mm，多年平均径流量为 7.8 亿 m³，历史最大入库洪峰流量为 7940m³/s（1963 年）。唐河及其支流通天河、三会河、逆流河诸水汇集于西大洋水库。西大洋水库位于唐县唐河出山口西大洋村下游 1km 处（图 11.6），控制流域面积 4420km²，占唐河流域面积的 88.7%。

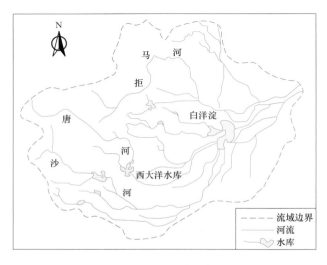

图 11.6　河西大洋水库位置

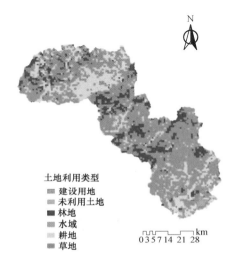

图 11.7　西大洋水库 1970 年
土地利用情况

图 11.7~图 11.9 分别为西大洋水库控制流域 1970 年、1980 年、2000 年土地利用情况图。从图 11.7~图 11.9 可以看出，西大洋水库 1970—1980 年土地利用发生了较大变化，其中耕地、草地、水域、建设用地和未利用土地面积均有所降低，水域面积减少71.05%，而林地面积显著增加。1980—2000 年土地利用变化不大，耕地、林地和建设用地面积略有增加，未利用土地面积基本保持不变。自 20 世纪 80 年代以来，西大洋水库控制流域内兴建大量水保工程如土石坝、水窖和谷坊坝等，以控制流域内唐县为例，根据唐县水利志（王正中等，1998）记载，在占据西大洋水库控制流域面积 32% 的唐县，自1980 年水电部颁布《水土保持小流域治理方法》，进行大面积的植树造林、绿化荒山、封山育林，大规模的修建水平沟、谷坊坝、河道护滩坝等水土保持工程，1980—1990，全县治理范围达到其 1/3 的面积。

11.3.2　基本水文数据

王快水库控制流域年最大洪峰对应的场次降雨径流序列的资料年限为 1956—2004 年，

入库年最大洪峰序列、年最大 1d 洪量序列、年最大 3d 洪量序列的资料年限为 1955—2008 年；西大洋水库控制流域年最大洪峰对应的场次降雨径流序列的资料年限为 1956—2004 年，入库年最大洪峰序列、年最大 1 日洪量序列、年最大 3d 洪量序列的资料年限为 1952—2008 年。

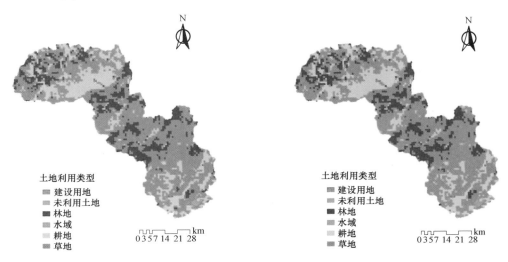

图 11.8　西大洋水库 1980 年土地利用情况　　　图 11.9　西大洋水库 2000 年土地利用情况

11.3.3　下垫面条件变化分期

11.3.3.1　次降雨量序列"一致性"判定

王快水库和西大洋水库 1956—2004 年最大洪峰流量所对应的降雨量序列，分别如图 11.10 和图 11.11 所示。

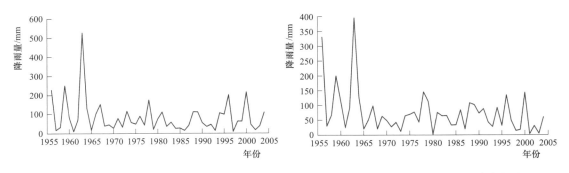

图 11.10　王快水库年最大洪峰流量　　　　　图 11.11　西大洋水库年最大洪峰流量
　　　　　　对应的降雨量序列　　　　　　　　　　　　　对应的降雨量序列

应用非参数 Mann-Kendall 方法对王快水库和西大洋水库流域场次降雨量进行趋势性检验，结果如表 11.1 所示。由表 11.1 可知，这两个水库场次降雨量的趋势性均不显著，可认为王快水库和西大洋水库流域的场次降雨量序列均满足"一致性"假设。

表 11.1　　　　　场次降雨量序列非参数 Mann - Kendall 法检验结果（$\alpha = 0.05$）

水　库	Z	趋势性	临界值	是否显著
王快水库	-0.66	下降	± 1.96	不显著
西大洋水库	-1.72	下降	± 1.96	不显著

11.3.3.2　下垫面条件变化分界点分析

利用王快水库和西大洋水库 1956—2004 年年最大洪峰流量所对应的场次降雨径流序列，分别绘制这两水库流域内降雨径流的双累积曲线图（图 11.12 和图 11.13）。由图 11.12 及图 11.13 可知，两水库流域降雨径流双累积曲线斜率均在 1980 年发生较大变化，即 1980 年可能是两水库流域下垫面变化对洪水影响的分界点。

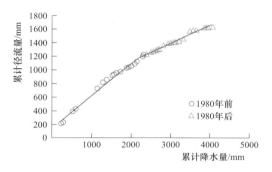

图 11.12　王快水库降雨径流双累积曲线

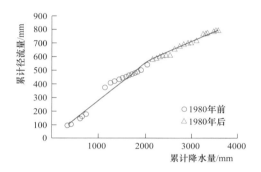

图 11.13　西大洋水库降雨径流双累积曲线

11.3.3.3　洪水序列变异性分析

为评估降雨径流双累积曲线法确定的下垫面条件变化分界点的可靠性，进一步采用非参数 Pettitt 法、Lee - Heghiniian 法、滑动 T 检验法、Brown - Forsythe 法，对王快水库和西大洋水库各洪水序列进行变异点诊断，对下垫面条件变化分界点进行确认。为保证诊断结果的可靠性，依各检验方法的检验标准取前 3 个最显著的变异点，最后对不同方法诊断出的变异点进行统计分析，并结合流域实际情况给出洪水序列变异点最可能的变异点。这两水库洪水序列变异点诊断结果分别如表 11.2 和表 11.3 所示。

表 11.2　　　　　王快水库各洪水序列变异点诊断结果（$\alpha = 0.05$）

检验方法	年最大洪峰流量	年最大 1d 洪量	年最大 3d 洪量	年最大 6d 洪量
Pettitt 法	1978—1986 1988—1993，1995—1997	1977—1985 1987—1991 1996	1977—1985 1988—1990	1977—1985 1988—1990
Lee - Heghinian 法	1964，1979，1996	1964，1979，1996	1964，1979，1996	1964，1979，1996
滑动 T 检验	1964，1979，1956	1964，1956，1979	1964，1956，1979	1964，1956，1979
Brown - Forsythe 法	1996，2000，1979	2000，1996，1979	2000，1996，1979	2000，1996，1979
可能变异点	1956，1964，1979 1996，2000	1956，1964，1979 1996，2000	1956，1964，1979，1996，2000	1956，1964，1979 1996，2000

表 11.3 西大洋水库各洪水序列变异点诊断结果 ($\alpha = 0.05$)

检验方法	年最大洪峰流量	年最大 1d 洪量	年最大 3d 洪量	年最大 6d 洪量
Pettitt 法	1964—1966，1971 1990，1994—1998	1964—1969，1977—1985，1988—1998	1964—1970，1977—1985 1988—1992，1994—1997	1964—1971，1977—1985 1988—1992，1995—1997
Lee - Heghinian 法	1964，1979，1996	1956，1964，1979	1956，1964，1979	1956，1964，1979
滑动 T 检验	1964，1973，1979	1956，1964，1979	1956，1964，1979	1956，1964，1979
Brown - Forsythe 法	1996，2000，2006	1990，2000，2006	1979，1990，2000	1979，1990，2000
可能变异点	1964，1973，1979 1996，2000，2006	1956，1964，1979 1990，2000，2006	1956，1964，1979，1990，2000	1956，1964，1979 1990，2000

由表 11.2 可知，王快水库洪水序列变异点大致有 1956、1964、1979、1996、2000 年等 5 个变异点，由于 1963 年和 1996 年王快水库分别遭遇特大洪水，即"63·8"洪水和"96·8"洪水，这两场洪水均属汛期特大暴雨导致的特大洪水，故诊断出的 1964 年延迟变异点及 1996 年变异点，不能认为是由于流域下垫面变化导致的变异点。王快水库入库洪水序列年限为 1955—2008 年，故从统计角度而言，靠近序列首端的 1956 年与靠近序列末端的 2000 年作为变异点也不太可靠。综合非参数 Pettitt 法诊断出的变异区间及各诊断方法的诊断结论，最终确定王快水库年最大洪峰流量序列、年最大 1d 洪量序列、年最大 3d 洪量序列、年最大 6d 洪量序列的变异点均为 1979 年。

由表 11.3 可知，西大洋水库洪水序列变异点大致有 1956、1964、1973、1979、1990、1996、2000 年等 7 个变异点，同样由于 1963 年和 1996 年西大洋水库分别遭遇特大洪水，即"63·8"洪水和"96·8"洪水，这两场洪水均属汛期特大暴雨导致的特大洪水，故诊断出的 1964 年延迟变异点及 1996 年变异点，不能认为是由于流域下垫面变化导致的变异点。西大洋水库入库洪水序列年限为 1952—2008 年，故从统计角度而言，靠近序列首端的 1956 年与靠近序列末端的 2000 年作为变异点不太可靠。综合 Pettitt 法诊断出的变异区间及各诊断方法的诊断结论，最终同样确定西大洋水库年最大洪峰流量序列、年最大 1d 洪量序列、年最大 3d 洪量序列、年最大 6d 洪量序列的变异点均为 1979 年。

11.3.3.4 下垫面条件变化分界点确定

20 世纪 80 年代以来，王快水库和西大洋水库流域开展了封山育林，修建了大量谷坊坝、水池水窖等水土保持工程以及水库、大坝等水利工程，林草覆盖率明显增加，下垫面条件发生了明显的变化。由 11.3.3.3 可知，王快水库、西大洋水库洪水序列的变异点均为 1979 年，这与两水库降雨径流双累积曲线确定的下垫面条件变化分界点 1980 年相吻合。因此，可确定王快水库和西大洋水库流域下垫面条件变化的分界点为 1980 年左右，即认为王快水库和西大洋水库流域在 1980 年以前的下垫面条件为天然状态，1980 年以后的下垫面条件受到人类活动的影响，须对 1980 年前的洪水序列进行"还现"，或者对 1980 年后的洪水序列进行"还原"。

11.4　下垫面变化下的设计洪水修订

在确定了王快水库和西大洋水库流域下垫面条件变化分界点的基础上，可采用降雨径流相关法对王快水库和西大洋水库流域下垫面分界点前的年最大各时段（1d、3d、6d）洪量序列进行"还现"修订，并进一步采用峰量相关法，对王快水库和西大洋水库流域下垫面分界点前的年最大洪峰流量序列进行"还现"修订。

11.4.1　流域降雨径流要素分析

11.4.1.1　次降雨量

次降雨量是指与洪水过程相应的一次降雨过程的总量，它可以指某个雨量站的降雨量。若对一个流域而言，则指流域的面平均雨量。

计算流域面平均雨量有很多种方法，包括算数平均法、垂直平均法（又称泰森多边形法）和等雨量线法。本节采用垂直平分法推求水库控制流域平均降雨量，计算公式为

$$\overline{P} = \frac{P_1 f_1 + P_2 f_2 + \cdots P_i f_i + \cdots + P_n f_n}{F} \tag{11.1}$$

式中：f_i 为第 i 个雨量站所在多边形面积，km^2；F 为流域面积，km^2。

11.4.1.2　前期影响雨量 P_a

前期影响雨量 P_a 为衡量流域干湿程度的指标，反映流域土壤含水量的大小。前期影响雨量的计算公式为

$$P_{a,t+1} = K_a (P_{a,t} + P_t) \tag{11.2}$$

式中：$P_{a,t+1}$、$P_{a,t}$ 分别为第 $t+1$ 天和第 t 天开始时刻的前期影响雨量，mm；K_a 为土壤含水量的日消退系数。

其中 K_a 能综合反映流域蓄水量因流域蒸散发而减小的特征，可以直接用水文气象资料分析确定。K_a 的计算公式为

$$K_a = 1 - \frac{EM}{WM} \tag{11.3}$$

式中：EM 为流域日蒸散发能力，mm；WM 为流域最大蓄水量，mm。

在实际计算中前期影响雨量一般采用逐日计算的方法。逐日计算时需要确定起算日的 P_a 值，若在起算日之前久旱无雨，则可认为起算日 $P_a = 0$；若在起算日之前有可导致全流域产流的连续降雨，则可认为起算日 $P_a = WM$。对于海河流域，前期影响雨量 P_a 可自每年 6 月 1 日开始计算，6 月 1 日的 P_a 为 0，即认为 6 月 1 日以前为久旱无雨，由此向后推算（李致家等，2012）。

11.4.1.3　流域最大蓄水容量

流域最大蓄水容量 WM 又称为流域蓄水容量，包括植物截留、填洼以及包气带或影响土层的最大蓄水容量。WM 是流域综合平均指标，一般采用实测雨洪资料分析确定。选取久旱无雨后的一次降雨量较大或全流域产流的暴雨洪水资料，采用下式计算：

$$WM = P - R - E \tag{11.4}$$

式中：P 为流域次平均降雨量，mm；R 为次降雨产生的径流量，mm；E 为蒸发量，mm。

因分析选用的资料为流域久旱无雨情况下的雨洪资料，故可认为降雨开始时 $P_a = 0$，通过以上公式计算的 WM 为流域最大蓄水容量，并认为该 WM 值表示流域的平均值。

11.4.1.4　次洪水流量的分割

对于一次洪水过程，次洪过程分割图如图 11.14 所示，除包括本次洪水所形成的地面径流、壤中流和地下径流外，还包括上一次洪水没有退完的部分以及非本次降雨补给的深层地下径流（詹道江等，2007）。因此，在进行本次洪水径流量估算时，需要对洪水流量过程进行分割，把上一次洪水没有退完的部分以及非本次降雨补给的深层地下径流量从洪水过程线

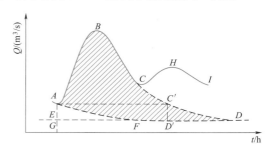

图 11.14　次洪过程分割图

中分割出去。如图 11.14 所示，$ABCDFA$ 所包围的面积为本次洪水产生的次洪总量，其中 AF、CD 段按退水曲线向外延伸。

其中流域退水曲线可用下式描述：

$$Q(t) = Q(0) e^{-t/K_g} \tag{11.5}$$

式中：$Q(t)$ 为 t 时刻流量；$Q(0)$ 为 $t = 0$ 时刻的流量；K_g 为地下水退水参数，反映了地下水退水速度，K_g 大时表示地下水退水慢，反之则快，具有时间因次。K_g 的计算公式为

$$K_g = \frac{\Delta t}{\ln Q(t) - \ln Q(t + \Delta t)} \tag{11.6}$$

对于某个流域而言，K_g 一般较稳定，可取平均值作为该流域的 K_g 值。

故次洪总量计算公式为

$$R = \frac{3.6 \sum Q \Delta t}{F} + \frac{3.6 K_g (Q_e - Q_s)}{F} \tag{11.7}$$

式中：R 为次洪径流深，mm；Q 为每隔一个 Δt 的流量值，$\mathrm{m^3/s}$；Q_s 和 Q_e 分别为起涨点和终止点流量，$\mathrm{m^3/s}$；Δt 为计算时段；F 为流域面积，$\mathrm{km^2}$。

11.4.2　洪峰、洪量修订方法

11.4.2.1　基于降雨径流相关的洪量修订

降雨径流相关法是以流域降雨产流的物理机理为基础，以主要影响因素作参变量，进行统计分析，建立典型降雨过程中流域面平均降雨量 P、前期影响雨量 P_a 与相应产生的径流量 R 之间的相关关系。降雨径流关系曲线的建立主要包括两种线型，即（$P + P_a$）$\sim$ R 与 $P \sim P_a \sim R$。两种相关线型在洪水资料充足时均能获得一定精度的相关关系，相比较而言，$P \sim P_a \sim R$ 定线要求点据更多，更加繁琐。故一般采用（$P + P_a$）$\sim R$ 线型，这种方法相对简单，且具有一定精度。对于历史特大洪水，由于是考证结果，另外从防洪安全的角度考虑，可不进行修订。

降雨径流相关图的绘制，需要有足够数量和充分代表性的观测资料，这里的代表性

包括：

（1）洪水量级代表性，即选取大、中、小洪水，大洪水可多选。

（2）洪水发生季节代表性，即以主汛期洪水为主，还应考虑非主汛期的。

（3）雨型代表性，即选取的洪水要包括由各种降雨类型所形成的。

（4）前期条件代表性，即选取的洪水不仅要有主汛期的，也要包括汛初、汛末和非汛期的，还要考虑前期连续降雨、连续干旱等各种气候条件。

（5）场次降雨要选取独立性较好的降雨过程，所对应的洪水过程尽量峰高量大，洪峰时刻靠后。

选择完毕典型洪水后，计算每场洪水对应的面平均降雨量 P，前期影响雨量 P_a，次洪总量 R。以 $P+P_a$ 为纵坐标，R 为横坐标，分别建立变异点前后的 $(P+P_a) \sim R$ 图，并在同一张图上绘制这两个时段的 $(P+P_a) \sim R$ 图，作出相应的拟合趋势线。

为了衡量所定趋势线的准确性与合理性，需要对拟合的降雨径流关系线进行误差评定，评定时计算相对误差的公式为

$$E = \mid R_{实测} - R_{拟合} \mid / R_{实测} \tag{11.8}$$

式中：E 为径流深的相对误差；$R_{实测}$ 为实测径流深；$R_{拟合}$ 为实测 $(P+P_a)$ 在拟合趋势线上对应的径流深。

径流深相对误差以小于实测值的 20% 作为许可误差，作为误差评定的指标。当合格率达到 70% 以上，即达到了水文预报评价乙级评价等级；若合格率达到了 85% 以上，则达到了水文预报评价甲级评价等级（包为民，2009）。

若所定趋势线准确合理，即可对下垫面分界点前的年最大各时段洪量（1d、3d、6d）序列进行"还现"修订。设下垫面分界点前后径流系列与其对应时期降雨系列的相关关系分别为

$$R_1 = f_1(P + P_a) \tag{11.9}$$
$$R_2 = f_2(P + P_a) \tag{11.10}$$

则下垫面分界点前某年份次降雨量在分界点前后下垫面条件下产生的径流量差值表示为 ΔR 为

$$\Delta R = R_1 - R_2 = f_1(P + P_a) - f_2(P + P_a) \tag{11.11}$$

以此差值作为径流量的修正值，则该年的各时段最大洪量序列的修正幅度计算公式为

$$\beta = (R_1 - R_2) / R_1 \tag{11.12}$$

由此便可以实现下垫面分界点前年最大 1d、3d、6d 洪量序列的"还现"修订。

11.4.2.2　基于峰量相关的洪峰流量修订

在实际流域中，形成洪峰的因素比洪量更为复杂，因此下垫面变化对洪峰流量的影响更难定量评价。一般假定在下垫面变化前后，峰量关系未发生变化，即下垫面变化前后，年最大洪峰流量序列与年最大 1d、3d、6d 洪量之间的关系并未发生改变。这样就可以由峰量关系函数表达式，通过洪量的变化来间接修正下垫面变化对洪峰流量的影响。

假如年最大洪峰流量序列与年最大 1d 洪量序列间的相关性最好，两者间的函数关系式为 $Q = g(W_1)$。若下垫面分界点前某年份的最大洪峰流量为 Q，修正前后的最大 1d 洪量值分别为 $W_{1前}$ 和 $W_{1后}$，则可通过峰量间的函数关系 $Q = g(W_1)$，得到该年份最大洪峰流量 Q 的修正值为 $\Delta Q = g(W_{1前}) - g(W_{1后})$，可得该年份修正后最大洪峰流量值为 $Q' = Q - \Delta Q$。

11.5 洪水系列的一致性修订

王快水库入库洪水资料年限为 1955—2008 年，其中 1963 年 8 月的洪水为水库建库以来遭遇的最大洪水，入库洪峰流量为 9600m³/s。另外，王快水库还有两年的历史调查洪峰流量资料，分别为 1917 年的 11700m³/s、1939 年的 10000m³/s。西大洋水库入库洪水资料年限为 1952—2008 年，其中 1963 年 8 月的洪水为水库建库以来遭遇的最大洪水，入库洪峰流量为 7940m³/s。另外，西大洋水库还有两年的历史调查洪峰流量资料，分别为 1917 年的 10700m³/s，1939 年的 13200m³/s。

11.5.1 降雨径流相关参数

通过对王快水库和西大洋水库流域的长期无降雨的实测退水过程分析计算，得到王快水库 $K_g = 51d$，西大洋水库 $K_g = 30d$，在此基础上对次洪量进行了分割，计算了次洪总量。两个流域下垫面变化前后最大蓄水容量 WM 均选择 1963 年 8 月和 1996 年 8 月特大洪水过程进行估算，在此基础上，估算了每场洪水的前期影响雨量 P_a 值。表 11.4 为王快水库、西大洋水库流域降雨径流要素相关参数汇总。

表 11.4　　　　　　　　　降雨径流要素相关参数汇总

水　库	时　段	EM/mm	WM/mm	K_a	K_g/d
王快水库	1980 年前	8.6	110	0.922	51
	1980 年后	8.3	130	0.934	
西大洋水库	1980 年前	11.0	130	0.915	30
	1980 年后	8.8	150	0.941	

11.5.2 降雨径流相关图

通过对王快水库和西大洋水库的洪水资料进行代表性分析，最终在王快水库选取了 41 场典型洪水，在西大洋水库选取了 36 场典型洪水。通过计算每场洪水对应的次降雨总量 P，前期影响雨量 P_a 和径流深 R，分别建立了 1980 年前和 1980 年后两个时段的（$P + P_a$）～ R 相关关系图，并根据两个时段的点据分别作出了相应的拟合趋势线。王快水库和西大洋水库流域降雨径流相关要素计算结果分别如表 11.5 和表 11.6 所示。图 11.15 和图 11.16 分别是王快水库和西大洋水库流域降雨径流关系曲线。

表 11.5　　　　　　　　　王快水库降雨径流相关要素计算表

洪水场次	P /mm	P_a /mm	（$P + P_a$） /mm	R /mm	拟合径流 /mm	相对误差 /%	是否合格
560729	73.7	35.2	108.9	11.7	13.5	15.5	1
560802	229.6	85.5	315.2	205.2	159.0	22.5	0
570805	19.0	17.0	35.9	3.0	2.4	19.6	1

续表

洪水场次	P/mm	P_a/mm	$(P+P_a)$/mm	R/mm	拟合径流/mm	相对误差/%	是否合格
570822	17.5	27.6	45.1	2.1	2.6	19.0	1
580806	33.3	80.7	114.0	15.2	15.0	1.4	1
590803	251.8	81.0	332.8	176.0	174	1.1	1
620722	71.4	62.1	133.5	20.0	22.5	12.5	1
630701	47.0	14.1	61.1	5.1	4.1	19.8	1
630802	528.2	32.2	560.4	305.9	367	20.0	1
650731	18.7	32.3	51.0	2.4	3.0	24.4	0
680811	39.7	57.3	96.9	8.3	9.9	19.4	1
690726	66.1	54.9	121.0	22.8	18.3	19.6	1
690816	45.6	66.1	111.7	17.5	14.5	17.3	1
730706	110.5	41.8	152.3	28.1	31.0	10.5	1
730812	116.0	77.1	193.1	57.0	57.0	0.0	1
770719	100.9	61.2	162.2	34.2	37.0	8.2	1
770725	43.4	100.6	144.0	22.4	27.0	20.7	0
780726	91.1	81.0	172.1	37.7	43.0	13.9	1
780825	175.4	42.7	218.1	89.6	76.5	14.6	1
790726	22.1	80.7	102.8	15.7	11.5	26.9	0
790809	176.8	61.9	238.7	85.8	93.5	8.9	1
810801	112.1	61.3	173.4	27.3	24.5	10.2	1
820723	217.5	52.8	270.3	61.8	89.0	43.9	0
820825	36.2	86.7	122.9	16.0	10.2	36.2	0
830820	64.1	41.4	105.5	6.7	6.8	1.0	1
850822	28.3	65.4	93.6	5.6	5.0	10.9	1
860727	15.5	58.3	73.8	2.4	2.7	13.4	1
870818	40.7	54.8	95.5	4.4	5.2	18.6	1
870825	41.6	84.4	125.9	13.5	10.9	19.3	1
880729	54.8	79.8	134.5	12.4	12.7	2.2	1
880804	112.2	122.3	234.4	58.1	58.0	0.0	1
890716	34.9	28.6	63.5	1.6	1.9	19.9	1
890731	42.6	80.9	123.4	12.8	10.3	19.5	1
900728	50.2	50.8	100.9	9.4	6.0	36.3	0
920723	12.6	26.8	39.4	1.1	0.9	19.4	1
940720	59.5	92.2	151.7	14.6	17.0	16.3	1
950717	98.4	109.4	207.8	35.6	41.0	15.2	1

洪水场次	P/mm	P_a/mm	$(P+P_a)$/mm	R/mm	拟合径流/mm	相对误差/%	是否合格
960730	201.6	81.0	282.5	123.3	101.0	18.1	1
990710	63.1	24.7	87.8	3.7	4.2	13.8	1
990813	120.8	44.1	164.9	25.8	21.3	17.5	1
990817	51.4	85.5	137.0	12.8	13.3	3.8	1

注　是否合格一列中，1表示合格，0表示不合格。

表 11.6　　　　　　　　西大洋水库降雨径流相关要素计算表

洪水场次	P/mm	P_a/mm	$(P+P_a)$/mm	R/mm	拟合径流/mm	相对误差/%	是否合格
560729	332.9	35.5	368.5	89.5	150.0	67.6	0
560808	44.4	121.5	165.9	14.0	20.0	42.9	0
570811	30.9	43.7	74.6	4.3	4.4	2.7	1
570822	93.3	50.0	143.3	14.5	14.3	1.7	1
580709	67.2	38.1	105.3	6.2	7.8	25.0	0
610821	24.7	60.0	84.8	6.7	5.4	19.5	1
620722	91.3	48.7	140.0	14.2	13.5	5.0	1
630802	396.5	26.7	423.2	189.3	185.0	2.3	1
640812	128.0	61.8	189.7	38.3	31.0	19.1	1
650725	20.5	18.4	38.9	2.4	1.9	19.7	1
690726	63.4	47.3	110.7	10.1	8.4	17.1	1
730812	67.5	63.8	131.3	14.6	11.7	19.7	1
740722	64.2	40.5	104.7	9.5	7.7	19.6	1
740731	27.9	61.7	89.6	7.0	5.9	16.2	1
750811	69.4	53.0	122.4	9.3	10.2	9.9	1
770720	69.7	43.0	112.6	10.1	8.7	13.8	1
770802	43.5	72.3	115.8	10.6	9.1	14.0	1
780721	115.1	25.5	140.6	12.4	13.8	11.7	1
810805	75.7	69.5	145.2	6.4	7.1	10.3	1
820730	64.3	97.3	161.6	9.4	10.8	15.5	1
830803	65.0	35.8	100.8	3.1	3.4	8.4	1
830820	86.0	42.3	128.3	3.9	5.3	33.9	0
840801	11.3	29.1	40.3	0.8	1.0	19.2	1
840827	33.7	30.1	63.8	1.9	1.8	6.8	1
850701	34.1	24.9	59.0	1.8	1.7	7.9	1
860626	84.5	8.7	93.2	3.4	3.0	14.0	1

续表

洪水场次	P /mm	P_a /mm	$(P+P_a)$ /mm	R /mm	拟合径流 /mm	相对误差 /%	是否合格
870627	37.9	50.2	88.0	3.0	2.7	10.3	1
880717	56.8	87.0	143.9	6.1	6.9	13.6	1
880804	108.2	116.7	224.9	41.7	44.5	6.7	1
910720	35.1	44.7	79.8	2.5	2.4	6.1	1
940720	70.4	112.5	182.9	20.7	19.0	8.3	1
950717	76.2	74.3	150.6	9.8	8.0	18.5	1
950728	27.3	103.2	130.4	5.9	5.5	7.05	1
960730	135.0	84.5	219.5	46.3	41.0	11.5	1
970731	49.2	49.8	98.9	2.5	3.3	30.6	0
000703	143.8	14.0	157.8	12.1	9.7	19.8	1

注　是否合格一列中，1 表示合格，0 表示不合格。

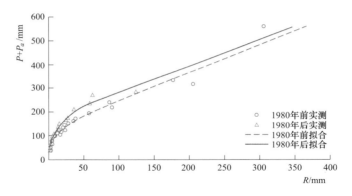

图 11.15　王快水库流域降雨径流相关图

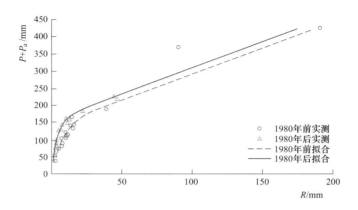

图 11.16　西大洋水库流域降雨径流相关图

由图 11.15 和图 11.16 可以看出，王快水库和西大洋水库流域的降雨径流关系均在 1980 年前后发生了变化，即 1980 年后的点据整体上比 1980 年前的点据偏左。这说明了在下垫面变化后，相同的降雨量所产生的径流量有所减少，符合第 7 章和第 9 章典型流域下垫面变化对洪水径流影响的分析结果。

由表 11.5 和表 11.6 可对王快水库和西大洋水库流域降雨径流相关关系作出精度评价：对于王快水库，1980 年前选用 21 场洪水，相对误差小于 20% 的场次有 17 场，合格率为 81%；1980 年后选用 20 场洪水，相对误差小于 20% 的场次有 17 场，合格率为 85%。对于西大洋水库，1980 年前选用 18 场洪水，相对误差小于 20% 的场次有 15 场，合格率为 83%；1980 年后选用 18 场洪水，相对误差小于 20% 的场次有 16 场，合格率为 89%。由此可知王快水库和西大洋水库各个分期的降雨径流相关关系均达到了 70% 以上的合格率，达到了水文预报评价乙级等级以上。

11.5.3　洪峰和洪量的修订

根据 11.4.2 节介绍的洪峰、洪量修订方法，可对王快水库、西大洋水库流域下垫面分界点 1980 年前的年最大洪峰流量序列、年最大 1d、3d、6d 洪量序列进行"还现"修订。王快水库和西大洋水库年最大洪峰流量与年最大 1d、3d、6d 洪量序列判定系数如表 11.7 所示。

表 11.7　　　　　年最大洪峰流量与年最大 1d、3d、6d 洪量序列判定系数 R^2

水　　库	Q 和 W_1	Q 和 W_3	Q 和 W_6
王快水库	0.967	0.964	0.960
西大洋水库	0.904	0.891	0.872

由表 11.7 可知，王快水库和西大洋水库流域年最大洪峰流量与年最大 1d 洪量的相关性最好，这样可利用两水库入库洪水年最大洪峰流量与年最大 1d 洪量的峰量相关关系来间接修订年最大洪峰流量。王快水库和西大洋水库控制流域年最大洪峰流量与年最大 1d 洪量的相关关系分别如图 11.17 和图 11.18 所示。

王快水库和西大洋水库年最大洪峰流量、年最大各时段洪量的修订结果如表 11.8～表 11.11 所示。

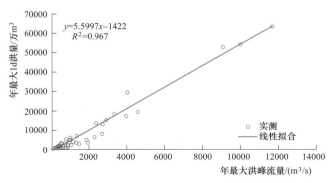

图 11.17　王快水库年最大洪峰流量与年最大 1d 洪量相关关系图

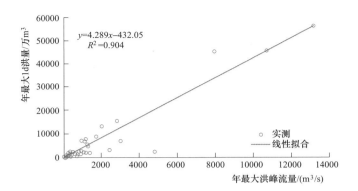

图 11.18　西大洋水库年最大洪峰流量与年最大 1d 洪量相关关系图

表 11.8　　　　　　　　　王快水库 1980 年前年最大 1d、3d、6d 洪量修订结果

年份	修正幅度/%	修正前 W_1/万 m³	修正后 W_1/万 m³	修正前 W_3/万 m³	修正后 W_3/万 m³	修正前 W_6/万 m³	修正后 W_6/万 m³
1956	−18.24	29851	24407	60294	49297	73635	60205
1957	−52.94	1369	644	3472	1634	5788	2724
1958	−44.67	3398	1880	7463	4130	12373	6847
1959	−18.39	19699	16076	41593	33944	56793	46348
1960	−46.32	1441	774	2385	1280	3924	2106
1961	−54.29	1805	825	4417	2019	7062	3228
1962	−44.00	2816	1577	5332	2986	7718	4322
1963	−5.45	53363	50455	89062	84209	105642	99885
1964	−34.77	14946	9749	26824	17496	34161	22282
1965	−54.33	606	277	1051	480	1547	706
1966	−42.11	3321	1923	6975	4038	13112	7591
1967	−31.44	6955	4768	17932	12294	26187	17953
1968	−46.46	1415	758	2861	1532	5266	2819
1969	−44.83	3388	1869	6167	3403	8537	4710
1970	−57.01	1321	568	3479	1496	5393	2319
1971	−49.43	2097	1061	3739	1891	6356	3214
1972	−64.34	1158	413	1262	450	1376	491
1973	−38.6	6367	3910	14463	8881	20536	12610
1974	−46.01	1368	739	2869	1549	5568	3006
1975	−44.57	2305	1277	5261	2916	8297	4599
1976	−45.14	5262	2887	10727	5885	14422	7912
1977	−44.81	5071	2798	12767	7046	21739	11997
1978	−40.52	13199	7850	22644	13468	32649	19419
1979	−45.22	7971	4367	15316	8390	21602	11834

表 11.9　　　　　　　　　　王快水库 1980 年前年最大洪峰流量修订结果

年份	修正前 Q /(m^3/s)	修正前 W_1 /万 m^3	修正后 W_1 /万 m^3	Q_1 /(m^3/s)	Q_2 /(m^3/s)	Q 修订值 /(m^3/s)	修正后 Q /(m^3/s)	Q 修正幅度 /%
1956	4010	29851	24407	5586	4613	972	3038	−24.25
1957	225	1369	644	498	369	129	96	−57.52
1958	1290	3398	1880	861	590	271	1019	−21.01
1959	4530	19699	16076	3772	3125	647	3883	−14.28
1960	444	1441	774	511	392	119	325	−26.82
1961	578	1805	825	576	401	175	403	−30.30
1962	656	2816	1577	757	536	221	434	−33.75
1963	9036	53363	50455	9785	9265	519	8517	−5.75
1964	2876	14946	9749	2923	1995	928	1947	−32.28
1965	427	606	277	362	303	59	369	−13.76
1966	471	3321	1923	847	597	250	222	−52.99
1967	1297	6955	4768	1496	1106	391	906	−30.12
1968	379	1415	758	507	389	117	262	−30.98
1969	1945	3388	1869	859	588	271	1674	−13.95
1970	252	1321	568	490	355	134	118	−53.34
1971	341	2097	1061	629	443	185	156	−54.29
1972	581	1158	413	461	328	133	448	−22.92
1973	2267	6367	3910	1391	952	439	1828	−19.36
1974	567	1368	739	498	386	112	454	−19.84
1975	1035	2305	1277	666	482	183	852	−17.72
1976	949	5262	2887	1194	770	424	525	−44.68
1977	1853	5071	2798	1160	754	406	1448	−21.90
1978	2744	13199	7850	2611	1656	955	1789	−34.81
1979	2629	7971	4367	1678	1034	644	1985	−24.49

表 11.10　　　　　　　　西大洋水库 1980 年前年最大 1d、3d、6d 洪量修订结果

年份	修正幅度 /%	修正前 W_1 /万 m^3	修正后 W_1 /万 m^3	修正前 W_3 /万 m^3	修正后 W_3 /万 m^3	修正前 W_6 /万 m^3	修正后 W_6 /万 m^3
1956	−7.20	13400	12435	25700	23850	33800	31366
1957	−50.68	1400	690	3000	1480	5700	2811
1958	−52.26	2200	1050	4200	2005	6000	2865
1959	−8.99	2600	2366	7700	7007	15300	13924
1960	−17.31	1330	1100	2835	2344	2789	2306

续表

年份	修正幅度 /%	修正前 W_1 /万 m^3	修正后 W_1 /万 m^3	修正前 W_3 /万 m^3	修正后 W_3 /万 m^3	修正前 W_6 /万 m^3	修正后 W_6 /万 m^3
1961	−52.59	2200	1043	3100	1470	4000	1896
1962	−51.93	1900	913	3800	1827	5600	2692
1963	−5.41	45400	42946	68300	64608	78700	74446
1964	−26.13	9000	6648	15600	11524	19600	14479
1965	−46.84	623	331	1600	851	1714	911
1966	−52.75	1492	705	2974	1405	4172	1971
1967	−42.20	2092	1209	4646	2686	7677	4438
1968	−52.42	1015	483	2499	1189	4626	2201
1969	−51.55	1568	760	3428	1661	5086	2464
1970	−53.37	388	181	1163	542	2311	1078
1971	−49.86	230	115	689	345	1307	655
1972	−55.07	1898	853	2082	935	2175	977
1973	−52.08	2331	1117	4608	2208	6348	3042
1974	−52.16	1382	661	2623	1255	3729	1784
1975	−52.45	1531	728	3222	1532	3977	1891
1976	−51.62	1195	578	2822	1365	4055	1962
1977	−51.54	2330	1129	5066	2455	8816	4272
1978	−36.25	6710	4278	13128	8369	18757	11958
1979	−37.67	7087	4417	14922	9300	22294	13895

表 11.11　　　　　　西大洋水库 1980 年前年最大洪峰流量修订结果

年份	修正前 Q /(m^3/s)	修正前 W_1 /万 m^3	修正后 W_1 /万 m^3	Q_1 /(m^3/s)	Q_2 /(m^3/s)	Q 修订值 /(m^3/s)	修正后 Q /(m^3/s)	Q 修正幅度 /%
1956	1940	13400	12435	3225	3000	225	1715	−11.60
1957	672	1400	690	427	262	165	507	−24.62
1958	823	2200	1050	614	346	268	555	−32.57
1959	303	2600	2366	707	652	55	248	−17.99
1960	440	1330	1100	411	357	54	386	−12.20
1961	1027	2200	1043	614	344	270	757	−26.27
1962	309	1900	913	544	314	230	79	−74.44
1963	7940	45400	42946	10686	10114	572	7368	−7.21
1964	1673	9000	6648	2199	1651	548	1125	−32.77
1965	301	623	331	246	178	68	233	−22.60

年份	修正前 Q /(m³/s)	修正前 W_1 /万 m³	修正后 W_1 /万 m³	Q_1 /(m³/s)	Q_2 /(m³/s)	Q 修订值 /(m³/s)	修正后 Q /(m³/s)	Q 修正幅度 /%
1966	420	1492	705	449	265	184	236	−43.69
1967	243	2092	1209	588	383	206	37	−84.70
1968	147	1015	483	337	213	124	23	−84.39
1969	221	1568	760	466	278	188	33	−85.27
1970	54	388	181	191	143	48	6	−89.41
1971	27	230	115	154	128	27	0	−99.03
1972	1361	1898	853	543	300	244	1117	−17.91
1973	4739	2331	1117	644	361	283	4456	−5.97
1974	406	1382	661	423	255	168	238	−41.39
1975	904	1531	728	458	270	187	717	−20.71
1976	220	1195	578	379	236	144	76	−65.37
1977	463	2330	1129	644	364	280	183	−60.47
1978	1111	6710	4278	1665	1098	567	544	−51.05
1979	2978	7087	4417	1753	1131	623	2355	−20.90

由表 11.8～表 11.11 可知：

（1）修正后的王快水库和西大洋水库控制流域的年最大洪峰流量、年最大各时段洪量序列值均比原序列值有所减小。王快水库年最大洪峰流量修正幅度主要为 20%～30%，西大洋水库年最大洪峰流量修正幅度主要为 20%～60%。王快水库年最大各时段洪量修正幅度主要为 30%～60%；西大洋水库年最大各时段洪量修正幅度主要为 30%～55%。

（2）基于降雨径流相关法对年最大洪峰流量及年最大各时段洪量进行修订，存在大洪水修正幅度小，小洪水修正幅度大的规律。以王快水库为例，对于 1963 年特大洪水，其年最大洪峰流量修正幅度仅为 5.75%；年最大各时段洪量的修正比例为 5.45%；而对于 1957 年的小洪水，其年最大洪峰流量修正幅度则达到 57.52%，年最大各时段洪量的修正比例为 52.94%。以西大洋水库为例，对于 1963 年特大洪水，其年最大洪峰流量修正幅度为 7.21%；年最大各时段洪量的修正比例为 5.41%；而对于 1971 年的小洪水，其年最大洪峰流量修正幅度则达到 99.03%，年最大各时段洪量的修正比例为 49.86%。

11.6　一致性修正后设计洪水分析计算

11.6.1　参数估计与频率适线

对王快水库和西大洋水库经过一致性修正后（简称"修正后"）的洪水系列，采用 P—Ⅲ型分布曲线进行频率分析，并将其结果与一致性修正前（简称"修正前"）的原序列频率分析结果进行对比。一致性修正前后洪水序列统计参数如表 11.12 所示，图 11.19～图 11.22 是王快、西大洋水库洪水序列修正前后年最大洪峰流量、年最大各时段洪量频率曲线。

表 11.12　　　　　**王快、西大洋水库一致性修正前后洪水序列统计参数**

水库	洪水特征	修　正　前				修　正　后			
		E_x	C_v	C_s	C_s/C_v	E_x	C_v	C_s	C_s/C_v
王快	Q_m	1257.13	1.86	4.46	2.4	1045.47	1.97	5.41	2.7
	W_1	0.55	2.22	5.33	2.4	0.44	2.52	6.05	2.4
	W_3	1.09	2.05	4.92	2.4	0.85	2.3	5.52	2.4
	W_6	1.51	1.83	4.39	2.4	1.18	2.01	4.82	2.4
西大洋	Q_m	840.62	2.1	6.33	3.0	686.03	2.36	7.08	3.0
	W_1	0.3	2.91	6.69	2.3	0.23	3.4	7.82	2.3
	W_3	0.56	2.5	5.75	2.3	0.43	2.8	6.44	2.3
	W_6	0.79	2.15	4.94	2.3	0.59	2.4	5.52	2.3

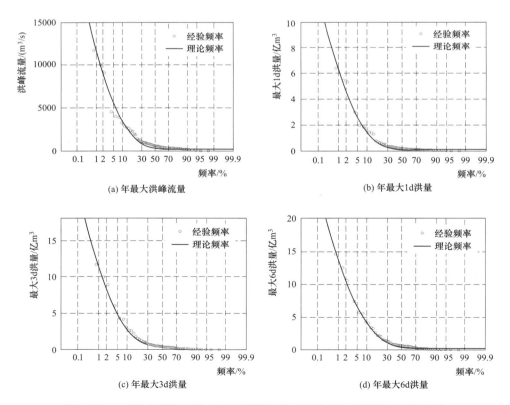

图 11.19　王快水库修正前年最大洪峰流量、年最大各时段洪量频率曲线

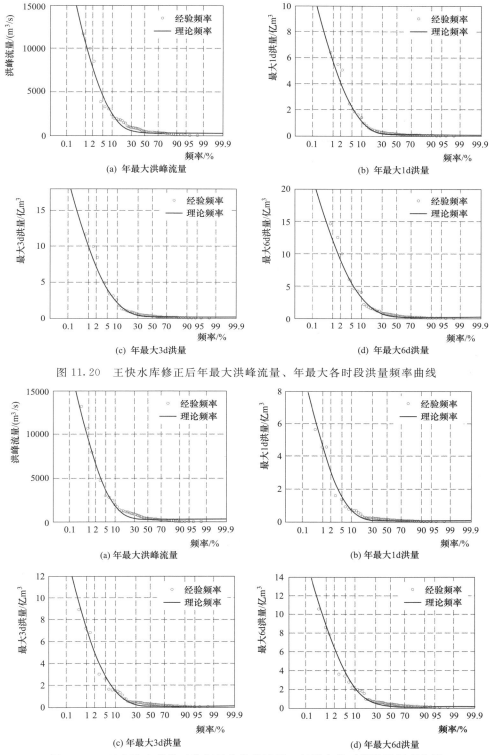

图 11.20　王快水库修正后年最大洪峰流量、年最大各时段洪量频率曲线

图 11.21　西大洋水库修正前年最大洪峰流量、年最大各时段洪量频率曲线

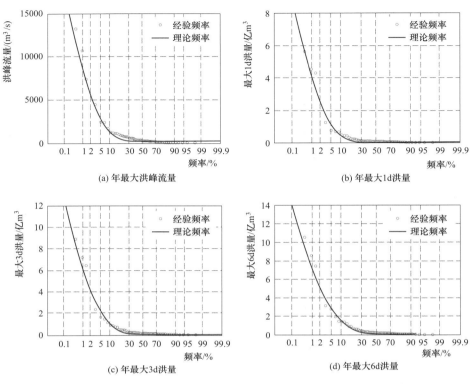

图 11.22　西大洋水库修正后年最大洪峰流量、年最大各时段洪量频率曲线

11.6.2　设计成果分析

由前述得到的王快水库和西大洋水库一致性修正前、修正后的年最大洪峰流量及年最大各时段洪量频率曲线，可得洪水序列一致性修正前、修正后的设计洪水成果，分别如表11.13 和表 11.14 所示。

表 11.13　　　　　　　　　　　　　　王快水库设计洪水成果比较

洪水序列		不同重现期设计值							
		10000 年	5000 年	1000 年	500 年	100 年	50 年	20 年	10 年
Q_m	修正前/（m³/s）	32193	28968	21631	18557	11720	8965	5604	3380
	修正后/（m³/s）	31829	28444	20778	17588	10581	7817	4546	2508
	变化比例/%	−1.1	−1.8	−3.9	−5.2	−9.7	−12.8	−18.9	−25.8
W_1	修正前/亿 m³	18.63	16.65	12.16	10.30	6.19	4.57	2.64	1.44
	修正后/亿 m³	18.23	16.21	11.65	9.76	5.64	4.04	2.19	1.08
	变化比例/%	−2.2	−2.7	−4.3	−5.2	−8.9	−11.6	−17.3	−24.7
W_3	修正前/亿 m³	32.54	29.17	21.53	18.34	11.28	8.47	5.08	2.90
	修正后/亿 m³	30.44	27.17	19.76	16.68	9.93	7.27	4.13	2.19
	变化比例/%	−6.5	−6.9	−8.2	−9.0	−12.0	−14.2	−18.7	−24.5

续表

洪水序列		不同重现期设计值							
		10000 年	5000 年	1000 年	500 年	100 年	50 年	20 年	10 年
W_6	修正前/亿 m³	37.71	33.95	25.40	21.81	13.83	10.61	6.67	4.06
	修正后/亿 m³	34.13	30.63	22.66	19.33	11.96	9.01	5.46	3.16
	变化比例/%	−9.5	−9.8	−10.8	−11.4	−13.6	−15.1	−18.3	−22.2

表 11.14　　　　　　　　　　　　西大洋水库设计洪水成果比较

洪水序列		不同重现期设计值							
		10000 年	5000 年	1000 年	500 年	100 年	50 年	20 年	10 年
Q_m	修正前/(m³/s)	29975	26624	19067	15941	9150	6528	3521	1766
	修正后/亿 m³	29351	25944	18283	15129	8338	5762	2888	1311
	变化比例/%	−2.1	−2.6	−4.1	−5.1	−8.9	−11.7	−18.0	−25.8
W_1	修正前/亿 m³	15.22	13.47	9.55	7.93	4.42	3.08	1.56	0.70
	修正后/亿 m³	14.96	13.16	9.11	7.45	3.92	2.60	1.17	0.44
	变化比例/%	−1.7	−2.4	−4.6	−6.0	−11.4	−15.7	−25.0	−37.3
W_3	修正前/亿 m³	22.31	19.87	14.37	12.09	7.09	5.14	2.85	1.46
	修正后/亿 m³	20.52	18.20	12.96	10.80	6.10	4.30	2.23	1.04
	变化比例/%	−8.0	−8.4	−9.8	−10.7	−13.9	−16.4	−21.7	−28.8
W_6	修正前/亿 m³	24.76	22.19	16.36	13.92	8.54	6.40	3.82	2.16
	修正后/亿 m³	22.03	19.65	14.29	12.06	7.16	5.24	2.97	1.56
	变化比例/%	−11.0	−11.4	−12.6	−13.4	−16.1	−18.1	−22.3	−27.7

由表 11.13 及表 11.14 可以得出如下结论：

（1）在各设计标准下，王快水库入库洪水序列一致性修正后得到的洪水设计值均较修正前洪水设计值小，其中设计洪峰流量减小幅度为 1%～26%，最大 1d 设计洪量减小幅度为 2%～25%，最大 3d 设计洪量减小幅度为 6%～25%，最大 6d 设计洪量减小幅度为 9%～23%。

（2）在各设计标准下，西大洋水库入库洪水序列一致性修正后得到的洪水设计值均较修正前洪水设计值小，其中设计洪峰流量减小幅度为 2%～26%，最大 1d 设计洪量减小幅度为 1%～38%，最大 3d 设计洪量减小幅度为 8%～29%，最大 6d 设计洪量减小幅度为 11%～28%。

（3）随着设计标准重现期的增大，洪峰和洪量的修订幅度减小。也就是洪水越大，修订的幅度越小，这与第 7 章和第 9 章下垫面变化对洪水过程影响分析所得到的结论是一致的。

11.7　小结

流域下垫面变化导致洪水系列不满足一致性假定，需对其进行一致性修订。为了和原设计洪水进行比较，以控制区域包括典型流域阜平的王快水库、西大洋水库为例，介绍了下垫面条件变化分期的方法，然后基于下垫面条件分期结果，采用降雨径流相关法以及峰量相关法对入库洪水序列进行了一致性修订，主要结论如下：

（1）采用降雨径流双累积曲线法、Pettitt 法、Lee - Heghinian 法、滑动 T 检验法、Brown - Forsythe 法对各洪水序列进行变异点诊断，并结合物理成因分析，确定王快水库和西大洋水库流域下垫面条件变化的分界点均为 1980 年。

（2）分别建立了王快水库和西大洋水库流域 1980 年前后的降雨径流关系，及洪峰流量序列与年最大 1d 洪量序列的峰量相关关系，并进行了洪峰流量序列和洪量序列的"还现"修订。

（3）对于王快水库和西大洋水库流域，修正后洪水序列所对应的洪水设计值小于修正前序列所对应的洪水设计值。并且随着设计标准重现期的增大，洪峰流量和洪量的修订幅度减小。也就是洪水越大，修订的幅度越小。

参考文献

Fealy R，Sweeney J，2005. Detection of a possible change point in atmospheric variability in the North Atlantic and its effect on Scandinavian glacier mass balance ［J］. International Journal of Climatology，25：1819 - 1833.

Kiely G，1999. Climate change in Ireland from precipitation and streamflow observations ［J］. Advances in Water Resources，23：141 - 151.

Lee A F，Heghinian S M，1977. A shift of the mean level in a sequence of independent normal random variables：a bayesian approach ［J］. Technometrics，19：503 - 506.

包为民，2009. 水文预报 ［M］. 北京：中国水利水电出版社.

陈民，谢悦，冯宇鹏，2007. 人类活动对海河流域径流系列一致性影响的分析 ［J］. 水文，27 (3)：57 - 59.

丛娜，冯平，2014. 流域下垫面变化影响下入库设计洪水的修订 ［J］. 南水北调与水利科技，12 (2)：6 - 10.

郭生练，2005. 设计洪水研究进展与评价 ［M］. 北京：中国水利水电出版社.

李致家，周赛，姚玉梅，等，2012. 经验方法研究下垫面变化对洪水的影响 ［J］. 湖泊科学，24 (4)：637 - 642.

梁忠民，胡义明，王军，2011. 非一致性水文频率分析的研究进展 ［J］. 水科学进展，22 (6)：864 - 871.

芮孝芳，1997. 流域水文模型研究中的若干问题 ［J］. 水科学进展，8 (1)：94 - 98.

水利部，2006. 水利水电工程设计洪水计算规范：SL 44—2006 ［S］. 北京：中国水利水电出版社.

王正中，邸增顺，要继德，1998. 唐县水利志 ［M］. 河北省唐县水利志编纂委员会.

王忠静，李宏益，杨大文，2003. 现代水资源规划若干问题及解决途径与技术方法（一）——还原"失真"与"失效"［J］. 海河水利（1）：13 - 16.

邬龙，何长宽，徐世宾，等，2011. 大清河流域下垫面变化对设计洪水的影响 ［J］. 华北水利水电学院学报，32 (3)：1 - 3.

谢平，陈广才，雷红富，等，2009. 变化环境下地表水资源评价方法 ［M］. 北京：科学出版社.

谢平，陈广才，夏军，2005. 变化环境下非一致性年径流序列的水文频率计算原理 ［J］. 武汉大学学报（工学版），20 (6)：6 - 9.

詹道江，叶守泽，2007. 工程水文学 ［M］. 北京：中国水利水电出版社.

张灿强，2014. 气候变化与土地利用/覆盖变化的水文响应 ［M］. 北京：化学工业出版社.

张建中，毛慧慧，2012. 下垫面变化条件下设计洪水修订方法研究 ［J］. 水利水电技术，43（12）：1 - 4，8.

张一驰，周成虎，李宝林，2005. 基于 Brown - Forsythe 检验的水文序列变异点识别 ［J］. 地理研究，24（5）：741 - 748.

钟栗，姚成，李致家，等，2015. 应用新安江-海河模型研究下垫面变化对设计洪水的影响 ［J］. 湖泊科学，27（5）：975 - 982.

第 12 章　非一致性洪水序列的频率分析与计算

12.1　概述

洪水的频率分析与计算在水利工程的规划、设计中具有十分重要的作用。传统的洪水频率分析假定洪水样本序列是独立同分布的，这就要求洪水样本序列满足一致性假设，不能存在趋势、变异点等。然而，随着全球气候变化及人类活动影响（如修建大坝、水库等水利工程、土地利用方式的改变、水资源的开发和利用等）的加剧，天然洪水时空分布规律及下垫面产汇流特性发生改变，洪水样本序列的"一致性"遭到破坏，基于传统的洪水频率分析法在变化环境下得到的设计成果的可靠性受到质疑。

水文样本资料"一致性"的破坏，迫使人们寻求一种适合变化环境下"非一致性"水文序列频率分析的理论与方法。在非一致性水文序列频率分析方面，目前提出了多种方法，这些方法大致可以概括为两种：①前一章所述的基于还原或还现途径的非一致性水文序列频率分析法，②基于概率论与数理统计理论，直接对非一致性水文序列进行频率分析。前一种途径运用起来比较复杂，且有一定的局限性；后一种途径原理清晰，步骤明确，便于使用。谢平等（2009）认为采用还原法可以进行天然产水量中的引水量、耗水量、流域内各水库蓄水变化和水面蒸发的增耗量还原，但无法解决由于下垫面变化而引起的径流量发生变异等问题。梁忠民等（2011）对传统的"还原"或"还现"方法进行了详细的评价，认为目前采用的各种方法均存在一定的局限性。如降雨径流关系法通常采用降雨作为参数，基于序列变异前后不同时期降雨径流关系，实现径流序列向某一时期的修正，但该法只可实现序列向某一历史时期或现状的还原或还现，无法反映序列未来的变化情况。时间序列的分解与合成法虽然可以反映序列未来的变化情况，但由于分解时未考虑周期性成分，在预测期较长时，对确定性成分的拟合及外延存在一定的风险。水文模型法通过建立下垫面条件与水文模型参数之间的定量关系，通过模型参数反映下垫面条件的变化，结合不同时期的降雨资料，可实现洪水序列的还原或还现等目的，但该法的关键是模型的精度及可靠性。王忠静等（2003）也认为下垫面变化条件下，集总式水文模型缺乏物理依据，其结果合理性通常难以保证，易出现"异参同效"现象，建议使用分布式水文模型。但分布式水文模型参数较多，需要大量资料对模型进行参数的率定和验证，使用起来有一定的困难。

基于非一致性极值系列直接进行洪水频率分析的方法在国内外的研究应用较多，主要包括：混合分布方法、条件概率分布方法和时变矩方法。其中，基于混合分布的非一致性洪水频率分析方法最早是由 Singh 等（1972），Waylen 等（1982）提出并应用。主要思想是认为极值系列中的个体并非来自同一总体，即由不同水文过程形成的系列，不服从同一分布，因而假设该极值序列由若干个子分布混合而成。Zeng 等（2014）以大清河流域西大洋水库的入库洪水序列为例，采用混合分布模型进行非一致性频率分析，结果表明由两个 P-Ⅲ 分布组成的混合分布拟合效果比传统 P-Ⅲ 分布更好。基于条件概率分布的非一致性洪水频率分析方法是根据洪水成因机制的差异性将年内洪水划分成若干个时段，分析不同时段内的年最大值的发生概率，并推导得到极值系列的概率密度函数。李新等（2014）应用条件概率分布法，直接对大清河水系王快水库的入库洪水系列进行频率分析，并将得到的设计洪水成果与一致性条件下的设计洪水成果进行对比，认为入库洪水序列发生变异且呈现出减小的趋势。基于时变矩的非一致性洪水频率分析方法能够考虑分布函数的参数随时间或其他因子变化的情况，比如采用线性或者非线性函数描述这种趋势，并进行水文频率分析。

时变矩模型不同于混合分布模型和条件概率分布模型，更多从洪水序列服从的概率分布角度出发，认为随气候和下垫面的变化，导致了洪水序列形成的物理过程和成因机制发生变化，其所服从的分布参数不再是常数，而是以时间为协变量的函数。由此可以加入考虑气候变化和水利水保工程因子构建非一致性模型，定量评估气候变化和下垫面变化对非一致性水文极值序列的影响（Khaliq et al，2006）。国外的学者对此做了比较多的研究。Cunderlik 等（2003），El Adlouni 等（2007）和 Vasiliades 等（2015）应用基于广义极值分布（GEV）的时变矩模型进行非一致性洪水频率分析，通过假设 GEV 分布参数是时间或者其他因子的函数，对时变矩模型进行优化拟合检验，最终反过来验证水文序列非一致性是否显著。Villarini 等（2009，2010），Serinaldi 等（2012），López 等（2013）建立了引入位置、尺度、形状的广义可加模型（Generalized Additive Models for Location，Scale and Shape，简称 GAMLSS），对降雨径流资料或者洪水资料进行非一致性洪水频率分析，认为考虑加入了时间参数或者其他参数的 GAMLSS 模型更适用于不同气候条件和其他影响因素下的风险分析（如不确定性分析、敏感性分析）。由于该模型的操作方便可行，可任意选择分布线型以及协变量等优点，国内的水文学者也应用该模型进行了众多的研究（江聪等，2012；顾西辉等，2014）。

本章主要在介绍水文序列"非一致性"识别方法与归因分析方法的基础上，探讨直接对非一致性洪水序列进行频率分析计算，并进行设计洪水的推求。12.2 介绍水文序列"非一致性"的概念及识别方法；12.3 详细介绍目前国内外常用的"非一致性"水文序列频率分析法；12.4 以控制区域包括典型流域阜平的王快水库入库洪水序列为例，对其进行非一致性识别；12.5 对王快水库非一致性入库洪水序列进行频率分析计算；12.6 对本章主要方法和结论进行小结。

12.2 "非一致性"识别方法与归因分析

12.2.1 水文序列"非一致性"含义

水文频率分析计算要求水文变量必须满足独立随机同分布假设，其中同分布要求水文样本在过去、现在和未来均服从同一总体分布，即样本应具有一致性（梁忠民等，2011）。这就要求水文样本资料是同一类型或在同一条件下产生的，即具有相同的物理成因。以年径流量序列为例，其一致性是建立在气候条件和下垫面条件的稳定性上的，若气候条件或下垫面条件发生改变，年径流量资料的一致性就遭到破坏，称该样本资料为"非一致性"样本资料。

造成水文序列"非一致性"的原因有多种，但从本质上讲，若产生水文样本资料的物理条件不同，则水文样本资料就是非一致性的。如从气象成因上看，暴雨洪水和融雪洪水性质不同，一般认为其概率分布规律也不同，其混合样本资料即为非一致性样本资料。如全球气候变化或人类活动影响使得流域水文要素的成因条件发生了变化，其对应的水文序列也为"非一致性"水文序列。

12.2.2 "非一致性"识别与检验

对水文序列"非一致性"的识别一般从水文序列的组成成分上入手。水文序列 X_t 一般由确定性成分和随机性成分组成。确定性成分主要受气候变化和人类活动影响，表现出一定的趋势性、跳跃性和周期性；随机性成分由不规则的振荡和随机影响造成，其统计特性相对一致。水文序列"非一致性"的识别主要围绕着趋势性、跳跃性和周期性三方面进行（谢平等，2009），识别方法大致可以分为定性方法和定量方法。

定性方法主要通过对序列进行简单处理，直观判断序列是否存在趋势性、跳跃性和周期性，计算简单，可对序列是否存在"非一致性"成分进行定性判断。水文序列"非一致性"定性识别方法主要通过对序列进行简单的处理，直观地判断序列是否存在变异。常用的定性诊断方法有过程线法、滑动平均法、累积距平法、Hurst 系数法等。

定量方法则依据不同理论和指标，从不同角度对序列的"非一致性"进行分析，可对序列具体的变异位置、变异程度等进行详细分析。对于水文序列趋势性的定量识别与检验方法主要有 Mann - Kendall 趋势检验法、相关性系数法、Spearman 秩次相关检验法等。对水文序列跳跃性/变异点的定量识别与检验方法主要有 Lee - Heghinian 法、有序聚类法、秩和检验法、游程检验法、滑动 F 检验法、滑动 T 检验法、最优信息二分割法、R/S 法、Brown - Forsythe 法、Mann - Kendall 法、贝叶斯法、启发分割法、Pettitt 法，Cramer 法、Yamamoto 法、Lepage 法等。

对水文序列周期性的识别主要有周期图法、方差谱密度图法、累计解释方差图法、最大熵谱分析法、小波分析法等。

12.2.3 "非一致性"的归因分析

对水文序列"非一致性"的识别与检验方法，大都基于数学和统计学的角度得出结论，是否与实际情况相符，还需要从物理机制上进行研究分析，以判定统计结果是否符合实际。

造成水文序列"非一致性"的原因大致可以分为两种，一种是气候或气象因素，一种是人类活动影响因素（王国安等，2002）。对于气候或气象因素，可以通过分析气象数据（降雨、气温等）的趋势或变异点，通过与洪水、径流的趋势、变异点等做对比分析，研究它们之间的因果关系；也可以通过建立大尺度大气-海洋模式对应的各气候因子（PDO、AMO、ENSO、NAO 等）与洪水、径流之间的关系，研究由气候变异模式与洪水、径流的遥相关引起的洪水、径流序列的"非一致性"。对于人类活动影响，主要研究水利水保工程（水库、大坝、谷坊坝等）的兴建、土地利用方式的改变引起的洪水、径流序列的"非一致性"。

12.3 非一致性水文序列频率分析方法

采用概率论与数理统计方法直接对非一致性水文序列进行频率分析可有效避免传统途径的"还原"和"还现"计算，其原理清晰，步骤明确，近些年逐渐得到国内外水文学者的关注。基于概率论与数理统计理论直接对非一致性水文序列进行频率分析主要包括以下几种方法：混合分布法（Singh，1968，1987；Singh et al，1972；Rossi et al，1984）、条件概率分布法（Singh et al，2005）、时变矩法（Strupczewski et al，2001a，2001b，2001c）以及基于气候因子/人类活动因子的协变量分析法。

12.3.1 混合分布法

12.3.1.1 混合分布模型

混合分布法最早由 Singh 等（1972）提出，后来逐渐得到了国外水文学者的关注，取得了广泛的应用。混合分布法直接基于非同分布的极值样本序列进行频率分析，假设非同分布的极值样本序列是由若干个子分布混合而成，可表示为

$$F(x) = \alpha_1 F_1(x) + \alpha_2 F_2(x) + \cdots + \alpha_k F_k(x) \tag{12.1}$$

式中：$F_1(x), F_2(x), \cdots, F_k(x)$ 为 k 个子分布的累积分布函数；$\alpha_1, \alpha_2, \cdots, \alpha_k$ 为各个子分布的权重，且满足各子分布权重之和为 1。

混合分布模型由于所含参数较多，为保证参数估计的准确性，需注意以下两个方面（梁忠民等，2011）：①对洪水形成机制进行详细分析，按洪水的形成机制合理划分洪水序列，使各子序列服从相应的子分布；②子分布数量越多，待估参数越多，参数估计难度越大，故子分布的个数应保持在最低限度。

为降低参数估计的复杂性，一般假设混合分布由两个子分布混合而成。对于样本容量为 n 的非一致性水文序列 X，若其变异点为 τ，假设变异点之前的序列为 X_1，服从概率密度函数为 $f_1(x)$ 的分布，其样本长度为 $n_1 = \tau$；变异点之后的序列为 X_2，服从概率密度函数为 $f_2(x)$ 的分布，其样本长度为 $n_2 = n - \tau$；整体序列 X 服从概率密度函数为 $f(x)$ 的混合分布，表达式为

$$f(x) = \alpha f_1(x) + (1-\alpha) f_2(x) \tag{12.2}$$

式中：α 为权重系数。

我国《水利水电工程设计洪水计算规范》（SL 44—2006）（水利部，2006）规定水文变量应采用皮尔逊三型（P-Ⅲ）曲线进行分布拟合。设两子序列均服从 P-Ⅲ 分布，其概率密度函数分别为 $f_1(x)$ 和 $f_2(x)$，表达式如下：

$$f_1(x) = \frac{\beta_1^{\alpha_1}}{\Gamma(\alpha_1)}(x - a_{01})^{\alpha_1 - 1} e^{-\beta_1(x - a_{01})} \qquad (12.3)$$

$$f_2(x) = \frac{\beta_2^{\alpha_2}}{\Gamma(\alpha_2)}(x - a_{02})^{\alpha_2 - 1} e^{-\beta_2(x - a_{02})} \qquad (12.4)$$

则采用超过制频率形式的混合分布的理论频率计算公式为

$$F(x) = \alpha \left[1 - \frac{\beta_1^{\alpha_1}}{\Gamma(\alpha_1)} \int_{a_{01}}^{x} (t - a_{01})^{\alpha_1 - 1} e^{-\beta_1(t - a_{01})} dt \right]$$
$$+ (1 - \alpha) \left[1 - \frac{\beta_2^{\alpha_2}}{\Gamma(\alpha_2)} \int_{a_{02}}^{x} (t - a_{02})^{\alpha_2 - 1} e^{-\beta_2(t - a_{02})} dt \right] \qquad (12.5)$$

式中：α_i、β_i 和 a_{0i} 分别为 $f_i(x)$ 分布的形状、尺度和位置参数（$i = 1，2$），可由统计参数均值 EX_i、变差系数 C_{vi} 和偏态系数 C_{si} 来表示，具体关系如下：$EX_i = a_{0i} + \alpha_i/\beta_i$，$C_{vi} = \sqrt{\alpha_i}/(\beta_i a_{0i} + \alpha_i)$，$C_{si} = 2/\sqrt{\alpha_i}$。因此，混合分布 $f(x)$ 中共有 α、EX_1、C_{v1}、C_{s1}、EX_2、C_{v2} 和 C_{s2} 等 7 个需要估计的参数。

12.3.1.2　混合分布参数估计方法

混合分布的参数估计方法主要有非线性优化算法（Singh，1987）、极大似然法（ML）（Rossi et al，1984）、极大似然的 EM 算法（Leytham，1984）和最大熵准则法（POME）（Fiorentino et al，1987）等。成静清等（2010）认为可将混合分布的参数估计问题看成是组合优化问题，采用全局优化算法——模拟退火算法进行参数估计，但其得到的某些站点的 C_s/C_v 值与中国规范推荐值相差甚大，物理意义有待商榷（梁忠民等，2011）。

针对该问题，提出考虑 C_s/C_v 约束的模拟退火算法对混合分布进行参数估计。首先结合研究站点的邻近站及流域内其他站点的实测水文资料确定 C_s/C_v 值的变化范围，以此为约束条件，以频率离差绝对值和（ABS）最小为目标函数，采用模拟退火算法对混合分布进行参数估计。

模拟退火算法是非线性数学优化理论中的一种模型，非常适用于求解组合优化问题的近似全局最优解，具有良好的鲁棒性。其执行策略可概括如下：给定初始解 X_0，从初始解开始探测整个解空间，通过扰动产生一个新解 X^N，依 Metropolis 准则判定是否接受新解，相应地降低控制温度。计算步骤如下：

（1）采用矩法初估参数，给定初始解 X_0，以该点作为当前最优点 $X^0 = X_0$，并计算其目标函数值 $f(X^0)$。

（2）设置初始温度 $T = T_0$，T_0 应充分大，降温次数 $n = 0$。

（3）设循环计数器的次数为 $k = 1$，最大循环步数为 $LOOP_{\max}$。

（4）在约束内对最优点做随机扰动，产生一个新的最优点 X^N，计算其目标函数值 $f(X^N)$ 及目标函数增量 $\Delta f = f(X^N) - f(X^0)$。

（5）若 $\Delta f \leqslant 0$，则接受 X^N 为当前最优点 $X^0 = X^N$；若 $\Delta f > 0$，计算 $p = e^{(-\Delta f/T)}$，如果 $p > \mathrm{rand}(0, 1)$，则接受 X^N 为当前最优点 $X^0 = X^N$；否则 X^0 不变。

（6）若 $k < LOOP_{\max}$，则 $k = k + 1$；转向第（4）步。

（7）若不满足收敛准则，则根据温度更新函数更新温度，$T = T(n)$，降温次数 $n = n + 1$，转向（3）；若满足收敛准则，则输出当前最优点，计算结束。

12.3.2 条件概率分布法

12.3.2.1 传统的条件概率分布法

条件概率分布法最早由 Singh 等（2005）提出，依据洪水形成机理的差异，将年内洪水划分成不同时段的季节性洪水，用不同分布形式拟合各时段的季节性洪水，年最大洪水值以不同的概率发生在不同的季节。

Singh 等（2005）将年内洪水时段 T 依不同的产生机制划分为 s 个不重叠的时段（或季节），表示为 ΔT_1，$\cdots$，ΔT_s，则年最大洪水 X 可定义为

$$X = \max\{Q(t), \ t \in T\} = \max_i \{\max[Q(t_i), \ t_i \in \Delta T_i]\} = \max_{i \in s}\{X_i\} \quad (12.6)$$

式中：$Q(t)$ 表示洪水流量过程；$X_i(i=1, \cdots, s)$ 表示第 i 个时段（或季节）的洪水最大值。

为推求非一致性洪水序列的频率分布，Singh 等提出了四项基本假定：

（1）季节内洪水由于产生机制相同，故同季节的最大洪水序列分布形式相同，不同季节的最大洪水序列分布形式不同。数学表达式如下：

$$p_i(x) \neq p_j(x) \quad i \neq j \quad (12.7)$$

（2）不同季节的最大洪水序列之间是相互独立的。即

$$\left.\begin{aligned}
&p(X_i \geqslant x, \ X_j \geqslant x) = p_i(x)p_j(x) \quad i \neq j \\
&p\{X_i \geqslant x, \ X_j \geqslant x, \ X_k \geqslant x\} = p_i(x)p_j(x)p_k(x) \quad i \neq j \neq k \\
&\vdots \\
&p(X_1 \geqslant x, \ \cdots, \ X_s \geqslant x) = p_1(x)\cdots p_s(x)
\end{aligned}\right\} \quad (12.8)$$

（3）年最大洪水 X 可能以不同概率发生在不同季节。定义事件 $\{A_i\}$ 表示年最大洪水发生在第 i 个季节，则有：

$$\left.\begin{aligned}
&0 < p\{A_i\} < 1 \quad (i=1, \cdots, s) \\
&\sum_{i=1}^{s} p\{A_i\} = 1
\end{aligned}\right\} \quad (12.9)$$

（4）$\{A_i\}(i=1,2,\cdots,s)$ 为互不相容事件，设 Ω 为年最大洪水 X 发生季节的样本空间，则

$$\left.\begin{aligned}
&A_i \bigcap A_j = \varnothing \quad i \neq j, \quad (i,j=1,2,\cdots,s) \\
&\sum_{i=1}^{s} A_i = \Omega
\end{aligned}\right\} \quad (12.10)$$

基于这四项假定，可推导非一致性洪水序列的理论频率计算公式，推导如下：

事件 $B = \{X \geqslant x\}$ 的发生必与事件 $\{A_i\}(i=1,2,\cdots,s)$ 中的其中一个相联系，则有

$$\{X \geqslant x\} = \sum_{i=1}^{s} \{B \bigcap A_i\} \quad (12.11)$$

由假定（4），则事件 $\{B \bigcap A_i\}(i=1,2,\cdots,s)$ 之间也是彼此互斥的，由上式可得

$$P(X \geqslant x) = \sum_{i=1}^{s} p(B \bigcap A_i) \quad (12.12)$$

由全概率公式，可得

$$p(x) = \sum_{i=1}^{s} p\{A_i\} p(X \geqslant x \mid A_i) = \sum_{i=1}^{s} p(A_i) p(x \mid A_i) \tag{12.13}$$

式中：$p(x \mid A_i)$ 为发生在第 i 个季节的年最大洪水的频率；$p(A_i)$ 则表示年最大洪水发生在第 i 个季节的概率。

若 $p(x \mid A_i)$ 连续可微，则 X 的概率密度函数存在，且

$$f(x) = \sum_{i=1}^{s} p(A_i) f_i(x \mid A_i) \tag{12.14}$$

式中：$f_i(x \mid A_i) = \dfrac{\mathrm{d}p(x \mid A_i)}{\mathrm{d}x}$。

关于条件概率分布法的参数估计及对条件概率 $p(x \mid A_i)$ 与概率权重 $p(A_i)$ 的估计，详见 Singh 等（2005）提出的方法。

12.3.2.2　基于变异点的条件概率分布法

基于传统的条件概率分布法，宋松柏等（2012）基于变异点理论提出了基于跳跃变异的非一致分布水文序列频率计算方法，介绍如下：

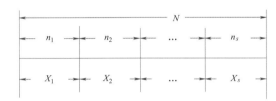

图 12.1　水文序列样本空间

假设一个容量为 n 的水文序列，根据变异点理论和成因分析法，可在时间上划分为 s 个时间段（子序列），设子序列长度分别为 $n_1, n_2, \cdots, n_s$，且互不重叠（如图 12.1 所示）。则一个具有跳跃变异的非一致性水文序列 X 的样本为

$$X = \{X_1, X_2, \cdots, X_s\} = \{x_{11}, \cdots, x_{1n_1}, x_{21}, \cdots, x_{2n_2}, \cdots, x_{s1}, \cdots, x_{sn_s}\} \tag{12.15}$$

类比 Singh 等提出的条件概率分布法，基于变异点的条件概率分布法同样要满足四项基本假定：

（1）每个子序列 X_i 中的水文值在同一种物理条件下形成，因此服从相同分布 $P_i(x)$，不同子序列间分布形式不同，即 $P_i(x) \neq P_j(x), i \neq j, (i, j = 1, 2, \cdots, s)$。

（2）不同子序列 X_i 相互独立。

（3）水文变量 X 可能以不同的概率发生在不同的时间段内。如第 i 个水文值 $X(i)$ 可能发生在 X_1 序列，也可能发生在 X_2 序列，但 X_1 和 X_2 序列属于不同的分布。

定义事件 $\{A_i\}$ 为水文变量 X 发生在第 i 个时间段内（$i = 1, 2, \cdots, s$），有

$$\left. \begin{aligned} & 0 < P(A_i) < 1 \quad (i = 1, 2, \cdots, s) \\ & \sum_{i=1}^{s} P(A_i) = 1 \end{aligned} \right\} \tag{12.16}$$

（4）$\{A_i\}$ 为互不相容事件（$i = 1, 2, \cdots, s$），设 Ω 为水文变量 X 发生时间的样本空间，则

$$\left. \begin{aligned} & A_i \bigcap A_j = \Phi \quad i \neq j, \quad (i, j = 1, 2, \cdots, s) \\ & \sum_{i=1}^{s} A_i = \Omega \end{aligned} \right\} \tag{12.17}$$

由以上假定，采用全概率公式，可导出基于非一致分布水文序列的频率分布 $F(x)$ 为

$$F(x) = P(X \geqslant x) = \sum_{i=1}^{s} P(A_i) P(X \geqslant x \mid A_i) = \sum_{i=1}^{s} P(A_i) P(x \mid A_i) \quad (12.18)$$

式中：$P(A_i)$ 为水文变量 X 发生在第 i 个时间段即序列 X_i 中的概率，为 $\frac{n_i}{n}$，$P(x \mid A_i)$ 为事件 $B = (X \geqslant x)$ 在第 i 个序列 X_i 中发生的概率，可由第 i 个序列 X_i 选用适当的分布函数，按一般的频率分析方法进行拟合计算。

由于我国实测水文序列年限较短，一般取 1 个最显著的变异点，即水文序列被分为两个子序列。设子序列长度分别为 n_1 和 n_2，对两个子序列分别采用 P-Ⅲ型分布进行拟合，可得全序列超过制频率形式的理论频率计算公式如下：

$$F(x) = \frac{n_1}{n} \left(1 - \frac{\beta_1^{\alpha_1}}{\Gamma(\alpha_1)} \int_{a_{01}}^{x} (t - a_{01})^{\alpha_1 - 1} e^{-\beta_1 (t - a_{01})} \, dt \right)$$
$$+ \frac{n_2}{n} \left(1 - \frac{\beta_2^{\alpha_2}}{\Gamma(\alpha_2)} \int_{a_{02}}^{x} (t - a_{02})^{\alpha_2 - 1} e^{-\beta_2 (t - a_{02})} \, dt \right) \quad (12.19)$$

式中：α_i、β_i 和 $a_{0i}(i = 1, 2)$ 分别为两子序列 P-Ⅲ型分布的形状、尺度和位置参数，可由子序列统计参数均值 EX_i、变差系数 C_{vi} 和偏态系数 C_{si} 来表示。

12.3.3 时变矩法

时变矩法主要指水文序列频率分布的统计参数随时间发生变化，可用不同的数学函数（线性、抛物线型、指数型函数等）去描述这种变化趋势，进而进行频率分析（梁忠民等，2011）。

比较有代表性的时变矩法主要是指 Strupczewski 等（2001）提出的非一致性洪水极值序列频率分布模型。该模型考虑统计参数均值（一阶矩）和方差（二阶矩）的趋势性，将趋势性成分嵌入正态分布、二参数对数正态分布、三参数对数正态分布、二参数 P-Ⅲ型分布、三参数 P-Ⅲ型分布和极值Ⅰ型分布等六种分布中，其中趋势类型又考虑了以下 4 种：①仅均值存在趋势；②仅方差存在趋势；③均值和方差都存在趋势，且变差系数为常数；④均值和方差都存在趋势，但两者之间没有联系；三参数分布模型的 C_s 视为常数。趋势线型主要考虑线性趋势和二次三项式趋势，其中趋势类型④只考虑线性趋势。模型参数采用极大似然函数（ML）和加权最小二乘法（WLS）进行估计。Strupczewski 等将趋势类型、趋势线型与具体的概率分布函数相结合形成 56 个竞争模型，依实际资料采用 AIC 准则选取最优的模型。

以 Gumbel 分布为例介绍如下：设 Gumbel 分布的分布函数为 $F(x)$，均值为 μ_x，方差为 σ_x^2。

Gumbel 分布的分布参数 α、β、γ 与统计参数 μ_x 和 σ_x^2 的关系如下：

$$\left. \begin{array}{l} \mu_x = \alpha + \gamma \beta \\ \sigma_x^2 = \pi^2 \beta^2 / 6 \\ \gamma = 0.5772 \end{array} \right\} \quad (12.20)$$

假设均值和方差都存在线性趋势，则有

$$\left. \begin{array}{l} \mu(t) = \mu_0 + \mu_1 t \\ \sigma(t) = \sigma_0 + \sigma_1 t \end{array} \right\} \quad (12.21)$$

则分布参数 α、β 可表示为

$$\alpha(t) = (\mu_0 + \mu_1 t) - \gamma \left[6(\sigma_0 + \sigma_1 t)^2 / \pi^2 \right]^{0.5} \qquad (12.22)$$

$$\beta(t) = \left[6(\sigma_0 + \sigma_1 t)^2 / \pi^2 \right]^{0.5} \qquad (12.23)$$

进而，频率 P 对应的设计值 x_P 可表示为

$$x_P = \alpha(t) + \beta(t)(-\ln(-\ln(1-P))) \qquad (12.24)$$

由式（12.24）可以看出，时变矩法主要是建立设计值 x_P 与设计标准 P 及时间 t 的函数关系，即 $x_P = F(P, t)$。可知在一定设计标准 P 下，设计值 x_P 是随时间 t 发生变化的。目前该法应用到工程水文设计中还有一定困难，需做进一步研究。

12.3.4　基于气候指数/人类活动影响指数的协变量分析法

气象学及气候学研究表明，海洋–大气之间的交互作用并非是随机且无规律的，研究人员能够借助某些手段和方法识别其中低频率的气候变异模式（low-frequency climate variability），而这种低频率的气候变异模式对水文气象极值有着明显的影响。科学研究显示，气候的年际或年代际变化会影响洲际的降雨和洪水模式（Trenberth et al，1996；Cayan et al，1999）。比如厄尔尼诺–南方涛动（El Niño-Southern Oscillation，ENSO）的年际变化模式会影响到水文极值的年际变化；太平洋十年涛动（Pacific Decadal Oscillation，简称 PDO）和北大西洋涛动（North Atlantic Oscillation，NAO）的年代际变化也会影响年际间气候变化模式，从而影响水文气象极值（Sankarasubramanian et al，2003）。

研究低频率气候变异模式与水文极值的遥相关关系是近年来水文气候学、水文气象学的研究热点。一般用气候指数来表征低频率气候变异模式，如厄尔尼诺–南方涛动（ENSO）指数、太平洋十年涛动（PDO）指数、北大西洋涛动（NAO）指数等。通过建立气候指数与水文极值分布参数之间的函数关系，可对水文极值进行频率分析。

在人类活动对水文极值频率分布的影响方面，也可构建人类活动影响指数，并以其为协变量，建立其与水文极值分布参数之间的函数关系，进而进行水文极值频率分析。

López 等（2013）在对西班牙大陆地区 20 个流量站（其中 12 个流量站上游有水库）的年最大洪水序列做频率分析时，引入水库指数（Reservoir Index，RI）来表征人类活动（修建水库、大坝）对洪水极值的影响，RI 的表达式如下：

$$RI = \sum_{i=1}^{N} \left(\frac{A_i}{A_T} \right) \left(\frac{C_i}{C_T} \right) \qquad (12.25)$$

式中：N 表示流量站上游水库的个数；A_i 表示每个水库的集水面积；A_T 表示流量站的集水面积；C_i 表示每个水库的总库容；C_T 表示流量站的年均径流深。

GAMLSS 模型可以很方便地建立水文变量的统计分布参数（位置、尺度、形状）与外部协变量之间的函数关系，具体原理如下（López et al，2013）。

GAMLSS 模型假定某一时刻 i 对应的随机变量观测值 $y_i(i=1,2,\cdots,n)$ 服从频率分布函数 $F_y(Y_i \mid \theta_i)$，$\boldsymbol{\theta}_i = (\theta_{i1}, \theta_{i2}, \cdots, \theta_{ip})$ 为时刻 i 对应的分布参数向量，p 是分布参数的个数，n 是观测值的个数。记 θ_k 为所有时刻的第 k 个分布参数组成的向量，$\boldsymbol{\theta}_k = (\theta_{1k}, \theta_{2k}, \cdots, \theta_{nk})$，$k=1,2,\cdots,p$。记 $g_k(\cdot)$ 为表示 θ_k 与协变量 $\boldsymbol{\Phi}_k$ 之间的单调函数关系的连接函数，

采用半参数可加公式的 GAMLSS 模型一般表示如下：

$$g_k(\boldsymbol{\theta}_k) = \boldsymbol{\Phi}_k \boldsymbol{\beta}_k + \sum_{j=1}^{m} h_{jk}(x_{jk}) \tag{12.26}$$

式中：$\boldsymbol{\Phi}_k$ 为 $n \times m$ 的协变量矩阵；$\boldsymbol{\beta}_k$ 是长度为 m 的参数向量；$h_{jk}(x_{jk})$ 表示分布参数 $\boldsymbol{\theta}_k$ 与解释变量 x_{jk} 的相关性关系函数，可采用线性相关函数或三次样条函数等表示。连接函数 $g_k(\boldsymbol{\theta}_k)$ 这里取恒等函数或对数函数。

式（12.26）中的前两个参数 $\boldsymbol{\theta}_1$ 和 $\boldsymbol{\theta}_2$ 通常被定义为位置参数向量和尺度参数向量。如果分布中还有其他参数，则被定义为形状参数。对于大多数分布，一般最多只有两个形状参数。

选用不同分布形式（如 Gumbel、Lognormal、Weibull，Gamma、Generalized Gamma 等）来拟合年极值洪水流量序列，确定分布参数与协变量的相关性关系函数，则可根据最大似然准则确定分布函数 $F_Y(y_i|\theta_i)$。分布的拟合可根据 RS 算法（Rigby and Stasinopoulos algorithm）进行确定。可采用 AIC 准则和 SBC 准则对模型进行优选。此外，可通过模型的残差分布状况来判断模型的拟合效果，以检验模型的分布类型选择是否合理（Rigby et al，2005）。

12.4　洪水序列"非一致性"分析

12.4.1　"非一致性"定性诊断

同 11.3.3 一样，先采用水文序列"非一致性"定性识别方法，如过程线法、线性滑动平均法及 Hurst 系数法对王快水库各入库洪水序列进行诊断，初步判断序列是否存在"非一致性"；然后采用水文序列"非一致性"定量识别方法对各序列趋势性和变异点进行诊断和检验，对序列中存在的"非一致性"进行详细的定量判别和检验。

分别绘制王快水库年最大洪峰序列、年最大 1d 洪量序列，年最大 3d 洪量序列、年最大 6d 洪量序列的过程线及各序列相应的 7 点滑动平均过程线，如图 12.2 所示。由图 12.2（a）～图 12.2（d）可知，1980 年后，王快水库年最大洪峰、年最大 1d 洪量、年最大 3d 洪量、年最大 6d 洪量均存在减小趋势，均低于各自序列的均值，初步判断王快水库洪水序列存在"非一致性"成分。

计算王快水库洪水特征序列的 Hurst 系数值，结果如表 12.1 所示。由表 12.1 可知王快水库各洪水特征序列均存在变异，需进行序列"非一致性"的定量识别。

表 12.1　　　　　　　　　王快水库各序列 Hurst 系数值

洪 水 序 列	Hurst 系数	变异程度
年洪峰序列	0.7078	弱变异
年最大 1d 洪量序列	0.7110	弱变异
年最大 3d 洪量序列	0.7294	中变异
年最大 6d 洪量序列	0.7233	中变异

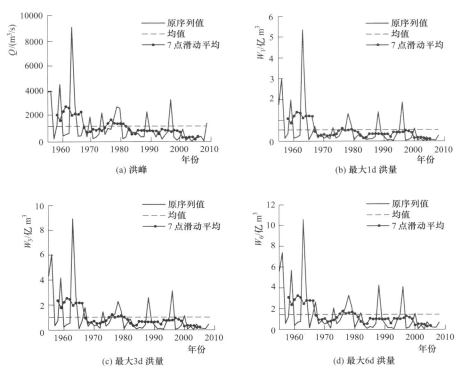

图 12.2　王快水库洪水序列及 7 点滑动平均

12.4.2　"非一致性"定量诊断

在 11.3.3.3 中，选用非参数 Pettitt 法（Kiely，1999；Fealy 等，2005；高世丰等，2012）对王快水库洪水序列进行变异区间诊断，然后选用滑动 T 检验法、Brown - Forsythe 法对序列进行详细诊断，对下垫面条件变化分界点进行了确认，从统计学角度判断王快水库年最大洪峰序列、年最大 1d 洪量序列、年最大 3d 洪量序列、年最大 6d 洪量序列的变异点均为 1979 年。最后考虑到 20 世纪 80 年代以来，王快水库控制流域开展了封山育林，修建了大量谷坊坝、水池水窖等水土保持工程以及水库、大坝等水利工程，林草覆盖率明显增加。由 11.3.1 可知，王快水库 1970—1980 年土地利用发生了较大变化，其中耕地、草地、水域面积减小，林地面积增加；而 1980—2000 年土地利用变化不大，耕地和林地略有减小，草地和建设用地略有增加，水域和未利用土地基本保持不变。因此，确定王快水库各入库洪水序列的"非一致性"主要表现为跳跃性/变异点形式，且变异点为 1979 年。

12.5　非一致性洪水序列频率分析

分别采用混合分布法及条件概率分布法对王快水库各非一致性洪水序列进行频率分析，基于 K - S 检验和 OLS、AIC 准则对各序列两种分布的拟合情况进行检验和优选，然后选择最优的分布拟合非一致性洪水洪峰流量和最大不同时段洪量序列，并在此基础上进行王快水库非一致性洪水频率分析。

12.5.1 参数估计

对于混合分布法，首先根据王快水库邻近水文站及大清河流域其他水文站实测水文资料，确定 C_s/C_v 值的变化范围为 $[2,3]$。以此为约束，以频率离差绝对值和（ABS）最小为目标函数，采用模拟退火算法对其进行参数估计。对于条件概率分布法中的两子序列及原序列（不考虑变异）采用 P-Ⅲ型分布曲线拟合，采用稳健的线性矩法结合优化适线法对 P-Ⅲ型分布进行参数估计。

表 12.2 为条件概率分布及原序列 P-Ⅲ型分布参数估计结果，表 12.3 为混合分布法参数估计结果。图 12.3 给出了王快水库年最大洪峰序列、年最大 1d 洪量序列、年最大 3d 洪量序列、年最大 6d 洪量序列对应的条件概率分布变异点前后两子序列 A_1 和 A_2 的分布拟合情况。由表 12.2 可以看出王快水库各洪水序列变异点前后两子序列 A_1 和 A_2 的参数发生改变，说明流域下垫面变化导致王快水库入库洪水序列分布参数发生明显变化，变异点诊断结果是合理的。从图 12.3 可以看出王快水库年最大洪峰流量序列、年最大 1d 洪量序列、年最大 3d 洪量序列、年最大 6d 洪量序列条件概率分布变异点前后两子序列均拟合良好。

表 12.2   条件概率分布及原序列 P-Ⅲ型分布参数估计结果

洪水序列		EX	C_v	C_s	α	β	a_0
Q_m	A_1	1771	1.51	3.77	0.2814	0.0002	352.3070
	A_2	659	1.39	3.51	0.3247	0.0006	136.9655
	原序列	1257	1.89	4.18	0.2289	0.0002	120.2986
W_1	A_1	0.79	1.74	4.60	0.1890	0.3163	0.1923
	A_2	0.26	1.87	3.82	0.2741	1.0768	0.0054
	原序列	0.55	2.34	4.77	0.1758	0.3258	0.0104
W_3	A_1	1.60	1.58	4.30	0.2163	0.1840	0.4242
	A_2	0.50	1.70	3.43	0.3400	0.6860	0.0044
	原序列	1.09	2.11	4.31	0.2153	0.2018	0.0228
W_6	A_1	2.19	1.44	3.60	0.3086	0.1762	0.4380
	A_2	0.74	1.63	3.44	0.3376	0.4823	0.0400
	原序列	1.51	1.86	3.90	0.2630	0.1826	0.0697

表 12.3   混合分布参数估计结果

洪水序列	α	EX_1	C_{v1}	C_{s1}	EX_2	C_{v2}	C_{s2}
Q_m	0.60	1896	1.40	3.30	705	1.10	2.90
W_1	0.50	0.94	1.62	3.79	0.30	1.70	4.18
W_3	0.34	2.04	1.41	3.72	0.64	1.68	4.02
W_6	0.40	2.78	1.25	3.20	0.95	1.60	3.72

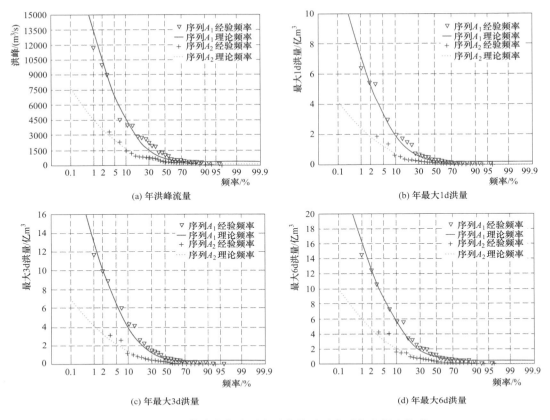

(a) 年洪峰流量

(b) 年最大1d洪量

(c) 年最大3d洪量

(d) 年最大6d洪量

图 12.3　王快水库各序列变异点前后子序列分布拟合情况

12.5.2　分布拟合

由混合分布参数估计结果，按式（12.5）计算各序列混合分布理论频率。对于条件概率分布法，式（12.19）中变异点将洪水序列（$n=54$）划分为 1979 年以前（$n_1=25$）序列 A_1 和 1980 年以后（$n_2=29$）序列 A_2，即 $s=2$，$P(A_1)=\dfrac{25}{54}$，$P(A_2)=\dfrac{29}{54}$。王快水库各洪水序列分布拟合情况如图 12.4 所示。

12.5.3　拟合检验及拟合优度比较

对于王快水库各洪水序列的分布拟合情况需要进行拟合检验。运用 K - S 检验法对其进行拟合检验，构造统计量 D 如下：

$$D = \max_{-\infty < x < +\infty} | F_n(x) - F_0(x) | \tag{12.27}$$

式中：D 为柯尔莫哥洛夫统计量，当 $D \leqslant D_n(\alpha)$ 时，接受原假设；n 为样本容量；α 为显著性水平，$F_n(x)$ 为累积频率函数；$F_0(x)$ 为等待检验的分布形式。

采用离差平方和 OLS 最小准则及 AIC 准则对各序列分布拟合优度进行评价。离差平方和 OLS 的定义如下：

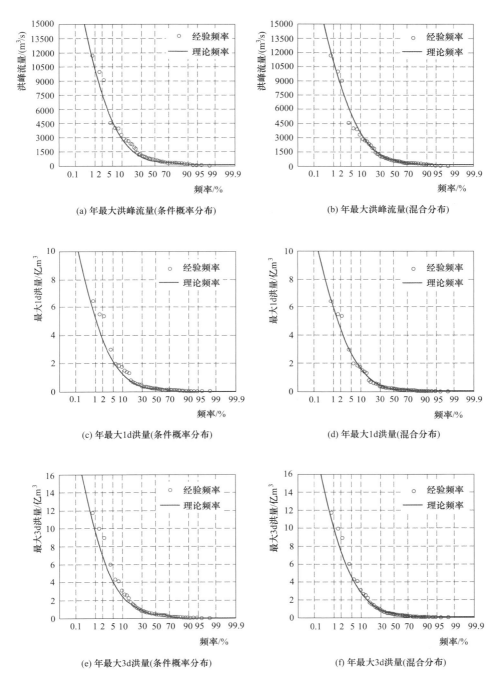

图 12.4（一） 王快水库各洪水序列分布拟合情况

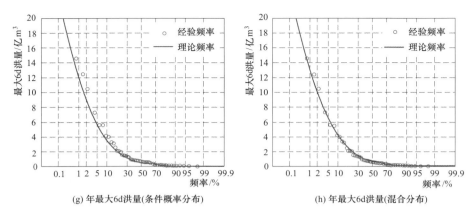

(g) 年最大6d洪量(条件概率分布)   (h) 年最大6d洪量(混合分布)

图 12.4（二） 王快水库各洪水序列分布拟合情况

$$OLS = \sqrt{\frac{1}{n}\sum_{i=1}^{n}(P_i - P_{ei})^2} \tag{12.28}$$

式中：P_i 和 P_{ei} 分别为理论频率和经验频率。

AIC 准则可权衡所选分布模型的拟合优度及模型的简洁性，可用来优选待定参数个数不同的分布模型。AIC 值越小，模型的拟合优度越高。

$$AIC = n\ln\left(\frac{RSS}{n}\right) + 2k \tag{12.29}$$

$$RSS = \sum_{i=1}^{n}(P_i - P_{ei})^2 \tag{12.30}$$

式中：k 为待估参数个数；n 为样本长度；RSS 为模型拟合后的残差平方和。

取 K-S 检验的显著性水平为 $\alpha = 0.05$，与 $n = 56$（实测期 54 年加调查期 2 年）对应的分位数近似为 0.1817，D 值小于 0.1817 时通过检验。王快水库各序列分布拟合检验及拟合优度比较如表 12.4 所示。

表 12.4　　　　　　王快水库各序列分布拟合检验及拟合优度比较

序列	D		OLS		AIC	
	条件概率分布	混合分布	条件概率分布	混合分布	条件概率分布	混合分布
Q_m	0.1248	0.0724	0.0720	0.0281	−282.66	−386.13
W_1	0.1632	0.1267	0.0679	0.0361	−289.23	−357.92
W_3	0.1275	0.1086	0.0588	0.0359	−305.31	−358.59
W_6	0.1291	0.0905	0.0561	0.0347	−310.64	−362.57

由表 12.4 可知，王快水库年最大洪峰序列、年最大 1d 洪量序列、年最大 3d 洪量序列、年最大 6d 洪量序列的条件概率分布和混合分布拟合都通过了检验，每个序列的混合分布的 OLS 值及 AIC 值均小于条件概率分布的 OLS 值及 AIC 值，说明各洪水序列的最优拟合分布为混合分布。

12.5.4 设计洪水成果比较

由 12.5.2 得到的王快水库各序列分布拟合曲线，可得王快水库考虑序列"非一致性"条件下的设计洪水成果，与 1985 年水利部规划总院审定的设计洪水成果及不考虑序列"非一致性"条件下的 P－Ⅲ曲线拟合设计洪水成果进行对比分析，结果如表 12.5 所示。

表 12.5　王快水库设计洪水成果比较

洪 水 序 列		不同重现期设计值							
		10000 年	5000 年	1000 年	500 年	100 年	50 年	20 年	10 年
Q_m /(m³/s)	1985 年	33800	30800	23700	20800	14050	11300	7780	5250
	P－Ⅲ分布	31436	28345	21301	18344	11741	9062	5766	3550
	条件概率分布	30093	26952	19807	16816	10210	7622	4652	2868
	混合分布*	28955	26169	19796	17106	11056	8579	5526	3522
	变化比例①/%	−14.3	−15.0	−16.5	−17.8	−21.3	−24.1	−29.0	−32.9
	变化比例②/%	−7.9	−7.7	−7.1	−6.7	−5.8	−5.3	−4.2	−0.8
W_1 /亿 m³	1985 年	19.00	17.10	12.90	11.10	7.18	5.58	3.60	2.30
	P－Ⅲ分布	18.31	16.43	12.14	10.35	6.38	4.80	2.88	1.64
	条件概率分布	17.17	15.24	10.89	9.09	5.18	3.72	2.14	1.24
	混合分布*	17.35	15.55	11.45	9.73	5.94	4.45	2.70	1.62
	变化比例①/%	−8.7	−9.1	−11.2	−12.3	−17.3	−20.3	−25.0	−29.6
	变化比例②/%	−5.2	−5.4	−5.7	−6.0	−6.9	−7.3	−6.2	−1.2
W_3 /亿 m³	1985 年	31.70	28.62	21.70	18.80	12.30	9.70	6.38	4.14
	P－Ⅲ分布	30.87	27.79	20.79	17.85	11.30	8.66	5.41	3.25
	条件概率分布	30.54	27.21	19.65	16.51	9.64	7.00	4.09	2.44
	混合分布*	30.78	27.46	19.92	16.78	9.99	7.43	4.55	2.79
	变化比例①/%	−2.9	−4.1	−8.2	−10.7	−18.8	−23.4	−28.7	−32.6
	变化比例②/%	−0.3	−1.2	−4.2	−6.0	−11.6	−14.2	−15.9	−14.2
W_6 /亿 m³	1985 年	37.50	34.00	26.00	22.70	15.10	12.00	8.04	5.38
	P－Ⅲ分布	35.67	32.23	24.40	21.10	13.70	10.68	6.94	4.38
	条件概率分布	34.70	31.14	23.04	19.64	12.13	9.18	5.74	3.61
	混合分布*	35.59	32.05	23.99	20.61	13.15	10.20	6.66	4.34
	变化比例①/%	−5.1	−5.7	−7.7	−9.2	−12.9	−15.0	−17.2	−19.3
	变化比例②/%	−0.2	−0.6	−1.7	−2.3	−4.0	−4.5	−4.0	−0.9

*　表示最优分布，变化比例。

①　指最优分布设计成果与 1985 年设计洪水成果对比的变化比例；变化比例。

②　指最优分布设计成果与不考虑变异条件下的 P－Ⅲ曲线拟合设计成果对比的变化比例。

由表 12.5 可分析得出如下结论：

（1）由考虑序列"非一致性"条件下的混合分布、条件概率分布拟合曲线得到的各设计标准（10 年一遇至 10000 年一遇）对应的洪水设计值均较 1985 年洪水设计值及不考虑序列"非一致性"条件下的 P - Ⅲ 曲线拟合洪水设计值小，较 1985 年洪水设计值减小的幅度大于较不考虑序列"非一致性"条件下的 P - Ⅲ 曲线拟合设计值减小的幅度。这可能是由于研究所使用的洪水样本的长度较 1985 年使用的洪水样本长度增大所致。

（2）由最优分布混合分布拟合曲线得到的各设计标准（10 年一遇至 10000 年一遇）对应的洪水设计值均较 1985 年洪水设计值小，洪峰流量设计值减小幅度为 15%～30% 左右，最大 1d 洪量设计值减小幅度为 10%～30%，最大 3d 洪量设计值减小幅度为 5%～30%，最大 6d 洪量设计值减小幅度为 5%～20%。说明原 1985 设计洪水成果在现状条件下比较保守，可作进一步修订。

（3）由最优分布混合分布拟合曲线得到的各设计标准（10 年一遇至 10000 年一遇）对应的洪水设计值均较不考虑序列"非一致性"条件下的 P - Ⅲ 曲线拟合洪水设计值小，其中洪峰流量、最大 1d 洪量、最大 6d 洪量设计值减小幅度均小于 10%，最大 3d 洪量设计值减小幅度为 1%～15%。说明大清河流域下垫面变化导致王快水库入库洪水有一定程度的减小。因此，为了防洪管理和洪水资源利用，有必要进行设计洪水的修订。

12.6　小结

本章首先对水文序列"非一致性"的概念进行了探讨和分析，在此基础上，提出了水文序列"非一致性"的识别方法及归因分析。然后对目前国内外常用的非一致性水文序列频率分析方法做了详细介绍。最后，以控制区域包括典型流域阜平的王快水库为例，介绍了混合分布法及条件概率分布法在非一致性洪水频率分析方面的应用。主要结论可概括如下：

（1）水文序列"非一致性"识别和检验中的定性识别或定量识别、检验都只是基于数学和统计学的角度对序列的"非一致性"进行诊断，其结论是否可靠要结合物理成因分析进行确认，即要对序列进行"非一致性"归因分析。

（2）直接对非一致性水文序列进行频率分析原理清晰，应用起来相对简单，但国内的相关研究仍然较少。尤其是对时变矩法和基于气候指数/人类活动影响指数的协变量分析法的研究在国内几乎是刚刚起步，有必要重点加强研究。

（3）对王快水库非一致性入库洪水序列频率分析表明，下垫面变化条件下，水库各设计标准下的洪水设计值均有一定程度的减小，与不考虑序列"非一致性"的原序列设计成果相比，洪峰流量、最大 1d 洪量、最大 6d 洪量设计值减小幅度均小于 10%，最大 3d 洪量设计值减小幅度为 1%～15%。因此，为了防洪管理和洪水资源利用，有必要进行设计洪水的修订。

参考文献

Cayan D R，Redmond K T，Riddle L G，1999. ENSO and hydrologic extremes in the western United States [J]. Journal of Climate，12：2881 - 2893.

Cunderlik J M, Burn D H, 2003. Non - stationary pooled flood frequency analysis [J]. Journal of Hydrology, 276: 210 - 223.

El Aldouni S, Ouarda T, Zhang X, et al, 2007. Generalized maximum likelihood estimators for the non-stationary generalized extreme value model [J]. Water Resources Research, 43. DOI: 10. 1029/2005WR004545.

Fealy R, Sweeney J, 2005. Detection of a possible change point in atmospheric variability in the North Atlantic and its effect on Scandinavian glacier mass balance [J]. International Journal of Climatology, 25: 1819 - 1833.

Fiorentino M, Arora K, Singh V, 1987. The two - component extreme value distribution for flood frequency analysis: Derivation of a new estimation method [J]. Stochastic Hydrology and Hydraulics, 1: 199 - 208.

Khaliq M, Ouarda T, Ondo J C, et al, 2006. Frequency analysis of a sequence of dependent and/or non - stationary hydro - meteorological observations: A review [J]. Journal of Hydrology, 329: 534 - 552.

Kiely G, 1999. Climate change in Ireland from precipitation and streamflow observations [J]. Advances in Water Resources, 23: 141 - 151.

Leytham K M, 1984. Maximum likelihood estimates for the parameters of mixed distributions [J]. Water Resources Research, 20: 896 - 902.

López J, Francés F, 2013. Non - stationary flood frequency analysis in continental Spanish rivers, using climate and reservoir indices as external covariates [J]. Hydrology and Earth System Sciences, 17: 3189 - 3203.

Rigby R, Stasinopoulos D, 2005. Generalized additive models for location, scale and shape [J]. Journal of the Royal Statistical Society: Series C (Applied Statistics), 54: 507 - 554.

Rossi F, Fiorentino M, Versace P, 1984. Two - component extreme value distribution for flood frequency analysis [J]. Water Resources Research, 20: 847 - 856.

Sankarasubramanian A, Lall U, 2003. Flood quantiles in a changing climate: Seasonal forecasts and causal relations [J]. Water Resources Research, 39: 1 - 12.

Serinaldi F, Kilsby C G, 2012. A modular class of multisite monthly rainfall generators for water resource management and impact studies [J]. Journal of Hydrology, 464 - 465: 528 - 540.

Singh K P, 1987. A versatile flood frequency methodology [J]. Water International, 12: 139 - 145.

Singh K P, 1968. Hydrologic distributions resulting from mixed populations and their computer simulation [J]. International Association of Hydrological Sciences, 81: 671 - 681.

Singh K P, Sinclair R A, 1972. Two - distribution method for flood frequency analysis [J]. Journal of the Hydraulics Division, 98: 28 - 44.

Singh V P, Wang S X, Zhang L, 2005. Frequency analysis of nonidentically distributed hydrologic flood data [J]. Journal of Hydrology, 307: 175 - 195.

Strupczewski W G, Singh V, Feluch W, 2011a. Non - stationary approach to at - site flood frequency modelling I. Maximum likelihood estimation [J]. Journal of Hydrology, 248: 123 - 142.

Strupczewski W G, Kaczmarek Z, 2011b. Non - stationary approach to at - site flood frequency modelling II. Weighted least squares estimation [J]. Journal of Hydrology, 248: 143 - 151.

Strupczewski W G, Singh V, Mitosek H, 2011c. Non - stationary approach to at - site flood frequency modelling III. Flood analysis of Polish rivers [J]. Journal of Hydrology, 248: 152 - 167.

Trenberth K E, Guillemot C J, 1996. Physical processes involved in the 1988 drought and 1993 floods in

North America [J] . Journal of Climate，9：1288 - 1298.

Vasiliades L，Galiatsatou P，Loukas A，2015. Nonstationary frequency analysis of annual maximum rainfall using climate covariates [J]. Water Resources Management，29：339 - 358.

Villarini G，Smith J A，Napolitano F，2010. Nonstationary modeling of a long record of rainfall and temperature over Rome [J]. Advances in Water Resources，33：1256 - 1267.

Villarini G，Smith J A，Serinaldi F，et al，2009. Flood frequency analysis for nonstationary annual peak records in an urban drainage basin [J]. Advances in Water Resources，32：1255 - 1266.

Waylen P，Woo M K，1982. Prediction of annual floods generated by mixed processes [J]. Water Resources Research，18：1283 - 1286.

Zeng H，Feng P，Li X，2014. Reservoir flood routing considering the non - stationarity of flood series in north China [J]. Water Resources Management，28：4273 - 4287.

成静清，宋松柏，2010. 基于混合分布非一致性年径流序列频率参数的计算 [J]. 西北农林科技大学（自然科学版），38（2）：229 - 234.

高世丰，叶一隆，邹祎，2012. 高屏溪流域区域降雨特性分析 [J]. 水利学报，43（11）：1341 - 1348.

顾西辉，张强，陈晓宏，等，2014. 气候变化与人类活动联合影响下东江流域非一致性洪水频率 [J]. 热带地理，34（6）：746 - 757.

江聪，熊立华，2012. 基于 GAMLSS 模型的宜昌站年径流序列趋势分析 [J]. 地理学报，67（11）：1505 - 1513.

李新，曾杭，冯平，2014. 洪水序列变异条件下的频率分析与计算 [J]. 水力发电学报，33（6）：11 - 19.

梁忠民，胡义明，王军，2011. 非一致性水文频率分析的研究进展 [J]. 水科学进展，22（6）：864 - 871.

水利部，2006. 水利水电工程设计洪水计算规范：SL 44—2006 [S]. 北京：中国水利水电出版社.

宋松柏，李扬，蔡明科，2012. 具有跳跃变异的非一致分布水文序列频率计算方法 [J]. 水利学报，43（6）：734 - 739，748.

王国安，李文家，2002. 水文设计成果合理性评价 [M]. 郑州：黄河水利出版社.

王忠静，李宏益，杨大文，2003. 现代水资源规划若干问题及解决途径与技术方法（一）——还原"失真"与"失效"[J]. 海河水利（1）：13 - 16.

谢平，陈广才，雷红富，等，2009. 变化环境下地表水资源评价方法 [M]. 北京：科学出版社.

第 13 章　非一致性洪水峰量的设计
洪水联合分析计算

13.1　概述

　　传统的水文频率分析法大多是基于单变量概率分布，推求一定重现期水平下的水文设计值，作为水利工程规划设计的依据。但由于洪水、干旱、暴雨等水文事件具有多个特征属性，单变量概率分布并不能完全反映复杂水文事件的全部信息，基于其得到的设计成果应用于工程规划设计中可能存在一定的风险。以洪水为例，洪水事件是一个多变量随机水文事件，需要多个特征量（如洪峰、时段洪量、历时等）才能完整描述，且各特征量之间存在一定的相关关系，但是基于传统的单变量概率分布法推求的洪水设计值以及基于同频率放大法、同倍比放大法推求的设计洪水过程线，并没有反映洪水各特征量之间的真实相关性。近几十年来，多变量联合分布由于能很好地描述水文事件多个特征量之间的联合概率分布，更适合从多个角度描述复杂水文事件的统计规律，逐渐得到水文水资源领域众多研究学者的关注。

　　较为常用的多变量洪水联合频率分析方法包括：正态转换方法、非参数方法、边缘分布相同的联合分布方法、经验频率法、将多维联合分布转换成一维分布的方法（郭生练等，2008）。其中，正态转换方法是将原始变量转换成正态分布变量，常用方法有 Box - Cox 变化和多项式正态变换方法（梁忠民等，2005）。Yue（2000a）曾采用二元正态分布来描述降雨强度和降雨量的联合概率分布。然而，水文变量多属于偏态分布，并非都服从正态分布。非参数方法在水文上主要用于随机模拟和频率分析计算，王文圣等（2003）基于核理论构造了多变量非参数模型对水文变量进行随机模拟。非参数模型避免了模型结构（线性或非线性）选择和参数不确定性的问题，能较好地拟合实测数据，但预测能力不足。边缘分布相同的联合分布方法多用于二维联合分布的建立，常用边缘分布有指数分布、Log - Normal 分布、Gumbel 分布等。冯平等（2007）对滹沱河流域岗南水库的入库年径流量和年降雨量两个水文变量建立二维 Gumbel 联合概率分布，并对两个水文变量的相关特性进行了研究。经验频率法较为简单，常用于工程实践中，一般当随机变量个数较少而实测系列较长时，可以采用经验频率方法进行计算。郑红星等（2000）以不同的时间尺度进行经验频率计算，分析了不同水文区降水丰枯遭遇的概率。但是，经验频率法与非参数方法一样，不具有外延预测能力。将多维联合分布转换为一维分布的方法是将多维联合概率进行降维后再进计算。传统的多变量联合分布模型大都要求变量的边缘分布相同，对于三维或以上的多变量联合分布模型，除正态分布、对数正态分布等少数几种分布外，其他多维联合分布的解析表达式不易获得，求解上也比较困难。

Copula 函数法由于能很好地研究随机变量间复杂的线性、非线性、对称性、非对称性的相关关系，被逐渐应用于水文水资源领域。Copula 函数用于将单变量分布函数"连接"起来形成多变量概率分布函数，又称为"连接函数"，其主要特点是各单因子变量的边缘分布可以采用任何形式，变量之间可以具有各种相关关系，它不仅可以描述变量之间的线性关系，还可以描述变量间的非线性关系，不仅可以描述变量间的对称性相关关系，还可以描述变量间的非对称性相关关系，具有极强的灵活性和适应性（Nelsen，1999）。Copula 函数在水文水资源领域的应用主要包括洪水（Zhang et al，2006；Zhang et al，2007a）、干旱（张雨，2010）、暴雨（Zhang et al，2007b）等极值水文事件的联合概率分布分析、水量水质联合分析（张翔等，2011）、水文事件的遭遇组合（傅玉勇等，2010；冯平等，2010）等问题。在洪水多变量频率分析方面，应用 Copula 函数对洪水进行峰量联合分析（Zhang 和 Singh，2006；冯平和李新，2013）或者对洪水过程（洪峰、洪量、历时）进行三变量联合分析（Zhang et al，2007c）都已有了一定的进展。但是非一致性洪水峰量联合频率分析研究较少。

　　本章尝试在第 12 章得到的王快水库单变量边缘分布结果的基础上，应用 Copula 函数法构建水库非一致性年最大洪峰序列、年最大 6d 洪量序列的两变量联合分布，并进行王快水库峰量联合分析，推求非一致性两变量联合分布设计值及非一致性两变量联合分布设计洪水过程线。13.2 介绍多变量联合分布；13.3 介绍 Copula 函数的基本理论及其多变量联合分布；13.4 给出洪水峰量联合分析中经常用到多变量重现期、条件概率、多变量联合分布设计值等的概念及推求方法；13.5 给出基于多变量联合分布推求设计洪水的方法；13.6 探讨了水库入库洪水非一致性洪水峰量联合分析计算的方法；13.7 对本章主要方法和结论进行小结。

13.2　随机事件多变量联合分布

　　洪水事件是一个包含多个特征属性（洪峰、洪量、历时）的多变量随机水文事件，且各特征属性之间具有相关性关系，需用多变量联合分布来进行描述。传统的洪水频率分析方法往往只针对洪水的某一个属性（如洪峰、洪量等）进行单变量频率分析，并不能完全反映洪水的真实信息。为此，尝试探讨洪水多变量联合分布计算问题。

13.2.1　多变量联合分布定义

　　一个 n 维多变量联合分布的分布函数可采用如下定义：

$$F_{X_1 X_2 \cdots X_n}(x_1, x_2, \cdots, x_n) = P(X_1 \leqslant x_1, X_2 \leqslant x_2, \cdots, X_n \leqslant x_n)$$
$$= \int_{-\infty}^{x_1} \int_{-\infty}^{x_2} \cdots \int_{-\infty}^{x_n} f_{X_1 X_2 \cdots X_n}(u_1, u_2, \cdots, u_n) \mathrm{d}u_1 \mathrm{d}u_2 \cdots \mathrm{d}u_n \quad (13.1)$$

式中：$f_{X_1 X_2 \cdots X_n}(x_1, x_2, \cdots, x_n)$ 为随机变量 $X_1, X_2, \cdots, X_n$ 的联合概率密度函数，其边缘概率密度分别为 $f_{X_1}(x_1), f_{X_2}(x_2), \cdots, f_{X_n}(x_n)$，其边缘分布函数分别为 $F_{X_1}(x_1) = P(X_1 \leqslant x_1), F_{X_2}(x_2) = P(X_2 \leqslant x_2), \cdots, F_{X_n}(x_n) = P(X_n \leqslant x_n)$。

　　两变量联合分布的一般形式为

$$F(x,y) = \int_{-\infty}^{y} \int_{-\infty}^{x} f(u,v)\mathrm{d}u\mathrm{d}v \tag{13.2}$$

式中：$f(x,y)$ 为随机变量 X 和 Y 的联合概率密度，其边缘概率密度分别为 $f_X(x)$ 和 $f_Y(y)$，其边缘分布函数分别为 $F_X(x) = P(X \leqslant x)$ 和 $F_Y(y) = P(Y \leqslant y)$。

13.2.2 几种常用的两变量联合分布

13.2.2.1 二维正态分布与 Box - Cox 变换

1. 二维正态分布

若两个具有相关关系的连续型随机变量 X 和 Y 服从正态分布，其边缘密度函数（Yue，2000b）为

$$f(x) = \frac{1}{\sigma_X \sqrt{2\pi}} \exp\left[-\frac{(x - \mu_X)^2}{2\sigma_X^2} \right] \quad -\infty < x < +\infty \tag{13.3a}$$

$$f(y) = \frac{1}{\sigma_Y \sqrt{2\pi}} \exp\left[-\frac{(y - \mu_Y)^2}{2\sigma_Y^2} \right] \quad -\infty < y < +\infty \tag{13.3b}$$

则这两个随机变量的联合分布为二维正态分布，其联合密度函数为

$$f(x,y) = \frac{1}{2\pi\sigma_X\sigma_Y \sqrt{1-\rho^2}} \exp\left(-\frac{q}{2} \right) \quad -1 < \rho < 1 \tag{13.4}$$

$$q = \frac{1}{1-\rho^2} \left[\left(\frac{x-\mu_X}{\sigma_X} \right)^2 - 2\rho \left(\frac{x-\mu_X}{\sigma_X} \right) \left(\frac{y-\mu_Y}{\sigma_Y} \right) + \left(\frac{y-\mu_Y}{\sigma_Y} \right)^2 \right] \tag{13.5}$$

式中：μ_X 和 σ_X 为随机变量 X 的期望和标准差；μ_Y 和 σ_Y 为随机变量 Y 的期望和标准差；ρ 为随机变量 X 和 Y 的相关系数。

2. Box - Cox 变换

Box - Cox 变换也称为幂变换，通常用于对非正态分布的样本数据进行正态分布转换。定义（Yue，2000b）如下：

$$y_{\lambda i} = \begin{cases} \dfrac{x_i^\lambda - 1}{\lambda} & \lambda \neq 0 \\ \ln x_i & \lambda = 0 \end{cases} \tag{13.6}$$

式中：$y_{\lambda i}$ 为转换后的样本数据；x_i 为原始样本数据；λ 为变换参数。

若转换后的 $y_{\lambda i}$ 服从正态分布 $N(\mu, \sigma^2)$，则原始数据 x_i 必具有以下概率密度函数

$$f(x) = \frac{1}{\sqrt{2\pi}\sigma} \exp\left(-\frac{(y_\lambda - \mu)^2}{2\sigma^2} \right) \frac{\partial y_\lambda}{\partial x} = \frac{x^{\lambda-1}}{\sqrt{2\pi}\sigma} \exp\left(-\frac{(y_\lambda - \mu)^2}{2\sigma^2} \right) \tag{13.7}$$

其对数似然函数可表示为

$$\ln(\lambda) = -\frac{n}{2}\ln(2\pi) - \frac{n}{2}\ln\sigma^2 + (\lambda - 1)\sum_{i=1}^{n}\ln x_i - \frac{1}{2\sigma^2}\sum_{i=1}^{n}(y_{\lambda i} - \mu)^2 \tag{13.8}$$

式中：$\sigma^2 = \sum_{i=1}^{n} \dfrac{(y_{\lambda i} - y_m)^2}{n}$；$y_m = \mu = \sum_{i=1}^{n} \dfrac{y_{\lambda i}}{n}$。

应用以下表达式

$$x_{gm} = \left(\prod_{i=1}^{n} x_i \right)^{1/n} \tag{13.9a}$$

$$z_{\lambda i} = \frac{y_{\lambda i}}{x_{gm}^{\lambda-1}} \tag{13.9b}$$

$$z_m = \frac{1}{n} \sum_{i=1}^{n} z_{\lambda i} \tag{13.9c}$$

$y_{\lambda i}$ 的方差 σ^2 可改写为

$$\sigma^2 = x_{gm}^{2(\lambda-1)} \sum_{i=1}^{n} \frac{(z_{\lambda i} - z_m)^2}{n} \tag{13.10}$$

则似然函数变为

$$\ln\lambda = -\frac{n}{2}\ln(2\pi) - \frac{n}{2} - \ln\left[\sum_{i=1}^{n} \frac{(z_{\lambda i} - z_m)^2}{n}\right] \tag{13.11}$$

则 λ 的最大似然估计问题可简化为最优化问题：求 λ，使得 t_λ^2 最小，t_λ^2 表达式为

$$t_\lambda^2 = \sum_{i=1}^{n} \frac{(z_{\lambda i} - z_m)^2}{n} \tag{13.12}$$

原始样本数据 x_i 可用以下逆变换求得

$$\left.\begin{array}{ll} x_i = (y_{\lambda i}\lambda + 1)^{1/\lambda} & \lambda \neq 0 \\ x_i = \exp(y_{\lambda i}) & \lambda = 0 \end{array}\right\} \tag{13.13}$$

13.2.2.2　二维对数正态分布

设随机变量 X 的数学期望和标准差分别为 μ 和 σ，令 $Y = \ln X$，若 Y 服从数学期望为 μ_Y、标准差为 σ_Y 的正态分布，即 Y 的概率密度函数（宋松柏等，2012）为

$$g(y) = \frac{1}{\sigma_Y\sqrt{2\pi}}\exp\left(-\frac{(y-\mu_Y)^2}{2\sigma_Y^2}\right) \quad -\infty < y < +\infty \tag{13.14}$$

则 X 服从对数正态分布，其概率密度函数为

$$f(x) = \frac{1}{x\sigma_Y\sqrt{2\pi}}\exp\left(-\frac{(\ln x - \mu_Y)^2}{2\sigma_Y^2}\right) \quad x > 0 \tag{13.15}$$

假定 X 和 Y 均服从对数正态分布，其概率密度函数分别为

$$\left.\begin{array}{l} f(x) = \dfrac{1}{x\sigma_{Y_1}\sqrt{2\pi}}\exp\left(-\dfrac{(\ln x - \mu_{Y_1})^2}{2\sigma_{Y_1}^2}\right) \quad x > 0,\ Y_1 = \ln X \\[3mm] f(y) = \dfrac{1}{y\sigma_{Y_2}\sqrt{2\pi}}\exp\left(-\dfrac{(\ln y - \mu_{Y_2})^2}{2\sigma_{Y_2}^2}\right) \quad y > 0,\ Y_2 = \ln Y \end{array}\right\} \tag{13.16}$$

则二维对数正态分布的联合概率密度函数为

$$f(x,y) = \frac{1}{2\pi xy\sigma_{Y_1}\sigma_{Y_2}\sqrt{1-\rho^2}}\exp\left(-\frac{q}{2}\right) \quad -1 < \rho < 1 \tag{13.17}$$

$$q = \frac{1}{1-\rho^2}\exp\left[\left(\frac{\ln x - \mu_{Y_1}}{\sigma_{Y_1}}\right)^2 - 2\rho\left(\frac{\ln x - \mu_{Y_1}}{\sigma_{Y_1}}\right)\left(\frac{\ln y - \mu_{Y_2}}{\sigma_{Y_2}}\right) + \left(\frac{\ln y - \mu_{Y_2}}{\sigma_{Y_2}}\right)^2\right]$$

$$\tag{13.18}$$

式中：μ_{Y_i} 和 σ_{Y_i} 分别为 $Y_i(i=1,2)$ 的数学期望和标准差。

$$\mu_{Y_i} = \left(\ln\left(1 + \frac{\sigma_{X_i}^2}{\mu_{X_i}^2}\right)\right)^{1/2}, \qquad \sigma_{Y_i} = \ln\mu_{X_i} - \frac{\sigma_{Y_i}^2}{2} \tag{13.19}$$

13.2.2.3 二维 Gumbel Mixed 分布

二维 Gumbel Mixed 分布的联合概率分布函数表达式（Yue，2000c）如下：

$$F(x,y) = F_X(x)F_Y(y)\exp\left(-\theta\left(\frac{1}{\ln F_X(x)} + \frac{1}{\ln F_Y(y)}\right)^{-1}\right) \quad 0 \leqslant \theta \leqslant 1 \quad (13.20)$$

式中：θ 为 Gumbel Mixed 分布的分布参数，描述随机变量 X 和 Y 之间的相关性。

$$\theta = 2\left(1 - \cos\left(\pi\sqrt{\frac{\rho}{6}}\right)\right) \quad 0 \leqslant \rho \leqslant \frac{2}{3} \quad (13.21)$$

式中：ρ 为随机变量 X 和 Y 的相关系数，表达式如下：

$$\rho = \frac{E\left[(X-\mu_X)(Y-\mu_Y)\right]}{\sigma_X\sigma_Y} \quad (13.22)$$

式中：(μ_X,σ_X) 和 (μ_Y,σ_Y) 分别为随机变量 X 和 Y 的数学期望和标准差。

边缘分布 Z 的分布函数为

$$F_Z(z) = \exp\left(-\exp\left(-\frac{z-u_Z}{\lambda_Z}\right)\right) \quad Z = X,Y \quad (13.23)$$

式中：u_Z 和 λ_Z 分别为随机变量 $Z(Z=X,Y)$ 的位置和尺度参数。

13.2.2.4 二维 Gumbel Logistic 分布

二维 Gumbel Logistic 分布的分布函数（Yue，2000b）为

$$F(x,y) = \exp(-((-\ln F(x))^m + (-\ln F(y))^m)^{\frac{1}{m}}) \quad m \geqslant 1 \quad (13.24)$$

$F(x)$ 和 $F(y)$ 分别为随机变量 X 和 Y 的边缘分布，表达式如下

$$F(x) = \exp(-\exp(-x)) \quad (13.25a)$$
$$F(y) = \exp(-\exp(-y)) \quad (13.25b)$$

式（13.24）中：m 是描述随机变量 X 和 Y 间相关性的参数；表达式如下

$$m = \frac{1}{\sqrt{1-\rho}} \quad 0 \leqslant \rho \leqslant 1 \quad (13.26)$$

式中：ρ 为随机变量 X 和 Y 的相关系数，表达式（13.22）

$$\rho = \frac{E((X-\mu_X)(Y-\mu_Y))}{\sigma_X\sigma_Y} \quad (13.22)$$

式中：(μ_X,σ_X) 和 (μ_Y,σ_Y) 分别为随机变量 X 和 Y 的数学期望和标准差。

若随机变量 X 和 Y 的边缘分布取更为一般的形式，如

$$F(x) = \exp\left(-\exp\left(-\frac{x-u_x}{\alpha_x}\right)\right) \quad (13.27a)$$

$$F(y) = \exp\left(-\exp\left(-\frac{x-u_y}{\alpha_y}\right)\right) \quad (13.27b)$$

式中：(u_x,α_x) 和 (u_y,α_y) 分别为 X 和 Y 的 Gumbel 分布的位置和尺度参数。

则随机变量 X 和 Y 的联合分布函数仍为式（13.24），其联合概率密度函数表达式为

$$f(x,y) = \frac{\partial^2 F(x,y)}{\partial x \partial y} = \frac{F(x,y)}{\alpha_x\alpha_y}\left(e^{-\frac{m(x-u_x)}{\alpha_x}} + e^{-\frac{m(y-u_y)}{\alpha_y}}\right)^{(1-2m)/m} \times$$

$$\left[\left(e^{-\frac{m(x-u_x)}{\alpha_x}} + e^{-\frac{m(y-u_y)}{\alpha_y}}\right)^{1/m} + m - 1\right]e^{-m\left(\frac{x-u_x}{\alpha_x} + \frac{y-u_y}{\alpha_y}\right)}$$

$$(13.28)$$

13. 2. 2. 5 二维 Gamma 分布

一个具有两个参数的单变量 Gamma 分布（Yue，2001）的概率密度函数表达式如下：

$$f_Z(z;\alpha_z,\lambda_z)=\frac{1}{\Gamma(\lambda_z)}\alpha_z{}^{\lambda_z}z^{\lambda_z-1}e^{-\alpha_z z} \tag{13.29}$$

式中：α_z 和 λ_z 分别为 Gamma 分布的尺度和形状参数。用 x 和 y 分别代替式（13.29）中的 z 可得随机变量 X 和 Y 的 Gamma 分布的概率密度函数。其分布函数为

$$F_Z(z;\alpha_z,\lambda_z)=\int_0^z f_Z(t;\alpha_z,\lambda_z)\mathrm{d}t \quad z=x,y \tag{13.30}$$

二维 Gamma 分布模型主要有 Izawa 模型、Moran 模型、Smith-Adelfang-Tubbs (SAT) 模型、Farlie-Gumbel-Morgenstern(FGM) 模型等，Yue(2001) 对各模型进行了具体描述。

13.3 Copula 函数及其多变量联合分布

13.3.1 函数定义与性质

Copula 函数法主要是利用 Copula 函数把具有相关关系的变量之间的边缘分布联合起来形成联合分布模型。Copula 函数的理论基石是 Sklar 定理（Nelsen，1999）：Copula 函数是定义在 [0，1] 区间均匀分布的联合概率分布函数。假设 F 为一个 n 维分布函数，其边缘分布分别为 $F_1,F_2,\cdots,F_n$，则存在一个 n 维 Copula 函数 C，使得对于任意 $x\in R^n$ 有

$$F(x_1,x_2,\cdots,x_n)=C[F_1(x_1),F_2(x_2),\cdots,F_n(x_n)]=C(u_1,u_2,\cdots,u_n) \tag{13.31}$$

式中：$F_i(x_i)=u_i(i=1,2,\cdots,n)$。如果 $F_1,F_2,\cdots,F_n$ 是连续的，则 C 是唯一的，否则 C 是由 $\mathrm{Ran}F_1\times\mathrm{Ran}F_2\times\cdots\times\mathrm{Ran}F_n$ 唯一确定；相反的，如果 C 是一个 n 维 Copula，$F_1,F_2,\cdots,F_n$ 为一元分布函数，那么由式（13.31）定义的函数 F 是一个 n 元分布函数，其边缘分布为 $F_1,F_2,\cdots,F_n$。

Copula 函数主要具有如下性质：

以 n 维为例，令 $u=[u_1,u_2,\cdots,u_n]$，$\forall u_1,u_2,\cdots,u_n\in[0,1]$，Copula 是这样一个函数 $C:[0,1]^n\rightarrow[0,1]$，具有以下性质：

（1）如果 $u_i=0(i=1,2,\cdots,n$；且 u 中至少有一个变量为 0)，那么

$$C(u_1,u_2,\cdots,u_n)=0 \tag{13.32}$$

（2）如果 u 中的变量除了 u_i 不等于 1，其余变量均等于 1，那么

$$C(1,1,\cdots,u_i,\cdots,1,1)=u_i \tag{13.33}$$

（3）$C(u_1,u_2,\cdots,u_n)$ 是有界函数，即 $0\leqslant C(u_1,u_2,\cdots,u_n)\leqslant 1$。

（4）$\forall(a_1,\cdots,a_n)$ 和 $(b_1,\cdots,b_n)\in[0,1]^n$，使 $a_i\leqslant b_i(i=1,2,\cdots,n)$，则

$$\sum_{i_1=1}^2\sum_{i_2=1}^2\cdots\sum_{i_d=1}^2(-1)^{i_1+i_2+\cdots+i_d}C(x_{1i_1},x_{2i_2},\cdots,x_{ji_j},\cdots,x_{di_d})\geqslant 0 \tag{13.34}$$

式中：$x_{j1}=a_j$ 和 $x_{j2}=b_j$，$\forall j\in\{1,\cdots,n\}$。

（5）$C(u_1,\cdots,u_n)$ 的 Fréchet Hoeffding 边界是指 Copula 可能达到的边界，Fréchet

Hoeffding 边界不等式为

$$\max(u_1 + u_2 + \cdots + u_n - n + 1, 0) \leqslant C(u_1, \cdots, u_n) \leqslant \min(u_1, u_2, \cdots, u_n)(n \geqslant 2)$$
(13.35)

（6）单调递增性：Copula 函数 $C(u_1, u_2, \cdots, u_n)$ 在 n 维线性空间 $[0,1]^n$ 中，关于各个坐标分量 $u_k(k = 1, 2, \cdots, n)$ 是单调递增的。

（7）随机变量 $X_1, \cdots, X_n$ 的边缘分布函数分别为 $F_1, \cdots, F_n$，其联合概率分布表示为 $F(x_1, x_2, \cdots, x_n)$，其中，$u_1 = F_1(x_1), \cdots, u_n = F_n(x_n)$。如果 $X_1, \cdots, X_n$ 是相互独立的，那么，联合概率分布函数可唯一表示为

$$F(x_1, x_2, \cdots, x_n) = \prod_{i=1}^{n} F_i(x_i)$$
(13.36)

Copula 函数 $C(u_1, u_2, \cdots, u_n)$ 则称为独立 Copula，表示为

$$C(u_1, u_2, \cdots, u_n) = \prod_{i=1}^{n} u_i$$
(13.37)

13.3.2 函数分类

通过不同的构造方法，Copula 函数分为多种类型，比较常见的类型有：椭圆 Copula 函数，Archimedean Copula 函数和 Plackett Copula 函数。

水文领域中常用的一类 Copula 函数是含有一个参数的 Archimedean 函数，其结构简单，可以构造出多种形式多样、适应性强的多变量联合分布函数，具有广泛的应用价值。Archimedean 函数分为对称式和非对称式两种。以三维对称式为例，介绍水文领域经常使用的几类 Archimedean 族的三元 Copula 函数以及三元正态 Copula 函数（注：以下均以三维 Copula 为例进行方法介绍）。

（1）三维 Gumbel-Hougaard Copula 联合分布模型

$$C_\theta^{(3)}(\boldsymbol{u}) = \exp\{-[(-\ln u_1)^\theta + (-\ln u_2)^\theta + (-\ln u_3)^\theta]\}^{1/\theta} \quad (\theta \geqslant 1) \quad (13.38)$$

（2）三维 Clayton-Copula 联合分布模型

$$C_\theta^{(3)}(\boldsymbol{u}) = (u_1^{-\theta} + u_2^{-\theta} + u_3^{-\theta} - 2)^{-1/\theta} \quad (\theta > 0) \quad (13.39)$$

（3）三维 Frank-Copula 联合分布模型

$$C_\theta^{(3)}(\boldsymbol{u}) = -\frac{1}{\theta}\left(1 + \frac{(e^{-\theta u_1} - 1)(e^{-\theta u_2} - 1)(e^{-\theta u_3} - 1)}{(e^{-\theta} - 1)^2}\right)^{-1/\theta} \quad (\theta \in R) \quad (13.40)$$

（4）三维 Normal-Copula 联合分布模型

$$C_\theta^{(3)}(\boldsymbol{u}; \boldsymbol{\rho}) = \Phi_\rho(\Phi_1^{-1}(u_1), \Phi_2^{-1}(u_2), \Phi_3^{-1}(u_3)) \quad (13.41)$$

式中：C 为三维 Copula；$\boldsymbol{u} = (u_1, u_2, u_3)$，$u_1, u_2$ 和 u_3 为 $[0,1]$ 上的三个边缘分布函数，$u_1 = F_1(x_1)$，$u_2 = F_2(x_2)$，$u_3 = F_3(x_3)$；θ 是 Gumbel-Copula、Clayton-Copula、Frank-Copula 描述 3 个变量相关性关系的参数。

式（13.41）中，$\boldsymbol{\rho}$ 为对角线上的元素为 1 的 3×3 对称正定矩阵，$\Phi_\rho(\Phi_1^{-1}(u_1), \Phi_2^{-1}(u_2), \Phi_3^{-1}(u_3))$ 表示相关系数矩阵为 $\boldsymbol{\rho}$ 的三元标准正态联合分布函数，$\Phi_1^{-1}(u_1)$、$\Phi_2^{-1}(u_2)$、$\Phi_3^{-1}(u_3)$ 是三个边缘分布函数（边缘分布均为一元标准正态分布）的逆函数。

不同 Copula 函数在描述相关模式方面具有显著差异（牛军宜等，2009），其中

Gumbel - Copula 分布强调随机变量间具有较高的上尾相关性，即当一个水文变量出现极大值时，另外两个水文变量也出现极大值的概率增大；Clayton - Copula 函数主要用来描述联合分布中随机变量间的下尾相关性，也就是说，当一个水文变量出现极小值时，其他两个水文变量也出现极小值的概率增大；Frank - Copula 分布具有对称性结构，在其分布的上尾和下尾，变量间的相关性是对称增长的，即各个水文变量间极大值相关性与极小值相关性是对称增长的；Normal - Copula 分布可以较好地捕捉到联合分布中随机变量不是极值时各个变量间相关性的变化特征，但无法反映联合分布中变量为极值时相关性的变化情况。

由于流域水文系统中各水文变量之间的相关关系非常复杂，而一种 Copula 函数一般只能反映变量之间相关性变化的某个侧面，所以很难用一个简单的 Copula 函数来全面刻画水文变量之间的相关模式，因此可以考虑将以上四种 Copula 函数通过线性组合来构造出基于 Copula 理论的混合三维联合分布模型，其表达式为

$$
\left.
\begin{aligned}
C_M(\boldsymbol{u}) &= \omega_G C_G(\boldsymbol{u}) + \omega_C C_C(\boldsymbol{u}) + \omega_F C_F(\boldsymbol{u}) + \omega_N C_N(\boldsymbol{u}) \\
\omega_G &+ \omega_C + \omega_F + \omega_N = 1 \\
\omega_G, & \ \omega_C, \ \omega_F, \ \omega_N \geqslant 0
\end{aligned}
\right\} \tag{13.42}
$$

式中：$C_M(\boldsymbol{u})$ 是混合 Copula 函数，$C_G(\boldsymbol{u})$、$C_C(\boldsymbol{u})$、$C_F(\boldsymbol{u})$、$C_N(\boldsymbol{u})$ 分别表示 Gumbel、Clayton、Frank 和 Normal（正态）Copula 函数；ω_G、ω_C、ω_F、ω_N 分别表示相应的 Copula 函数在混合 Copula 函数中的权重系数，王占海等（2009）详细描述了其估计方法。权重系数反映了变量间的相关模式，因而混合 Copula 模型可以用来描述水文变量之间上尾、下尾相关及中间相关并存的对称与非对称等各种相关模式。

13.3.3　函数参数估计

Copula 函数的参数估计方法大致可以分为以下几种：①相关性指标法（郭生练等，2008），一般用于二维 Copula 函数的参数估计，根据 Kendall 秩相关系数 τ 与 θ 的关系间接求得，其关系如表 13.1 所示；②适线法（郭生练等，2008），即在一定的适线准则下，求解与经验点据拟合最优的频率曲线的统计参数；③极大似然法（郭生练等，2008），对于三维及三维以上的 Copula 函数，多采用极大似然法进行参数估计；④矩法（邱小霞等，2009）；⑤边际推断估计法（IFM）（杨益党等，2007）；⑥非参数核密度估计法（刁心薇，2005）。

表 13.1　　　　　　　　　　　Copula 函数参数 τ 与 θ 的关系

Copula 函数	τ 和 θ 的关系
G - H Copula	$\tau = 1 - \dfrac{1}{\theta} \quad \theta \geqslant 1$
Clayton Copula	$\tau = \dfrac{\theta}{2 + \theta} \quad \theta > 0$
Frank Copula	$\tau = 1 + \dfrac{4}{\theta}\left(\dfrac{1}{\theta}\int_0^{\theta} \dfrac{t}{e^t - 1}\mathrm{d}t - 1\right) \quad \theta \in R$

对于三维或三维以上联合分布，可采用极大似然估计对其参数进行估计。以三维为例，通过 Copula 函数的密度函数 c 和边缘密度函数，可以求出联合分布函数的密度函数。

以 θ 的估计为例：

$$f(\boldsymbol{x}) = f(x_1, x_2, x_3) = c(F_1(x_1), F_2(x_2), F_3(x_3); \theta) \prod_{d=1}^{3} f_d(x_d) \qquad (13.43)$$

式中：$c(F_1, F_2, F_3) = \dfrac{\partial^3 C(F_1, F_2, F_3)}{\partial F_1 \partial F_2 \partial F_3}$；$f_d(x_d)$ 是边缘分布 $F_d(x_d)$ 的密度函数，这里 $d = 1, 2, 3$。由此可求出联合分布的似然函数：

$$l(\theta) = \prod_{i=1}^{n} c(F_1(x_{1i}), F_2(x_{2i}), F_3(x_{3i}); \theta) f_1(x_{1i}) f_2(x_{2i}) f_3(x_{3i}) \qquad (13.44)$$

令似然函数取得最大值的 θ 就是最大似然估计值 $\hat{\theta}$，即 $l(\hat{\theta}) = \max(l(\theta))$。

13.3.4 模型拟合检验与优选

13.3.4.1 函数的拟合检验

所选取的 Copula 函数是否合适、能否恰当描述变量之间的相关性结构，需要通过对 Copula 函数进行分布拟合检验来确定。理论上，传统的用于单变量分布假设检验的方法都适用于 Copula 函数的假设检验。采用 Kolmogorov - Simirnov（K - S）检验来对 Copula 函数进行拟合检验，其中 K - S 检验统计量 D 的定义为

$$D = \max_{1 \leqslant k \leqslant n} \left\{ \left| C_k - \frac{m_k}{n} \right|, \ \left| C_k - \frac{m_k - 1}{n} \right| \right\} \qquad (13.45)$$

式中：C_k 为联合观测值样本 $\boldsymbol{x}_k$ 的 Copula 值；m_k 为联合观测值样本中满足条件 $\boldsymbol{x} \leqslant \boldsymbol{x}_k$ 的联合观测值的个数。若联合观测值为二维，则 $\boldsymbol{x}_k = (x_{1k}, x_{2k})$；若联合观测值为三维，则 $\boldsymbol{x}_k = (x_{1k}, x_{2k}, x_{3k})$。

13.3.4.2 函数的优选

由于不同 Copula 函数的待定参数个数可能不同，例如式（13.38）～式（13.41）的四种 Copula 函数中，前三种属于阿基米德 Copula 函数族，它们只有一个待定参数，而第四种是椭圆型 Copula 函数族中的多元正态 Copula 函数，它有 6 个待定参数，因此对可能的适当的模型，还存在着模型简洁性与模型拟合优度的权衡选择问题。对通过拟合检验的 Copula 函数可根据拟合优度评价指标来进行优选。常用的评价 Copula 函数拟合程度的指标和方法主要有离差平方和准则法、赤池信息法和施瓦兹贝叶斯法。

（1）离差平方和准则法。采用离差平方和最小准则（OLS）来评价 Copula 函数的有效性，并选取 OLS 最小的 Copula 作为连接函数。离差平方和 OLS 的定义为

$$OLS = \sqrt{\frac{1}{n} \sum_{i=1}^{n} (P_i - P_{ei})^2} \qquad (13.46)$$

$$P_{ei} = \frac{m_k}{n+1} \qquad (13.47)$$

式中：P_i 和 P_{ei} 分别为联合分布的理论概率和经验频率；m_k 为联合观测值样本中满足条件 $\boldsymbol{x} \leqslant \boldsymbol{x}_k$ 的联合观测值的个数。

（2）赤池信息法（Akaike Information Criterion，AIC）与施瓦兹贝叶斯法（Schwartz Bayesian Information Criterion，SBC 或 SIC）。AIC 和 SBC 信息准则包括两个部分：Copula

函数拟合的偏差和 Copula 函数的参数个数导致的不稳定性，适合优选待定参数个数不同的 Copula 函数模型。以 AIC 或 SBC 值最小的模型为最优模型。AIC 和 SBC 可以表达为

$$AIC = n\ln\left(\frac{RSS}{n}\right) + 2k \tag{13.48}$$

$$SBC = n\ln\left(\frac{RSS}{n}\right) + k\ln(n) \tag{13.49}$$

式中：k 为待估参数个数；n 为样本长度，RSS 是模型拟合后的残差平方和

$$RSS = \sum_{i=1}^{n}(Pe_i - P_i)^2 \tag{13.50}$$

式中：Pe_i，P_i 分别为经验频率和理论频率。

13.3.5　函数多变量联合分布计算步骤

Copula 方法是通过 Copula 函数将具有相关关系的变量的边缘分布连接起来，从而建立起不同变量之间的联合分布模型，即用 Copula 函数描述变量之间的相关结构。具体建模步骤如下：

（1）变量之间的相关性检验。在建立基于 Copula 函数的多维联合分布模型之前，应首先对变量之间的相关性进行相关性检验。由于水文序列之间的相关关系一般不为线性相关，可采用非参数 Kendall 秩次相关检验方法来判别变量之间是否存在相关关系。

（2）模型边缘分布的建立。边缘分布指的是各个相关变量所服从的概率分布函数，我国《水利水电工程设计洪水计算规范》（SL 44—2006）规定，水文变量应采用 P-Ⅲ型曲线进行分布拟合。

（3）模型参数估计。Copula 函数参数估计的方法有很多，对于二维 Copula 函数，可采用相关性指标法进行参数估计；对于三维或三维以上的 Copula 函数，可采用极大似然法等方法进行参数估计。

（4）模型拟合检验。所选取的 Copula 函数是否合适、能否恰当描述变量之间的相关性结构，需要通过对 Copula 函数进行分布拟合检验来确定。可采用 Kolmogorov-Simirnov（K-S）检验法对各类 Copula 函数进行分布拟合检验。

（5）模型评价与模型优选。由于不同 Copula 函数的待定参数个数可能不同，对可能适当的模型，还存在着模型简洁性与模型拟合优度的权衡选择问题，因此需要对通过检验的 Copula 函数进行拟合优度评价。可采用 OLS 法来评价 Copula 函数的有效性，AIC 来评价模型的简洁性，以 OLS 准则为第一优选准则，两个准则联合评价和优选 Copula 函数，得到最优 Copula 函数。

（6）建立基于 Copula 函数的多维联合分布模型。利用（4）、（5）得出的最优 Copula 函数建立最终的多维联合分布模型。采用所建立的多维联合分布模型对多变量水文频率分析及不同水文极值的遭遇组合问题进行研究分析。

13.4　基于 Copula 函数的重现期

水文频率计算主要为了确定一定频率下的水文设计值或一定水文设计值对应的设计标

准，即重现期。传统的水文频率计算常推求的是单变量重现期，其定义为水文事件 $X \geqslant x$ 发生的平均长度，即超过制概率 $(1 - F_X(x))$ 的倒数。其推求方式如下：

$$T_X = \frac{1}{1 - F_X(x)}, \qquad F_X(x) = 1 - \frac{1}{T_X} \tag{13.51}$$

13.4.1 二维联合分布及相应重现期

若随机变量 X_1 和 X_2 的边缘分布分别为 $u_1 = F_{X_1}(x_1)$ 和 $u_2 = F_{X_2}(x_2)$，则基于 Copula 函数的二维联合分布函数定义如下：

$$F(x_1, x_2) = P(X_1 \leqslant x_1, X_2 \leqslant x_2) = C(F_{X_1}(x_1), F_{X_2}(x_2)) = C(u_1, u_2) \tag{13.52}$$

基于二维联合分布，可定义如下两种重现期：两变量联合重现期（也叫"或"重现期）与两变量同现重现期（也叫"且"重现期）。所谓两变量联合重现期指水文事件中水文变量 X_1 或 X_2 超过某一特定值，定义为 $T_{X_1 X_2}$（或 $T^{\smile}$）

$$T^{\smile} = T_{X_1 X_2} = \frac{1}{P(X_1 > x_1 \bigcup X_2 > x_2)} = \frac{1}{1 - P(X_1 \leqslant x_1, X_2 \leqslant x_2)} = \frac{1}{1 - C(u_1, u_2)} \tag{13.53}$$

两变量同现重现期表示水文变量 X_1 和 X_2 都超过某一特定值，定义为 $T'_{X_1 X_2}$（或 $T^{\frown}$）

$$T^{\frown} = T'_{X_1 X_2} = \frac{1}{P(X_1 > x_1 \bigcap X_2 > x_2)} = \frac{1}{1 - F_{X_1}(x_1) - F_{X_2}(x_2) + C(F_{X_1}(x_1), F_{X_2}(x_2))}$$
$$= \frac{1}{1 - u_1 - u_2 + C(u_1, u_2)} \tag{13.54}$$

水文变量 X_1 和 X_2 的单变量重现期的表达式如下：

$$\left.\begin{array}{l} T_{X_1} = \dfrac{1}{1 - F_{X_1}(x_1)}, \quad F_{X_1}(x_1) = 1 - \dfrac{1}{T_{X_1}} \\[3mm] T_{X_2} = \dfrac{1}{1 - F_{X_2}(x_2)}, \quad F_{X_2}(x_2) = 1 - \dfrac{1}{T_{X_2}} \end{array}\right\} \tag{13.55}$$

将式（13.55）代入式（13.53）和式（13.54），可得两变量重现期与单变量重现期的关系如下：

$$T^{\smile} = T_{X_1 X_2} = \frac{1}{1 - C\left(1 - \dfrac{1}{T_{X_1}}, 1 - \dfrac{1}{T_{X_2}}\right)} \tag{13.56}$$

$$T^{\frown} = T'_{X_1 X_2} = \frac{1}{\dfrac{1}{T_{X_1}} + \dfrac{1}{T_{X_2}} + C\left(1 - \dfrac{1}{T_{X_1}}, 1 - \dfrac{1}{T_{X_2}}\right) - 1} = \frac{1}{\dfrac{1}{T_{X_1}} + \dfrac{1}{T_{X_2}} - \dfrac{1}{T_{X_1 X_2}}} \tag{13.57}$$

容易得到

$$T^{\smile} = T_{X_1 X_2} \leqslant \min[T_{X_1}, T_{X_2}] \leqslant \max[T_{X_1}, T_{X_2}] \leqslant T'_{X_1 X_2} = T^{\frown} \tag{13.58}$$

条件概率也可通过 Copula 函数获得，在给定 $X_1 \leqslant x_1$ 条件下，X_2 的条件概率分布为

$$F(X_2 \leqslant x_2 \mid X_1 \leqslant x_1) = C(U_2 \leqslant u_2 \mid U_1 \leqslant u_1) = \frac{C(u_1, u_2)}{u_1} \tag{13.59}$$

其对应的条件重现期 $T_{X_2 \mid X_1}$ 为

$$T_{X_2 \mid X_1} = \frac{1}{1 - F(X_2 \leqslant x_2 \mid X_1 \leqslant x_1)} = \frac{1}{1 - \dfrac{C(u_1, u_2)}{u_1}} \tag{13.60}$$

同理，可求得，在 $X_2 \leqslant x_2$ 条件下，X_1 的条件重现期 $T_{X_1 \mid X_2}$ 为

$$T_{X_1 \mid X_2} = \frac{1}{1 - F(X_1 \leqslant x_1 \mid X_2 \leqslant x_2)} = \frac{1}{1 - \dfrac{C(u_1, u_2)}{u_2}} \tag{13.61}$$

实际情况中，通常还考虑如下事件的条件概率：在发生事件 $X_1 \geqslant x_1$ 的条件下，事件 $X_2 \geqslant x_2$ 的条件概率，即 $P(X_2 > x_2 \mid X_1 > x_1)$，其表达式如下

$$
\begin{aligned}
P(X_2 \geqslant x_2 \mid X_1 \geqslant x_1) &= \frac{P(X_1 \geqslant x_1, X_2 \geqslant x_2)}{P(X_1 \geqslant x_1)} \\
&= \frac{1 - F_{X_1}(x_1) - F_{X_2}(x_2) + C(F_{X_1}(x_1), F_{X_2}(x_2))}{1 - F_{X_1}(x_1)} \\
&= \frac{1 - u_1 - u_2 + C(u_1, u_2)}{1 - u_1}
\end{aligned} \tag{13.62}
$$

式（13.62）可用来评价水文变量 X_1 和 X_2 同频率的假定（如采用单变量同频率法推求设计洪水过程线时，假设峰量同频率），当 $F(X_2 \geqslant x_2 \mid X_1 \geqslant x_1)$ 值较大时，可认为水文变量 X_1 和 X_2 同频率的假定是合理的。

13.4.2　三维联合分布及相应重现期

若随机变量 X_1、X_2、X_3 的边缘分布分别为 $u_1 = F_{X_1}(x_1)$、$u_2 = F_{X_2}(x_2)$、$u_3 = F_{X_3}(x_3)$，则基于 Copula 函数的三维联合分布函数定义如下：

$$
\begin{aligned}
F(x_1, x_2, x_3) &= P(X_1 \leqslant x_1, X_2 \leqslant x_2, X_3 \leqslant x_3) = C(F_{X_1}(x_1), F_{X_2}(x_2), F_{X_3}(x_3)) \\
&= C(u_1, u_2, u_3)
\end{aligned} \tag{13.63}
$$

类比二维联合分布，可推导出三维联合重现期 $T_{X_1 X_2 X_3}$（"或"重现期，$T^{\cup}$）为

$$
\begin{aligned}
T^{\cup} = T_{X_1 X_2 X_3} &= \frac{1}{P(X_1 > x_1 \bigcup X_2 > x_2 \bigcup X_3 > x_3)} = \frac{1}{1 - P(X_1 \leqslant x_1, X_2 \leqslant x_2, X_3 \leqslant x_3)} \\
&= \frac{1}{1 - C(u_1, u_2, u_3)}
\end{aligned} \tag{13.64}
$$

三维同现重现期 $T'_{X_1 X_2 X_3}$（"且"重现期，$T^{\cap}$）为

$$
\begin{aligned}
T^{\cap} = T'_{X_1 X_2 X_3} &= \frac{1}{P(X_1 > x_1 \bigcap X_2 > x_2 \bigcap X_3 > x_3)} \\
&= \frac{1}{1 - u_1 - u_2 - u_3 + C(u_1, u_2) + C(u_1, u_3) + C(u_2, u_3) - C(u_1, u_2, u_3)}
\end{aligned} \tag{13.65}
$$

三维条件概率及条件重现期计算如下（Zhang 等，2007a）：

在给定 $X_3 \leqslant x_3$ 的条件下，X_1 和 X_2 的条件概率分布为

$$F(X_1 \leqslant x_1, X_2 \leqslant x_2 \mid X_3 \leqslant x_3) = \frac{F(x_1, x_2, x_3)}{F_{X_3}(x_3)} = \frac{C(u_1, u_2, u_3)}{u_3} \tag{13.66}$$

其对应的条件重现期为

$$T_{X_1 X_2 | X_3} = \frac{1}{1 - F(X_1 \leqslant x_1, X_2 \leqslant x_2 | X_3 \leqslant x_3)} = \frac{1}{1 - \dfrac{C(u_1, u_2, u_3)}{u_3}} \tag{13.67}$$

在给定 $X_2 \leqslant x_2$，$X_3 \leqslant x_3$ 的条件下，X_1 的条件概率分布为

$$F(X_1 \leqslant x_1 | X_2 \leqslant x_2, X_3 \leqslant x_3) = \frac{F(x_1, x_2, x_3)}{F_{X_2 X_3}(x_2, x_3)} = \frac{C^3(u_1, u_2, u_3)}{C^2(u_2, u_3)} \tag{13.68}$$

式中：C^3 指随机变量 U_1、U_2、U_3 的基于 Copula 函数的三维联合分布，即随机变量 X_1、X_2、X_3 的三维联合分布；C^2 指 U_2、U_3 的基于 Copula 函数的二维联合分布，即随机变量 X_2、X_3 的二维联合分布。

式 (13.68) 对应的条件重现期为

$$T_{X_1 | x_2 x_3} = \frac{1}{1 - F(X_1 \leqslant x_1 | X_2 \leqslant x_2, X_3 \leqslant x_3)} = \frac{1}{1 - \dfrac{C^3(u_1, u_2, u_3)}{C^2(u_2, u_3)}} \tag{13.69}$$

13.4.3　基于 Kendall 分布函数的二次重现期

传统的"或"重现期与"且"重现期，在对安全域和危险域的识别上存在一定的局限性（Salvadori 等，2011），对于工程的风险控制与管理而言有一定的缺陷。Salvadori 等（2004）提出了基于 Kendall 分布函数的二次重现期的概念，二次重现期定义如下：

$$T_s = \frac{1}{1 - K_C(t)} \tag{13.70}$$

式中：$K_C(t)$ 为 Kendall 分布函数，基于 Copula 函数的 Kendall 分布函数定义如下（Genest 等，1993，2001）：

$$K_C(t) = P(C(U_1, U_2, \cdots, U_d) \leqslant t) \tag{13.71}$$

式中：$U_i(i = 1, 2, \cdots, d)$ 为 $[0, 1]$ 之间的随机变量，t 为概率水平。

对于 Archimedean 族的 Copula 函数，$K_C(t)$ 与 Copula 的生成元 $\varphi(t)$ 之间具有如下关系

$$K_C(t) = t - \varphi(t) / \varphi'(t) \quad 0 < t \leqslant 1 \tag{13.72}$$

式中：$\varphi'(t)$ 为 $\varphi(t)$ 的右导数。

二次重现期与传统的"或"重现期和"且"重现期具有如下关系

$$T_{OR} \leqslant T_s \leqslant T_{AND} \tag{13.73}$$

关于传统的"或"重现期和"且"重现期在对安全域和危险域识别的局限性，及利用二次重现期识别安全域和危险域等问题，可进一步参见 Salvadori（2007）的著作。

13.5　多变量联合分布设计值及设计洪水过程线

13.5.1　多变量联合分布设计值

对洪水等水文事件的多变量联合分析大多集中在分析其重现期及条件概率上，对多变量联合分布设计值的研究还相对较少（Chebana 等，2011；Volpi 等，2012；李天元等，

2014)。对于洪水多变量联合分布而言，在给定的联合重现期水平下，存在无数多的峰、量组合满足防洪标准，但并非每一种峰、量组合都符合水文事件的内在规律，只有在一定范围内的取值才是合理的（李天元等，2014）。Chebana 等（2011）提出将重现期等值线分割成合理区（proper part）和非合理区（naive part），认为在重现期等值线的合理区选取峰量组合更加符合水文事件的内在规律。

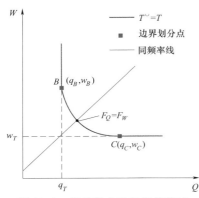

图 13.1　峰量联合重现期等值线
（李天元等，2014）

以洪水峰量两变量联合分布为例，对于任一给定的两变量联合重现期 $T^\cup$，Q 和 W 的所有组合可以用一条等值线来表示，如图 13.1 中的黑色实线所示。等值线上每一点均代表一种峰量组合，其联合重现期均等于同一防洪标准 $T^\cup$。图 13.1 中的两条虚线为等值线的两条渐近线，代表峰、量两变量联合分布设计值的下限。图 13.1 中的斜实线为同频率线，即 $u_1 = u_2$，当洪峰、洪量的边缘分布完全相同时，斜实线通过原点。

从图 13.1 中可以看出，当峰量两变量组合 $(q_{T^\cup}, w_{T^\cup})$ 趋近于左侧的渐近线时，$q_{T^\cup} \to q_T$，$w_{T^\cup} \to +\infty$；当峰量两变量组合 $(q_{T^\cup}, w_{T^\cup})$ 趋近于右侧的渐近线时，$w_{T^\cup} \to w_T$，$q_{T^\cup} \to +\infty$；而事实上，洪峰、洪量的两变量联合设计值不可能无限扩大，因为大的洪峰与小的洪量同时出现的可能性较小，同样，小的洪峰与大的洪量同时出现的可能性也较小，即在图 13.1 中，越靠近两端的峰、量组合出现的可能性越小。因此，有必要确定重现期等值线两端的两个边界点 B、C，避免在推求两变量联合设计值时，取到边界点以外那些看似极端实际上发生可能性极小的峰量组合。

李天元等（2014）提出了一种新的确定重现期等值线边界点的方法，并提出了两种具有统计意义的峰量两变量联合设计值组合，现介绍如下：

假设用 Gumbel - Hougaard Copula 构造峰量联合分布，表达式如下

$$C(u_1, u_2) = \exp\left\{ -\left[(-\ln u_1)^\theta + (-\ln u_2)^\theta \right]^{\frac{1}{\theta}} \right\} \qquad \theta \geqslant 1 \qquad (13.74)$$

式中：u_1，u_2 分别代表边缘分布函数，$u_1 = F_Q(q)$，$u_2 = F_W(w)$。

两变量联合重现期表达式为

$$T^\cup = \frac{1}{1 - C(u_1, u_2)} \qquad (13.75)$$

假设单变量同频率法得到的 T 年一遇洪峰和洪量设计值为 q_T 和 w_T（根据其各自边缘分布 $F_Q(q)$ 和 $F_W(w)$ 求得），根据式（13.58）可得

$$T^\cup(q_T, w_T) \leqslant \min[T_Q(q_T); T_W(w_T)] = T \qquad (13.76)$$

由式（13.76）可知，若假定联合重现期等于防洪标准，即要求 $T^\cup = T$，则两变量联合设计值 $(q_{T^\cup}, w_{T^\cup})$ 与单变量设计值 (q_T, w_T) 必存在以下关系

$$q_{T^\cup} \geqslant q_T; \quad w_{T^\cup} \geqslant w_T \qquad (13.77)$$

即两变量联合设计值的下限为同一重现期对应的单变量设计值。

联立式（13.74）和式（13.75）可得

$$F_W(w) = u_2 = \exp\left(-\left(\left(-\ln\left(1-\frac{1}{T^\cup}\right)\right)^\theta - (-\ln u_1)^\theta\right)^{1/\theta}\right)$$

$$= \exp\left(-\left(\left(-\ln\left(1-\frac{1}{T^\cup}\right)\right)^\theta - (-\ln F_Q(q))^\theta\right)^{1/\theta}\right) = \eta(F_Q(q)) \tag{13.78}$$

式中：$\eta(x) = \exp\left(-\left(\left(-\ln\left(1-\frac{1}{T^\cup}\right)\right)^\theta - (-\ln x)^\theta\right)^{1/\theta}\right)$

则洪量 W 可表示为洪峰 Q 的函数，即

$$w = F_W^{-1}(u_2) = F_W^{-1}(\eta(F_Q(q))) = \zeta(q) \tag{13.79}$$

式中：$F_W^{-1}(u_2)$ 为 W 的反函数。

则联合概率密度函数 $f(q,w)$ 可转化为洪峰 Q 的单值连续函数，如下式所示

$$f(q,w) = c(F_Q(q), F_W(w)) f_Q(q) f_W(w) = c(F_Q(q), \eta(F_Q(q))) f_Q(q) f_W(\zeta(q)) \tag{13.80}$$

式中：$c(u_1, u_2)$ 为 Copula 函数的密度函数，$c(u_1, u_2) = \partial^2 C(u_1, u_2)/\partial u_1 \partial u_2$；$f_Q(q)$ 和 $f_W(w)$ 分别为 Q 和 W 的密度函数。

对于某一确定的重现期水平 $T^\cup$，可绘出 $f(q,w)$ 随洪峰 Q 的变化曲线，假设该曲线与横轴包围的面积为 S，即

$$S = \int_{q_T}^{+\infty} f(q,w) \,\mathrm{d}q = \int_{q_T}^{+\infty} c(F_Q(q), \eta(F_Q(q))) f_Q(q) f_W(\zeta(q)) \,\mathrm{d}q \tag{13.81}$$

式中：q_T 为洪峰的单变量设计值，即洪峰两变量设计值的下限。

因为 $S \neq 1$，为满足一般概率密度函数的特性，构造面密度函数 $\varphi(q)$ 表达式如下

$$\varphi(q) = \frac{f(q,w)}{S} = \frac{f(q,w)}{\int_{q_T}^{+\infty} f(q,w) \,\mathrm{d}q} \tag{13.82}$$

面密度函数 $\varphi(q)$ 与联合密度函数 $f(q,w)$ 保留了一一对应的关系，它保留了联合密度函数 $f(q,w)$ 随坐标 Q 变化的所有特性，且满足 $\int_{q_T}^{+\infty} \varphi(q) \,\mathrm{d}q = 1$。

联合概率密度函数可表征峰量组合出现的可能性，当峰量设计值组合的取值从图13.1 中靠近垂直渐近线的一端移动到靠近水平渐近线的一端的过程中，$f(q,w)$ 呈现先增大后减小的趋势，即随着 Q 的增大，面密度函数 $\varphi(q)$ 必定先增大后减小。研究表明，当峰量同频率时（图 13.1 中同频率线与重现期等值线的交点），联合密度函数 $f(q,w)$ 最大，即面密度函数 $\varphi(q)$ 最大。

选取一定的置信水平 α，令峰、量组合出现在靠近重现期等值线两端的概率为 α，如图 13.2 所示。由此可确定图 13.1 中划分重现期等值线合理区与非合理区的边界点 B、C 的坐标：

$$\int_{q_T}^{q_B} \varphi(q) \,\mathrm{d}q = \alpha_1 \tag{13.83}$$

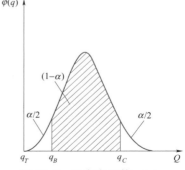

图 13.2　面密度函数 $\varphi(q)$
与洪峰 Q 的关系
（李天元等，2014）

$$\int_{q_T}^{q_C} \varphi(q)\, dq = 1 - \alpha_2 \tag{13.84}$$

式中：$\alpha_1 + \alpha_2 = 1$，为计算方便，可令 $\alpha_1 = \alpha_2 = \alpha/2$。$\alpha_1$ 和 α_2 的选择可依实际情况而定。

当确定等值线上的边界点 B、C 后，可在此范围内，对峰、量进行联合选取，从而得到一系列的两变量联合设计值。为避免取值的任意性和盲目性，李天元等（2014）又提出了两种具有统计基础的设计值组合，即两变量同频率组合和条件期望组合。

1. 两变量同频率组合

两变量同频率组合是在考虑洪水峰量相关性基础上提出的，在满足峰量联合重现期 $T^{\smile}$ 的前提下，求解洪峰、洪量设计频率相等的解。以 Gumbel – Hougaard Copula 函数为例，两变量同频率组合的峰量设计频率和设计值分别为

$$u_1 = u_2 = \left(1 - \frac{1}{T^{\smile}}\right)^{2^{-\frac{1}{\theta}}} \tag{13.85}$$

$$q = F_Q^{-1}(u_1), \qquad w = F_W^{-1}(u_2) \tag{13.86}$$

式中：$F_Q^{-1}(u_1)$ 和 $F_W^{-1}(u_2)$ 分别为 Q 和 W 的反函数。

2. 条件期望组合

当洪峰 Q 取某一频率的设计值 q 时，洪量 W 的取值并不是唯一的，其出现不同取值的概率有所不同，即存在一个条件概率函数 $F_{W|Q}(w|q)$。所以洪量 W 存在一个条件期望值 $W(w|q)$，其计算过程如下：

$$E(w|q) = \int_{-\infty}^{+\infty} w f_{W|Q}(w|q)\, dw = \int_{-\infty}^{+\infty} w c(u_1, u_2) f_W(w)\, dw = \int_0^1 F_W^{-1}(u_2) c(u_1, u_2)\, du_2 \tag{13.87}$$

式中：$f_{W|Q}(w|q) = c(u_1, u_2) f_W(w)$ 为 $F_{W|Q}(w|q)$ 的概率密度函数。

若洪峰的设计值 q 和洪量的条件期望值 $E(w|q)$ 满足式（13.88），即

$$\frac{1}{1 - C(F_Q(q), F_W(E(w|q)))} = T^{\smile} \tag{13.88}$$

则 q、$E(w|q)$ 为条件期望组合。

13.5.2 基于 Copula 函数的设计洪水过程线

现行的设计洪水过程线推求方法中，同频率放大法虽然同时考虑洪峰和时段洪量，但采用单变量分布来描述洪水过程线中的各特征量，仅控制各特征量的重现期等于设计标准，并未考虑各特征量之间的相关关系。肖义等（2007）提出基于 Copula 函数推求设计洪水过程线的方法，该法基于两变量联合分布及两变量联合重现期推求两变量联合分布设计值，采用变倍比放大法（韩义超等，1999；肖义等，2007a）对典型洪水过程进行放大。变倍比放大法可完全控制洪峰和时段洪量的设计值，并且能够很好地保持典型洪水过程的形状。变倍比放大法表达式如下：

$$DF(t) = (TF(t) - Q_D) \times (w_{T_0}/D - q_{T_0})/(W_D/D - Q_D) + q_{T_0} \tag{13.89}$$

式中：$DF(t)$、$TF(t)$ 分别为设计洪水过程和典型洪水过程在 t 时刻的流量；D 为历时；Q_D 为典型洪水过程的洪峰流量；W_D 为典型洪水过程在历时 D 内的洪量；q_{T_0} 和 w_{T_0} 为洪峰和时段洪量的设计值。

13.6　非一致性洪水序列的峰量联合分析

在第 12 章得到的王快水库入库洪水单变量边缘分布结果的基础上，应用 Copula 函数法可构建入库洪水的非一致性年最大洪峰序列和年最大 6d 洪量序列的两变量联合分布，并进行王快水库入库洪水的峰量联合分析，推求非一致性两变量联合分布的设计值，及非一致性两变量联合分布的设计洪水过程线。

用 Copula 函数构建联合分布之前，应首先检验随机变量之间的相关性。由于水文序列之间的关系一般不为线性相关，可采用 Kendall 秩相关系数与 Spearman 秩相关系数来判别王快水库年最大洪峰和年最大 6d 洪量之间的相关性。经计算，$\tau = 0.6519$，$\rho_s = 0.8187$，可知二者具有良好的相关性，可构建其联合分布。

13.6.1　峰量二维 Copula 函数

采用以下三种 Archimedean 族的二维对称式 Copula 函数构建王快水库入库洪水峰量联合分布，形式如下：

二维 Gumbel – Hougaard Copula 联合分布模型

$$C_\theta(\boldsymbol{u}) = \exp\{-[(-\ln u_1)^\theta + (-\ln u_2)^\theta]^{\frac{1}{\theta}}\} \quad \theta \geqslant 1 \tag{13.90}$$

二维 Clayton Copula 联合分布模型

$$C_\theta(\boldsymbol{u}) = (u_1^{-\theta} + u_2^{-\theta} - 1)^{-\frac{1}{\theta}} \quad \theta > 0 \tag{13.91}$$

二维 Frank Copula 联合分布模型

$$C_\theta(\boldsymbol{u}) = -\frac{1}{\theta} \ln\left(1 + \frac{(\exp(-\theta u_1) - 1)[\exp(-\theta u_2) - 1]}{\exp(-\theta) - 1}\right) \quad \theta \in R \tag{13.92}$$

式（13.90）～式（13.92）中，u_1、u_2 为 [0，1] 上的两个边缘分布函数，$u_1 = F_X(x)$，$u_2 = F_Y(y)$；θ 是 Copula 函数 2 变量相关性关系的参数。

具体二维 Copula 函数的参数计算、拟合检验与优选方法，可参见 13.3.3 中表 13.1 及式（13.44）～式（13.50）。

13.6.2　峰量边缘分布拟合

由于王快水库控制流域下垫面发生了一定变化，洪水产生机制发生改变，洪水序列已不满足一致性假定，传统的洪水单变量分布形式已经不能反映其在变化环境下的真实分布情况，也不适合构建洪水变量之间的多维联合分布。

为说明传统的单变量分布不适合构建非一致性洪水序列多维联合分布，在进行边缘分布的拟合时，同时采用传统的不考虑序列"非一致性"的原序列 P - Ⅲ 分布，及第 12 章中确定的考虑"非一致性"的单变量最优分布（混合分布）两种分布形式，其参数估计及拟合如表 13.2 及图 13.3 所示。

表 13.2 　　　　王快水库各洪水序列混合分布及 P-Ⅲ型分布参数估计结果

洪 水 序 列	α	EX_1	C_{v1}	C_{s1}	EX_2	C_{v2}	C_{s2}
年最大洪峰（混合分布）	0.60	1896	1.40	3.30	705	1.10	2.90
年最大洪峰（P-Ⅲ分布）	—	1257	1.89	4.18	—	—	—
年最大 6d 洪量（混合分布）	0.40	2.78	1.25	3.20	0.95	1.60	3.72
年最大 6d 洪量（P-Ⅲ分布）	—	1.51	1.86	3.90	—	—	—

由表 13.2 可以看出，王快水库年最大洪峰序列和年最大 6d 洪量序列变异点前后两子序列的分布参数发生明显变化，说明下垫面变化导致王快水库入库洪水序列的分布参数发生改变，不考虑序列"非一致性"的原序列 P-Ⅲ分布已不能反映下垫面变化条件下洪水序列的真实分布情况。

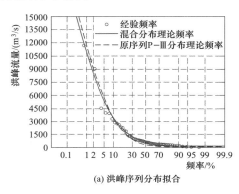
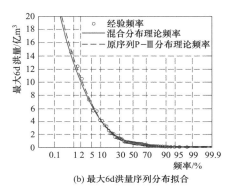

(a) 洪峰序列分布拟合　　　　　　　　　　(b) 最大 6d 洪量序列分布拟合

图 13.3　边缘分布拟合图

从图 13.3 可以看出，非一致性洪水序列混合分布的理论频率曲线较原序列 P-Ⅲ型分布拟合曲线发生了明显变化。对于洪峰序列而言，重现期大于 10 年的情况下，基于混合分布拟合曲线得到的洪峰设计值较原序列 P-Ⅲ型分布拟合曲线得到的设计值小，不同的重现期对应的洪峰减小幅度不同，随重现期的增大而增大，10000 年一遇洪峰减小幅度为7.9%。对于年最大 6d 洪量序列而言，重现期大于 10 年的情况下，基于混合分布拟合曲线得到的最大 6d 洪量设计值较原序列 P-Ⅲ型分布拟合曲线得到的设计值有所减小，减小幅度依不同的重现期有所不同，最大减小幅度接近 5%。以上结论说明，下垫面变化条件下，王快水库的洪水序列的频率分布形式发生了明显的变化。

13.6.3　分布参数计算、检验和优选

分别以 13.6.2 中的非一致性洪水序列混合分布及原序列 P-Ⅲ型分布作为边缘分布，依式（13.90）～式（13.92）构建王快水库年最大洪峰序列及年最大 6d 洪量序列的二维联合分布，根据式（13.44）～式（13.50）及表 13.1 计算各 Copula 函数的 θ、D、OLS、AIC 值。取 K-S 检验的显著性水平为 $\alpha=0.05$，与 $n=56$（实测期 54 年加调查期 2 年）对应的分位数近似为 0.1817，D 值小于 0.1817 时通过检验，具体计算、检验及评价结果如表 13.3 及表 13.4 所示。

表 13.3　以 P‐Ⅲ 分布作为边缘分布的 Copula 函数参数的计算、检验和评价结果

Copula 函数类型	参数 θ	检验及优选指标		
		D	OLS	AIC
G‐H Copula	2.8731	0.3180	0.1619	−201.89
Clayton Copula	3.7463	0.3197	0.1637	−200.71
Frank Copula	9.5045	0.3290	0.1686	−197.40

表 13.4　以混合分布作为边缘分布的 Copula 函数参数的计算、检验和评价结果

Copula 函数类型	参数 θ	检验及优选指标		
		D	OLS	AIC
G‐H Copula	2.8731	0.0947	0.0428	−350.90
Clayton Copula	3.7463	0.1244	0.0596	−313.81
Frank Copula	9.5045	0.0988	0.0485	−336.85

　　由表 13.3 及表 13.4 可以看出，以不考虑序列"非一致性"的原序列 P‐Ⅲ型分布作为边缘分布时，3 种 Copula 函数均未通过检验。以非一致性洪水序列混合分布作为边缘分布时，3 种 Copula 函数均通过检验，其中 G‐H Copula 函数的 OLS 值及 AIC 值均最小，故选择 G‐H Copula 函数作为连接函数构建王快水库年最大洪峰序列与年最大 6d 洪量序列的二维联合分布。图 13.4 给出了用优选的 Copula 函数计算得出的二维理论联合分布与二维经验联合分布的拟合效果图，图 13.5 给出了经验联合分布与理论联合分布的 $Q\sim Q$ 图。

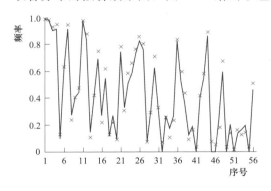

图 13.4　频率拟合效果

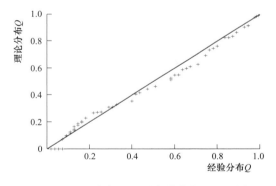

图 13.5　经验与理论联合分布的 $Q\sim Q$ 图

13.6.4　洪水的峰量联合分析

　　基于以上方法得到的边缘分布及最优 Copula 函数，由式（13.90）可得年最大洪峰序列 Q 及年最大 6d 洪量序列 W_6 的联合分布函数（图 13.6）。根据式（13.53）式（13.54）可求得各种峰量组合的联合重现期及同现重现期。图 13.7 和图 13.8 分别给出了联合重现期和同现重现期三维效果图，图 13.9 和图 13.10 为包含序列值的联合重现期和同现重现期等值线图。

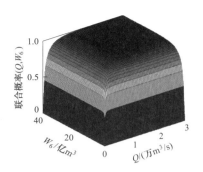

图 13.6　Q 和 W_6 的联合分布函数

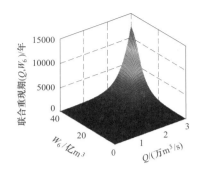

图 13.7　Q 和 W_6 的联合重现期

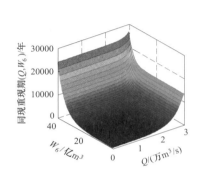

图 13.8　Q 和 W_6 的同现重现期

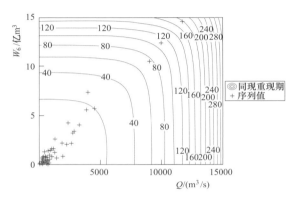

图 13.9　联合重现期等值线图

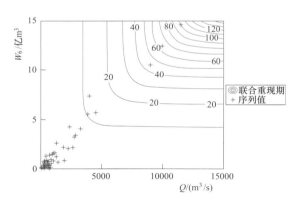

图 13.10　同现重现期等值线图

由图 13.9 及图 13.10 可查得王快水库前三场特大洪水的联合重现期及同现重现期。以王快水库建库以来遭遇的最大洪水 1963 年特大洪水为例，在图中可查得该场洪水的联合重现期为近 40 年，同现重现期为近 80 年。

根据式（13.56）和式（13.57）可求得不同重现期的年最大洪峰和年最大 6d 洪量组合对应的联合重现期及同现重现期。图 13.11 及图 13.12 分别给出了不同重现期峰量组合对应的联合重现期和同现重现期等值线图。由图 13.11 及图 13.12 可知相同单变量重现期的峰量组合对应的联合重现期小于单变量重现期，其对应的同现重现期大于单变量重现期。

基于王快水库非一致性洪水序列单变量频率分析计算结果，应用式（13.62）可分别计算洪峰超过某一频率设计值时年最大 6d 洪量的条件频率，以及年最大 6d 洪量超过某一频率设计值时洪峰的条件频率，计算结果如图 13.13 及图 13.14 所示。

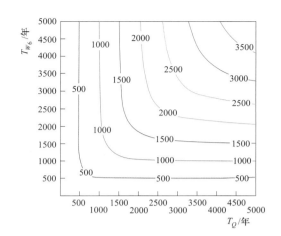

图 13.11 不同重现期峰量组合对应的
联合重现期等值线

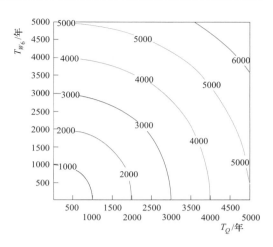

图 13.12 不同重现期峰量组合对应的
同现重现期等值线

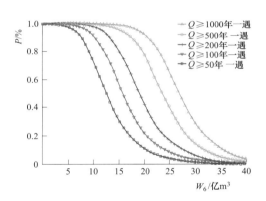

图 13.13 Q 超过某一频率设计值时
W_6 的条件频率

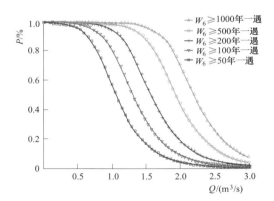

图 13.14 W_6 超过某一频率设计值时
Q 的条件频率

由图 13.13 及图 13.14 可知，当洪峰超过某一频率设计值时，各种频率的最大 6d 洪量都有可能发生。以 1000 年一遇洪水为例，当洪峰超过 1000 年一遇洪峰设计值时，发生 1000 年一遇最大 6d 洪量的可能性为 72.73%；发生 10000 年一遇最大 6d 洪量的可能性为 9.95%；发生 100 年一遇最大 6d 洪量的可能性为 99.54%。当最大 6d 洪量超过某一频率设计值时，各种频率的洪峰均有可能发生，洪峰与最大 6d 洪量之间的条件频率关系与之相同。具体计算结果如表 13.5 所示。由表 13.5、图 13.13 可知，当洪峰与洪量之间具有较高相关性时（$\tau = 0.6519$），发生超过某一频率洪峰设计值的洪峰，会有相当大的可能发生超过同频率洪量设计值的洪量。

基于 13.2.2 介绍的两变量联合分布设计值的计算方法，可推求王快水库洪峰、最大 6d 洪量的非一致性两变量联合分布设计值，这里只计算了两变量同频率组合设计值，具体推求方法如下：设 $T_{XY} = T_X = T_Y = T$，假定 $u_1 = u_2 = u$，由式（13.49）及式（13.86）

可得 $u_1 = u_2 = \left(1 - \dfrac{1}{T_{XY}}\right)^{2-\frac{1}{\theta}}$，由 $Q = F_Q^{-1}(u)$，$W_6 = F_{W_6}^{-1}(u)$ 可求得 T_{XY} 对应的 Q、W_6 的设计值。表 13.6 给出了王快水库基于原序列同频率法、非一致性年最大洪峰序列和年最大 6d 洪量序列的单变量分布法，及非一致性两变量联合分布法得到的年最大洪峰、年最大 6d 洪量设计值。

表 13.5　　　各频率 p 下的设计洪量 W_p 及洪峰超过 $Q_{0.1\%}$ 时，

洪量超过 W_p 发生的条件频率 P

频率 p/%	0.01	0.02	0.1	0.2	0.5	1	2
设计洪量 W_p/亿 m³	35.59	32.05	23.99	20.61	16.28	13.15	10.20
条件频率 P/%	9.95	19.66	72.73	90.91	98.31	99.54	99.88

表 13.6　　　单变量分布法和非一致性两变量联合分布法对应的

洪峰和最大 6d 洪量设计值

设计重现期 /年	原序列计算值		非一致性 单变量分布计算值		非一致性两变量 联合分布计算值	
	Q/(m³/s)	W_6/亿 m³	Q/(m³/s)	W_6/亿 m³	Q/(m³/s)	W_6/亿 m³
10000	31436	35.67	28955	35.59	29930	36.83
5000	28345	32.23	26169	32.05	27136	33.28
1000	21301	24.40	19796	23.99	20741	25.18
500	18344	21.10	17106	20.61	18037	21.77
200	14530	16.83	13621	16.28	14527	17.40
100	11741	13.70	11056	13.15	11936	14.21
50	9062	10.68	8579	10.20	9421	11.19
20	5766	6.94	5526	6.66	6278	7.52
10	3550	4.38	3522	4.34	4148	5.07

由表 13.6 可知，基于非一致性两变量联合分布法得到的设计值比非一致性洪水序列单变量分布法得到的设计值偏大；与原序列同频率法得到的洪水设计值相比，基于非一致性两变量联合分布法得到最大 6d 洪量设计值比原序列同频法得到的最大 6d 洪量设计值大，但洪峰设计值与原序列同频率法得到的洪峰设计值相比，依不同的重现期对比结果有所不同。当重现期大于等于 200 年时，非一致性两变量联合分布法得到的洪峰设计值小于原序列同频率法对应的洪峰设计值，当重现期小于 200 年时，非一致性两变量联合分布法得到的洪峰设计值大于原序列同频率法得到的洪峰设计值。

基于非一致性两变量联合分布洪峰、最大 6d 洪量设计值，采用 13.5.2 节介绍的基于 Copula 函数的设计洪水过程线方法可求得王快水库基于非一致性序列两变量联合分布的设计洪水过程线。分别以 10000 年一遇和 1000 年一遇设计洪水为例，绘制王快水库基于非一致性序列两变量联合分布的设计洪水过程线（其中原序列同频率法及非一致性序列单变量分布法对应的设计洪水过程线已修匀），如图 13.15 和图 13.16 所示。

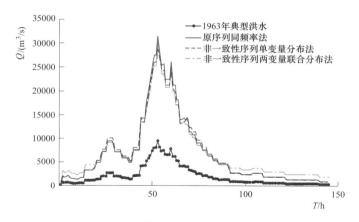

图 13.15 非一致性两变量联合分布的 10000 年一遇设计洪水过程线

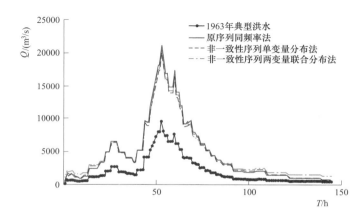

图 13.16 非一致性两变量联合分布的 1000 年一遇设计洪水过程线

通过图 13.15 和图 13.16 可以看出，基于非一致性序列单变量分布法得到的设计洪水过程线基本位于原序列同频率法得到的设计洪水过程线之下，而基于非一致性序列两变量联合分布法得到的设计洪水过程线基本位于非一致性序列单变量分布法对应的设计洪水过程线之上。基于非一致性序列两变量联合分布法得到的设计洪水过程线与原序列同频率法对应的设计洪水过程线相比，依不同的重现期对比结果有所不同。

13.7 小结

由于兴建了大量水利工程和水土保持工程，海河流域下垫面变化显著，洪水序列不再满足一致性假定，基于传统的水文频率分析法推求的洪水序列分布形式不能反映下垫面变化条件下洪水序列的真实分布情况，更不适用于构建洪水序列的峰量联合分布。该章以大清河流域南支沙河上游王快水库入库年最大洪峰序列和年最大 6d 洪量序列为例，采用第12 章得到的非一致性洪水序列的最优拟合分布（混合分布）作为边缘分布，应用 Copula 函数法构建两者的非一致性两变量联合分布，分析了两变量重现期及特定条件下的洪峰、洪量条件频率，计算了基于非一致性两变量联合分布的洪水设计值。基于非一致性两变量联合分布设计值，采用变倍比放大法对王快水库 1963 年典型洪水过程进行放大，得到了王快水库基于非一致性洪水序列两变量联合分布的设计洪水过程线。该章主要结论可概括如下：

（1）王快水库入库洪水单变量重现期介于两变量联合重现期与两变量同现重现期之间，符合概率论与数理统计的基本原理。

（2）当峰量间具有较高相关性时，发生超过某一频率洪峰设计值的洪峰，会有相当大的可能发生超过同频率洪量设计值的洪量，以 1000 年一遇洪水为例，当洪峰超过 1000 年一遇设计值时，最大 6d 洪量超过 1000 年一遇设计值的可能性为 72.73%。

（3）基于王快水库控制流域下垫面变化显著的事实，考虑洪水过程洪峰、洪量的相关性，则基于非一致性序列两变量联合分布法得到的洪水设计值大于非一致性序列单变量分布法对应的洪水设计值，从水库的安全性角度而言，以此作为设计标准会更加安全。

参考文献

Chebana F，Ouarda T，2011. Multivariate quantiles in hydrological frequency analysis ［J］. Environmetrics，22：63 - 78.

Genest C，Rivest L P，1993. Statistical inference procedures for bivariate Archimedean copulas ［J］. Journal of the American statistical Association，88：1034 - 1043.

Genest C，Rivest L P，2001. On the multivariate probability integral transformation ［J］. Statistics & probability letters，53：391 - 399.

Nelsen R B，1999. An introduction to copulas ［M］. Springer.

Salvadori G，2007. Extremes in nature：an approach using copulas ［M］. Springer.

Salvadori G，De Michele C，2004. Frequency analysis via copulas：Theoretical aspects and applications to hydrological events ［J］. Water Resources Research，40：229 - 244.

Salvadori G，De Michele C，Durante F，2011. On the return period and design in a multivariate framework ［J］. Hydrology and Earth System Sciences，15：3293 - 3305.

Volpi E，Fiori A，2012. Design event selection in bivariate hydrological frequency analysis ［J］. Hydrological Sciences Journal，57：1506 - 1515.

Yue S，2000a. Joint probability distribution of annual maximum storm peaks and amounts as represented by daily rainfalls ［J］. Hydrological Sciences Journal，45：315 - 326.

Yue S，2000b. The Gumbel logistic model for representing a multivariate storm event ［J］. Advances in Water Resources，24：179 - 185.

Yue S，2000c. The Gumbel mixed model applied to storm frequency analysis ［J］. Water Resources Management，14：377 - 389.

Yue S，Ouarda T，Bobée B，2001. A review of bivariate gamma distributions for hydrological application ［J］. Journal of Hydrology，246：1 - 18.

Zhang L，Singh V，2006. Bivariate flood frequency analysis using the copula method ［J］. Journal of Hydrologic Engineering，11：150 - 164.

Zhang L，Singh V P，2007a. Bivariate rainfall frequency distributions using the Gumbel - Hougaard copula

［J］．Journal of Hydrology，332：93－109．

Zhang L，Singh V P，2007b. Gumbel－Hougaard copula for trivariate rainfall frequency analysis ［J］. Journal of Hydrologic Engineering，12：409－419．

Zhang L，Singh V P，2007c. Trivariate flood frequency analysis using the Gumbel－Hougaard copula ［J］. Journal of Hydrologic Engineering，12：431－439．

刁心薇，2005. Copula 函数的非参数估计方法 ［D］. 长春：吉林大学．

冯平，李新，2013. 基于 Copula 函数的非一致性洪水峰量联合分析 ［J］. 水利学报，44（10）：1137－1147．

冯平，牛军宜，张永，等，2010. 南水北调西线工程水源区河流与黄河的丰枯遭遇分析 ［J］. 水利学报，41（8）：900－907．

冯平，王仲珏，2007. 基于二维 Gumbel 分布的降雨径流频率分析模型及其应用 ［J］. 干旱区资源与环境，21（10）：68－72．

傅玉勇，闫澍旺，丁志宏，2010. 基于 GH Copula 的渭河与汾河径流丰枯遭遇频率研究 ［J］. 水利水电技术，41（1）：15－17．

郭生练，闫宝伟，肖义，等，2008. Copula 函数在多变量水文分析计算中的应用及研究进展 ［J］. 水文，28（3）：1－7．

韩义超，刘东，1999. 采用随机模拟技术与常规水文方法相结合的洪水过程模拟法 ［J］. 水文（3）：16－19．

李天元，郭生练，刘章君，等，2014. 基于峰量联合分布推求设计洪水 ［J］. 水利学报，45（3）：269－276．

梁忠民，戴昌军，2005. 多项式正态转换水文频率分析方法的稳健性研究 ［J］. 水利水电科技进展，25（3）：15－17．

牛军宜，冯平，丁志宏，2009. 基于多元 Copula 函数的引滦水库径流丰枯补偿特性研究 ［J］. 吉林大学学报（地球科学版），39（6）：1095－1100．

邱小霞，刘次华，吴娟，等，2009. Copula 函数中参数的矩估计方法 ［J］. 应用数学，22（2）：448－451．

宋松柏，蔡焕杰，金菊良，等，2012. Copula 函数及其在水文中的应用 ［M］. 北京：科学出版社．

王文圣，丁晶，2003. 基于核估计的多变量非参数随机模型初步研究 ［J］. 水利学报（2）：9－14．

王占海，陈元芳，黄琴，等，2009. M－Copula 函数在洪水遭遇中的应用研究 ［J］. 水电能源科学，27（1）：69－73．

肖义，郭生练，刘攀，等，2007a. 基于 Copula 函数的设计洪水过程线方法 ［J］. 武汉大学学报（工学版），40（4）：13－17．

肖义，郭生练，熊立华，等，2007b. 一种新的洪水过程随机模拟方法研究 ［J］. 四川大学学报（工程科学版），39（2）：55－60．

杨益党，罗羡华，2007. Copula 函数的参数估计 ［J］. 新疆师范大学学报（自然科学版），26（2）：15－18．

张翔，冉啟香，夏军，等，2011. 基于 Copula 函数的水量水质联合分布函数 ［J］. 水利学报，42（4）：483－489．

张雨，2010. Archimedean Copulas 函数在干旱分析中的应用 ［D］. 杨凌：西北农林科技大学．

郑红星，刘昌明，2000. 南水北调东中两线不同水文区降水丰枯遭遇性分析 ［J］. 地理学报，55（5）：523－532．

第 14 章　非一致性对水文序列参数
估计不确定性影响

14.1　概述

在水文分析计算中，频率分析作为重要的描述、计算方法已经得到了广泛的应用。但是，频率分布参数的确定一般是依赖于水文序列的计算值与实测值的拟合程度，而如果实测值的统计特性无法满足选定频率分布的假定条件，就会导致所估计的分布参数存在很大的不确定性。如何定量评价水文分布参数估计的不确定性以及参数不确定性对计算结果产生的影响，就显得越发重要。

为解决此问题，贝叶斯理论应运而生。贝叶斯理论的基本原理是将待估参数作为随机变量处理，充分利用已知样本数据中所蕴含的信息，计算得出待估参数的置信区间。具体计算过程为：通过分析已知样本数据，确定待估参数的先验分布形式，根据贝叶斯公式建立方程，求解待估参数的后验分布，得到待估参数的统计特征值及相应百分数下的置信区间。但是在计算待估参数后验分布时需要计算待估参数似然函数的解析解，而传统的解析计算方法无法对似然函数进行准确积分。因此，提出了马尔科夫链蒙特卡洛（MCMC）方法，将其作为一种数值近似计算方法。

MCMC 方法现已广泛的应用于参数估计不确定性计算中，其主要计算过程分为两步：①选用合适的抽样方法对已知数据样本进行抽样，得到一条马尔科夫链；②采用蒙特卡洛积分对贝叶斯公式进行求解，其中最主要的是对样本进行抽样（曹飞凤，2010）。经过多年研究发展，提出了不同的抽样算法进行数据采样来求解参数后验分布估计值。

当水文参数的后验分布为熟悉的函数形式（如正态分布、Beta 分布、Gamma 分布等）时，可以很容易地对相关参数的后验分布进行抽样模拟（Krzysztofowicz，1999；Krzysztofowicz 等，2004）。但多数情况下，参数的后验分布形式无从知道，这就需要采用下列常用算法对参数后验分布进行模拟。①Metroolis - Hastings（M - H）算法。1953年，Metropolis 等最初提出 Metropolis 算法。1970 年，Hastings 将此算法进一步推广，提出在 MCMC 过程中采用 M - H 算法。1995 年，Green 提出了旨在对不同维度空间内参数进行抽样的可逆跳跃 M - H 抽样。对于特殊形式的 M - H 算法，一类是随机游走 M - H 算法，它的关键在于对反映抽样代表性接受率的确定。另一类是独立抽样 M - H 算法，该方法建立在 Laplace 近似的基础之上（Dirceu 等，2005）。②Gibbs 采样算法。Gibbs 采样算法是最简单的一种 MCMC 算法，适用于条件分布 $p(x_i \mid x_j : j \neq i)$，容易计算变量 x 从很小的集合中选取的情况。其主要的计算过程为：首先选定初始向量，然后从所有变量当前值中抽取样本对初始向量进行迭代，依次进行，完成所有变量的迭代采样，得到后验样本，根据后验样本可计算后验分布的各阶矩，进行相应的统计推断计算（Liang et al，2011；刘攀等，2007）。③Adaptive Metropolis（AM）算法。AM算法是对 M-H 算法的一种改进算法（桑燕芳等，2013），待估参数的先验分布不需要事先设定，而是充分利用样本数据初始抽样的协方差（Huard et al，2010），在抽样过程中根据马尔可夫链的历史抽样信息自适应的调整推荐密度（即协方差矩阵），且可并行运算，提高了算法的收敛速度，有效解决了先验分布形式选择的主观性问题。

其中较为常用的有基于 Monte Carlo 随机采样的广义似然不确定性估计方法（GLUE）与 Metropolis 算法（Martins et al，2000；Kuczera et al，1998）。但是 Monte Carlo 随机取样效率较低，且无法解决复杂概率密度函数的高维采样问题。为解决这两方面问题，SCEM-UA 算法与 DREAM 算法应运而生（Vrugt et al，2003；Ter Braak et al，2008）。基于 SCEM-UA 算法，卫晓婧等（2009）还提出了改进似然不确定性估计方法（MMGLUE），MMGLUE 方法较传统的 GLUE 方法能推求出性质更为优良的预估区间。随着研究的深入，粒子过滤器、Bootstrap 等其他方法也被应用于参数不确定性的估计中。虽然国内对于参数估计不确定性研究起步较晚，但是依然在不同分布参数、线型选择的不确定性估计等方面取得较多成果。梁忠民等（2009，2010）在不同分布参数、线型选择的不确定性估计等方面研究较为深入。尚晓三等（2011）采用基于自适应采样算法的马尔科夫链蒙特卡洛方法（AM-MCMC）求解贝叶斯公式，对 P-Ⅲ型分布参数进行不确定性估计，提高了水文分析计算的可靠性。鲁帆等（2013）将水文频率分布线型的未知参数看作随机变量，通过基于 M-H 抽样算法的贝叶斯 MCMC 方法估计广义极值（GEV）分布参数和设计洪水的后验分布，并据此进行极值洪水的频率分析。

尽管从理论完善、技术创新到应用拓展等多方面对水文参数估计的不确定性做了深入研究，但是其研究的数据对象往往是一个连续的水文序列，而在人类活动不断影响下垫面变化的现状下，水文序列的一致性极有可能遭到破坏。因此，本章选取下垫面变化较大的西大洋水库控制流域为研究对象，来分析水文序列非一致性对其参数估计不确定性的影响。14.2 介绍水文序列参数估计的一般计算方法；14.3 采用 Gibbs-MCMC 算法分别对变异前后的洪峰序列 P-Ⅲ型频率分布曲线参数进行估计，对比修正前后频率分析的预估区间结果，借此分析水文序列非一致性对其参数估计不确定性的影响；14.4 对本章主要方法和结论进行小结。

14.2　水文序列参数估计的一般计算方法

14.2.1　洪峰序列变异分析

14.2.1.1　初步分析

利用西大洋水库 1952—2008 年的年最大洪峰资料，按前述 11.3.3 方法进行洪水序列的变异性诊断分析。图 14.1 给出的是西大洋入库年最大洪峰序列及相应的 5 年滑动平均过程，可以看出，1980 年前后洪峰值变化幅度比较明显，并且 1980 年后连续峰值低于均值，初步判断洪峰序列可能存在变异。

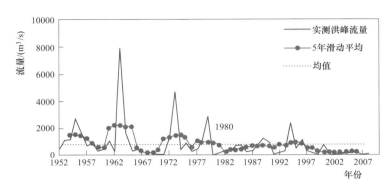

图 14.1　洪峰流量及 5 年滑动平均图

14.2.1.2　详细分析

采用 Spearman、Kendall 秩相关检验判断洪峰时间序列总体的变化趋势（表 14.1），M-K 法对洪峰是否存在变异点以及变异点位置进行检验（图 14.2）。

表 14.1　　　　　　　　　　　秩 相 关 检 验 结 果

检验方法	Spearman（$p<0.05$ 则有关）	Kendall（$|Z|>1.96$ 则有关）
统计量	6.95×10^{-4}	-3.33
趋势性	显著下降	显著下降

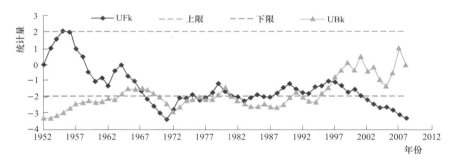

图 14.2　M-K 法检验图

由趋势性检验和变异性检验的结果表明：洪峰时间序列呈显著下降趋势，出现 1967 年、1980 年、1997 年三个变异点。但由于 1967 年前、1997 年后的洪峰系列实测年份较短，将其作为变异点不合理，而且 20 世纪 70 年代末唐河周边兴建了一批水库、塘坝、堤防等中小型水利工程，林地、耕地等的变化改变了下垫面状态，从成因上分析，西大洋水库入库洪峰系列在 20 纪 70 年末代左右出现变异可能性较大。因此，通过综合分析同样可以确定变异点为 1980 年前后。

14.2.2　参数估算方法

水文频率分析计算是水利工程规划设计的前期工作，其计算结果为工程规模和建筑尺寸提供设计依据。为了解决水文频率分析中参数估计的问题，水文工作者做了大量的研究工作，得到多种确定性参数估计方法。

14.2.2.1 矩法

矩法通过对已有样本的样本矩进行计算分析进而估计总体矩，并利用矩和分布函数参数之间的关系式，来估计频率分布曲线统计参数。其计算方法如下：

对于一个概率密度函数 $f(x)$，其 r 阶原点矩为

$$\mu'_r = \int_{-\infty}^{\infty} x^r f(x) \mathrm{d}x \quad \mu'_1 = \mu = \mathrm{mean} \tag{14.1}$$

其中心矩 μ_r 为

$$\mu_r = \int_{-\infty}^{\infty} (x - \mu'_1)^r f(x) \mathrm{d}x \quad \mu_1 = 0 \tag{14.2}$$

样本原点矩 m'_r 和样本中心矩 m_r 计算公式为

$$m'_r = \frac{1}{n} \sum_{i=1}^{n} x_i \quad m'_1 = \overline{x} \tag{14.3}$$

$$m_r = \frac{1}{n} \sum_{i=1}^{n} (x_i - \overline{x})^r \quad m_1 = 0 \tag{14.4}$$

式中：x_i 为容量为 n 的观测序列。

变差系数计算公式为

$$C_v = z = \mu_2^{1/2} / \mu'_1 \tag{14.5}$$

偏态系数计算公式为

$$C_s = \gamma_1 = \mu'_3 / \mu_2^{3/2} \tag{14.6}$$

14.2.2.2 概率权重矩法

概率权重矩法是对矩法的发展，其计算原理与矩法相似，也是用样本矩代替总体矩，并通过矩和参数之间的关系式来估计频率分布的统计参数。概率权重的定义为

$$a_s = \hat{a}_s = \hat{M}_{1,0,s} = \frac{1}{N} \sum_{i=1}^{N} (1 - F_i)^s x_i \tag{14.7}$$

$$b_r = \beta_r = \hat{M}_{1,r,0} = \frac{1}{N} \sum_{i=1}^{N} F_i^r x_i \tag{14.8}$$

式中：$F_i = (i - 0.35)/N$。

由于计算过程中线性矩可以直接被概率分布的尺度参数和形状参数来解释，因此线性矩法比概率权重矩更为方便。通过概率权重的 α 和 β 可做如下定义：

$$\lambda_{r+1} = (-1)^r \sum_{k=0}^{r} p^*_{r,k} \alpha_k = \sum_{k=0}^{r} p^*_{r,k} \beta_k \tag{14.9}$$

式中：$p^*_{r,k} = (-1)^{r-k} \binom{r}{k} \binom{r+k}{k}$。

样本线性矩（l_r）由式（14.7）和式（14.8）计算出的 a 和 b 替换式（14.9）中的 α 和 β 得出。线性矩比率定义如下：

$$\tau = \lambda_2 / \lambda_1 \tag{14.10}$$

$$\tau_r = \lambda_r / \lambda_2 \quad r \geqslant 3 \tag{14.11}$$

样本线性矩（t 和 t_r）通过替换式（14.10）和式（14.11）中的 λ_r 计算。

14.2.2.3　极大似然法

极大似然法基本原理为：对某个一支概率分布形式的随机样本进行多次实验，并观察其实验结果，利用实验结果推导出所求参数的估计值。但是极大似然估计只是对参数的一种粗略估计，要知道它的误差大小还要做区间估计。有些时候似然函数可能存在不连续点，似然方程可能无解，在某些简单情况下，可通过观察直接得到方程的解。

矩法、概率权重矩法、极大似然法等传统参数估计方法，都是将待估参数作为一个固定值进行计算，并且计算过程中最大程度地简化估计条件，没有考虑到一些不确定性因素对其估计结果产生的影响。而在水文时间序列频率分析时，频率分布参数的确定一般是依赖于水文序列的计算值与实测值的拟合程度，而如果实测值的统计特性无法满足选定频率分布的假定条件，就会导致在估计分布参数时存在很大的不确定性。因此定量评价水文分布参数估计的不确定性以及参数不确定性对计算结果产生的影响，就显得越发重要。

14.2.3　贝叶斯理论

贝叶斯定理的基本观点是把任一未知量 θ 都看作随机变量，可以用一个概率分布来描述它，这个分布叫先验概率分布，记作 $p(\theta)$。随机变量依赖于 θ 的密度函数记为 $p(y, \theta)$。并且密度函数 $p(y, \theta)$ 是在随机变量 θ 给定某个值时 y 的条件概率密度函数，记为 $p(y \mid \theta)$。依据全概率公式可知，$p(y) = \int p(\theta) p(y \mid \theta) \mathrm{d}\theta, p(y)$ 为 y 发生的概率。密度函数形式的贝叶斯公式为

$$p(\theta \mid y) = \frac{p(\theta) p(y \mid \theta)}{\int p(\theta) p(y \mid \theta) \mathrm{d}\theta} \tag{14.12}$$

式中：$p(\theta \mid y)$ 为参数的后验分布密度；$p(\theta)$ 为参数的先验分布密度；$p(y \mid \theta)$ 体现了在现有的数据条件下参数的似然度信息。

对于参数后验分布的计算，先验分布的确定至关重要。不同的先验分布设定会得到不同的参数后验分布估计值，所以应通过已知信息谨慎选择参数的先验分布。待估参数先验分布的类型主要有：

（1）无信息先验。无信息先验主要基于样本数据，不包含任何主观信息，对参数后验分布影响最小，降低了结论的主观性。常用的无信息先验主要有均匀先验、Jeffreys 先验、扁平先验等。

（2）分层先验。分层先验指的是将先验分布中的参数同样视为随机变量进行先验分布设定，这样就将先验分布分为两层。但是在贝叶斯理论中，先验分布的设定往往包含着研究者的主观信念，不同的研究者主观信念也有较大差异，这给后验分布的计算带来了很大的不确定性，而分层先验中两次先验分布的设定无疑会给后验分布的推算带来更大的差异。

（3）经验先验。经验先验是根据已知的样本数据，采用相关估计方法对参数进行初步的计算，在掌握参数初步信息的基础上对参数先验分布进行设定。

14.2.4　MCMC 方法

在用贝叶斯公式进行计算时，需要计算待估参数似然函数的解析解，而传统的解析计

算方法无法对其进行准确积分，而马尔科夫链蒙特卡洛（MCMC）方法有效地解决了这一问题。

此外，重要性采样和拒绝采样只有在建议概率分布和目标概率分布接近时才很有效。在大型复杂问题中，很难构造那样的建议概率分布。MCMC 方法将随机过程中的马尔可夫过程应用到蒙特卡洛方法中，极大地提高了蒙特卡洛方法的采样效率。

MCMC 方法的基本原理就是基于建立的平稳分布为 $\pi(x)$ 的马尔可夫（Markov）链来获得 $\pi(x)$ 的样本。产生一条或多条独立并行的 Markov 链来探索模型参数空间，通过随机抽样的方法不断更新样本信息而使 Markov 链收敛于高概率密度区，也就是 Bayesian 方法中的最大后验估计。而马尔可夫过程是一种非常简单的动态过程，系统的第 $n+1$ 个状态 k_{n+1} 根据第 n 个状态 k_n 随机产生，而跟 k_n 之前的状态 k_{n-1}、k_{n-2} 等没有关系。系统经过一步后从状态 k 转移到状态 l 的转移概率记为 $W^{(l)(k)} = W[k \rightarrow l]$，则转移矩阵 $W = [W^{(l)(k)}]$。为了得到服从目标概率分布的状态，矩阵 W 需满足各态遍历性、归一性、平衡性等条件。

MCMC 方法中最基本的 Metropolis 算法的原理如下。当系统位于状态 k 时，Metropolis 算法建议一个新的状态 l 的概率为

$$f(l, k) \quad 且 \sum_l f(l, k) = 1 \tag{14.13}$$

新状态 l 被接受的概率为

$$W^{(l)(k)} = \min\left[1, \frac{P_B^{(l)}}{P_B^{(k)}}\right] = \begin{cases} 1 & E^{(l)} \leqslant E^{(k)} \\ e^{-\beta(E^{(l)} - E^{(k)})} & E^{(l)} > E^{(k)} \end{cases} \tag{14.14}$$

其中，一个状态能够给出一个概率 $P^{(k)}$，而一个系综是一个系列状态的集合，表示为 $\sum_k P^{(k)} = 1$。Boltzmann 系综表达式为 $P_B^{(k)} = c_B e^{-\beta E^{(k)}}$，$c_B$ 是归一化常数。

如果新的状态被拒绝，系统继续留在旧的状态。状态接受率定义为转移被接受的次数占建议转移状态的次数比例。Metropolis 算法得到的转移概率为：

$$\begin{cases} W^{(l)(k)} = f(l, k) w^{(l)(k)} & l \neq k \\ W^{(k)(k)} = f(k, k) + \sum_{l \neq k} f(l, k)(1 - w^{(l)(k)}) \end{cases} \tag{14.15}$$

常见的 MCMC 采样方法，如 M – H（Metropolis – Hastings）采样，Gibbs 采样，AM（adaptive Metropolis）采样等，都是从 Metropolis 算法发展而来。

而 MCMC 方法的关键就是选择何种推荐分布（转移密度）使采样更加有效。Gibbs 方法进行采样，虽然其不像 AM 算法那样不依赖事先确定的推荐分布，但根据贝叶斯理论可知，参数先验分布类型的选择对后验分布的估计结果影响很小，故可选用此方法进行计算。

Gibbs 采样算法是最简单的一种 MCMC 算法，适用于条件分布 $p(x_i \mid x_j : j \neq i)$。容易计算变量 x 从很小的集合中选取的情况。它根据所有其他变量的当前值，对其中每一个变量进行迭代采样。

Gibbs 采样算法过程如下：

从 $(x_1^t, x_2^t, \cdots, x_n^t)$ 开始：根据 $P(X_1 \mid x_1^t, x_2^t, \cdots, x_n^t)$ 选取 x_1^{t+1} 的值；根据 $P(X_2 \mid x_1^t,$

$x_2^t, \cdots, x_n^t$）选取的 x_2^{t+1} 值；依此类推，根据 $P(X_n \mid x_1^t, x_2^t, \cdots, x_n^t)$ 选取 x_n^{t+1} 的值；迭代后，最终得到一个平稳分布。

从过程中可以看到该算法对状态分量值逐个更新，并且每次只更新一个变量，每次更新都依赖于最新的变量值做条件，循环一次才将所有变量更新一遍。如此循环达到平稳分布。而达到平稳分布的条件一般是现在的状态和前一次的状态相比大致相当。

设现在的状态是 $(x_1^t, x_2^t, \cdots, x_n^t)$，后一次的状态是 $(x_1^{t+1}, x_2^{t+1}, \cdots, x_n^{t+1})$，如果满足：$\forall i = 1, 2, \cdots, n$ 都有

$$| x_i^{t+1} - x_i^t | \approx 0 \quad \text{或者} \quad | x_i^{t+1} - x_i^t | < \varepsilon \tag{14.16}$$

式中：ε 是一个较小的正数阈值。满足上述条件说明现态 $(x_1^t, x_2^t, \cdots, x_n^t)$ 和后态 $(x_1^{t+1}, x_2^{t+1}, \cdots, x_n^{t+1})$ 各个分量在数值上相一致，更新达到平稳分布，可停止更新。

14.3　参数估计不确定性对比分析

14.3.1　分析流程

在当前水文计算中，P-Ⅲ 型曲线得到了广泛的应用。选取 P-Ⅲ 型分布曲线，运用 Gibbs-MCMC 算法进行抽样，使其参数收敛于后验分布，根据数理统计方法对抽样样本进行计算分析，便可定量描述参数估计结果的不确定性。具体流程如下：

（1）确定待估参数，组成样本向量 $\boldsymbol{\theta}_0$。对于 P-Ⅲ 型分布，根据上述分析，样本向量应由 EX、C_v、C_s 组成。但是在实际应用中根据经验常取 C_s 为 C_v 的倍数，所以一般待估参数为 EX、C_v。这里分别对非一致性实测洪峰流量序列、一致性修正后的洪峰流量还原序列的待估参数 EX、C_v 进行对比计算。

（2）确定待估参数先验分布形式。对于所要分析计算的实测数据，先观察其分布情况，预设参数分布，待估参数一般可认为遵循对数正态分布或伽马分布。在此采用伽马分布。

（3）采用 Gibbs-MCMC 算法进行抽样迭代。经过多次调试，确定初始迭代次数为 1000，对程序进行"预热"处理，把得到的参数估计值作为待估参数的初始条件。继续进行 20000 次迭代，绘制参数样本的迭代图，判断是否收敛于后验分布。迭代图包括迭代轨迹图（trace）和迭代历史图（history），其中迭代轨迹是迭代历史的局部放大，都表示采样迭代的具体过程，如果迭代过程中参数取值遍历了整个参数空间，则可认为参数估计值收敛于后验分布。

（4）采用均值、标准差、标准误、95%置信区间等多种数理统计数据分析参数后验分布，定量描述 EX、C_v 等参数估计结果的不确性。

（5）选取覆盖率、平均带宽、平均偏移幅度等指标，评价非一致性洪峰流量序列修正前后预报不确定性区间的优良性。

14.3.1.1　实测序列参数估计

按照前文所述流程，根据所选西大洋水库 1952—2008 年的年最大洪峰实测资料进行计算，得到实测序列待估参数 EX、C_v 迭代轨迹图（trace）、迭代历史图（history）和自

相关函数图（autocorrefation function），分别如图 14.3～图 14.5 所示。

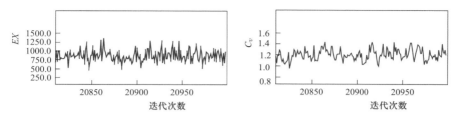

图 14.3 EX、C_v 迭代轨迹图

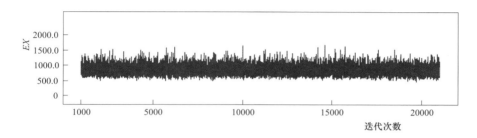

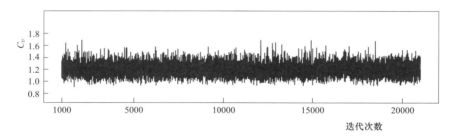

图 14.4 EX、C_v 迭代历史图

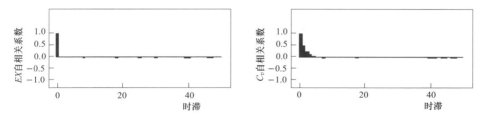

图 14.5 EX、C_v 自相关函数图

如图 14.3 和图 14.4 所示，在 1000 次迭代"预热期"之后，迭代轨迹、迭代历史基本趋于稳定，且数据空间整体遍历性较好，可认为参数估计值收敛于后验分布。

自相关函数表达了同一过程不同时刻的相互依赖关系。如图 14.5 所示，EX、C_v 自相关函数都很快趋近于 0，说明迭代过程已经收敛。

为了进一步确定待估参数后验分布值的可靠性，还需要观察其分位数图及核密度图，分别如图 14.6 和图 14.7 所示。

通过图 14.6 可知，EX、C_v 的 2.5%、均值及 97.5%分位数在 1800 次迭代后数值十

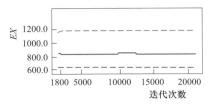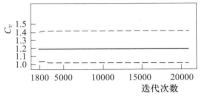

图 14.6　EX、C_v 的 2.5%、均值及 97.5%分位数图

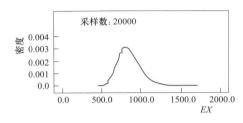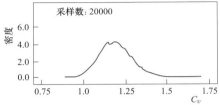

图 14.7　EX、C_v 核密度图

分稳定，没有上下的波动，说明计算出的估计值可靠。图 14.7 给出的 EX、C_v 核密度图，曲线光滑平顺，没有起伏波动，线型保持良好，也说明待估参数后验分布估计值的精确性良好。

14.3.1.2　还原序列参数估计

水文序列是一定时期内气候、自然环境、人类活动等综合作用的产物，随着时间会发生不同程度的变化。但无论其如何变化，总可以分解成确定性成分和随机性成分。随机性成分主要受到自然环境、气候地质的影响，其变化规律能在很长一段时期内维持稳定，因此水文序列中的随机成分统计特性是相对一致的，符合独立同分布的假设；而水文序列中的确定性成分主要受到人类活动的影响，但并不排除火山爆发、地震等自然因素对下垫面造成的突变，其变化规律能够在较短的时间内发生剧烈的变化，因此确定性成分的变化规律往往是非一致的。这里采用非一致性水文序列频率分析计算方法对非一致性洪峰流量时间序列进行还原计算。

水文时间序列一般由两种或两种以上的成分合成。假定水文序列 X_t 的各成分满足线性叠加特性（即加法模型），X_t 可表示为：

$$X_t = Y_t + P_t + S_t \qquad (14.17)$$

式中：Y_t 为确定性的非周期成分（包括趋势 C_t，跳跃 B_t 等暂态成分以及近似周期成分等）；P_t 为确定性的周期成分（包括简单的或复合周期的成分等）；S_t 为随机成分（包括平稳的或非平稳的随机成分）；t 为时间。

确定性成分的拟合计算和预测假设通过上述趋势与跳跃成分的检验，已确定非一致性水文序列 X_t 的变异点为 t_0，于是 t_0 前后的序列，其物理成因不相同，且 t_0 之前的序列主要反映人类活动影响不太显著的随机性成分，用数学方程表示为

$$X_t = \begin{cases} S_t & t < t_0 \\ S_t + Y_t & t \geqslant t_0 \end{cases} \qquad (14.18)$$

式中：S_t 是一致性的随机性成分；Y_t 为非一致性的确定性成分。当出现跳跃时，Y_t 为一常数；当出现趋势时，Y_t 是时间 t 的函数；当同时出现跳跃和趋势时，Y_t 是时间 t 的分段函数，Y_t 可用最小二乘法对实际水文序列通过数学函数拟合求得。

一般认为变异点之前的时间序列满足一致性条件，可看作随机性成分。前面已经确定出西大洋水库的洪峰流量序列的变异点年份为 1980 年，根据最小二乘法可以得到洪峰流量序列的趋势方程为 $Y_{t2} = 24350 - 11.986t$，假设其均值为过趋势直线第一点（$t = 1980$）的一条水平线，其方程为 $Y_{t1} = 617.72$，上述洪峰流量序列变化前后的差值即为其趋势成分，表达式为：

$$Y_t = \begin{cases} 0 & t < 1980 \\ 23732.28 - 11.986t & 1980 \leqslant t \leqslant 2008 \end{cases} \qquad (14.19)$$

根据时间序列 X_t 的分解原理，随机性成分 $S_t = X_t - Y_t$，因此可以得到洪峰流量序列的随机性成分，其表达式为：

$$S_t = \begin{cases} X_t & t < 1980 \\ X_t - (23732.28 - 11.986t) & 1980 \leqslant t \leqslant 2008 \end{cases} \qquad (14.20)$$

对于满足一致性的随机性成分 S_t 即为过去条件下的洪峰流量序列（1952—2008 年），其结果能够反映过去气候变化和人类活动影响不显著时径流形成条件。

按照前面所述流程，采用西大洋水库 1952—2008 年的年最大洪峰还原序列进行计算，得到还原序列待估参数 EX、C_v 迭代轨迹图（trace）、迭代历史图（history）和自相关函数图（autocorrelation function），分别如图 14.8～图 14.10 所示。

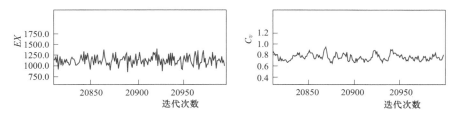

图 14.8　EX、C_v 迭代轨迹图

如图 14.8 和图 14.9 所示，在 1000 次迭代"预热期"之后，迭代轨迹、迭代历史基本趋于稳定，且数据空间整体遍历性较好，可认为参数估计值收敛于后验分布。

如图 14.10 所示，EX、C_v 自相关函数都很快趋近于 0，说明迭代过程已经收敛。

为了进一步确定待估参数后验分布值的可靠性，还需要观察其分位数图及核密度图，分别如图 14.11 和图 14.12 所示。

通过图 14.11 可知，EX、C_v 的 2.5%、均值及 97.5% 分位数在 1800 次迭代后数值十分稳定，没有上下的波动，说明计算出的估计值可靠。图 14.12 给出的 EX、C_v 核密度图，曲线光滑平顺，没有起伏波动，线型保持良好，也说明待估参数后验分布估计值的精确性良好。

14.3.1.3　还现序列参数估计

采用分布合成方法对洪峰流量时间序列进行合成计算。分布合成首先通过优化适线法可得过去条件下洪峰序列该型分布具体统计参数为：均值 $EX = 1124.51 \text{m}^3/\text{s}$、变差系数

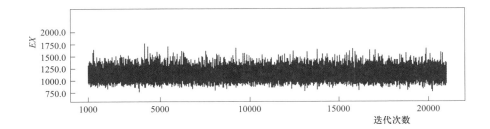

图 14.9 EX、C_v 迭代历史图

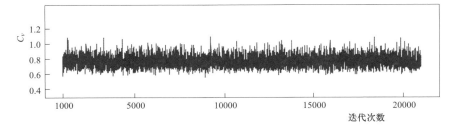

图 14.10 EX、C_v 自相关函数图

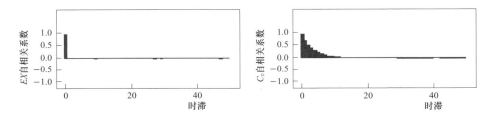

图 14.11 EX、C_v 的 2.5%、均值及 97.5% 分位数图

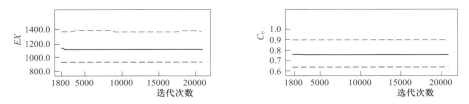

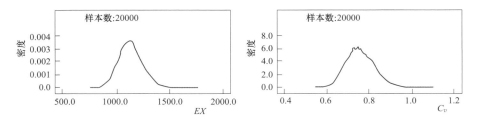

图 14.12 EX、C_v 核密度图

$C_v = 1.60$ 和偏态系数 $C_s = 5.39$，拟合度 $R^2 = 95.05\%$，然后利用 Monte-Carlo 法，根据所求得的过去条件下洪峰序列的分布参数，进行抽样模拟生成满足 P-Ⅲ型分布统计规律的 500 个随机性成分 S_p，并与 t 时刻的确定性成分 Y_t 进行数值合成，得到洪峰流量现在条件（2008 年）下的合成样本，数值合成公式如下：

$$X_{t,p} = Y_t + S_p \tag{14.21}$$

根据数值合成公式得到 2008 年条件下的西大洋水库洪峰流量还现序列，按照前面所述流程，得到还现序列待估参数 EX、C_v 迭代轨迹图、迭代历史图和自相关函数图，分别如图 14.13～图 14.15 所示。

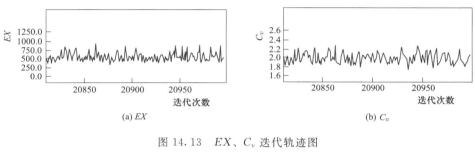

图 14.13 EX、C_v 迭代轨迹图

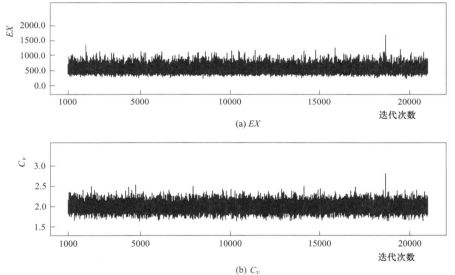

图 14.14 EX、C_v 迭代历史图

如图 14.13 和图 14.14 所示，在 1000 次迭代"预热期"之后，迭代轨迹、迭代历史基本趋于稳定，且数据空间整体遍历性较好，可认为参数估计值收敛于后验分布。

如图 14.15 所示，EX、C_v 自相关函数都很快趋近于 0，说明迭代过程已经收敛。

为了进一步确定待估参数后验分布值的可靠性，还需要观察其分位数图及核密度图，分别如图 14.16 和图 14.17 所示。

通过图 14.16 可知，EX、C_v 的 2.5%、均值及 97.5% 分位数在 1800 次迭代后数值

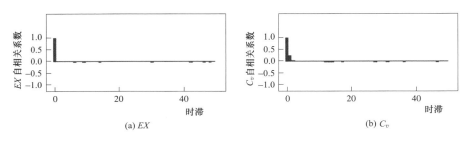

(a) EX 　　　　　　　　(b) C_v

图 14.15　EX、C_v 自相关函数图

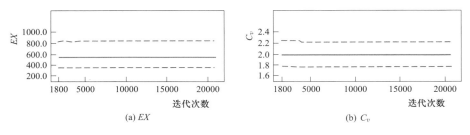

(a) EX 　　　　　　　　(b) C_v

图 14.16　EX、C_v 的 2.5%、均值及 97.5%分位数图

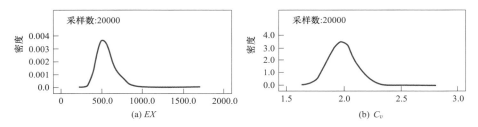

(a) EX 　　　　　　　　(b) C_v

图 14.17　EX、C_v 核密度图

十分稳定，没有上下的波动，说明计算出的估计值可靠。图 14.17 给出的 EX、C_v 核密度图，曲线光滑平顺，没有起伏波动，线型保持良好，也说明待估参数后验分布估计值的精确性良好。

14.3.1.4　结果分析

对非一致性序列修正前后数据进行计算，得到精确的参数后验分布估计值，具体结果如表 14.2 所示。

表 14.2　　　　　　　序列修正前后参数不确定性估计结果

水文序列	统计参数	均值	标准差	标准误	95%置信区间
实测序列	$EX/(\text{m}^3/\text{s})$	853.3	139.9	0.96	[619.6，1167.0]
	C_v	1.198	0.0975	1.1×10^{-3}	[1.022，1.405]
还原序列	$EX/(\text{m}^3/\text{s})$	1137.0	115.3	0.79	[930.2，1385.0]
	C_v	0.759	0.067	1.0×10^{-3}	[0.641，0.901]
还现序列	$EX/(\text{m}^3/\text{s})$	559.8	122.4	1.26	[370.6，846.5]
	C_v	1.994	0.116	1.6×10^{-3}	[1.783，2.235]

根据表 14.2 中所示的结果，将 Gibbs - MCMC 算法计算出的 EX、C_v 后验分布估计值应用到 P-Ⅲ 型分布频率曲线计算中，通过调整 C_s 值，得到最佳的适配曲线，即将估计后的参数与适线法耦合，计算出相应设计频率下的期望设计值及 95% 置信区间估计值（表 14.3），进而绘制洪峰流量累计频率曲线（图 14.18～图 14.20）。

表 14.3　　　　　　　　　　　　　对应频率期望设计值及 95% 区间估计

频率 /%	实测序列		还原序列		还现序列	
	期望值	95% 置信区间估计	期望值	95% 置信区间计	期望值	95% 置信区间
0.01	20284	[5549, 37406]	18374	[5812, 31782]	18283	[9759, 26055]
0.1	13827	[4166, 24506]	12849	[4498, 21223]	11973	[6454, 17434]
0.5	9502	[3200, 16010]	9118	[3570, 14226]	7819	[4271, 11699]
1	7715	[2784, 12567]	7559	[3166, 11371]	6138	[3384, 9349]
2	5995	[2367, 9316]	6047	[2758, 8655]	4551	[2543, 7103]
5	3866	[1817, 5449]	4144	[2213, 5373]	2666	[1535, 4365]
10	2422	[1401, 3011]	2814	[1793, 3243]	1482	[891, 2558]

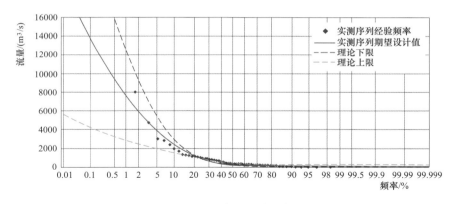

图 14.18　实测序列累计频率曲线

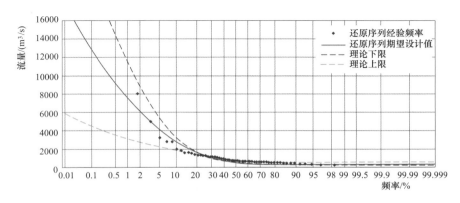

图 14.19　还原序列累计频率曲线

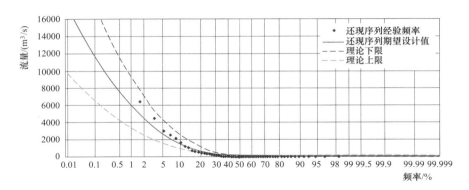

图 14.20　还现序列累计频率曲线

由表 14.3 可知，还原序列的期望设计值与实测序列的期望设计值较为接近，且相应频率下设计值的 95% 置信区间也更接近，相应设计频率下期望设计值最大相对变化量为 16.22%，以此设计值作为防洪标准更符合实际，有利于维持西大洋水库汛期防洪调度的安全；而当重现期小于 200 年时，还现序列期望设计值明显小于实测序列相应的设计值，相应设计频率下期望设计值最大相对变化量为 −38.81%，以还现序列设计流量作为防洪标准，启动相应频率下的防洪调度规则，会在汛期产生更多的弃水，不利于水资源的充分利用。因此在进行预报区间优良性评价时，只选择还原序列的预报区间与实测序列预报区间进行对比，对还现序列预报区间只做计算，不做对比分析。

14.3.2　不确定性影响评价

为了评价预报区间的优良性，采用覆盖率、平均带宽、平均偏移幅度 3 个指标来分析比较修正前后数据对参数不确定性计算的影响（Xiong et al，2009）。

（1）覆盖率（CR）。覆盖率是指预报区间覆盖实测流量数据的比率。它是最常用的预报区间评价指标。CR 值越大，表示预报区间覆盖率越高。

$$CR = \sum J\left[q_{\text{obs}, t}\right]/M \tag{14.22}$$

式中：$J\left[q_{\text{obs}.t}\right] = \begin{cases} 1 & q_{l,t} < q_{\text{obs}.t} < q_{u,t} \\ 0 & \text{其他} \end{cases}$；$q_{\text{obs}.t}$ 为时段 t 实测洪峰流量；$q_{l,t}$ 为时段 t 预测区间下界；$q_{u,t}$ 为时段 t 预测区间上界。

（2）平均带宽（B）。平均带宽 B 是预报区间理论上下限的平均宽度。

$$B = \int (q_u - q_l)\,\mathrm{d}x/L \tag{14.23}$$

（3）平均偏移幅度（D）。平均偏移幅度 D 是衡量预报区间的中心线偏离实测流量过程线的程度的指标。D 越小，表示预报区间的对称性越好。

$$D = \left[\sum_{i=1}^{n} \left| (q_u^i + q_l^i)/2 - q_{\text{obs}}^i \right|\right]/n \tag{14.24}$$

具体结果见表 14.4。

由表 14.4 比较年最大洪峰流量序列一致性修正前后洪峰流量数据的预报区间优良性，可以看出还原后的预报区间覆盖率要高于实测序列的，达到 71.9%，提高 10.5%。没有覆盖到的地方主要在中小流量，而对设计洪峰比较关键的大流量则全都覆盖，能够满足洪峰设计要求；一致性修正后还原序列预报区间的平均带宽和平均偏移程度都明显小于实测序列的，其中平均带宽减少 15.77%，平均偏移程度减少 3.27%。由于实测洪峰流量序列的标准差为 1275.8，一致性洪峰流量还原序列的标准差为 1236.8，两者相差很小，并不会影响到预报区间优良性的评价。由此可见，对于人为干预影响较大的非一致性水文序列进行"还原"计算，更容易减小其参数估计不确定性产生的影响（冯平等，2015）。

表 14.4
修正前后评价指标计算结果

评价指标	覆盖率（CR）/%	平均带宽（B）	平均偏移幅度（D）
实测序列	61.4	1168.95	130.69
还原序列	71.9	984.65	126.41
还现序列	78.9	681.19	145.47

14.4 小结

针对水文序列非一致性问题，以大清河流域西大洋水库洪峰流量为对象，分析了水文序列的变异特征，采用 P-Ⅲ型分布频率曲线，通过 Gibbs-MCMC 算法对其参数进行不确定性估计，并用参数估计结果对水文频率曲线进行了拟合，对比了变异前后预估区间的优良性，可得到以下结论：

（1）本章主要根据贝叶斯理论将先验信息和样本信息有机结合，采用 Gibbs-MCMC 算法对一致性修正前后的 P-Ⅲ型频率分布曲线参数不确定性进行估计，给出了相应参数 95% 置信区间。

（2）将估计后的参数与适线法耦合进行水文频率分析计算，得到一致性修正前后设计频率洪峰流量预估区间，并选取覆盖率、平均带宽、平均偏移度 3 个指标对修正前后预报区间优良性进行评价；结果表明对非一致性水文序列进行"还原"计算后，其参数估计的不确定性在减小，可使得预报不确定性区间的可靠性得到提高。

（3）通过对水文序列非一致性下，变异前后参数估计不确定性问题的研究，可以看出流域内中小型水利工程和水土保持工程的建设，增加了对天然洪水过程的调蓄能力，其参数估计的不确定性减少。因此，在这种情况下进行水文序列"还现"计算是有利的。

参考文献

Dirceu S，Reis Jr，Jery R，2005. Bayesian MCMC flood frequency analysis with historical information [J]. Journal of Hydrology，313：97-116.

Huard D，Mailhot A，Duchesne S，2010. Bayesian estimation of intensity-duration-frequency curves and of the return period associated to a given rainfall even [J]. Stochastic Environmental Research and Risk Assessment，24：337-347.

Krzysztofowicz R，1999. Bayesian theory of probabilistic forecasting via deterministic hydrologic model

[J]. Water Resources Research，35：2739 - 2750.

Krzysztofowicz R，Maranzano C J，2004. Hydrologic uncertainty processor for probabilistic stage transition forecasting [J]. Journal of Hydrology，293：57 - 73.

Kuczera G，Parent E，1998. Monte Carlo assessment of parameter uncertainty in conceptual catchment models：the Metropolis algorithm [J]. Journal of Hydrology，211：69 - 85.

Liang Z M，Li B Q，Yu Z B，et al，2011. Application of Bayesian approach to hydrological frequency analysis [J]. Science China Technological Sciences，54：1183 - 1192.

Martins E S，Stedinger J R，2000. Generalized maximum - likelihood generalized extreme - value quantile estimators for hydrologic data [J]. Water Resources Research，36：737 - 744.

Ter Braak C J F，Vrugt J A，Clark M P，et al，2008. Treatment of input uncertainty in hydrologic modeling：Doing hydrology backward with Markov chain Monte Carlo simulation [J]. Water Resources Research，44：78 - 92.

Vrugt J A，Gupta H V，Bouten W，et al，2003. A Shuffled Complex Evolution Metropolis algorithm for optimization and uncertainty assessment of hydrologic model parameters [J]. Water Resources Research，39：33 - 52.

Xiong L H，Wan M，Wei X J，et al，2009. Indices for assessing the prediction bounds of hydrological models and application by generalized likelihood uncertainty estimation [J]. Hydrological Science Journal，54：852 - 871.

曹飞凤，2010. 基于 MCMC 方法的概念性流域水文模型参数优选及不确定性研究 [D]. 杭州：浙江大学.

冯平，黄凯，2015. 水文序列非一致性对其参数估计不确定性影响 [J]. 水利学报，46（10）：1145 - 1154.

梁忠民，戴荣，雷杨，等，2009. 基于贝叶斯理论的水文频率分析方法研究 [J]. 水力发电学报，28（4）：22 - 26.

梁忠民，戴荣，李彬权，2010. 基于贝叶斯理论的水文不确定性分析研究进展 [J]. 水科学进展，21（2）：274 - 281.

刘攀，郭生练，肖义，等，2007. 水文时间序列趋势和跳跃分析的再抽样方法研究 [J]. 水文，27（2）：49 - 53.

鲁帆，严登华，2013. 基于广义极值分布和 Metropolis - Hastings 抽样算法的贝叶斯 MCMC 洪水频率分析方法 [J]. 水利学报，44（8）：942 - 949.

桑燕芳，王中根，刘昌明，2013. 水文时间序列分析方法研究进展 [J]. 地理科学进展，32（1）：20 - 30.

尚晓三，王振龙，王栋，2011. 基于贝叶斯理论的水文频率参数估计不确定性分析——以 P - Ⅲ型分布为例 [J]. 应用基础与工程科学学报，19（4）：554 - 564.

卫晓婧，熊立华，万民，等，2009. 融合马尔科夫链-蒙特卡洛算法的改进通用似然不确定性估计方法在流域水文模型中的应用 [J]. 水利学报，40（4）：464 - 473.

第 15 章　下垫面变化下非一致性设计洪水对水库调洪影响

15.1　概述

由于全球气候变化和人类活动引起严重的下垫面变化，对洪水序列形成的物理条件产生了显著的影响，导致其呈现非一致性的特点。这不仅对基于一致性假定的水利工程的防洪规划设计产生一定的影响，并且对已修建的水利工程的防洪运行也会产生影响。因此，进行非一致性设计洪水对水库调洪影响研究，对于现状下垫面条件下水库防洪调度及洪水资源利用是十分必要的。

在水库调蓄洪水的过程中，入库洪水、下泄洪水、拦蓄洪水的库容、水库水位的变化与泄洪建筑物型式和尺寸等之间存在密切的关系，水库调洪计算的目的就是定量地找出它们之间的关系。主要是在给定泄洪建筑物、确定防洪限制水位（或其他的起调水位）条件下，用已知入库洪水过程、泄洪建筑物的泄洪能力曲线及水位～库容曲线等资料，按规定的调洪规则，推求水库的泄流过程、水库水位过程及相应的最大下泄流量及最高调洪水位。探索和应用非一致性极值水文序列的频率分析方法，以及非一致性极值水文设计成果有了一定的进展。而非一致性条件设计洪水对水利工程运行的定量影响估计，这方面的研究相对不多。Jakob（2013）曾定性探讨了非一致性极值水文序列对极值水文变量风险分析、洪水风险图、洪水预警和应急管理以及水利工程设计运行的影响。李新（2014）以王快水库为例，通过对水库非一致性洪水序列进行频率分析计算，推求了下垫面变化条件下水库的设计洪水，并进行水库调洪计算，给出了下垫面变化对水库调洪的定量影响。郭军峰等（2016）对"还现"修订前后的主汛期洪水序列进行了频率分析计算，并在给定的调度规则下对不同汛限水位方案进行了调洪模拟，对比了洪水序列修订前后水库主汛期的防洪风险率。

在 1974 年，澳大利亚昆士兰 Brisbane 市发生特大洪水灾害，对于遭遇特大洪水的 Somerset 大坝和计划中的 Wivenhoe 大坝，库容何时放空是个很大的问题。若大坝蓄满时间太长，并且遭遇连续降雨，不仅不能阻挡上游持续入库的洪水并且也无法保护大坝下游保护对象，从气象角度来说，此事件已经发生（1893 年一个月内发生三场洪水），并且无可避免（Bureau of Meteorology，1974）。同样于 2010 年秋季，因拉尼娜现象导致澳大利亚大部分干旱已久的地区发生强降雨，2011 年 1 月发生特大洪水灾害，位于昆士兰的 Wivenhoe 大坝运行也因此需进行详细审查。Brisbane 市的洪水事件表明因气候变化使长期处于干旱状态的区域一旦发生强降雨，进而导致极值水文序列的非一致性，对大型水库的调洪运行有非常大的影响和挑战。类似问题在发展中国家尤为更多（Jakob，2013），如

2010 年 8 月在巴基斯坦，因季风强降雨引起的特大洪水为有记录以来一次最严重、损失最大、伤亡最多的洪水灾害，全国 1/4 土地被淹。

很多区域不仅受气候变化影响，所兴建的大量水利水保工程以及封山造林等越来越多的人类活动显著地影响了洪水形成的物理基础，所得到的洪水序列不再满足一致性假定（Henley et al，2011；Hoerling et al，2001；Saji et al，1999），基于原假定的洪水频率分析计算需重新考虑，即使"一致性不复存在"的说法存在争议（Milly et al，2007；Lins et al，2011），但是越来越多的学者一致认同在进行可靠的洪水序列频率分析计算，以及对洪水的预测计算中需要考虑气候变化和人类活动的变化（Stedinger et al，2011）。因此，在变化的环境下，采用传统的洪水频率分析计算得到的设计洪水成果可能存在一定的风险。大清河流域白洋淀上游有 6 座大型水库，分别为西大洋水库、王快水库、龙门水库、横山岭水库、口头水库和安各庄水库，对于白洋淀淀区及其上游各大型水库控制流域防洪体系来说，因口头水库控制流域面积较小且库容不大，安各庄水库在遇 10 年一遇及以上洪水时，其下泄洪水不进入白洋淀，因此，可不考虑口头水库和安各庄水库对白洋淀淀区防洪的影响。

该章以大清河流域白洋淀上游 4 座大型水库（西大洋水库、王快水库、龙门水库和横山岭水库）为研究对象，基于第 12 章非一致性洪水单变量混合分布法计算得到各水库设计洪水成果，对各水库进行调洪演算，将调洪结果与不考虑入库洪水变异条件下得到的调洪成果进行比较分析，研究下垫面变化对水库调洪的影响。15.2 给出各水库基于非一致性混合分布法的设计洪水过程线；15.3 给出各水库基于非一致性洪水序列频率计算得到的调洪成果；15.4 比较非一致性洪水计算得到的调洪成果与不考虑环境变化计算得到的调洪成果；15.5 对该章主要内容和结论进行小结。

15.2　基于非一致性混合分布法的设计洪水过程线

基于第 12 章非一致性洪水单变量混合分布法的频率计算方法，首先对西大洋水库、王快水库、龙门水库和横山岭水库的入库年极值洪峰序列、年最大 1d、3d 和 6d 洪量序列进行"非一致性"诊断，再采用混合分布法对各非一致性极值洪水序列进行频率分析得到各洪水序列的设计洪水值，最后采用同频率放大法对各水库的典型洪水过程放大，得到非一致性的设计洪水过程线。

15.2.1　各水库洪水序列"非一致性"分析

西大洋水库入库洪水资料年限为 1952—2008 年，诊断序列为西大洋水库年最大洪峰序列、年最大 1d 洪量序列、年最大 3d 洪量序列、年最大 6d 洪量序列；王快水库入库洪水资料年限为 1955—2008 年，诊断序列为王快水库年最大洪峰序列、年最大 1d 洪量序列、年最大 3d 洪量序列、年最大 6d 洪量序列；龙门水库入库洪水资料年限为 1951—2005 年，诊断序列为龙门水库年最大洪峰序列、年最大 1d 洪量序列、年最大 3d 洪量序列、年最大 6d 洪量序列；横山岭水库入库洪水资料年限为 1959—2000 年，诊断序列为横山岭水库年最大洪峰序列。

各水库年极值洪水序列变异诊断的过程同本书 11.3 节和 12.4 节，即与王快水库和西大洋水库年极值洪水序列变异诊断一样，首先采用线性滑动平均法和 Hurst 系数法对各洪水序列初步进行"非一致性"定性诊断；然后采用非参数 Mann - Kendall 检验法对各序列的趋势性进行定量详细诊断，以及采用非参数 Pettitt 法、滑动秩和法、滑动 T 检验法和 Brown - Forsythe 法等对各序列的跳跃性/变异点进行识别和检验。

15.2.1.1 "非一致性"初步定性诊断

1. 龙门水库

龙门水库年最大洪峰序列、年最大 1d 洪量序列、年最大 3d 洪量序列、年最大 6d 洪量序列及相应的 7 点滑动平均过程线如图 15.1 所示。图 15.1 (a) ～图 15.1 (d) 中，所有序列在 1980 年之后 7 点滑动平均值均低于整体序列的均值，存在减小趋势，定性判断洪水序列存在变异。

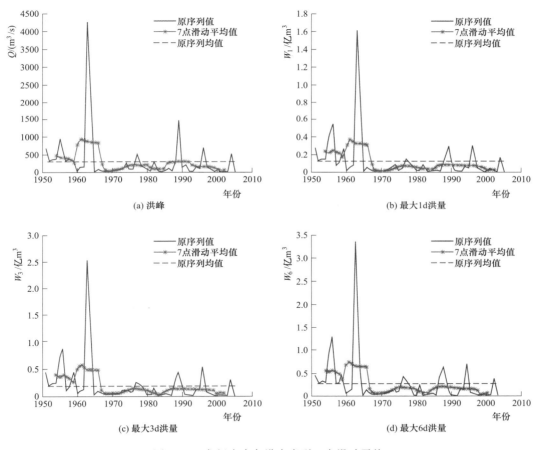

图 15.1 龙门水库各洪水序列 7 点滑动平均

2. 横山岭水库

横山岭水库年最大洪峰序列及 7 点滑动平均过程如图 15.2 所示。图 15.2 中，洪水序列除 1970 年前 7 点滑动平均值高于整体序列的均值外，其余均小于均值，定性判断洪水序列不存在变异。

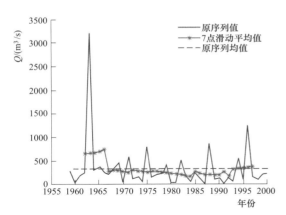

图 15.2　横山岭水库年最大洪峰序列
及 7 点滑动平均过程

3. 各水库洪水序列 Hurst 系数值

各水库各洪水特征序列的 Hurst 系数值列于表 15.1 中，可得出龙门水库除年最大洪峰序列外的洪水序列均存在变异；横山岭水库年最大洪峰序列不存在变异。变异的洪水序列需进行详细的趋势诊断和跳跃/变异点诊断。

15.2.1.2　"非一致性"定量诊断

各水库变异洪水特征序列变异点定量诊断和趋势性定量诊断方法与 12.4 节王快水库年极值洪水变异序列相同，不再赘述。龙门水库的各变异序列变异点诊断结果如表 15.2 所示。

由表 15.2 可知，龙门水库各变异洪水序列结合 Pettitt 法变异区间结果，可能变异点有 1964 年、1979 年和 1982 年等 3 个变异点，1964 年延迟变异点为 1963 年特大暴雨所致。另外 2 个变异点年份比较接近，在 1980 年左右。

表 15.1　　　　　　　　　各水库洪水序列 Hurst 系数值及变异程度

水　　　库	洪水序列	Hurst 系数	变异程度
龙门水库	年洪峰序列	0.6690	无变异
	年最大 1d 洪量序列	0.7320	中变异
	年最大 3d 洪量序列	0.7193	中变异
	年最大 6d 洪量序列	0.7176	中变异
横山岭水库	年洪峰序列	0.5672	无变异

表 15.2　　　　　　　　各变异洪水序列变异点诊断结果 ($\alpha = 0.05$)

水库	洪水序列	Pettitt 法	Brown - Forsythe 法	滑动秩和法	滑动 T 检验法
龙门水库	年最大 1d 洪量	1959—1971，1974，1977—1983	1996，1964	1964，1979，1998	1964
	年最大 3d 洪量	1959—1971，1977—1982	1996，1964	1964，1979，1982	1964
	年最大 6d 洪量	1959—1971，1977—1982	1996，1964，1990	1964，1979，1982	1964

各水库洪水变异序列的趋势性定量诊断结果，与王快水库和西大洋水库各洪水序列趋势性定量诊断结果一致，均呈显著下降趋势（显著性水平 $\alpha = 0.05$）。且 4 个水库中极值洪水非一致性序列的变异点均为 1980 年左右。

15.2.2　基于混合分布的非一致性洪水频率分析

对各水库变异洪水序列，其基于混合分布法的频率曲线拟合计算与 12.5 节王快水库基于混合分布法的频率分析计算相同，在此不再赘述。对于各水库变异洪水序列，将基于混合分布法拟合的频率曲线与传统 P-Ⅲ分布拟合得到的频率曲线进行比较（图15.3），其中各变异洪水序列的混合分布拟合均通过 K-S 检验。表15.3为各水库变异序列在不同设计标准下考虑环境变化（混合分布拟合）、不考虑环境变化（传统 P-Ⅲ分布拟合）以及1985年水利部规划总院审定的设计洪水值比较。

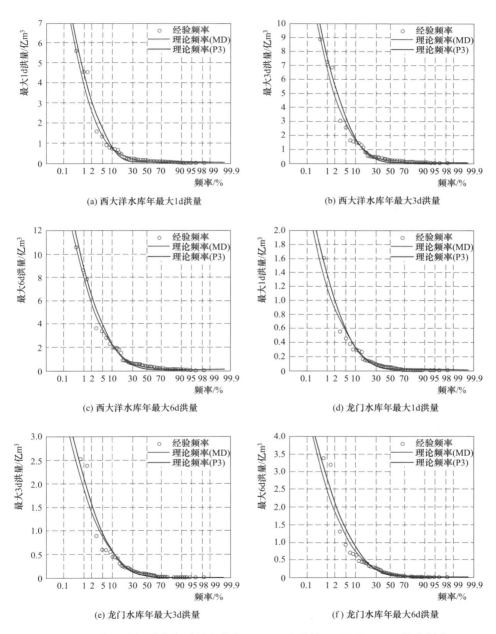

图 15.3 非一致性洪水序列混合分布（MD）和传统 P-Ⅲ型（P3）分布拟合

表 15.3　　　　　　　　　　　西大洋水库和龙门水库设计洪水成果比较

水库	设计洪水要素及其变化		不同重现期设计值							
			10000	5000	1000	500	100	50	20	10
西大洋水库	Q_m /(m³/s)	1985 年	30300	27400	23600	20800	11800	9270	6100	3960
		P-Ⅲ分布	30287	27070	19783	16748	10072	7432	4297	2328
	Q_m 变化比例③/%		0.0	−1.2	−16.2	−19.5	−14.6	−19.8	−29.6	−41.2
	W_1 /亿 m³	1985 年	16.00	14.40	12.30	10.70	5.80	4.44	2.78	1.68
		P-Ⅲ分布	14.81	13.14	9.39	7.83	4.45	3.15	1.65	0.77
		混合分布	14.80	13.03	9.04	7.40	3.89	2.59	1.31	0.74
	W_1 变化比例①/%		−7.5	−9.5	−26.5	−30.8	−32.9	−41.6	−52.7	−56.1
	W_2 变化比例②/%		−0.1	−0.9	−3.7	−5.5	−12.6	−17.6	−20.2	−4.4
	W_3 /亿 m³	1985 年	25.10	22.70	19.40	17.00	9.37	7.25	4.63	2.88
		P-Ⅲ分布	22.51	20.11	14.69	12.42	7.45	5.49	3.15	1.68
		混合分布	22.50	19.86	13.94	11.52	6.50	4.72	2.77	1.61
	W_3 变化比例①/%		−10.4	−12.5	−28.1	−32.2	−30.6	−35.0	−40.2	−44.0
	W_3 变化比例②/%		0.0	−1.2	−5.1	−7.2	−12.7	−14.0	−12.1	−4.2
	W_6 /亿 m³	1985 年	29.10	26.30	22.70	19.90	11.20	8.72	5.70	3.64
		P-Ⅲ分布	25.54	22.90	16.89	14.39	8.84	6.63	3.97	2.26
		混合分布	25.53	22.62	16.09	13.43	7.90	5.90	3.63	2.22
	W_6 变化比例①/%		−12.3	−14.0	−29.1	−32.5	−29.4	−32.4	−36.3	−38.9
	W_6 变化比例②/%		0.0	−1.2	−4.7	−6.6	−10.6	−11.1	−8.6	−1.5
龙门水库	Q_m /(m³/s)	1985 年	12820	11640	9800	8390	4290	3180	1870	1050
		P-Ⅲ分布	12697	11264	9405	8032	3796	2677	1396	652
	Q_m 变化比例③/%		−1.0	−3.2	−4.0	−4.3	−11.5	−15.8	−25.4	−37.9
	W_1 /亿 m³	1985 年	3.99	3.64	3.11	2.68	1.45	1.11	0.69	0.42
		P-Ⅲ分布	3.99	3.57	3.02	2.61	1.34	0.99	0.58	0.32
		混合分布	3.92	3.45	2.84	2.41	1.17	0.87	0.53	0.32
	W_1 变化比例①/%		−1.9	−5.3	−8.6	−10.1	−19.5	−21.6	−22.9	−23.7
	W_1 变化比例②/%		−1.8	−3.4	−5.8	−7.8	−12.7	−12.2	−7.8	1.5
	W_3 /亿 m³	1985 年	5.99	5.42	4.63	4.02	2.17	1.67	1.04	0.62
		P-Ⅲ分布	5.91	5.31	4.52	3.93	2.09	1.57	0.96	0.55
		混合分布	5.91	5.22	4.34	3.70	1.86	1.41	0.89	0.55
	W_3 变化比例①/%		−1.4	−3.7	−6.3	−7.9	−14.4	−15.8	−14.8	−10.5
	W_3 变化比例②/%		−0.1	−1.7	−4.0	−5.9	−10.9	−10.7	−7.4	0.1
	W_6 /亿 m³	1985 年	7.17	6.47	5.56	4.88	2.71	2.10	1.35	0.84
		P-Ⅲ分布	7.07	6.38	5.48	4.81	2.67	2.07	1.33	0.83
		混合分布	7.07	6.33	5.37	4.65	2.45	1.87	1.17	0.73
	变化比例①/%		−1.5	−2.3	−3.5	−4.6	−9.7	−11.4	−13.2	−13.6
	变化比例②/%		0.0	−0.8	−2.1	−3.2	−8.3	−10.1	−11.9	−12.4

①　混合分布模型成果与 1985 年水利部规划总院成果比较。
②　混合分布模型成果与 P-Ⅲ分布成果比较。
③　未变异洪水序列 P-Ⅲ分布成果与 1985 年水利部规划总院成果比较。

15.2.3 设计洪水过程线推求

15.2.3.1 非一致性洪水序列的设计洪水过程线

大清河流域于 1963 年 8 月发生一场特大洪水，也是流域内各大型水库自建库以来遭遇的特大稀遇洪水，由特大暴雨导致，具有峰高量大的特点。因此，各大型水库均可选用"63·8"洪水作为典型洪水过程。这样，在上述由混合分布法和传统 P-Ⅲ 分布计算得到的各水库设计洪水特征值基础上，采用同频率放大法放大各水库典型洪水过程线，便得到两种情况下各水库不同重现期下设计洪水过程线。图 15.4 和图 15.5 分别是西大洋和龙门水库非一致性洪水序列的设计洪水过程线，王快水库的设计洪水过程见第 12.5.4 节。

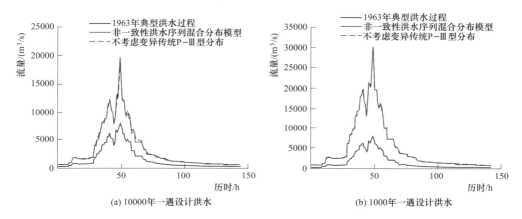

图 15.4　西大洋水库非一致性洪水序列的设计洪水过程线

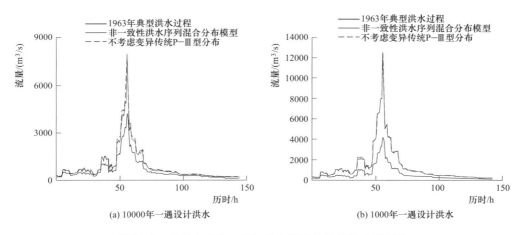

图 15.5　龙门水库非一致性洪水序列的设计洪水过程线

15.2.3.2 各水库入库设计洪水方案

利用混合分布法推算得到的设计洪水过程线和不考虑变异 P-Ⅲ 分布计算得到的设计洪水过程线，分别对各水库进行调洪演算，即两种调洪演算方案：

情况 1：基于非一致性洪水序列混合分布模型给出设计洪水特征值，用同频率放大法得到的设计洪水过程。

情况 2：不考虑洪水序列的变异，基于传统 P - Ⅲ 分布给出设计洪水特征值，用同频率放大法得到的设计洪水过程。

情况 1 考虑了气候和下垫面变化对洪水序列的影响，而情况 2 则不考虑环境变化对洪水序列的影响。将情况 1 和情况 2 调洪演算成果进行对比，便可分析环境变化对水库防洪调度的影响。

由于横山岭水库控制流域较小，且年最大洪峰流量序列变异诊断未发生显著变异，因此，只对西大洋水库、王快水库和龙门水库进行下垫面变化对水库防洪调度影响的分析。

15.3　水库调洪演算及调洪规则

本章以洪水序列发生变异的三个大型水库为研究对象，将基于混合分布模型计算得到的非一致性洪水序列设计洪水过程作为水库入库洪水过程，按照各水库的调洪规则进行调洪计算，并将调洪结果与不考虑入库洪水变异条件下得到的调洪成果进行比较分析，来研究气候和下垫面两者变化对水库调洪的影响。

15.3.1　水库调洪演算方法

洪水在水库中行进时，水库沿程的水位、流量、过水断面、流速等均随时间而变化，其流态属于明渠非恒定流。明渠非恒定流的基本方程为圣维南（Saint - Venant）方程组，基于圣维南（Saint - Venant）方程组，可进行水库调洪计算。常用的水库调洪计算方法有试算法和图解法，图解法的精度不如试算法更能满足实际要求，在此采用试算法进行调洪计算。具体步骤如下：

（1）得到下泄流量与库容的关系曲线 $q = f(V)$，选取合适的计算时段。

（2）先假定一个计算时段末的下泄流量 q_2 值，代入水量平衡方程式

$$\overline{Q} - \overline{q} = \frac{1}{2}(Q_1 + Q_2) - \frac{1}{2}(q_1 + q_2) = \frac{V_2 - V_1}{\Delta t} = \frac{\Delta V}{\Delta t} \qquad (15.1)$$

求出相应计算时段末的水库蓄水量 V_2 值。式中：Q_1、Q_2 分别为计算时段初、末的入库流量，m^3/s；$\overline{Q}$ 为计算时段的平均入库流量等于（$Q_1 + Q_2$）/2，m^3/s；q_1、q_2 分别为计算时段初、末的下泄流量，$\overline{q}$ 为计算时段的平均下泄流量，即 $\overline{q} = (q_1 + q_2)/2$，$m^3/s$；$V_1$、$V_2$ 分别为计算时段初、末水库的蓄水量，m^3；ΔV 为 V_1 和 V_2 之差；Δt 为计算时段，一般取 1～6h。

（3）按此 V_2 值在曲线 $q = f(V)$ 上查得对应的下泄流量 q 值。

（4）设定足够小的允许误差 ε，将试算的 q_2 值与 q 值进行比较，若满足 $|q_2 - q| \leqslant \varepsilon$，则停止此时段计算，试算的时段末 q_2 值与水库蓄水量 V_2 值为所取结果，作为下一时段的 q_1、V_1 值进行下一时段的试算；若不满足要求，重新假定下泄流量 q_2 值，返回步骤（2）重复试算过程，直到 q_2 值与 q 值的差值不大于允许误差。

15.3.2 水库调洪规则

15.3.2.1 西大洋水库

1. 水位～库容～泄量关系

西大洋水库水位～面积～库容关系曲线根据河北省水利水电勘测设计研究院 1988 年实测的 1：10000 库区地形图量算，加固后泄量关系按 2002 年除险加固初步设计分析成果，水位～库容～泄量关系如表 15.4 所示。

表 15.4 西大洋水库水位～库容～泄量关系表

水位/m	库容/亿 m³	泄量/(m³/s)	水位/m	库容/亿 m³	泄量/(m³/s)
130	2.404	185	142	6.412	6569
131	2.641	188	143	6.874	7795
132	2.895	252	144	7.353	9070
133	3.176	463	145	7.836	10364
134	3.463	795	146	8.331	11715
135	3.765	1211	147	8.859	13125
136	4.081	1696	148	9.407	14592
137	4.432	2235	149	9.965	16113
138	4.795	2822	150	10.531	17687
139	5.167	3576	151	11.139	19311
140	5.564	4471	152	11.746	20986
141	5.972	5464	153	12.417	22707

注 该表中所用高程为大沽高程。

2. 防洪保护对象及标准

西大洋水库保护区包括 5 个县（市）及华北油田，涉及人口 340 万人、耕地 460 万亩及京广铁路、京九铁路、京深高速公路、107 国道等。

（1）为保护水库下游河滩地，水库遇 10 年一遇洪水控泄 300m³/s，满足下游河道主槽的安全过水能力。

（2）水库遇 20 年一遇洪水控泄 1000m³/s，满足下游河道的行洪安全，保护水库下游的村镇和耕地。

（3）下游京广铁路桥设计防洪标准采用 100 年一遇，京广铁路桥的设计流量为 6000m³/s，为保障京广铁路桥的防洪安全，水库 100 年一遇洪水控制泄量为 5460m³/s。

3. 调洪规则

根据河北省防汛抗旱指挥部办公室 2005 年调度运用计划，西大洋水库调洪规则为：

（1）汛限水位为 134.50m。

（2）水位 134.50～140.58m（相当于 10 年一遇），限泄 300m³/s。

（3）水位 140.58～142.74m（相当于 20 年一遇），限泄 1000m³/s。

（4）水位 142.74～150.49m（相当于 1000 年一遇），正常溢洪道泄洪。

（5）水位超过 150.49m，启用非常溢洪道泄洪。

15.3.2.2　王快水库

1. 水位～库容～泄量关系

王快水库水位～库容关系曲线为依据河北省水利水电勘测设计研究院 1988 年施测 1：10000 库区地形图测量成果，水库加固后水位～泄量关系为根据水工模型试验率定成果。王快水库水位～库容～泄量关系如表 15.5 所示。

表 15.5　　　　　　　　　　王快水库水位～库容～泄量关系表

水位/m	库容/亿 m³	泄量/(m³/s)	水位/m	库容/亿 m³	泄量/(m³/s)
192	4.030	238	204	8.575	9112
193	4.329	451	205	9.057	10172
194	4.644	860	206	9.549	11270
195	4.993	1401	207	10.050	12405
196	5.301	2047	208	10.570	13576
197	5.673	2785	209	11.136	14782
198	6.049	3600	210	11.708	16020
199	6.434	4487	211	12.288	17294
200	6.834	5361	212	12.879	18599
201	7.241	6221	213	13.484	19936
202	7.660	7115	214	14.134	21303
203	8.097	8094	215	14.789	22701

注　该表中所用高程为大沽高程。

2. 防洪保护对象及标准

王快水库保护区包括 13 个县（市）及华北油田，涉及人口 260 万人、耕地 439 万亩及京广铁路、京九铁路、京深高速公路及 107 国道等。

（1）下游沙河河道的现状设计防洪标准采用 10 年一遇，水库控制泄量为 800m³/s，沙河河道基本能安全下泄。

（2）根据 2002 年编制的《大清河流域防洪规划报告（河北省部分）》，下游潴龙河的设计防洪标准近期采用 20 年一遇，水库控制泄量为 2500m³/s。

（3）下游京广铁路桥的设计防洪标准采用 100 年一遇，京广铁路桥的设计流量为 7560m³/s。为保障京广铁路桥的防洪安全，考虑区间洪水，水库 100 年一遇洪水控制泄量为 7000m³/s。

3. 调洪规则

根据河北省防汛抗旱指挥部办公室 2005 年调度运用计划，王快水库的调洪规则如下：

（1）汛限水位：192.00m。

（2）水位：192.00～199.28m（相当于 10 年一遇），限泄 800m³/s。

（3）水位：199.28～201.10m（相当于 20 年一遇），限泄 2500m³/s。

（4）水位：201.10～204.53m（相当于 100 年一遇），限泄 7000m³/s。

（5）水位超过 204.53m，所有泄洪设施敞泄。

15.3.2.3 龙门水库

1. 水位～库容～泄量关系

龙门水库水位～库容关系曲线为依据河北省水利水电勘测设计研究院 1990 年施测 1：5000 库区地形图量算成果，除险加固后水位～泄量关系为 2003 年设计成果。水位～库容～泄量关系如表 15.6 所示。

表 15.6 　　　　　　　　　　　　龙门水库水位～库容～泄量关系表

水位/m	库容/亿 m³	泄量/(m³/s)	水位/m	库容/亿 m³	泄量/(m³/s)
120	0.337	0	126	0.754	2346
121	0.393	119	127	0.856	3153
122	0.455	371	128	0.944	4073
123	0.521	725	129	1.047	5106
124	0.592	1164	130	1.157	6249
125	0.670	1681	131	1.272	7503

注　该表中所用高程为大沽高程。

2. 防洪保护对象及标准

龙门水库防洪保护范围为保定市及附属工业，满城、徐水县城，保护人口 70 万人，耕地 120 万亩。交通枢纽有京广铁路、京深高速公路。水库下游河道的安全泄量为 300m³/s，京广铁路漕河大桥的过流能力为 522m³/s。

下游漕河河道的现状设计防洪标准采用 10 年一遇，水库控制泄量为 300m³/s，漕河河道基本能安全下泄。

3. 调洪规则

根据河北省防汛抗旱指挥部办公室 2005 年调度运用计划，龙门水库的调洪规则如下：

（1）汛限水位：120.00m。

（2）水位：120.00～124.32m（相当于 10 年一遇），限泄 300m³/s。

（3）水位：124.32～127.06m（相当于 20 年一遇），限泄 450m³/s。

（4）水位超过 127.06m，溢洪道顶土埝自溃，原则上不限泄。

15.3.2.4 横山岭水库

1. 水位～库容～泄量关系

水库面积～库容关系根据河北省水利水电勘测设计研究院 1990 年施测的 1：10000 地形图量算，泄量关系为现状实际采用成果。水位～容积～泄量关系如表 15.7 所示。

2. 防洪保护对象及标准

（1）横山岭水库担负着灵寿、行唐等 7 县 120 万亩耕地、100 万人和京广铁路、石保公路、京深高速公路、朔黄铁路、石家庄机场及许多重要厂矿企业生命财产安全的重要防汛任务。

（2）下游河道安全行洪标准为 20 年一遇，水库最大泄量 800m³/s，加区间洪水不超过 1200m³/s；京广铁路桥安全行洪标准为 100 年一遇，水库最大泄量不足 2000m³/s，加区间洪水至铁路桥不超过 3120m³/s。

表 15.7　　　　　　　横山岭水库水位～库容～泄量关系表

水位/m	库容/亿 m³	泄量/(m³/s)	水位/m	库容/亿 m³	泄量/(m³/s)
212	0.0128	0	232	0.8325	59.8
213	0.0224	7.5	233	0.9165	89.5
214	0.0350	17.5	234	1.0029	142
215	0.0500	27	235	1.0924	211
216	0.0670	34	235.2	1.1070	225.2
217	0.0882	38.2	236	1.1907	294
218	0.1135	41.5	237	1.2904	384
219	0.1441	43.9	237.5	1.3427	430.5
220	0.1742	46	238	1.3949	566
221	0.2078	48	239	1.5045	944
222	0.2442	49.4	240	1.6184	1228
223	0.2866	50.6	241	1.7390	1699
224	0.3300	51.8	241.7	1.8270	2094.7
225	0.3777	53	242	1.8647	2255
226	0.4323	53.8	243	1.9935	2869
227	0.4886	54.8	244	2.1284	3547
228	0.5488	55.8	245	2.2711	4255
229	0.6163	56.8	245.3	2.3097	4488.1
230	0.6843	57.9	246	2.4195	5036
231	0.7576	58.9			

注　该表中所用高程为大沽高程。

3. 调 洪 规 则

根据河北省防汛抗旱指挥部办公室 2005 年调度运用计划，横山岭水库的调洪规则如下：

（1）汛限水位：232.0m。

（2）超汛限水位时，泄洪洞、正常溢洪道泄洪。

（3）水位超过 237.5m，非常溢洪道溢流。

（4）水位 238.6m（相当于 20 年一遇），限泄 800m³/s。

（5）水位 241.4m（相当于 100 年一遇），限泄 1900m³/s。

15.3.3　水库调洪演算结果

15.3.3.1　西大洋水库

将两种情况下的设计洪水过程作为水库入库洪水过程，基于水库水位～库容～泄量关系曲线，按照西大洋水库调洪规则进行调洪演算，便得到两种设计洪水情况对应的调洪成果。表 15.8 和表 15.9 分别为情况 1 和情况 2 的调洪成果。图 15.6 为情况 1 和情况 2 下，10000 年一遇、1000 年一遇和 100 年一遇设计洪水过程调洪后的库水位变化过程和下泄流量过程。

表 15.8　　　　　　　　　西大洋水库情况 1 的调洪成果

特 征 值	重 现 期							
	10000 年	5000 年	1000 年	500 年	100 年	50 年	20 年	10 年
最高库水位/m	151.55	150.69	147.49	146.04	143.06	142.40	140.20	136.95
相应库容/亿 m³	11.47	10.95	9.92	9.13	7.58	6.90	6.60	5.64
最大泄量/(m³/s)	20116	18800	10008	8794	5460	1000	621	905

表 15.9　　　　　　　　　西大洋水库情况 2 的调洪成果

特 征 值	重 现 期							
	10000 年	5000 年	1000 年	500 年	100 年	50 年	20 年	10 年
最高库水位/m	151.56	150.74	147.77	146.54	143.49	142.84	140.61	137.09
相应库容/亿 m³	11.48	10.98	10.01	9.28	7.85	7.11	6.80	5.81
最大泄量/(m³/s)	20130	18883	10257	9233	5460	5460	1000	948

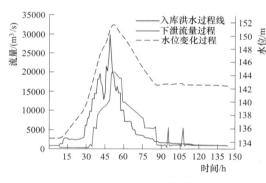

(a) 10000年一遇洪水(情况1)

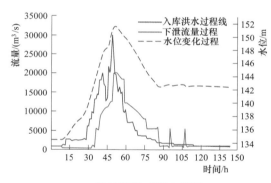

(b) 10000年一遇洪水(情况2)

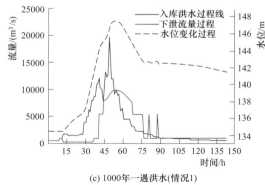

(c) 1000年一遇洪水(情况1)

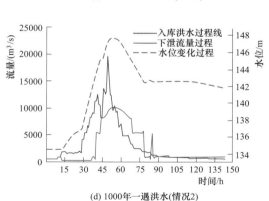

(d) 1000年一遇洪水(情况2)

图 15.6（一）　西大洋水库两种情况下库水位变化过程和下泄流量过程

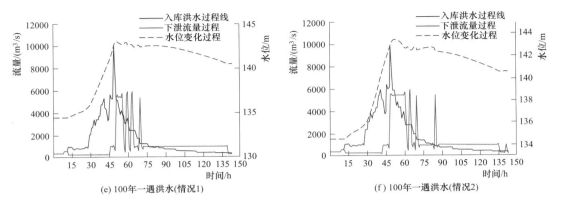

(e) 100年一遇洪水(情况1)　　　　　　　(f) 100年一遇洪水(情况2)

图 15.6（二）　西大洋水库两种情况下库水位变化过程和下泄流量过程

15.3.3.2　王快水库

将两种情况下的设计洪水过程作为水库入库洪水过程，基于水库水位～容积～泄量关系曲线，按照王快水库调洪规则进行调洪演算，可以得到两种设计洪水情况对应的调洪成果。表 15.10 和表 15.11 分别为情况 1 和情况 2 的调洪成果。图 15.7 为情况 1 和情况 2 下，10000 年一遇、1000 年一遇和 100 年一遇设计洪水过程调洪后的库水位变化过程和下泄流量过程。

表 15.10　　　　　　　　　王快水库情况 1 的调洪成果

特 征 值	重 现 期							
	10000 年	5000 年	1000 年	500 年	100 年	50 年	20 年	10 年
最高库水位/m	212.13	211.06	207.72	206.22	202.52	201.37	199.37	196.41
相应库容/亿 m³	12.96	12.32	10.43	9.66	7.89	7.40	6.58	5.45
最大泄量/(m³/s)	18778	16924	12922	11267	7000	6556	2500	800

表 15.11　　　　　　　　　王快水库情况 2 的调洪成果

特 征 值	重 现 期							
	10000 年	5000 年	1000 年	500 年	100 年	50 年	20 年	10 年
最高库水位/m	212.79	211.68	208.19	206.70	203.42	201.39	199.77	197.04
相应库容/亿 m³	13.36	12.69	10.68	9.90	8.30	7.40	6.74	5.69
最大泄量/(m³/s)	19660	17838	13619	11955	7000	6802	2500	800

15.3.3.3　龙门水库

将两种情况下的设计洪水过程作为水库入库洪水过程，基于水库水位～容积～泄量关系曲线，按照龙门水库调洪规则进行调洪演算，可得到两种设计洪水情况对应的调洪成果。表 15.12 和表 15.13 分别为情况 1 和情况 2 的调洪成果。图 15.8 为情况 1 和情况 2 下，10000 年一遇、1000 年一遇和 100 年一遇设计洪水过程调洪后的库水位变化过程和下泄流量过程。

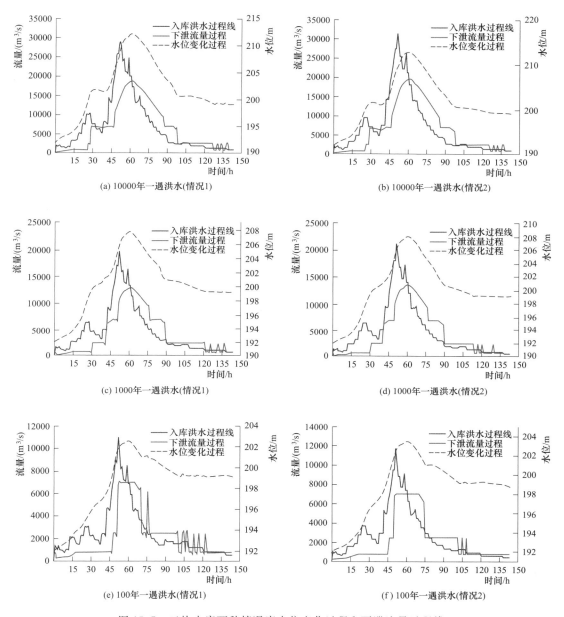

图 15.7　王快水库两种情况库水位变化过程和下泄流量过程线

表 15.12	龙门水库情况 1 的调洪成果							
特 征 值	重 现 期							
	10000 年	5000 年	2000 年	1000 年	100 年	50 年	20 年	10 年
最高库水位/m	130.18	130.40	130.14	129.39	127.89	127.18	124.95	122.76
相应库容/亿 m³	1.18	1.20	1.17	1.09	0.93	0.87	0.67	0.50
最大泄量/(m³/s)	6469	6747	6421	5546	3972	3174	450	300

表 15.13　　　　　　　　　　　　　　　　龙门水库情况 2 的调洪成果

特 征 值	重 现 期							
	10000 年	5000 年	2000 年	1000 年	100 年	50 年	20 年	10 年
最高库水位/m	132.15	131.31	130.39	129.52	127.94	127.29	125.36	122.76
相应库容/亿 m³	1.39	1.30	1.20	1.10	0.94	0.88	0.70	0.51
最大泄量/（m³/s）	8836	7854	6733	5698	4018	3420	450	300

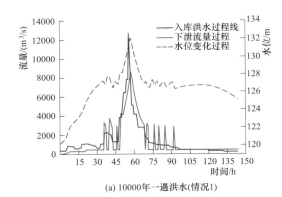

(a) 10000年一遇洪水(情况1)

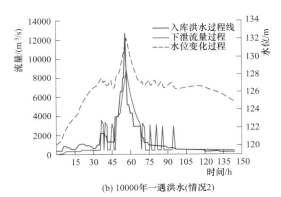

(b) 10000年一遇洪水(情况2)

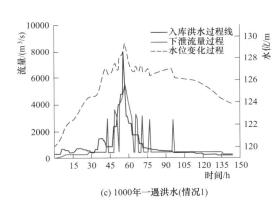

(c) 1000年一遇洪水(情况1)

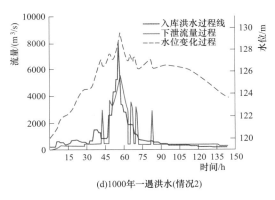

(d)1000年一遇洪水(情况2)

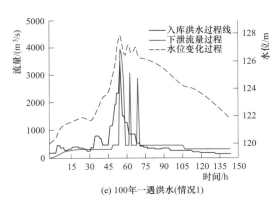

(e) 100年一遇洪水(情况1)

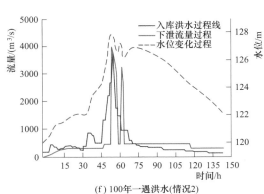

(f) 100年一遇洪水(情况2)

图 15.8　龙门水库两种情况库水位变化过程和下泄流量过程线

15.4 非一致性设计洪水对水库调洪影响分析

表 15.14～表 15.16 分别为西大洋水库、王快水库和龙门水库在两种入库设计洪水情况下,不同重现期洪水调洪演算后的最高库水位和最大下泄流量。图 15.9～图 15.11 是其直观比较。

表 15.14　　　　　　　　西大洋水库不同重现期洪水调洪成果比较

调洪演变特征值		重现期							
		10000 年	5000 年	1000 年	500 年	100 年	50 年	20 年	10 年
最高库水位/m	情况 1	151.55	150.69	147.49	146.04	143.06	142.40	140.20	136.95
	情况 2	151.56	150.74	147.77	146.54	143.49	142.84	140.61	137.09
	差值	−0.01	−0.05	−0.28	−0.50	−0.43	−0.44	−0.41	−0.14
最大下泄量	情况 1/(m³/s)	20116	18800	10008	8794	5460	1000	621	905
	情况 2/(m³/s)	20130	18883	10257	9233	5460	5460	1000	948
	变化率/%	−0.07	−0.44	−2.43	−4.75	−00.00	−81.68	−37.90	−4.54

表 15.15　　　　　　　　王快水库不同重现期洪水调洪成果比较

调洪演算特征值		重现期							
		10000 年	5000 年	1000 年	500 年	100 年	50 年	20 年	10 年
最高库水位/m	情况 1	212.13	211.06	207.72	206.22	202.52	201.37	199.37	196.41
	情况 2	212.79	211.68	208.19	206.70	203.42	201.39	199.77	197.04
	差值	−0.66	−0.62	−0.46	−0.48	−0.91	−0.01	−0.40	−0.63
最大下泄量	情况 1/(m³/s)	18778	16924	12922	11267	7000	6556	2500	800
	情况 2/(m³/s)	19660	17838	13619	11955	7000	6802	2500	800
	变化率/%	−4.49	−5.12	−5.12	−5.75	0.00	−3.62	0.00	0.00

表 15.16　　　　　　　　龙门水库不同重现期洪水调洪成果比较

调洪演算特征值		重现期							
		10000 年	5000 年	1000 年	500 年	100 年	50 年	20 年	10 年
最高库水位/m	情况 1	132.08	131.17	130.14	129.45	127.89	127.18	124.95	122.76
	情况 2	132.15	131.31	130.39	129.52	127.94	127.29	125.36	122.76
	差值	−0.07	−0.14	−0.25	−0.07	−0.05	−0.11	−0.40	0.00
最大下泄量	情况 1/(m³/s)	8758	7691	6423	5616	3976	3174	450	300
	情况 2/(m³/s)	8836	7854	6733	5698	4018	3420	450	300
	变化率/%	−0.89	−2.07	−4.60	−1.43	−1.04	−7.19	0.00	0.00

由表 15.14～表 15.16 以及图 15.9～图 15.11 分析得到以下结论:

(1) 最高库水位的总体比较。考虑入库洪水序列变异情况的非一致性洪水序列混合分

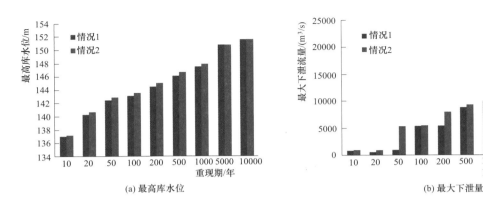

图 15.9　西大洋水库不同重现期对应的调洪成果比较

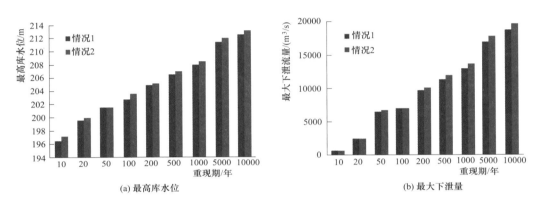

图 15.10　王快水库不同重现期对应的调洪成果比较

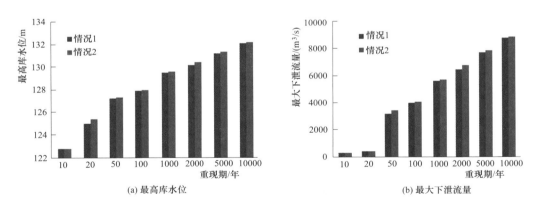

图 15.11　龙门水库不同重现期对应的调洪成果比较

布模型给出的设计洪水过程（情况 1），调洪后最高库水位比不考虑变异情况（情况 2）的最高库水位小，3 个水库的最高库水位均呈现减小特点，但随设计标准的不同减小幅度也不同，减小幅度均不超过 1.0m。

（2）最大下泄流量的比较。同样在 3 个水库中，考虑变异情况的非一致性洪水序列混合分布模型给出的设计洪水过程（情况 1），调洪后最大下泄流量比不考虑变异情况（情况 2) 的最大下泄流量小，也是随不同设计标准减小幅度也不同。其中西大洋水库 50 年一遇设计洪水过程，情况 1 最大下泄流量比情况 2 小 81.68%，这可能与基于水库水位约束的调洪规则有关。其余设计标准下最大下泄流量减小比例为 0.07%～32% 范围。王快水库各设计标准下情况 1 的最大下泄流量较情况 2 的减小比例均低于 6%。龙门水库各设计标准下情况 1 的最大下泄流量较情况 2 的减小比例为 0～7.19%。

15.5　小结

基于非一致性洪水频率分析方法，对大清河流域白洋淀水系上游大型水库入库年极值洪水序列均进行变异诊断，并进行了非一致条件下的洪水频率分析计算，给出了能反映下垫面变化影响的非一致性洪水序列设计洪水成果。按照各水库的调洪规则，对有变异洪水序列的西大洋水库、王快水库和龙门水库进行调洪计算，定量估计了下垫面变化对各水库防洪调度的影响。可以得到以下结论：

（1）西大洋水库、王快水库和龙门水库 3 座大型水库，基于非一致性洪水序列混合分布模型计算得到设计洪水，经调洪演算后的水库最高库水位及最大下泄流量均有一定幅度减小，且随设计标准的不同减小幅度也不同。

（2）对于最大下泄流量，考虑洪水序列非一致性条件下西大洋水库 50 年一遇设计洪水过程时，最大下泄流量减小 81.68%，其余设计标准下减小比例为 0.07%～32%；王快水库各设计标准下最大下泄流量减小比例均低于 6%；龙门水库各设计标准下最大下泄流量的减小比例为 0～7.19%。

（3）由于环境变化（气候变化和下垫面变化）使得西大洋水库、王快水库和龙门水库3 个大型水库的入库洪水减小，进一步导致各水库调洪后的最高库水位及最大下泄流量有一定程度的减小，这对水库的防洪调度是有利的。

参考文献

Bureau of Meteorology, 1974. Brisbane floods [M]. Department of Science, Canberra.

Henley B J, Thyer M A, Kuczera G, et al, 2011. Climate - informed stochastic hydrological modeling: Incorporating decadal - scale variability using paleodata [J]. Water Resources Research, 47: 8386.

Hoerling M P, Kumar A, Xu T, 2001. Robustness of the Nonlinear Climate Response to ENSO's Extreme Phases [J]. Journal of Climate, 14: 1277 - 1293.

Jakob D, 2013. Nonstationarity in extremes and engineering design [M]. Extremes in a Changing Climate. Springer.

Lins H F, Cohn T A, 2011. Stationarity: wanted dead or alive? [J]. Journal of the American Water Resources Association, 47: 475 - 480.

Milly P C D, Julio B, Malin F, et al, 2007. Stationarity is dead [J]. Ground Water News & Views, 4: 6 - 8.

Saji N H, Goswami B N, Vinayachandran P N, et al, 1999. A dipole mode in the tropical Indian Ocean [J]. Nature, 401: 360 - 363.

Stedinger J R，Griffis V W，2011. Getting from here to where? Flood frequency analysis and climate1 [J].
　　Journal of the American Water Resources Association，47：506－513.

黄凯，冯平，2016. 基于非一致性水文序列的水库极限防洪风险复核分析 [J]. 水力发电学报，35（1）：
　　28－37.

郭军峰，冯平，2016. 流域下垫面变化对水库防洪风险率的影响 [J]. 水力发电学报，35（3）：56－65.

李新，2014. 样本非一致性条件下洪水的分析与计算 [D]. 天津：天津大学.

第16章 非一致性设计洪水对
区域防洪的影响

16.1 概述

基于不同的发生概率或不同重现期对洪水流量进行合理的估计和计算，得到设计洪水值，在水文研究和工程水文设计中非常重要，如水库防洪调度、区域防洪工程、跨河工程、河道整治、城乡排水系统、河流蓄水以及洪水资源利用等。由于全球气候变化和人类活动引起严重的下垫面变化，水文系列呈现"非一致性"的特征，采用基于同分布以及一致性假定的传统水文频率分析方法在变化环境下得到的设计成果，来对水利工程防洪和兴利进行规划、设计和复核，将会给水利工程本身和下游防洪安全以及水资源利用带来一定的风险。因此，分析非一致性条件对水库调洪以及区域防洪的影响有非常重要的意义。

气候变化通过影响极端降雨事件出现的频率，对区域防洪产生一定的影响（Brekke et al，2009）。为了应对未来气候变化对防洪的影响，Lee 等（2009，2011）分别在日尺度和月尺度修正了 Columbia 流域 Libby 和 Duncan 大坝的防洪调度曲线。武传号（2015）采用统计降尺度的方法预估了未来流域气温和极端降水变化，并通过水文模型预估了未来飞来峡水库极端入库洪水的趋势变化。结果表明气候变化导致极端入库洪水的强度和频率增加的可能性较大，水库防洪形势变得更加严峻。而下垫面变化通过对洪水过程的影响可能增加或降低区域防洪风险。王冰（2012）根据时间序列合成与分解方法，对岗南和黄壁庄水库控制流域下垫面变化条件下的设计洪水进行了修正，分别对设计洪水修正前后岗南水库出现险情和黄壁庄水库出现险情两种情况下，梯级水库联合应急调度结果做了风险分析，结果表明，设计洪水修正后梯级水库漫坝风险度出现不同程度的下降，说明洪水序列变异导致水库漫坝风险度降低。邵玉龙（2013）研究了太湖流域水系结构与连通变化对洪涝的影响，随着区域河网水系呈不断衰减趋势，河网水系和湖泊的容蓄能力和可调蓄能力均呈现不断下降的趋势，且下降幅度不断增大，河网排水能力越来越不满足区域产水量的要求。徐建叶（2009）从不同降雨情况、圩区不同的治理标准及联圩并圩引起外河水面率变化三个影响因素入手，设置不同的因素水平，组合不同的方案，采用河网非恒定流数学模型，定量分析了因涝致洪、洪水位不断升高的原因，并分析了圩区治理对区域防洪排涝的影响。

大清河白洋淀地处海河流域，是华北地区最大的淡水浅湖型湿地，上游承接大清河流域南支的潴龙河、唐河、漕河、孝义河和北支的白沟引河等 8 条河流的洪沥水，担任下游保卫天津、津浦铁路、下游地区 1000 多万人民生命财产安全的防洪滞洪任务。大清河流域受气候变化以及下垫面变化的影响，使承担大清河流域重要防洪任务的大型水库入库洪水过程发生了变化，这不仅增加水库本身防洪兴利规划的不确定性，并且进一步给下游防洪安全、供水安全以及水资源利用带来很大的风险。对于白洋淀的防洪调度问题，国内许多学者都进行过研究。如吴现兵（2009）通过对白洋淀与上游水库群防洪联合调度的研究，分析了白洋淀的防洪能力较低的原因，提出通过对各水库进行预泄调度和实时控泄调度，并利用水库的防洪库容适当增加拦蓄水量，可减少白洋淀周边淹没损失。于京要（2010）通过白洋淀及以上 5 座大型水库的库淀联合防洪调度研究，认为对白洋淀以上水库群适时采用联合预泄、错峰和水库动态水位控制等措施，可使白洋淀周边分洪区在临界洪水条件下的分洪机遇和启用数量明显降低，对减轻流域整体洪灾损失具有重要意义。冯平等（2009）分析了白洋淀上游水库洪水预报误差可能对水库动态汛限水位控制调度的风险产生的影响，探讨了水库汛限水位的提高对白洋淀防洪的压力。王建伟等（2010）依据"96·8"洪水期间白洋淀行洪滞洪的实测资料，归纳总结了白洋淀防洪存在的主要问题，提出了应加强蓄滞洪区安全建设，实行多水位控制等具体防洪治理措施。

　　本章主要利用第 15 章给出的白洋淀上游水库非一致性洪水序列的设计洪水成果和调洪演算成果，分析和定量估计入库洪水序列变异对白洋淀防洪的影响，为改善白洋淀及其水利工程防洪风险管理和洪水资源利用提供依据。16.2 简要介绍白洋淀淀区概况；16.3 确定白洋淀水系河道洪水演进参数；16.4 计算基于非一致性的白洋淀入淀设计洪水过程；16.5 进行基于非一致性设计洪水过程的白洋淀调洪演算，评估非一致性设计洪水对区域防洪的影响；16.6 对本章主要结果进行小结。

16.2　研究区域概况

16.2.1　基本情况

　　白洋淀位于河北平原中部，地处大清河水系的九河下梢，面积 366km²，分属保定市的安新、高阳、雄县、容城和沧州市的任丘市 5 个县（市）。淀内有 36 个纯水村和 62 个半水村，人口约 20 万人。白洋淀是华北地区最大的淡水湖，最大的一块湿地，对调节华北地区的自然生态起着十分重要的作用，被人们亲切地称之为"华北之肾"。白洋淀是大清河流域中游缓洪、滞洪的大型平原洼淀，承接潴龙河、唐河、府河、漕河、瀑河、萍河、孝义河及北支白沟引河洪沥水，经调节后由枣林庄枢纽控制下泄。白洋淀控制流域总面积达 31205km²。

　　白洋淀是大清河水系重要的缓洪滞洪区，通过淀区及周边分洪区的滞洪作用，可以防御流域 50 年一遇洪水，对于减轻大清河下游地区洪水灾害具有重要意义。本章研究区域为白洋淀淀区及其上游各大型水库控制流域，因口头水库控制流域面积较小且库容不大；北支的安各庄水库在遇 10 年一遇及以上洪水时，其下泄洪水不进入白洋淀，因此不考虑口头水库和安各庄水库对白洋淀防洪的影响。

　　白洋淀以上流域共分马棚淀系统、唐河系统和藻杂淀系统三部分，上游分为大型水库控制站、无控山区（铁路以西）和无控平原区。白洋淀以上分系统流域面积组成如表 16.1 所示，水系和防洪工程组成如图 16.1 所示。

表 16.1　　　　　　　　　白洋淀以上分系统流域面积组成表　　　　　　　　单位：km²

系　统	分　区		面　积
马棚淀	有控山区	横山岭水库	440
		王快水库	3770
		口头水库	146
	无控山区		1389
	平原区		4690
	小计		10435
唐河	有控山区	西大洋水库	4420
	无控山区		660
	平原区		1539
	小计		6619
藻杂淀	有控山区	龙门水库	470
	无控山区		253
	平原区		2604
	小计		3327
淀区及周边			673
合　计			21054

16.2.2　淀区防洪能力

白洋淀周围东有千里堤，北有新安北堤，西有障水埝和四门堤，南有淀南新堤，堤防总长 203km。淀内总面积 366km²，隶属保定市、沧州市境内的安新、高阳、容城、雄县、任丘 5 县（市）。全淀由大小 143 个洼淀组成，淀内有纯水村 36 个，人口 9.6 万人，村基高程在 8.0～9.0m。淀区滞洪水位 9.0m（大沽 10.5m）时，相应蓄水量 10.7 亿 m³。

白洋淀以上流域遇 10 年一遇洪水不启用周边分洪区，在约 15 年一遇洪水时开始启用周边分

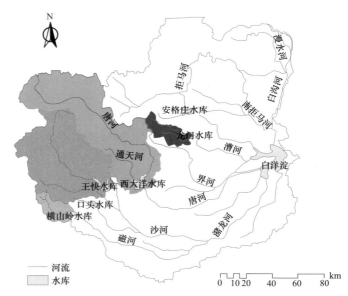

图 16.1　白洋淀水系及防洪工程组成

洪区，现状流域总体防洪能力为 50 年一遇，遇 100 年一遇洪水时须启用小关分洪。在完成防洪规划中确定的恢复枣林庄枢纽泄洪能力和白洋淀堤防工程情况下，遇 100 年一遇洪水可不启用小关分洪。

16.2.3　上游主要河道

1. 潴龙河、陈村分洪道

潴龙河是大清河南支最大的行洪河道，由沙河、磁河及孟良河在安平县北郭村以上汇流后称潴龙河，流域面积 8600km²，北郭村至白洋淀河道长 80.5km。其右堤为千里堤，是河北省一级堤防，是保卫冀中平原的重要屏障。左堤为次堤，为三级堤防。潴龙河两堤堤距 800～1800m，河道为沙质河床，设计标准为 20 年一遇，千里堤以 1963 年洪水校核，北郭村设计流量 3000m³/s，陈村以下设计流量 1500m³/s，由于河床淤积，堤防超高不足，现状潴龙河过水能力陈村以上为 2000m³/s，陈村以下为 1000m³/s。

为保证潴龙河防洪安全，1957 年在潴龙河左岸陈村（1954 年及 1956 年洪水均在该处决口）建固定分洪口门，宽 300m，设计分洪流量 1500m³/s。陈村口门以下建有陈村分洪道，全长 28km，两岸有堤，堤距 1500m。左堤为主堤。现状过水能力为 800m³/s。

2. 唐河、新唐河

唐河是大清河南支的一条主要干流，流域总面积 4990km²，其中西大洋水库控制面积 4420km²。西大洋水库以下河道长 125km，其中西大洋水库以下至东石桥段称唐河，长 102km；东石桥至韩村闸称新唐河，长 23km。西大洋水库至清苑县温仁段为地下河，自清苑县王力村起筑有堤埝。

唐河、新唐河原设计标准为 20 年一遇，唐河设计流量为 900m³/s，左右堤设计堤顶超高均为 1.0m，新唐河设计流量大石桥至牛角为 2000m³/s，牛角以下 3990m³/s，设计堤顶超高左堤为 1.5m，右堤为 1.0m。

3. 南拒马河

南拒马河是拒马河从北京市张坊镇出山口南北分流后的一支。流经涞水县至定兴县北河店有北易水、中易水汇入，此段河长 51km，两岸无堤防。北河店至新盖房枢纽河长 32.7km，两岸筑有堤防，堤距 500～2300m，右堤为主堤，属二级堤防；左堤为次堤，属三级堤防。京广铁路以东河段，采用 20 年一遇标准设计，设计流量 4640m³/s，路西段设计流量 2000m³/s。在定兴县北田村附近预留分洪口门。遇超标洪水时，弃左堤扒开北田、章村附近堤防分洪入兰沟洼。

4. 白沟河

白沟河是大清河北支的一条主要行洪河道，由北拒马河、琉璃河、小清河汇流而成。自涿州市二龙坑至高碑店市白沟镇大桥，河道全长 53km。左堤为主堤，属二级堤防；右堤为次堤，属三级堤防。白沟河设计标准为 20 年一遇，设计流量 3200m³/s。白沟河东茨村保证水位 27.05m（大沽高程水位 28.61m），超出部分向兰沟洼分洪。

16.3　河道洪水演进计算

16.3.1　河道洪水演进计算方法

洪水演进计算方法主要有水力学和水文学法，其中水力学法采用圣维南方程求解，此方法要求河道地形、边界条件以及水文要素等详细全面的资料，水文学法适用于资料条件较缺乏且能快速计算不同断面的流量过程。根据白洋淀及以上流域洪水特点，主要利用入淀流量进行洪水调节，要求在尽可能短的时间内分析上游洪水与白洋淀蓄水状态的关系，故选用马斯京根法（Muskingum method）进行河道洪水演进。

水文学法的河道洪水演进原理是将圣维南方程中的连续方程简化为河段水量平衡方程，将动力方程简化为槽蓄方程，再将这两个方程进行联立求解，利用河段的入流过程演算得到出流过程。水文学法的两个求解基本公式如下：

$$\frac{\Delta t}{2}(Q_{上,1} + Q_{上,2}) - \frac{\Delta t}{2}(Q_{下,1} + Q_{下,2}) = S_2 - S_1 \qquad (16.1)$$

$$S = f(Q) \qquad (16.2)$$

式中：$Q_{上,1}$、$Q_{上,2}$ 分别为时段始、末上断面的入流量，m^3/s；$Q_{下,1}$、$Q_{下,2}$ 分别为时段始、末下断面的出流量，m^3/s；Δt 为计算时段；S_1、S_2 分别为时段始、末河段蓄水量，$h \cdot m^3/s$。式（16.1）和式（16.2）分别为河段水量平衡方程和槽蓄方程，槽蓄方程反映河段蓄水量和流量之间的关系，马斯京根（Muskingum）槽蓄方程如下（詹道江等，2000）：

$$S = K[xQ_{上} + (1-x)Q_{下}] \qquad (16.3)$$

式中：S 为河段蓄水量；$Q_{上}$ 为上断面入流量；$Q_{下}$ 为下断面出流量；K 为稳定流情况下的河段传播时间；x 为流量比重，反映河段的调蓄能力，一般取值 $0 \sim 0.5$。

联解式（16.1）和式（16.3），便可得到马斯京根（Muskingum）流量演算方程：

$$Q_{下,2} = C_0 Q_{上,2} + C_1 Q_{上,1} + C_2 Q_{下,1} \qquad (16.4)$$

$$\left.\begin{aligned} C_0 &= \frac{0.5\Delta t - Kx}{K - Kx + 0.5\Delta t} \\ C_1 &= \frac{0.5\Delta t + Kx}{K - Kx + 0.5\Delta t} \\ C_2 &= \frac{K - Kx - 0.5\Delta t}{K - Kx + 0.5\Delta t} \end{aligned}\right\} \qquad (16.5)$$

式中：系数 C_0、C_1、C_2 为 K、x、Δt 的函数，且满足 $C_0 + C_1 + C_2 = 1$。K、x 值的计算方法通常有试算法、最小二乘法、最小面积法和分析法等。确定 K、x 值并选定计算时段，由上断面入流过程和初始条件，通过式（16.4）逐时段演算，可求得河道出流过程。

16.3.2 上游河道洪水演进参数确定

白洋淀上游有西大洋水库、王快水库、龙门水库、横山岭水库、口头水库和安各庄水库 6 座大型水库，其水系及防洪工程体系组成如图 16.2 所示。白洋淀上游分南北两支，北支为白沟引河，南支主要行洪河道有潴龙河、唐河和漕河，南支其他河道因汇流面积小、河道短、洪水期入淀水量少，因此，在研究河道入淀洪水叠加时，只考虑潴龙河、唐河和漕河三个主要河道入淀洪水过程，认为其他河道早已入淀，对白洋淀调洪影响不大。其中北支的安各庄水库在遇 10 年一遇及以上洪水时，北支洪水即其下泄洪水不进入白洋淀，直接由新盖房分洪道汇入东淀；对于潴龙河河道，由于口头水库控制流域面积较小，库容不大且调洪作用相对较小。因此，主要考虑西大洋水库、王快水库、龙门水库和横山岭水库调蓄后的洪水对白洋淀的调洪影响。

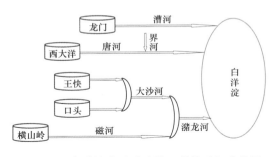

图 16.2　白洋淀水系及防洪工程体系组成简图

白洋淀南支共分马棚淀系统、唐河系统和藻杂淀系统三部分，马棚淀系统是指潴龙河河道的洪水演进到白洋淀入淀口，也就是将王快水库、口头水库和横山岭水库的入库洪水经水库调洪后的下泄流量过程，分别经大沙河加潴龙河和磁河加潴龙河河道洪水演进至白洋淀入淀口，再叠加区间洪水过程，即为马棚淀系统入淀口的总洪水过程；唐河系统为西大洋水库坝下唐河河道的洪水演进到白洋淀入淀口，即西大洋水库入库洪水过程经调洪后的下泄流量过程，再经唐河河道洪水演进得到洪水过程，叠加唐河区间洪水过程得到唐河系统入淀口的总洪水过程；藻杂淀系统为龙门水库坝下漕河河道的洪水演进到白洋淀入淀口，即龙门水库入库洪水过程经调洪后的下泄流量过程，再经漕河河道洪水演进得到的洪水过程，叠加漕河区间洪水过程，最后得到藻杂淀系统入淀口的总洪水过程。

白洋淀上游四大水库 10 年一遇至 50 年一遇洪水的下泄流量过程演进到白洋淀入淀口的传播时间如表 16.2 所示，下泄流量越大洪水传播时间越短。白洋淀上游马棚淀系统、唐河系统和藻杂淀系统进行河道洪水演进需确定各个河道的 K、x 值，由于白洋淀以上流域河道洪水演进不仅涉及处于京广铁路以西的山前丘陵地带，也涉及京广铁路以东的平原地区，进入白洋淀的洪水过程很难准确把握，确定 K、x 值缺乏实测资料。因 K 值反映河道洪水传播时间，其取值范围可由表 16.2 确定，根据不同设计洪水标准 K 值取不同数值，重现期越大，K 值越小。确定 x 值时，可在其允许取值范围内分析不同 x 值对下游洪水演进结果的影响，在基本不影响下游调度的情况下合理确定其数值。根据吴现兵（2009）分析计算，确定了白洋淀上游三个系统不同重现期下的 K、x 及参数 C_0、C_1、C_2 值，如表 16.3 所示。

表 16.2　　　　　　　　　　河道洪水传播时间表

河　名	河　段	距离/km	传播时间/h
沙河	王快水库—新乐	55	4～8
	新乐—北郭村	60	10～16
磁河	横山岭水库—北郭村	134	12～20
潴龙河	北郭村—陈村	39	5～10
	陈村—白洋淀入口	57	6～11
唐河	西大洋水库—温仁	77	8～14
	温仁—白洋淀入口	55	7～12
漕河	龙门水库—白洋淀入口	65	8～16

表 16.3　　　　　　　　　　　　三个系统不同重现期的马斯京根参数值

参数	马棚淀系统			唐河系统			藻杂淀系统		
	50 年	20 年	10 年	50 年	20 年	10 年	50 年	20 年	10 年
K/h	10	14	20	15	19	26	8	10	14
x	0.23	0.29	0.36	0.30	0.37	0.42	0.29	0.35	0.40
C_0	0.213	0.174	0.123	0.167	0.115	0.074	0.174	0.130	0.091
C_1	0.575	0.653	0.754	0.667	0.770	0.852	0.653	0.740	0.818
C_2	0.213	0.174	0.123	0.167	0.115	0.074	0.174	0.130	0.091

6.4　基于非一致性的白洋淀入淀设计洪水过程

白洋淀是大清河水系重要的缓洪滞洪区,通过淀区及周边分洪区的滞洪作用,可以防御流域 50 年一遇洪水。故本章分析计算中,在入库洪水序列变异情况和不考虑入库洪水序列变异情况下,分别考虑了白洋淀 50 年一遇、20 年一遇和 10 年一遇的入淀设计洪水过程。

16.4.1　区间设计洪水过程

白洋淀入淀洪水过程由马棚淀系统、唐河系统和藻杂淀系统三大系统的洪水过程组成,各系统洪水过程由各大型水库入库洪水过程经水库调洪和河道洪水演进后的洪水过程,再叠加河道区间洪水过程得到。

其中各系统河道的区间洪水过程由无控山区洪水过程和平原洪水过程组成,据河北省水利水电勘测设计院提供的资料,有不同重现期下各河道无控山区洪水和平原洪水的年最大 6d 洪量设计值,以及"63·8"典型洪水过程。这样采用同倍比放大典型洪水过程,就可以给出 50 年一遇、20 年一遇和 10 年一遇无控山区和平原地区的设计洪水过程。以洪量为控制,其放大倍比系数公式为

$$K_{WT} = \frac{W_{TP}}{W_{TD}} \tag{16.6}$$

式中:K_{WT} 为以洪量控制的放大系数;W_{TP} 为控制时段 T 的设计洪量;W_{TD} 为典型洪水过程控制时段 T 的最大洪量。图 16.3～图 16.5 分别为 50 年一遇、20 年一遇和 10 年一遇三个系统无控山区和平原地区的设计洪水过程线。

马棚淀系统上游有王快水库、口头水库和横山岭水库,唐河系统有西大洋水库,藻杂淀系统有龙门水库。横山岭水库年最大洪峰流量序列没有发生变异,即采用 P-Ⅲ分布拟合一致性洪水序列得到设计洪水成果,以洪峰流量控制同倍比放大"63·8"典型洪水过程,可到不同重现期下的设计洪水过程,经水库调洪演算得到 50 年一遇、20 年一遇和 10 年一遇的出库洪水过程,再经下游河道洪水演进得到 50 年一遇、20 年一遇和 10 年一遇的入淀设计洪水过程。

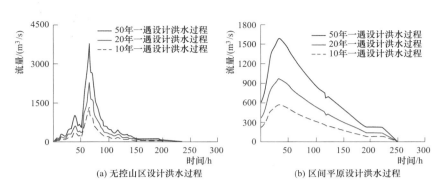

图 16.3　马棚淀系统区间设计洪水过程

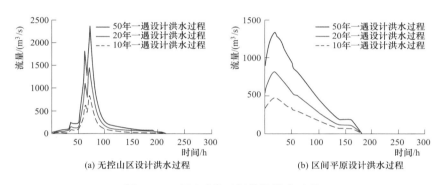

图 16.4　唐河系统区间设计洪水过程

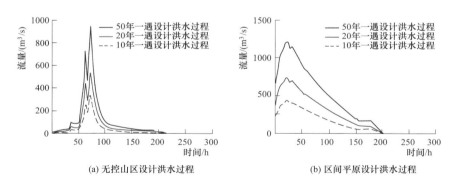

图 16.5　藻杂淀系统区间设计洪水过程

16.4.2　各系统入淀设计洪水过程

基于第 14 章非一致性洪水序列频率计算方法，可得到不同重现期下王快水库、西大洋水库和龙门水库的下泄流量过程，分别经下游河道洪水演进得到不同重现期下的入淀设计洪水过程。因此，基于白洋淀上游马棚淀系统、唐河系统和藻杂淀系统三个系统的入淀口设计洪水过程组成，白洋淀入淀设计洪水过程也考虑两种情况：

情况 1：基于非一致性入库洪水序列混合分布的设计洪水，经水库调洪以及河道洪水演进得到下泄洪水过程，再叠加同频率下的区间设计洪水过程给出的白洋淀入淀设计洪水过程。

情况 2：不考虑入库极值洪水序列的变异，基于 P-Ⅲ 分布的设计洪水，经水库调洪以及河道洪水演进得到下泄洪水过程，再叠加同频率下的区间设计洪水过程给出的白洋淀入淀设计洪水过程。

由情况 1 给出的白洋淀入淀设计洪水过程，考虑了白洋淀上游流域气候变化和下垫面变化引起的入库洪水序列的非一致性，不仅影响上游水库的防洪调度，进一步还影响白洋淀防洪风险以及洪水资源利用问题。而由情况 2 给出的白洋淀入淀设计洪水过程，没有考虑上游流域气候变化和下垫面变化引起的入库洪水序列非一致性，对白洋淀防洪分析可能存在一定的风险。将情况 1 和情况 2 给出的白洋淀入淀设计洪水过程进行比较及蓄区调洪模拟分析，不仅可分析环境变化对入淀洪水的影响，还可进一步分析其对白洋淀防洪调度的影响。

对于白洋淀上游马棚淀系统、唐河系统和藻杂淀系统 3 个系统，当遭遇 50 年一遇、20 年一遇和 10 年一遇的入淀设计洪水过程时，将 3 个系统的相应水库设计洪水的下泄过程、无控山区设计洪水过程和平原设计洪水过程进行叠加，就可以给出在情况 1 和情况 2 下各系统 50 年一遇、20 年一遇和 10 年一遇总的入淀设计洪水过程，分别如图 16.6～图 16.11 所示。

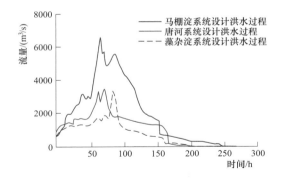

图 16.6　情况 1 三个系统 50 年一遇
入淀设计洪水过程

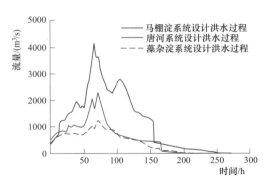

图 16.7　情况 1 三个系统 20 年一遇
入淀设计洪水过程

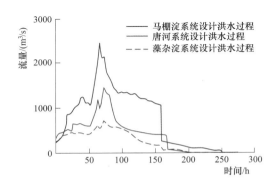

图 16.8　情况 1 三个系统 10 年一遇
入淀设计洪水过程

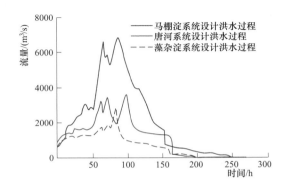

图 16.9　情况 2 三个系统 50 年一遇
入淀设计洪水过程

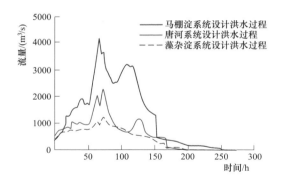

图 16.10　情况 2 三个系统 20 年一遇
入淀设计洪水过程

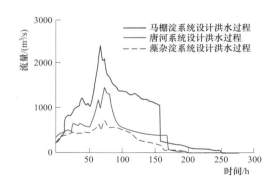

图 16.11　情况 2 三个系统 10 年一遇
入淀设计洪水过程

16.4.3　入淀设计洪水过程

将情况 1 和情况 2 下计算得到的马棚淀系统、唐河系统和藻杂淀系统入淀设计洪水过程，分别进行叠加便可以给出总的白洋淀入淀设计洪水过程。50 年一遇、20 年一遇和 10 年一遇入淀设计洪水过程分别如图 16.12～图 16.14 所示。

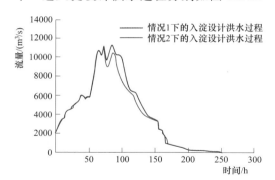

图 16.12　白洋淀 50 年一遇入淀设计洪水过程

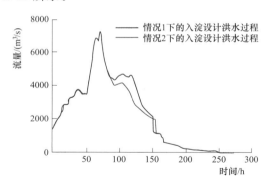

图 16.13　白洋淀 20 年一遇入淀设计洪水过程

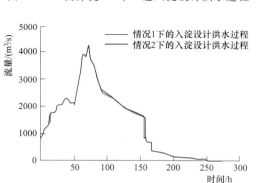

图 16.14　白洋淀 10 年一遇
入淀设计洪水过程

因白洋淀上游流域具有洪峰大、洪量集中，且 3 个系统的洪峰和最大洪量容易发生同时段遭遇，使白洋淀时常受到洪水的严重威胁，防洪调度任务非常繁重。现在上游流域受气候变化和下垫面变化的影响，白洋淀承接上游水库调洪后的下泄洪水也相应地受到一定影响，由图 16.12～图 16.14 可知，情况 1 下的 50 年一遇入淀设计洪水过程，相比不考虑入库洪水序列变异的入淀设计洪水过程，在洪峰流量附近有明显减小，对于 20 年一遇设计洪水过程，在设计洪水过程退水阶段也有明显减小，10 年一遇设计洪水过程两种情况相差不大。说明重现期越大，相比不考虑入库洪水序列变异的入淀设计洪水过程，考虑气候和下垫面变化的入淀设计洪水过程减小幅度有增大趋势。根据两种情况下的入淀洪水过程，进行白洋淀防洪调度演算，分析白洋淀防御洪水能力的变化，可为白洋淀及上游大型水库防洪联合调度提供科学依据。

16.5 基于非一致性设计洪水的白洋淀调洪演算

16.5.1 调洪规则

16.5.1.1 水位～库容～泄量关系

白洋淀淀区内（本杂马）滞洪水位为 8.94m（大沽 10.5m）时，蓄水量为 10.7 亿 m³。当水位超过 8.94m 时，通过扒开堤防向周边地区分洪，滞洪水位 10.44m（大沽 12.0m）时总蓄水量 36.7 亿 m³。本章水位均以大沽基面为准，白洋淀及周边地区库容曲线如表 16.4 所示。

表 16.4 　　　　　　　　白洋淀及周边地区库容曲线表

水位/m	库容/万 m³						
	本杂马	障水埝	淀南新堤	唐河北	唐河南	新安北堤	总容积
6.5	5200	0	0	0	0	0	5200
7.0	9500	0	0	520	0	600	10620
7.5	15000	0	0	2490	220	2100	19810
8.0	23600	300	20	6480	940	3940	35280
8.5	35300	1020	220	11930	2480	6670	57620
9.0	49700	2150	640	18290	5600	10350	86730
9.5	66200	3800	1400	25350	10250	15650	122650
10.0	84300	6000	2600	32530	16670	21800	163900
10.5	107000	8700	4300	40150	24200	28800	213150
10.7	115300	10000	5200	43000	27400	31920	237600
11.0	127000	11950	6700	47560	33150	36600	262960
11.5	146500	15500	9650	55200	42500	45200	314550
12.0	166500	19050	12600	62840	51850	53800	366640

白洋淀通过枣林庄枢纽向下游泄洪，枢纽工程由 4 孔闸、25 孔闸和赵北口溢流堰组成。由于枣林庄枢纽建成后尚未经过大洪水考验，中低水位采用实测资料率定，高水位采用堰流公式计算。由于枣林庄闸前水位与十方院之间存在水位差，按经验推算至十方院。根据《大清河系中下游洪水调度分析》，枣林庄枢纽水位泄量关系如表 16.5 所示。联合表 16.4 和表 16.5 可得到白洋淀淀区水位～库容～泄量关系。

表 16.5　　　　　　　　　　　　　　　枣林庄枢纽泄量关系表

水位/m	泄量/（m³/s）			
	25 孔闸	4 孔闸	溢流堰	合计泄量
6.5	0	42	0	42
7.0	0	76	0	76
7.5	28	90	0	118
8.0	105	105	0	210
8.5	196	124	0	320
9.0	321	164	0	485
9.5	469	224	57	750
10.0	735	325	200	1260
10.5	1148	432	400	1980
10.7	1278	480	517	2275
11.0	1466	534	720	2720
11.5	1790	630	1120	3540
12.0	2310	740	1470	4520

16.5.1.2　防洪标准及调度规则

根据河北省防汛抗旱指挥部办公室 2005 年调度运用计划，白洋淀汛限水位 8.3m，警戒水位 9.0m，防洪保证水位 10.5m，汛后蓄水位 8.8～9.0m。当十方院水位超过 8.3m，枣林庄泄洪闸提闸泄水；十方院水位超过 9.0m，溢流堰溢洪；十方院水位超过 10.5m，力保周边堤防安全，确保千里堤安全；当十方院水位超过 10.5m，水势仍上涨，威胁到千里堤安全时，依次扒开淀南新堤、涨水埝、四门堤（新唐河以南、以北）、新安北堤分洪，确保千里堤安全；淀区周边蓄滞洪区全部启用后，若白洋淀水位达到 11.5m 后仍然上涨，为保护千里堤和下游重要城市和交通干线的安全，则需考虑在任丘市小关附近扒口向文安洼分洪。

枣林庄枢纽运用原则（吴现兵，2009）：白洋淀汛限水位为 8.3m；水位 8.3～9.0m，视情况提闸泄洪；水位 9.0～10.5m，溢流堰泄洪；水位 10.5～11.35m，枢纽工程设计总泄量 2700m³/s；水位超过 11.35m，设计总泄量 4140m³/s，汛后控制淀内最高蓄水位 8.8～9.0m。

16.5.2　调洪演算结果

将由 16.4.3 节计算得到的两种情况下入淀设计洪水过程，基于淀内水位～库容～泄量关系曲线和白洋淀调洪规则，将白洋淀视为一个水库，按照水库调洪演算方法进行调洪，可给出两种入淀设计洪水过程对应的调洪结果。图 16.15 和图 16.16 分别为情况 1 和情况 2 白洋淀不同重现期设计洪水过程的调洪结果。

16.5.2.1 情况 1 调洪结果

考虑气候变化和下垫面变化情况下，白洋淀 50 年一遇、20 年一遇和 10 年一遇设计洪水过程，经调洪演算得到的最高淀内水位分别为 11.36m、10.34m 和 9.76m，相应的库容分别为 30.029 亿 m^3、19.695 亿 m^3 和 14.294 亿 m^3，最大下泄流量分别为 3308m^3/s、1742m^3/s 和 1001m^3/s。

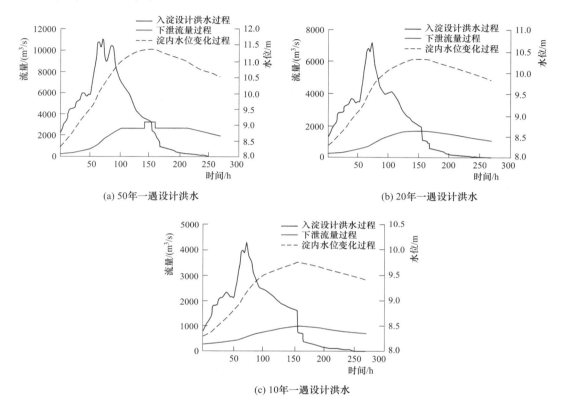

图 16.15 情况 1 白洋淀不同重现期设计洪水过程的调洪结果

16.5.2.2 情况 2 调洪结果

在不考虑入库洪水序列变异条件下，白洋淀 50 年一遇、20 年一遇和 10 年一遇设计洪水过程，经调洪计算得到的最高淀内水位分别为 11.49m、10.44m 和 9.76m，相应的库容分别为 31.337 亿 m^3、20.752 亿 m^3 和 14.318 亿 m^3，最大下泄流量分别为 3516m^3/s、1898m^3/s 和 1004m^3/s。

16.5.3 非一致性洪水对区域防洪的影响分析

将情况 1 和情况 2 下的入淀设计洪水过程，经调洪演算可得到 50 年一遇、20 年一遇和 10 年一遇的最高淀内水位和最大下泄流量，白洋淀调洪成果如表 16.6 所示，不同重现期洪水对应的调洪成果比较如图 16.17 所示。

由表 16.6 和图 16.17 分析得到以下结论：

（1）最高淀内水位的比较。考虑洪水序列变异条件的非一致性设计洪水经各水库调洪和河道洪水演进后，与区间设计洪水过程叠加可以得到入淀设计洪水过程（情况1），再通过白洋淀调洪得到的最高淀内水位比不考虑变异情况（情况2）的最高淀内水位低，且随设计标准重现期的加大降低程度有小幅度的增加。这主要是上游水库非一致性设计洪水一定程度上减小的原因所致。但需注意的一点，在目前白洋淀地形地物的情况下，在遭遇50年一遇设计洪水过程时，情况1的最高淀内水位也会超过校核水位0.01m，因此即使是考虑洪水序列变异的情况下，白洋淀的防洪情势也还是比较严峻的。

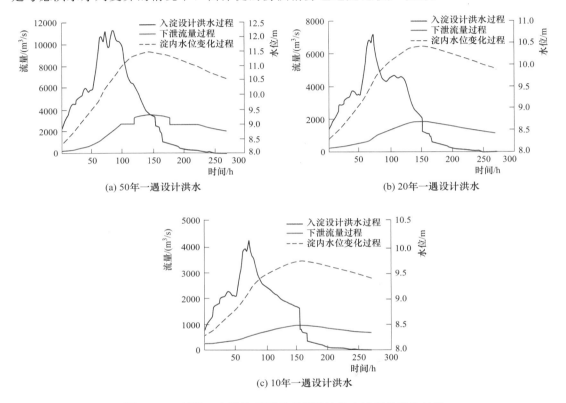

图 16.16　情况 2 白洋淀不同重现期设计洪水过程的调洪结果

表 16.6　　　　　　　　　　　　　　　白 洋 淀 调 洪 成 果

重现期 /年	最高库水位/m			最大下泄流量/（m³/s）		
	情况 1	情况 2	差值	情况 1	情况 2	变化率%
50	11.36	11.49	−0.13	3308	3516	−5.91
20	10.34	10.44	−0.11	1742	1898	−8.19
10	9.75	9.76	−0.01	1001	1004	−0.29

（2）最大下泄流量的比较。同样，考虑洪水序列变异条件的非一致性设计洪水经各水库调洪和河道洪水演进后，与区间设计洪水过程叠加得到的入淀设计洪水过程（情况1），再通过白洋淀调洪得到的最大下泄流量比不考虑变异情况（情况2）的最大下泄流量小，对应不同设计标准减小的幅度有所不同。因此，洪水序列的变异，在一定程度上可以减轻

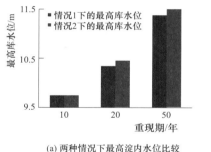

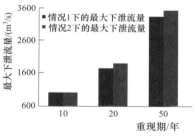

(a) 两种情况下最高淀内水位比较

(b) 两种情况下最大下泄流量比较

图 16.17　白洋淀不同重现期洪水对应的调洪成果比较

白洋淀下游地区的防洪压力。

16.6　小结

　　环境变化导致洪水序列发生变异，呈现非一致性的特点，进行非一致性洪水序列频率分析，定量估计环境变化对白洋淀水系区域防洪影响是非常必要的。

　　（1）基于环境变化影响下非一致性洪水序列设计洪水过程，经各水库调洪和河道洪水演进，可以给出白洋淀入淀非一致性设计洪水过程。非一致性入淀设计洪水过程与不考虑变异的入淀设计洪水过程相比，在洪峰流量附近有一定程度的减小，在退水段减小的比较明显。

　　（2）非一致性入淀设计洪水过程经白洋淀调洪后的最高淀内水位，比不考虑变异情况的最高淀内水位低，且随设计标准重现期的加大降低程度有小幅度的增加。最大下泄流量也会相应变小。但在目前情况下，50 年一遇设计洪水的最高淀内水位也会超过校核水位 0.01m，白洋淀的防洪情势还要引起重视。

　　（3）下垫面变化使白洋淀上游西大洋水库、王快水库和龙门水库 3 个大型水库的入库设计洪水减小，导致各水库的最大下泄流量及最高库水位有一定程度的减少，进一步导致白洋淀淀区洪水位和下泄流量也呈减少趋势，这在一定程度上减轻了白洋淀及其下游的防洪压力。

参考文献

Brekke L D，Maurer E P，Anderson J D，et al，2009. Assessing reservoir operations risk under climate change [J]. Water Resources Research. 45. DOI：10.1029/2008WR006941.

Lee S Y，Fitzgerald C J，Hamlet A F，et al，2011. Daily time - step refinement of optimized flood control rule curves for a global warming scenario [J]. Journal of Water Resources Planning and Management，137：309 - 317.

Lee S Y，Hamlet A F，Fitzgerald C J，et al，2009. Optimized flood control in the Columbia river basin for a global warming scenario [J]. Journal of Water Resources Planning and Management，135（6）：440 - 450.

冯平, 徐向广, 温天福, 等, 2009. 考虑洪水预报误差的水库防洪控制调度的风险分析 [J]. 水力发电学报, 28 (3): 48-51.

邵玉龙, 2013. 太湖流域水系结构与连通变化对洪涝的影响研究 [D]. 南京: 南京大学.

王冰, 2012. 水库防洪风险评估及水文序列变异影响的研究 [D]. 天津: 天津大学.

王建伟, 刘爱军, 2010. 白洋淀防洪存在的问题及对策 [J]. 水科学与工程技术 (4): 3-4.

武传号, 2015. 气候变化对北江流域典型洪涝灾害高风险区防洪安全的影响研究 [D]. 广州: 华南理工大学.

吴现兵, 2009. 白洋淀与上游水库群防洪联合调度研究 [D]. 石家庄: 河北农业大学.

徐建叶, 2009. 圩区治理对区域防洪排涝影响的研究 [D]. 扬州: 扬州大学.

于京要, 2010. 大清河流域白洋淀以上库淀联合防洪调度研究 [J]. 水利规划与设计 (5): 14-16.

詹道江, 叶守泽, 2000. 工程水文学 [M]. 北京: 中国水利水电出版社.

第17章 结 论 与 展 望

17.1 主要结论

本书以海河流域为研究背景，在充分收集水文气象及下垫面资料和实际调研的基础上，在海河流域水资源分区的基础上进一步进行了水文类型分区，并选择典型流域统计分析了暴雨洪水特征的变化趋势，估算了下垫面要素变化对洪水的影响程度，探讨了非一致性洪水序列的洪水频率分析计算方法，评估了下垫面变化下非一致性设计洪水对水库和区域防洪的影响，得出了以下主要结果和结论：

（1）通过实际调研，收集了海河流域部分典型区域不同时期下垫面情况的历史统计资料，与同时相的遥感数据进行了对比分析，确定遥感数据的下垫面识别精度。并根据各水系内水文下垫面要素，包括地形地貌、植被、地表透水率等的遥感监测数据，对海河流域下垫面要素进行了识别。然后利用 GIS 将这些下垫面要素进行多重叠加复合分析，并根据单元的特点进行水文类型分区，在每类水文单元选择了典型流域。

（2）进行了海河流域各水系及典型流域水土保持措施调查，估算了地下水开采对流域土层蓄水容量的影响。根据海河流域各水系水文类型分区和下垫面识别的结果，通过遥感数据分析了各水系单元内不同时期下垫面特征，确定了海河流域各水系不同时期土地利用情况及其动态变化趋势。

（3）根据海河流域各水文类型分区典型流域建站年份至 2008 年降雨径流资料，选取年各时段最大降雨量、次降雨量、年各时段最大洪量、次洪量、洪峰流量等暴雨洪水特征指标，分析了其趋势性和突变性变化特征，结果表明暴雨量的变化趋势不显著，而洪峰和各时段洪量普遍具有显著的下降趋势，并且洪水特征值序列的变异点在 1980 年左右。

（4）对典型流域洪水径流系数、直接径流比例、洪峰滞时、单位线峰值和单位线峰现时间等产汇流特征参数，分析了其趋势性和突变性特征。结果表明各典型流域洪水径流系数普遍呈下降趋势，且下降趋势显著；直接径流比例各典型流域表现的变化趋势不一，大部分趋势变化不显著；洪峰滞时序列基本存在上升趋势，大部分流域上升趋势显著；单位线峰值一致呈下降趋势，有的流域趋势显著，有些流域趋势不显著；单位线峰现时间序列普遍呈上升趋势。

（5）建立了典型流域 1980 年前后次暴雨量～次洪总量相关图，分析了流域下垫面条件变化对暴雨洪水的影响，下垫面变化导致洪水总量和洪峰流量均有不同程度的减小。对土地利用比例变化与次洪量模数及洪峰模数进行了相关分析，草地和耕地面积比例的增加导致次洪量模数和洪峰模数增加，林地面积比例的增加会导致次洪量模数和洪峰模数的减小。通过在各典型流域选择下垫面变化前后相似降雨产生的洪水过程，分析了各场洪水特性变化。下垫面变化可导致各流域洪水洪峰和洪量均减小，且使洪水过程线均化。

（6）建立了考虑土地利用和水利水保工程等下垫面因素的分布式水文模型，并对模型进行了参数率定和验证。采用建立的基于土地利用类型的水文模型，模拟分析了海河典型流域下垫面变化对洪水的影响程度，给出了各典型流域不同重现期洪水洪峰和洪量的定量减小程度。根据各典型流域各土地利用类型之间实际转化情况，利用水文模型模拟了各土地利用相互转化对洪水的影响。

（7）根据基于可变模糊集的质变与量变定理，提出了一个水文序列变异点识别的方法，并对滦河流域 6 个子流域的年降雨径流序列，以及部分典型流域暴雨洪水特征时间序列，进行了变异点检验。武烈河、伊逊河及潘家口水库以上流域年径流量发生了质变，其他流域年径流量仅发生量变；伊逊河年降雨量发生质变，其他流域年降雨量仅发生量变。典型流域阜平、西台峪和冷口流域的洪峰、次洪量及洪峰滞时均未发生质变，仅发生了量变。

（8）以控制区域包括典型流域阜平的王快水库、西大洋水库为例，采用降雨径流相关法以及峰量相关法，对入库洪水序列进行了一致性修订。修正后洪水序列所对应的洪水设计值小于修正前序列所对应的洪水设计值。并且随着设计标准重现期的增大，洪峰和洪量的修订幅度减小。也就是洪水越大，修订的幅度越小。

（9）以王快水库为例，进行了非一致性洪水频率分析计算。在下垫面变化条件下，水库各设计标准下的洪水设计值均有一定程度的减小，与不考虑序列"非一致性"的原序列设计成果相比，洪峰、最大 1d 洪量、最大 6d 洪量设计值减小幅度均小于 10％，最大 3d 洪量设计值减小幅度为 1％～15％左右。因此，为了防洪管理和洪水资源利用，有必要进行设计洪水的修订。

（10）应用 Copula 函数法构建洪水峰量的非一致性两变量联合分布，分析了两变量重现期及特定条件下的洪峰、洪量条件频率，计算了基于非一致性两变量联合分布的洪水设计值。基于非一致性序列两变量联合分布法得到的洪水设计值会大于非一致性序列单变量分布法对应的洪水设计值。从水库的防洪安全性角度而言，以此作为防洪设计标准会更加安全。

（11）根据贝叶斯理论将先验信息和样本信息有机结合，采用 Gibbs-MCMC 算法对一致性修正前后的 P-Ⅲ型频率分布曲线参数不确定性进行估计，给出了相应参数 95％置信区间。并将估计后的参数与适线法耦合进行水文频率分析计算，得到一致性修正前后设计频率洪峰流量预估区间。结果表明对非一致性水文序列进行"还原"计算后，其参数估计的不确定性在减小，可使得预报不确定性区间的可靠性得到提高。

（12）利用非一致性洪水序列设计洪水成果，按照各水库的调洪规则，对有变异洪水序列的西大洋水库、王快水库和龙门水库进行调洪计算，定量估计下垫面变化对各水库防洪调度的影响。经调洪演算后的水库最高库水位及最大下泄流量均有一定幅度减小，这对水库的防洪调度是有利的。

（13）基于环境变化影响下非一致性洪水序列的设计洪水过程，经各水库调洪和河道洪水演进，可以给出白洋淀入淀非一致性设计洪水过程。非一致性入淀设计洪水过程经白洋淀调洪后的最高淀内水位和下泄流量也呈减少趋势，这在一定程度上减轻了白洋淀及其下游的防洪压力。

17.2 展望分析

本书虽然通过多种方法对下垫面变化对洪水径流过程、水库防洪调度及区域防洪管理的影响进行了全面的分析，并提出了一些理论分析方法，取得了一些初步的结论，但由于下垫面变化对流域洪水过程影响的复杂性，及水文、气象和地理等资料条件的限制，还有许多问题需要进一步的研究分析：

(1) 对海河流域产汇流机理进行深入研究。流域产汇流机制极为复杂，根据海河流域水文气象特征，认为海河流域具有先超渗后蓄满的产流机制，但是，海河流域分为多个类型区，每个水文分区气候条件和下垫面条件有一定的差异，因此，产汇流机制也不同。同一区域降雨类型差异及下垫面要素变化也会导致产汇流机制的变化。因此，需要建立径流实验区深入研究各类型区的产汇流机理。

(2) 对海河流域下垫面变化明显的控制站修订设计洪水。由于土地利用变化和谷坊坝等水土保持工程修建，导致海河流域部分控制站洪峰和洪量明显减小。根据本书研究成果，不同量级洪水对下垫面变化响应程度不同，可依据各典型流域不同量级洪水的变化程度来修订设计洪水。

(3) 建议进一步研究下垫面变化条件下水利工程的防洪调度和洪水资源化利用问题。由于下垫面要素变化影响设计洪水，导致水利工程的防洪调度也会相应改变。在原调度规则下进行防洪调度，分析设计洪水位的变化情况，从防洪风险和洪水资源利用两方面综合考虑，制定符合环境变化后的防洪调度和洪水资源利用规则。

(4) 在研究海河流域下垫面变化对区域防洪影响问题时，应进一步考虑地面沉降对洪水调度的影响。地面沉降前后，河道水面线以及闸门水位流量关系都发生了变化，建议修订闸门水位流量关系以及蓄滞洪区水位库容关系曲线，并修订最高滞洪水位。

(5) 直接对非一致性水文序列进行频率分析原理清晰，应用起来相对简单，但国内的相关研究仍然较少，尤其是对时变矩法和基于气候指数/人类活动影响指数的协变量分析法，还需进一步探讨。其非一致性水文序列分布线型、参数的估算和频率计算方法等也有待进一步论证。

环境变化的水文效应研究是当前水文科学研究的一个热点问题，开展下垫面变化对洪水过程影响问题的研究，可为水利工程设计洪水修订和区域防洪管理提供科学依据。本书的研究虽然取得了一些进展，但由于研究问题的复杂性及研究者的能力所限，许多研究成果还有待进一步完善和深入分析，下垫面变化的水文响应和非一致性洪水频率分析计算等问题仍亟待解决。